Die Welt der Modelle und Simulationen

Werner Roddeck

Die Welt der Modelle und Simulationen

Wie der Mensch seit alters her versucht die Zukunft vorherzusagen

Springer Vieweg

Werner Roddeck
Fachbereich Mechatronik & Maschinenbau
Hochschule Bochum
Witten, Deutschland

ISBN 978-3-658-46304-5 ISBN 978-3-658-46305-2 (eBook)
https://doi.org/10.1007/978-3-658-46305-2

Die Deutsche Nationalbibliothek verzeichnet diese Publikation in der Deutschen Nationalbibliografie; detaillierte bibliografische Daten sind im Internet über https://portal.dnb.de abrufbar.

Planung/Lektorat: Ellen-Susanne Klabunde
Springer Vieweg ist ein Imprint der eingetragenen Gesellschaft Springer Fachmedien Wiesbaden GmbH und ist ein Teil von Springer Nature.
Die Anschrift der Gesellschaft ist: Abraham-Lincoln-Str. 46, 65189 Wiesbaden, Germany

Vorwort

Während meiner Berufstätigkeit als Ingenieur und Hochschullehrer im Fachgebiet „Mechatronik“ ist mir die Wissenschaftsdisziplin der „Modellbildung“ und allgemein „Die Welt der Modelle“ sehr vertraut geworden. Am Anfang einer wissenschaftlichen Ausbildung ist einem die Tatsache, dass Theorien über die Welt und deren Beschreibung nicht die Realität darstellen, sondern Modellvorstellungen über die Realität sind, noch nicht so bewusst. Man nimmt an, die Naturgesetze sind universell gegeben und mussten in der historischen Entwicklung nur von genialen Wissenschaftlern „entdeckt“ werden.

Aber alle diese Gesetze gelten nur eingeschränkt für die Realität und wurden für Modellvorstellungen formuliert. Ein gutes Beispiel ist die berühmte Formel $E = m \cdot c^2$, die in der Relativitätstheorie von Albert Einstein enthalten ist und von der jeder schon einmal gehört hat. Sie beschreibt, dass die Energie E in einem Raumvolumen zu der dort enthaltenen Masse m proportional ist, mit dem gigantischen Proportionalitätsfaktor „Quadrat der Lichtgeschwindigkeit c“. Dies hat zur Folge, dass bei der Umwandlung von Materie in Energie, wie sie in kerntechnischen Prozessen auftritt, aus winzigen Materiemengen sehr große Energiemengen erzeugt werden. Die exakte Form der Einstein'schen Gleichung lautet jedoch $E = m \cdot c^2 \cdot \frac{1}{\sqrt{1-v^2/c^2}}$. Bei der erstgenannten Formel handelt es sich um den Sonderfall für die Ruheenergie E_0, die auftritt, wenn der Impuls des Objektes den Wert Null besitzt. Dies hängt von der Wahl des Bezugssystems ab, in dem der Körper sich relativ zum Beobachter mit der Geschwindigkeit v bewegt. Schaut man sich die erweiterte Gleichung an, so sieht man, dass verglichen mit dem Wert von $c = 300.000\ km/s$ in unserer Lebensrealität nur sehr kleine Geschwindigkeiten von beispielsweise $v = 100 \frac{km}{h} = 0{,}0027 \frac{km}{s}$ auftreten. Der so genannte Lorentzfaktor $\gamma = \frac{1}{\sqrt{1-v^2/c^2}}$ nimmt daher für realistische Erdgeschwindigkeiten nahezu den Wert 1 an, da im Beispielfall die Größe $v^2/c^2 = 0{,}0000000000000000857 \approx 0$ gilt. Dadurch wird $\gamma = 1$ und man erhält dann die allgemein berühmte Formel für die Energie eines Körpers. Gleichzeitig erhellt aber aus der „korrekten“ Gleichung, warum ein Körper sich nicht mit Lichtgeschwindigkeit bewegen kann. In diesem Fall würde der Faktor γ unendlich groß werden, weil der Wurzelausdruck gegen Null strebt. Das wiederum würde bedeuten, dass die Energie des Körpers unendlich groß würde. Man sieht daran, dass einzelne Gewissheiten über die Realität nur in bestimmten Grenzen gelten, die durch eine Modellvorstellung gezogen wurden.

Trotzdem sind Modelle jedoch ein sehr nützliches Hilfsmittel, wenn der Mensch seine Umwelt und die Vorgänge darin beschreiben will. Dabei muss er sich aber dessen bewusst bleiben, dass die Modelle nicht deckungsgleich mit der Realität sind, sondern dazu dienen, sich die Realität besser vorstellbar zu machen. Dies hat sehr viel mit den Beschränkungen der menschlichen Intelligenz und seinen sensorischen Aufnahmefähigkeiten zu tun. Zwar wurden durch die historische Entwicklung der Wissenschaften in den letzten Jahrtausenden die Modellvorstellungen immer weiter verbessert und teilweise auch wieder verworfen, aber selbst heute tun sich immer noch große Lücken im exakten Verständnis der Realität auf.

Aufgabe dieses Buches soll es nun sein, historische Entwicklungen aufzuzeigen und solche Modelle und Modellvorstellungen zu beschreiben, deren Übereinstimmung mit der Realität recht gut gesichert sind. Mit Modellvorstellungen sind häufig mathematische Beschreibungen des Modells verbunden, ohne die man kein gutes Modellverständnis entwickeln kann. Es ist mir dabei bewusst, dass, obwohl durch das Schul- und Hochschulsystem die Mathematik immer stärker gefördert wird, diese sehr auf Exaktheit aufgebaute Disziplin aber allgemein unbeliebt ist. Ich habe mich daher bemüht, die für das Verständnis der Ausführungen notwendige Mathematik möglichst allgemeinverständlich zu beschreiben und dabei teilweise auf Exaktheit zu verzichten.

Neben der Wissensvermittlung soll das Buch natürlich auch unterhalten und zu weiterer Beschäftigung mit den angesprochenen Themengebieten anregen. Daher enthält es im entsprechenden Verzeichnis viele URL's (**U**niform **R**esource **L**ocator: Internet-Adresse), unter denen Programme heruntergeladen oder weitere Informationen gefunden werden können. Diese sollten Sie einmal selbst erproben, wenn sie die im Buch behandelten Themen weiter vertiefen möchten.

Noch vor 30 Jahren wäre die Informationsbeschaffung für das vorliegende Buch sehr viel aufwendiger gewesen. Das Internet und die dort verfügbaren Programme und Bibliotheken haben dies heute deutlich erleichtert. Zwar könnte man sagen, dass die meisten Informationen dieses Buches dort von Jedermann recherchiert werden könnten, aber eine Zusammenschau unter einer bestimmten Themenstellung bedarf schon der Erfahrung eines langen Wissenschaftlerlebens. Auf umfangreiche Zitatnachweise habe ich verzichtet, da unter den gekennzeichneten ***Stichworten*** (Fett- und Kursivdruck) leicht die Informationen im Internet abgerufen werden können. Die URL's unter denen viele der erwähnten Programme kostenfrei heruntergeladen werden können, habe ich im URL-Verzeichnis im Anhang hinterlegt,

Für die Begutachtung und die förderliche Kritik an diesem Buch möchte ich Frau E. Klabunde und dem Lektorat des Springer Vieweg Verlags besonders danken. Meine Kollegen Prof. Dr.-Ing. R. Dudziak und M. Eng. Dipl.-Ing. H.-J. Rehbein haben mich bei der fachlichen Kontrolle der Inhalte unterstützt und meine Frau Renate hat mir geholfen, das Verständnis des Inhalts für Nicht-Ingenieure zu verbessern. Ihnen möchte ich ebenfalls meinen Dank ausdrücken.

Witten, August 2024

Inhalt

1 Einleitung

1.1 Schöpfungsgeschichte

Nach dem derzeitigen physikalischen Weltbild entstand das Universum vor ca. 13,7 Milliarden Jahren aus einem Ereignis heraus, das lax als der „Urknall“ bezeichnet wird. Die sich daraus ergebenden Entwicklungen werden als das „Standardmodell der Kosmologie“ bezeichnet [Gant 2023]. Dies ist eine „Modellvorstellung“, wobei später noch ausführlich erläutert wird, was unter einer Modellvorstellung zu verstehen ist. Zum Zeitpunkt dieses „Schöpfungsaktes“ waren alle Energie und alle Materie extrem dicht unter gewaltigen Temperaturen zusammengepackt. In Bruchteilen von Sekunden dehnte sich das Universum mit extremer Geschwindigkeit aus, weshalb man den bildhaften Begriff „Urknall“ gewählt hat. Bei diesem Geschehen war kein intelligenter Beobachter anwesend, so dass die Ereignisse nur aus den heute feststellbaren Gegebenheiten von Raum, Energie und Materie gefolgert werden können.

Anfangs bestand der Inhalt des Universums aus einem sehr heißen, lichtundurchlässigen Plasma. In einer sehr frühen Phase nach dem Urknall entstanden zunächst die Elementarteilchen mit der Bezeichnung Protonen und Neutronen, die wichtigsten Bestandteile der Materie. Da Neutronen aber instabil sind und in Protonen zerfallen, gab es bald einen Protonenüberschuss. Die Temperatur nahm daraufhin stetig ab. Je zwei Protonen verschmolzen mit zwei Neutronen zu einem Heliumkern. Aus den überschüssigen Protonen entstand schließlich der Wasserstoff. Dies war die Anfangsausstattung des Universums.

Das in der frühen Phase entstandene Gas ballte sich aufgrund einer durch „Quantenfluktuationen“ verursachten unregelmäßigen Verteilung unter der Schwerkraft zusammen, woraus sich erste Sterne bildeten. In den vor allem aus Wasserstoff bestehenden Sternen läuft unter extremen Temperaturen und Drücken der Prozess der Kernfusion ab, bei dem zwei Wasserstoffatome zu einem Heliumatom verschmelzen. Entsprechend dem durch die Relativitätstheorie von A. Einstein (1879-1955) beschriebenen Zusammenhang $E = m \cdot c^2$ wird in einem Stern wie unserer Sonne Materie in Energie umgewandelt. Die Gleichung besagt, dass die Energie E und die Materie m zwei verschiedene Ausprägungen des Zustandes des Raumes sind, die über den Faktor c in quadrierter Form in Zusammenhang stehen. Der Buchstabe c (lat. **c**eleritas) steht dabei für die Lichtgeschwindigkeit, der höchsten Geschwindigkeit, die im Universum auftreten kann.

W. Roddeck, *Die Welt der Modelle und Simulationen*, https://doi.org/10.1007/978-3-658-46305-2_1

Daher entspricht schon eine sehr kleine Menge von Materie einer sehr großen Menge an Energie. Beim Verschmelzen von zwei Wasserstoffatomen zu einem Heliumatom entsteht eine geringfügige Massendifferenz, die dieser sehr großen Energiemenge entspricht. Die Energie verteilt sich im Raum und kann auf Planeten, das sind kalte Begleiter, die um Sterne kreisen, zu Bedingungen führen, unter denen sich sehr komplexe Materieformen bilden können.

Mit der Zeit wird der meiste Wasserstoff in einem Stern zu Helium umgewandelt, was zu entsprechenden Veränderungen führt, die andere Verschmelzungsprozesse von Atomen ermöglichen. Dabei werden in den Sternen alle Elemente mit zunehmender Anzahl von Kernbausteinen bis zum Element „Eisen“ erzeugt. Normale kernphysikalische Prozesse erlauben keine weiteren Verschmelzungen, aber es kann zu katastrophalen Explosionen von Sternen, den so genannten „Supernovae“ kommen, bei denen auch Elemente mit einer höheren Anzahl von Kernbausteinen bis hinauf zum Uran entstehen. Auf diese Weise entstanden immer wieder neue Sterngenerationen und vor ca. 4,5 Milliarden Jahren bildete sich aus einer Gaswolke der Stern, den wir als „Sonne“ bezeichnen. Im Entstehungsstadium entwickelte sich durch Eigenrotation eine Materiescheibe, deren Inneres den Stern bildete, während in der äußeren Scheibe durch entsprechende Zusammenballung Planeten entstehen konnten.

In einer relativ sternennahen Umlaufbahn bildete sich der Felsplanet „Erde“, der nach einiger Zeit eine feste Oberfläche bildete und groß genug war, mit seiner Schwerkraft eine Gasatmosphäre festzuhalten. Alle diese Vorgänge hatten jedoch keinerlei „Beobachter“, die diese Vorgänge wahrnehmen oder beschreiben konnten. Über viele Milliarden Jahre entwickelten sich auf der Erde immer komplexere Kombinationen von Atomen und Molekülen, die irgendwann zu Leben führten. Dies sind Erscheinungsformen von Materie, die sich selbst reproduzieren und durch Stoffwechselprozesse einige Zeit als Individuen existieren können. Über eine lange evolutionäre Entwicklung entstand schließlich der Mensch, der wahrscheinlich als erstes Lebewesen die „Realität“ so wahrnehmen und interpretieren konnte, dass er in der Lage ist, solche Beschreibungen über das Universum, wie ich es oben aufgeführt habe, zu entwickeln. Wie sich die aktuellen Erkenntnisse im Laufe der letzten 10000 Jahre und besonders in den letzten 3000 Jahren entwickelt haben und wie wir die Realität interpretieren, ist ein Hauptbestandteil dieses Buches.

1.2 Was ist Realität?

Der Mensch hat sich durch die Evolution zu einem Lebewesen mit einem komplexen Nervensystem entwickelt. Sein großvolumiges Gehirn erhält Informationen über die Realität durch Sinnesorgane, wie Augen, Ohren und Nase. Diese Sinnesorgane haben sich aber evolutionär nicht dazu entwickelt, die Realität möglichst genau zu erfassen, sondern sind oft aufgrund der Entwicklungsgeschichte von nicht optimaler Auslegung.

So lässt sich Richard Dawkins [Daw 2010] in seinem Buch „Die Schöpfungslüge" folgendermaßen über das wichtigste Sinnesorgan des Menschen, das Auge, aus:

„Das Auge der Wirbeltiere ist in seiner vollkommensten Form – beispielsweise als Auge eines Falken oder eines Menschen – ein ausgezeichnetes Präzisionsinstrument, das mit seiner Feinauflösung den vorzüglichsten Produkten von Zeiss oder Nikon Konkurrenz macht... . Andererseits sagt der große deutsche Wissenschaftler Herman von Helmholz im 19. Jahrhundert über das Auge:

> »*Wenn ein Optiker mir ein Instrument mit all diesen Fehlern verkaufen wollte, würde ich mich im Recht fühlen, wenn ich ihm seine Unachtsamkeit in harten Worten vorwerfe und ihm sein Instrument zurückgebe.*«

Dass das Auge besser zu sein scheint, als der Physiker Helmholz es beurteilte, hat einen Grund: Das Gehirn schafft es verblüffend gut, die Bilder anschließend zu säubern wie ein höchst raffiniertes, automatisches Bildbearbeitungsprogramm. Was die reine Optik betrifft, erreicht das Auge des Menschen seine Zeiss-Nikon-Qualität nur in der Fovea, dem mittleren Teil der Netzhaut, den wir zum Lesen benutzen.

Was dem Auge an optischer Qualität fehlt, macht das Gehirn also mit seiner raffinierten Bildverarbeitungssoftware wett. Das auffälligste Beispiel für optische Unvollkommenheit habe ich aber noch nicht erwähnt: Die Netzhaut liegt verkehrt herum."

Wie man sieht, bildet das Sinnesorgan *Auge* die Realität nur eingeschränkt ab und es hat sich nicht aus dem Grund entwickelt, uns ein möglichst exaktes Abbild der Realität zu liefern. Ähnliche Unvollkommenheit liegt auch bei anderen Sinnesorganen wie beispielsweise der Nase vor. Tiere wie der Hund oder der Wolf, deren Jagd- und Fressverhalten maßgeblich durch den Geruchssinn bestimmt sind, können Gerüche in noch millionenfach verdünnter Konzentration gegenüber dem Geruchsinn des Menschen wahrnehmen. Durch diese Probleme ist das Abbild der Realität, wie es vom Menschen wahrgenommen wird, alles andere als wahrheitsgetreu. Aber wie schon beim Auge bemerkt, besitzt der Mensch mit seinem leistungsfähigen Gehirn die Möglichkeit, die Informationen der Sinnesorgane so zu interpretieren, dass diese Interpretation der Realität deutlich näherkommt, als die Informationsgewinnung vermuten lässt. Dabei helfen dem Menschen ***Modellvorstellungen***, die Lücke zwischen der Informationsaufnahme und der Realität zu verkleinern.

Die Diskrepanz zwischen Realität und vom Menschen wahrgenommener Umgebung war schon den griechischen Naturphilosophen bewusst. Berühmt in diesem Zusammenhang ist das Höhlengleichnis des antiken Philosophen Platon (428-348 v. Chr.), der es am Anfang des siebten Buches seines Dialogs *Politeía* von seinem Lehrer Sokrates erzählen lässt [Wik 2023]. „Sokrates beschreibt eine unterirdische, höhlenartige Behausung, von der aus ein rauer und steiler Gang, einem Schacht ähnlich, nach oben zur Erdoberfläche führt. In der Höhle leben Menschen, die dort ihr ganzes Leben als Gefangene verbracht haben. Sie sind sitzend an Schenkeln und Nacken so festgebunden, dass sie immer nur auf die Höhlenwand vor ihnen schauen und ihre Köpfe nicht drehen können (Bild 1.1). Daher können sie den Ausgang, der sich hinter ihren Rücken befindet, nie erblicken und von seiner Existenz nichts wissen. Auch sich selbst und die

Bild 1.1: Illustration zum Höhlengleichnis von Platon (Wikipedia)

anderen Gefangenen können sie nicht sehen; das Einzige, was sie je zu Gesicht bekommen, ist die Wand, auf die zu blicken sie fixiert worden sind. Weit oben hinter ihnen brennt ein fernes Feuer, jedoch sehen die Gefangenen nur die von seinem Licht beleuchtete Wand, nicht dessen Quelle. Auf der Wand sehen sie Schatten.

Anschließend erklärt Sokrates, wie das Gleichnis zu verstehen ist. Die Höhle versinnbildlicht die Welt, die sich den Sinnen darbietet, die normale Umgebung des Menschen, die man gewohnheitsmäßig mit der Gesamtheit des Existierenden gleichsetzt."

Dies hat sich mit unseren heutigen Kenntnissen bewahrheitet, denn viele Informationen über die Realität können vom Menschen gar nicht wahrgenommen werden, da seine Sinnesorgane diese nicht registrieren können. Dazu gehören physikalische Phänomene wie elektromagnetische Wellen außerhalb des sichtbaren Frequenzbereichs, Infra- und Ultraschall, radioaktive Strahlung und magnetische Felder, sowie sehr kleine Objekte wie Bakterien und Zellen. Um sich dennoch beobachtbare Phänomene erklären zu können, oder einen Sinn hinter diesen zu entdecken, hat der Mensch sich schon lange gedankliche Modelle erdacht, deren Bedeutung in den folgenden Kapiteln erläutert werden.

1.3 Wozu werden Modelle benötigt?

Menschen haben seit der Vorzeit versucht, Ereignisse und Phänomene in Ihrer Umwelt zu erklären. Dies geschieht, um positive oder negative Vorhersagen darüber zu treffen, was Einzelpersonen oder Gemeinschaften in der Zukunft zustoßen könnte. Schamanen in Jäger- und Sammlerkulturen hatten Aufgaben wie die Erklärung der Ursache einer Krankheit und die daraus resultierende Behandlung, oder die Vorhersage des Jagdglücks aufgrund bestimmter Vorzeichen. Da moderne biologische Konzepte wie Bakterien und Viren oder Organversagen unbekannt waren, wurden animistische Erklärungen, wie die Anwesenheit von guten oder bösen Geistern, herangezogen.

Jeder Mensch kennt den bei der Interaktion mit leblosen Dingen wie Steinen oder Holz entstehenden Eindruck, der sich einstellt, wenn beim Umgang damit, die Objekte sich nicht so verhalten, wie man es gerne möchte. Man ist dann versucht, den Objekten eigenständiges Verhalten und Eigenschaften zu unterstellen, die lediglich Lebewesen vorbehalten sind. Da diese den Objekten innewohnende angenommene Intelligenz nicht real wahrgenommen werden kann, entwickelte der Mensch die animistische Vorstellung, dass in diesen Objekten ein unsichtbarer Geist vorhanden ist. Stellt man sich diesen als menschenähnlich vor, so erlangt er allerlei Eigenschaften, die auch für Menschen typisch sind. Stellt sich das Objekt als widerspenstig heraus, so ist es naheliegend, den Geist mit ähnlichen Ritualen zu besänftigen, wie man sie auch bei Menschen anwenden würde.

Diese Erklärungen entsprachen aber selten den tatsächlichen Ursachen und Verhältnissen, sondern waren von Menschen erdachte ***Modelle***, mit deren Hilfe man der Realität näherkommen wollte.

Später dann, im klassischen Griechenland, entwickelte man tiefgründigere Modellvorstellungen über die Welt und den Kosmos, um sich die Vorgänge in der Umwelt zu erklären. Man versuchte mit Hilfe von Sphären die Bewegung von Sonne, Planeten und Sternen am Himmel zu deuten, um beispielsweise Sonnenfinsternisse vorherzusagen. So berichtet der griechische Geschichtsschreiber Herodot (ca. 490 – 430 v. Chr.) in seinem Werk *Historien* von der Vorhersage einer Sonnenfinsternis im Jahr 585 v. Chr. Diese soll während der Schlacht von Halys zwischen den Lydern und den Medern aufgetreten und von dem Naturphilosophen Thales von Milet (ca. 623 – 545 v. Chr.) vorhergesagt worden sein.

Beim Aufkommen der naturwissenschaftlichen und technischen Revolutionen in der Neuzeit wuchs immer mehr das Bedürfnis, sich physikalische Vorgänge anhand von Modellen zu erklären, um genaue Beschreibungen komplexerer Vorgänge und qualitative oder quantitative Vorhersagen von Phänomenen zu ermöglichen. Heute sind die unterschiedlichsten Modellformen genau bekannt und untersucht und ohne sie wären die gewaltigen Entwicklungen in Naturwissenschaft und Technik der letzten 200 Jahre nicht möglich gewesen.

Will man möglichst exakte Modelle haben, so sind dies heute ***mathematische Modelle*** in Form von Gleichungen. Will man sich also näher mit solchen Modellen befassen, so kommt man um etwas Verständnis für mathematische Zusammenhänge nicht herum. Ich werde daher weiter unten versuchen, auf Schulwissen aufbauend, die erforderliche Mathematik und deren Entwicklung in den letzten zweieinhalbtausend Jahren so einfach wie möglich zu beschreiben. Dabei liegt der Schwerpunkt nicht auf mathematischer Exaktheit, sondern auf Allgemeinverständlichkeit.

1.4 Was ist eine Modellvorstellung?

Wenn der Mensch einen Vorgang oder ein Phänomen in seiner Umwelt beobachtet und über das Zustandekommen nachdenkt, stellt er ***Hypothesen*** auf, welche Wirkmechanismen sich dahinter verbergen könnten. Dies kann unabhängig von möglichen Nutzanwendungen einfach eine gedankliche Übung sein, oder weil man durch eine Erklärung des Vorgangs auf das zukünftige Verhalten schließen will. So liefert die Erklärung astronomischer Vorgänge für den Anbau von Lebensmitteln wichtige Informationen zu Aussaat und Ernte. Kurzfristiger bringt die Vorhersage des Wettergeschehens wichtige Informationen über die zukünftige Tagesplanung oder heraufziehende Gefahren.

Dabei sind die Systeme, die die Bewegungen der Himmelsobjekte beinhalten oder das Wettergeschehen beeinflussen, so komplex, dass sich die Erklärungsmodelle für diese Phänomene im Laufe der Jahrtausende mehrfach ändern mussten. Am Beispiel der astronomischen Weltbilder kann man leicht erläutern, was eine Modellvorstellung beinhaltet.

Der Mensch macht Beobachtungen des räumlichen und zeitlichen Verhaltens verschiedener Objekte (Sonne, Mond, Planeten) am Himmel. Um zu verstehen, welche Vorgänge dort ablaufen und Vorhersagen über das zukünftige Verhalten dieser Objekte machen zu können, bedarf es eines Modells des Kosmos. Dieses Modell beinhaltet die Vorstellungen, welche Wirkzusammenhänge zwischen den beobachteten Objekten bestehen. Wenn man dann den derzeitigen Zustand des Kosmos durch Beobachtung kennt (Sonnenstand, Jahreszeit usw.) und erklären kann, wann in der Zukunft eine bestimmte Konstellation der Gestirne untereinander eintreten wird (Sonnenfinsternis), so hat man dazu ein Modell des Kosmos verwendet.

Zur Erklärung kann man ganz unterschiedliche Modelle verwenden, aber trotzdem zur gleichen Aussage kommen. In den mythologischen Vorstellungen vieler früher Kulturen findet sich die am Augenschein orientierte Vorstellung der flachen Erde als Scheibe. Bei Pythagoras (ca. 570 – 510 v. Chr.) und seinen Schülern finden sich erste Vermutungen der Kugelgestalt der Erde, die dann durch die Bestimmung des Kugelumfangs durch Eratosthenes (ca. 275 – 194 v. Chr.) bestätigt wurde. Zu diesem Zeitpunkt war aber immer noch der räumliche Zusammenhang der Positionen von Objekten wie Sonne, Mond und Erde nicht so, wie wir sie heute im modernen Weltbild kennen. Trifft die Bemerkung von Herodot über die Vorhersage der Sonnenfinsternis durch Thales zu, so wurde diese Festlegung aufgrund eines nach heutiger Erkenntnis völlig falschen Modells des Kosmos getroffen.

Daran sieht man, dass eine Modellvorstellung keine exakte Beschreibung der tatsächlichen physikalischen Vorgänge beinhaltet, sondern vereinfachende oder sogar falsche Annahmen verwendet, um zutreffende Prognosen über ein Phänomen anzustellen. Im folgenden Kapitel werde ich zuerst die historische Entwicklung der unterschiedlichsten Modellvorstellungen darstellen, welche zur Entwicklung der modernen Mathematik führten. Dies gipfelte letztendlich im Einsatz von Computern zur Behandlung der Modellvorhersagen.

In den weiteren Kapiteln werden die Möglichkeiten anhand von Beispielen erläutert, wie mit Hilfe moderner Verfahren der uralte Traum, die Vorhersage des zukünftigen Verhaltens von Systemen zu ermöglichen, in greifbare Nähe rückte. Insbesondere die Verwendung von Computern, deren historische Entwicklung ebenfalls dargestellt werden wird, hat zu einer Vielzahl neuartiger Methoden bei der Erstellung von Systemmodellen oder sogar Modellwelten geführt. Sie führte auch zum spielerischen Umgang mit Modellvorstellungen, so dass hierzu ebenfalls ein Kapitel deren Entwicklung aufzeigt.

2 Historische Entwicklung

Seit in frühesten Zeiten der Homo sapiens und seine Vorfahren die Fähigkeit entwickelten, aufgrund bestimmter Kenntnisse der Umwelt und der Interpretation von Zeichen und Merkmalen sich ein mentales Abbild ihrer Welt zu machen, verwenden sie Modelle.

2.1 Modelle in Vorzeit und Altertum

In der Vorzeit hatten solche Modelle noch keine körperliche Ausprägung, sondern entstanden als Modellvorstellung im Gehirn des planenden Menschen. Wenn ein Jäger beispielsweise eine Jagdbeute aufgespürt und identifiziert hat, so besitzt er aufgrund seines Erfahrungsschatzes eine modellhafte Vorstellung, wie sich das Tier in Zukunft verhalten wird. Daraufhin legt er seine Strategie fest (Annäherung gegen den Wind, Tarnung, usw.), die die Wahrscheinlichkeit erhöht, die Beute zu erlegen. Dabei hat die Modellvorstellung des Tierverhaltens einen statistischen Charakter, der durch häufige Beobachtung ermittelt wurde. Die heute oft verwendeten ***deterministischen Modelle***, das sind Modelle bei denen der Zusammenhang zwischen Ursache und Wirkung durch eine bekannte mathematisch darstellbare Beziehung gebildet wird, waren damals noch weitgehend unbekannt. Trat dann ein Unfall auf, weil der Jäger strauchelte und abstürzte oder von seinem Beutetier verletzt wurde, so war die Ursache dieses Ereignisses jedoch unmittelbar einsichtig.

Anders verhält es sich mit den meisten Infektionskrankheiten. Hier fiel es den Jäger- und Sammlerkulturen schwer, eine Krankheit zu erklären, da Bakterien und Viren unbekannt waren. Daher mussten Spezialisten ausgebildet werden, die die Ursache solcher Krankheiten ergründen und daraus Heilungsmaßnahmen ableiten konnten. Diese Schamanen verfügten über Kenntnisse von sinnvollen Heilmethoden, aber schwere Krankheiten entzogen sich den einfachen Behandlungsmöglichkeiten. Um Ihre Ursachen zu erklären und entsprechende Vorgehensweisen zur Behandlung abzuleiten, wurde die Vorstellung von Geistern und unsichtbaren Naturwesen entwickelt, die einerseits Krankheiten hervorrufen und andererseits durch beschwichtigende Rituale günstig gestimmt werden konnten.

Diese Problematik wurde gravierend, als vor ca. 10000 Jahren einzelne Volksstämme sesshaft wurden und Ackerbau und Viehzucht entwickelten. Durch das ständige Verweilen an einem Ort und das nahe Zusammenleben mit den Haustieren traten vermehrt Krankheiten bei den nun sesshaft gewordenen Menschen auf, die sie vorher nicht kannten.

W. Roddeck, *Die Welt der Modelle und Simulationen*, https://doi.org/10.1007/978-3-658-46305-2_2

Diese sprangen über die Artgrenzen von den Haustieren auf den Menschen über und Fäkalien belasteten Trinkwasser und Umwelt. In der Folge traten daher vermehrt Krankheiten auf, die als Bestrafung für bestimmte Handlungen interpretiert wurden. Da solche Krankheiten den früheren Jägern und Sammlern unbekannt waren, bedurften sie nun einer neuen Erklärung [Scha 2020]. Die Vielzahl der animistischen Naturgeister wurde daraufhin durch eine Handvoll potenterer Götter ersetzt. Diese hatten nun ausgeprägtere Fähigkeiten und bekamen klar umrissene Zuständigkeitsbereiche zugewiesen. Durch Errichtung von Heiligtümern und der Entwicklung professioneller Mittler zwischen Menschen und Göttern konnten so viele Ereignisse des täglichen Lebens erklärt werden.

Bild 2.1: Zeus di Smirne *Louvre, Paris (Wikipedia)*

Eine sehr bekannte Vorstellung zur Erklärung des Naturphänomens Blitz und Donner ist in der griechischen oder auch nordischen Mythologie die Eigenschaft der Götter Zeus (Bild 2.1) oder Thor. Das Naturphänomen wird in dieser Interpretation durch das Schleudern eines Blitzstrahls oder Hammers ausgelöst, das Funken und ein Poltergeräusch hervorruft.

Fast alle Zivilisationen weltweit entwickelten ein Pantheon von Göttern, die für alle möglichen Belange des täglichen Lebens, aber auch für wichtige Aufgaben des Staates zuständig waren und angerufen werden konnten. Eine häufig diskutierte Frage in diesem Zusammenhang war die Erklärung, wie die Götter den Himmel und die Erde erschaffen hätten. Weltschöpfungsmythen sind universell verbreitet und erklären die Erschaffung entweder aus dem Nichts oder unter Verwendung der Körper mythischer Wesenheiten.

Eine wichtige Weiterentwicklung solcher Vorstellungen wurde im klassischen Griechenland ab dem 5. Jhd. v. Chr. erreicht. Es entwickelten sich jetzt Vorstufen des wissenschaftlichen Denkens durch die so genannten Naturphilosophen wie Sokrates, Platon und Aristoteles. Bei Ihnen tritt zum ersten Mal der Begriff der Kausalität (von lateinisch *causa*, „Ursache“, und *Casales*, „ursächlich, ***kausal***“) auf. Der Begriff bezeichnet die Tatsache, dass es keine Wirkung in der Welt gibt, die ohne Ursache ist. Anders ausgedrückt: jede auftretende Wirkung muss eine Ursache haben. Hierbei standen aber noch nicht die praktischen Dinge des Alltags im Vordergrund, sondern theoretische Betrachtungen wie etwa „der Urgrund allen Seins“.

Eine wichtige Modellvorstellung zur Erklärung der natürlichen Phänomene in der Umwelt und der Eigenschaften der Stoffe war die ***Vier-Elemente-Lehre***. Nach dieser Modellvorstellung bestehen alle Stoffe und Lebewesen in bestimmten Mischungsverhältnissen aus vier Grundelementen. Diese auch als Essenzen oder Wurzelkräfte bezeichneten Grundelemente sind Erde, Wasser, Feuer und Luft. Sie stehen gleichzeitig für die Prinzipien des Festen, Flüssigen, Glühenden und Gasförmigen. Die griechischen Naturphilosophen Thales, Anaximander, Anaximenes und Heraklit entwickelten im 6. und 5. Jhd. v. Chr. daraus ihre Weltbilder, in denen die Erde eine flache Scheibe aus dem Element Erde war, eingefasst vom Ozean aus Wasser, die beide auf einem Luftkissen schwammen.

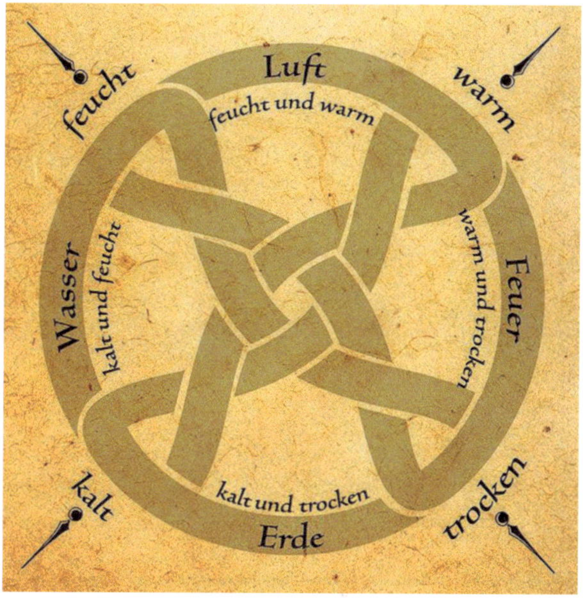

Bild 2.2: *Darstellung der vier Elemente und ihrer Eigenschaften (Wikipedia)*

Zusätzlich konnte die Vielfalt der in der Welt vorhandenen Stoffe und deren Eigenschaften durch eine Mischung der vier Grundelemente erklärt werden. Den Grundelementen wurden auch die Grundeigenschaften warm/kalt und trocken/feucht zugeschrieben (Bild 2.2). Die Grundelemente wurden zusätzlich durch unterschiedliche Götter des griechischen Pantheons dargestellt. Diese von den nachfolgenden Philosophen des 4. und 3. Jhd. v. Chr. wie Platon und Aristoteles weiterentwickelten Eigenschaftslehren wurden später auch auf die Heilkunst übertragen und bildeten die Grundlage für die Alchemie des späten Mittelalters. Hier wurde dann noch ein weiteres fünftes Element, die „Quintessenz", zur Erklärung chemischer Stoffeigenschaften hinzugefügt.

2.2 Modelle in Renaissance und Aufklärung

Die in der Antike von den Griechen und Römern entwickelten Modellvorstellungen über den Kosmos und die Welt, sowie den Aufbau und die Eigenschaften der Materie wurden bis zum Ende des Mittelalters weiter überliefert und kaum hinterfragt. Die Griechen Aristarchos von Samos und Seleukos von Seleukia hatten bereits ein heliozentrisches Weltbild (die Sonne steht im Mittelpunkt des Kosmos) vertreten und Eratosthenes hatte im 3. Jhd. v. Chr. die Kugelgestalt der Erde gefordert und den Erdumfang recht zutreffend berechnet. Dazu diente ihm eine geschickte Messung der Schattenlänge eines Stabes an verschiedenen geografischen Orten, was der modernen typischen wissenschaftlichen Vorgehensweise entspricht.

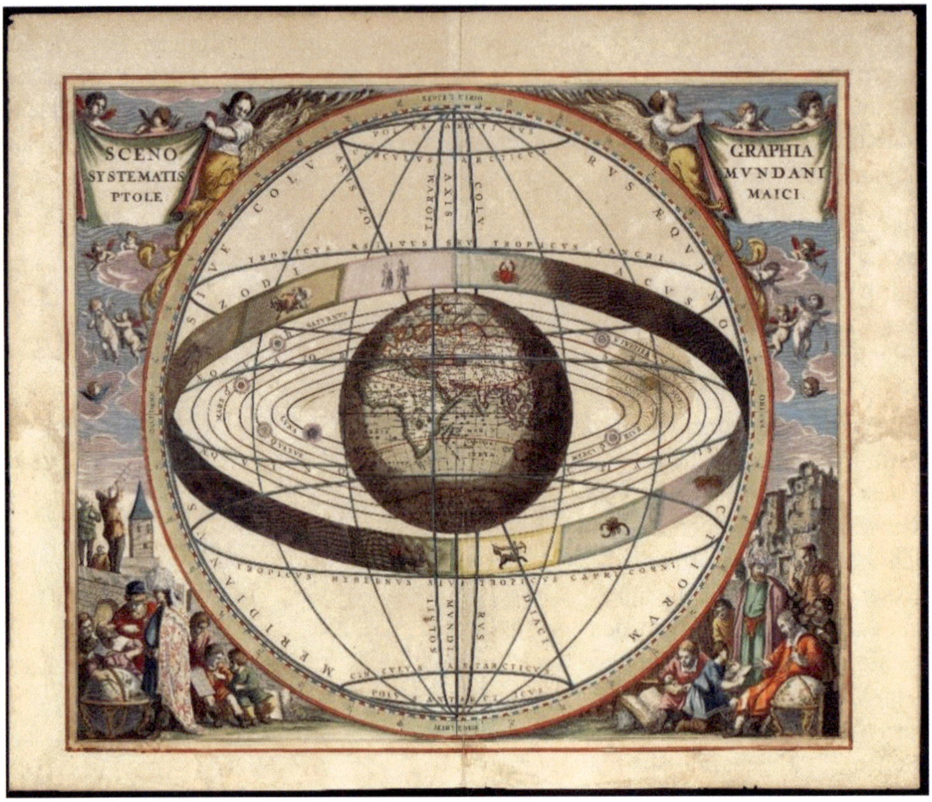

Bild 2.3: Darstellung des ptolemäischen Weltsystems 1661 (Wikipedia)

Aber der einflussreiche griechische Mathematiker und Astronom Claudius Ptolemäus hatte im 2. Jhd. n. Chr. das heliozentrische Weltbild verworfen und ein komplexes geozentrisches Weltbild (die Erde steht im Mittelpunkt des Kosmos) entwickelt, das bis in die frühe Neuzeit als gültig betrachtet wurde. Um die astronomischen Beobachtungen mit dieser Modellvorstellung in Einklang zu bringen, bedurfte es dabei eines komplexen Sphärenmodells, um beispielsweise die teilweise rückläufigen Planetenbewegungen gegenüber dem Fixsternhimmel zu erklären. Da in diesem Modell die Erde eine einmalige und herausgehobene Stellung einnimmt und dadurch das Auftreten des Gottessohnes Jesus seine herausgehobene Legitimation erhielt, wurde dieses Weltbild (Bild 2.3) auch von der Kirche präferiert und abweichende Meinungen sanktioniert.

So wurde etwa Giordano Bruno, ein italienischer Priester und Astronom, von der Inquisition der katholischen Kirche der Ketzerei für schuldig befunden und im Jahre 1600 n. Chr. in Rom auf dem Scheiterhaufen verbrannt. Er hatte behauptet, dass das Universum unendlich und ewig sei und dass es im Universum viele bewohnte Welten geben müsste. Dies widersprach der Schöpfungsgeschichte der Bibel und stellte die Exklusivität der Erde in Frage.

Aber neue Erkenntnisse und Beobachtungen von Astronomen ließen sich nicht aufhalten und führten zu weiteren Entwicklungen der Modellvorstellungen über den Kosmos. Die erste Erklärung des beobachtbaren Himmelsgeschehens in Form eines heliozentrischen Weltbilds erfolgte durch Nikolaus Kopernikus. Sein Buch „De orbium coelestium“ (lat. Über die Umlaufbahnen der Himmelssphären) erschien erst kurz vor seinem Tod im Jahr 1543 in Buchform. Diese der kirchlichen Lehre wiedersprechende Vorstellung eines Sonnensystems, in dem die Sonne im Zentrum steht und von den Planeten auf kreisförmigen Bahnen umrundet wird (Bild 2.4), konnte durch Wissenschaftler nicht ohne Konsequenzen offen geäußert werden. Das Erscheinen des Werkes wird heute als „Kopernikanische Wende“ bezeichnet und markiert in der Geschichtswissenschaft den Übergang vom Mittelalter zur Neuzeit.

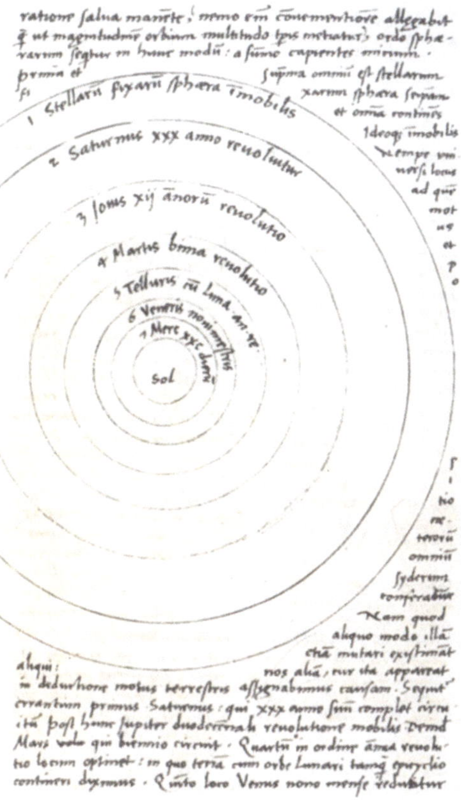

Bild 2.4: *Seite aus Kopernikus’ Manuskript von* „De revolutionibus orbium coelestium“ (Wikipedia)

Bei Gelehrten, die den Nachthimmel beobachteten, hatte sich, beginnend bei den Babyloniern und Ägyptern, in der Vorantike die Pseudowissenschaft „Astrologie“ entwickelt. Diese stellte Zusammenhänge zwischen astronomischen Ereignissen wie beispielsweise Gestirnkonstellationen und irdischen Vorgängen her. Astrologen behaupteten, dass es einen kausalen Zusammenhang zwischen der Position der Sonne und Planeten in Bezug auf den Fixsternhimmel zum Zeitpunkt der Geburt eines Menschen gibt und das dadurch dessen Lebensschicksal bestimmt wird. In dieser Modellvorstellung werden reale Beobachtungen von Himmelskörpern völlig zusammenhangslos mit realen Ereignissen auf der Erde verknüpft. Ihre in Grundzügen noch heute erkennbaren Deutungs- und Berechnungsgrundlagen erfuhr die Astrologie im hellenistisch geprägten griechisch-ägyptischen Alexandria. Lange Zeit waren ihre Erkenntnisse von den Beobachtungen der Astronomie kaum zu unterscheiden.

Durch die noch stark durch die Astrologie beeinflussten Astronomen Tycho Brahe (1546–1601) und Johannes Kepler (1571-1630) wurden zahlreiche präzise Beobachtungen der Planetenbewegungen gemacht. Kepler, der auch als Mathematiker erfolgreich tätig war, formulierte darauf basierend sein heliozentrisches Weltbild und die Gesetzmäßigkeiten, die heute als Keplers Gesetze der Planetenbewegung bezeichnet werden. Die ersten beiden Gesetze veröffentlichte er im Jahr 1609 in dem Buch *Astronomia Nova* (Neue Astronomie). Diese lauten:

- Die Planetenbahn ist eine Ellipse mit der Sonne in einem Brennpunkt.
- Die Geschwindigkeit eines Planeten variiert entlang seiner Bahn so, dass eine von der Sonne zu einem Planeten gezogene Strecke in gleichen Zeiträumen gleiche Flächen überstreicht.

Mit diesem heliozentrischen Weltbild traf er auf erbitterten Widerstand der christlichen Kirchen.

Bild 2.5: *Galileo Galilei – Porträt von Domenico Tintoretto, ca. 1602–1607 (Wikipedia)*

Sein Zeitgenosse Galileo Galilei (1564-1642), welcher vergleichbare Ansichten vertrat und die Beobachtungen mit einem Teleskop bestätigte, musste auf Drängen der Inquisition, seine Lehrmeinungen zurückziehen und wurde unter Hausarrest gestellt (Bild 2.5). Er entwickelte die Methode, die Natur durch die Kombination von geplanten Experimenten, möglichst genauen Messungen und mathematischen Analysen der Messergebnisse zu erforschen. Die bis dahin übliche Herleitung von Aussagen über die Natur durch philosophische oder theologische Überlegungen wurde von ihm ausdrücklich verworfen. Astronomen und Mathematiker wie Kepler und Galilei zählen durch ihre Beobachtungstechnik und den daraus abgeleiteten Schlussfolgerungen zu den Begründern der modernen Naturwissenschaften.

Das heliozentrische Weltbild setzte sich mit der Zeit durch, ihm fehlte aber eine Erklärung, wodurch die Planeten auf ihren elliptischen Bahnen um die Sonne und der Mond auf seiner Bahn um die Erde gehalten werden. Der englische Physiker, Mathematiker und Astronom Isaac Newton (1643-1725) entwickelte dafür in mehreren Ansätzen das nach ihm benannte ***Newton'sche Gravitationsgesetz***. Dies ist eines der grundlegenden Gesetze der klassischen Physik, das besagt, dass zwei Massen eine aufeinander gegenseitige Anziehungskraft - die Schwerkraft - ausüben. In seinem 1687 erschienenen

Werk *Philosophiae Naturalis Principia Mathematica* wird im Rahmen der von ihm zugleich begründeten *klassischen Mechanik* das Gravitationsgesetz formuliert. Die heute übliche Form des Gesetzes als mathematischer Ausdruck war dort zwar noch nicht vorhanden, aber es wurde formuliert, dass die Schwerkraft proportional zu den beiden Massen und umgekehrt proportional zum Quadrat der Entfernung ist. Die für die Formulierung als mathematische Gleichung erforderliche Gravitationskonstante war noch unbekannt.

Neben solchen physikalisch-mathematischen Modellen, die noch nicht mit diesem Sammelbegriff bezeichnet wurden, wurden Modelle seit dem Altertum in der Architektur verwendet. Das Wort ***Modell*** entstand im Italien der Renaissance als ital. *Modelle*, hervorgegangen aus lat. *Modules*, einem Maßstab in der Architektur. Es wurde bis ins 18. Jhd. in der bildenden Kunst als Fachbegriff verwendet. Dies waren in verkleinertem Maßstab angefertigte Abbilder aus Holz oder Stein, mit denen das zu errichtende Bauwerk visualisiert wurde. Neben solchen dreidimensionalen Modellen stellen natürlich zweidimensionale Zeichnungen im Grundriss oder Seitenriss ebenfalls Modelle dar und wurden bereits im Mittelalter vor der Errichtung großer Bauwerke von den Architekten angefertigt. Dabei dienten diese Modelle nicht zur statischen Auslegung des Bauwerks, sondern nur zur Visualisierung und als Maßskizze für die Bauhandwerker.

Während solche Zeichnungen jedoch maßstäblich angefertigt wurden und möglichst exakt das Design des Gebäudes widerspiegeln sollten, hatten andere Modellzeichnungen wie etwa Landkarten oder Globen ganz andere Aufgaben. Ein gutes Beispiel für den Zweck von Modellen ist die kartografische Darstellung des spätrömischen Straßennetzes in der Tabula Peutingeriana (Bild 2.6).

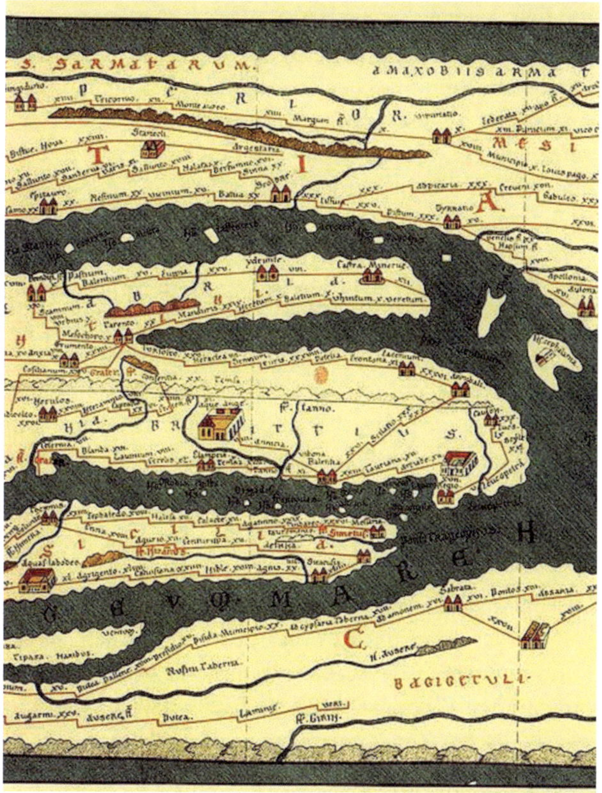

Bild 2.6: *Kartenausschnitt der Tabula Peutingeriana, Ausgabe von Konrad Miller 1887 (Wikipedia, Tabula Peutingeriana)*

Der Name der Landkarte leitet sich von dem Entdecker Konrad Peutinger (1465–1547) ab. Dieser erhielt die mittelalterliche Kopie des römischen Originals, die in das 12. Jahrhundert datiert wurde, von einem Freund. Die mittelalterliche Kopie ist wiederum eine Kopie des römischen Originals aus karolingischer Zeit. Das römische Original wiederum wurde nach 330 n. Chr. hergestellt.

Moderne Karten versuchen mit verschiedenen Projektionsverfahren die Oberfläche der Erde maßstäblich möglichst exakt auf einer ebenen Karte abzubilden. Daher kann man bei Kenntnis des Maßstabfaktors der Karte ziemlich genau die Entfernung zwischen interessierenden Orten entnehmen. Je nach Verwendungszweck einer solchen Karte werden ihr Zusatzinformationen wie Höhenlinien, Vegetation, Straßenverläufe und Ortsangaben mitgegeben. Welche Informationen ein solches „Modell" enthält, ist also nicht nur von der Realität, sondern auch von dem vom Modellersteller erwünschten Verwendungszweck abhängig.

So verzichtet – in Ermangelung entsprechenden geografischen Überblicks – die Tabula Peutingeriana vollständig auf geometrische Ähnlichkeit der Abbildung mit der Realität, sondern ist als schematisches Diagramm gestaltet. Sie hat vielmehr die Aufgabe den Reisenden alle notwendigen Informationen über die Lage der wichtigsten Städte und Pferdewechselstationen im Straßennetz des Römischen Reiches, sowie die Anzahl der Tagesetappen zwischen den Haltepunkten an den Hauptverkehrsrouten zu vermitteln. Die Landmassen erscheinen als waagrechte Streifen, die durch Mittelmeer und Adria getrennt werden. Die Städte sind durch Gebäudesymbole dargestellt, die je nach Bedeutung der Stadt größer oder kleiner ausfallen. Die Anzahl der Tagesmärsche wird durch hakenförmige rote Linien abgebildet. Sie enthält die damaligen Ortsnamen und die Entfernungen in römischen Meilen und war damit gut geeignet, längere Reisen zu planen. Obwohl das Abbild also jeder Ähnlichkeit mit der geografischen Realität entbehrt, war es für die Reiseplanung eine sehr große Hilfe. Man kann also festhalten, dass Modelle nicht immer die Realität exakt abbilden, sondern je nach Modellzweck Vereinfachungen vorgenommen werden können, die die erwünschten Modellinformationen nur unwesentlich beeinflussen.

2.3 Modelle der Neuzeit

Wie bereits oben bei der Formulierung des Gravitationsgesetzes durch Newton erwähnt, war es zu dieser Zeit noch nicht üblich, physikalische Gesetzmäßigkeiten in Form mathematisch exakter Ausdrücke zu formulieren. Es kam sogar vor, dass so renommierten Wissenschaftlern wie Newton schwerwiegende Fehler bei der Bewertung physikalischer Zusammenhänge unterliefen.

Physikalische Größen wie Energie und Arbeit waren damals noch recht unverstanden. So ging Newton davon aus, dass die Energie der Bewegung E_{kin} (kinetische Energie) direkt der Geschwindigkeit v proportional sei [Muk 2000]:

$$E_{kin} = c \cdot v$$

Der zu etwa der gleichen Zeit forschende Universalgelehrte Gottfried Wilhelm Leibniz (1646-1716) jedoch führte zu dieser Fragestellung aus:

> *Die Kräfte haben zweifache Natur, nämlich tote und lebendige. Die tote Kraft hängt vom Ort oder von der Stellung ab und die lebendige Kraft ist proportional zum Quadrat der Geschwindigkeit. Die Summe der beiden Kräfte im Universum ist konstant.* [Kar 2006]

Ersetzt man den von Leibniz benutzten Begriff „Kraft“ durch „Energie“, so wird der Energieerhaltungssatz für die potentielle E_{pot} (tote Kraft) und die kinetische Energie E_{kin} (lebendige Kraft) zutreffend formuliert:

$$E = E_{pot} + E_{kin} = const \quad und \quad E_{kin} = c \cdot v^2$$

Als reiner Theoretiker entwickelte Leibniz daraus aber keine praktischen Folgerungen und Newton als anerkannte Kapazität und Entwickler der Punktmechanik dominierte in der Folge die Entwicklung der Lehre von den mechanischen und dynamischen Prozessen.

Da eine Landkarte wie die oben erwähnte Tabula Peutingeriana in keiner Weise eine maßstäbliche geometrische Ähnlichkeit mit der realen Welt besaß, war sie für die im

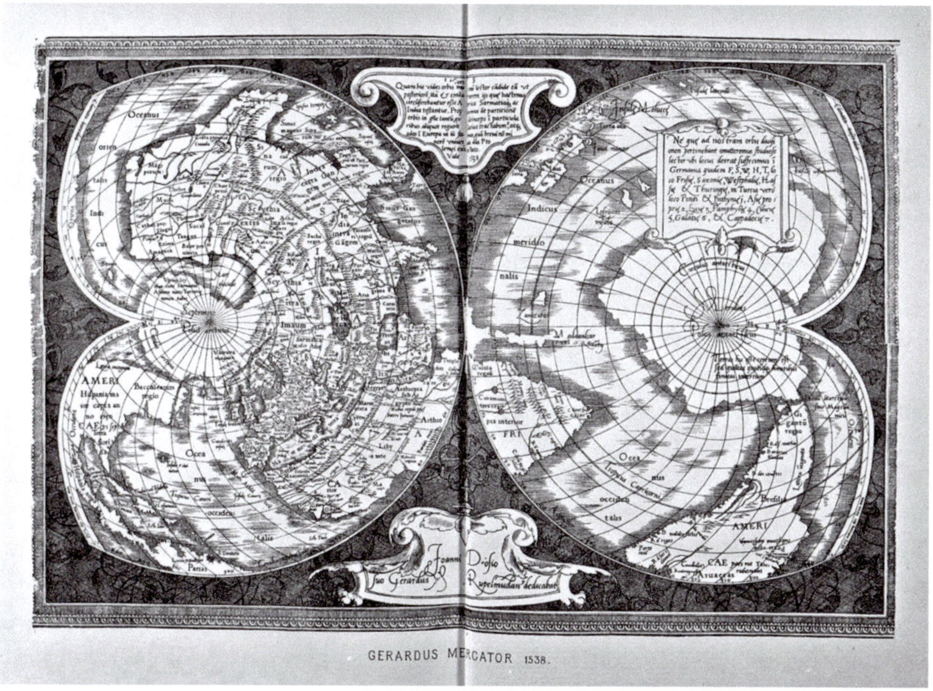

Bild 2.7: *Mercator-Weltkarte von 1538 (Wikipedia)*

15. Jahrhundert verstärkt aufkommende Navigation von Schiffen über das offene Meer völlig ungeeignet. Wollte man einen geradlinigen Kurs übers Meer zwischen zwei Punkten steuern, so wurde eine Landkarte mit einer winkelgetreuen Abbildung benötigt. Diese Aufgabe löste der niederländische Kartograph Gerhard Mercator (1512-1594), der seinen Namen der Wissenschaftstradition seiner Zeit entsprechend aus „Gheert Cremer" latinisiert hatte. Bevor er eine Weltkarte mit der später nach ihm benannten Mercatorprojektion erstellte, war er bereits ein berühmter Kartograph. Eine seiner typischen Weltkarten aus dem Jahr 1538 sah wie die im Bild 2.7 dargestellte aus.

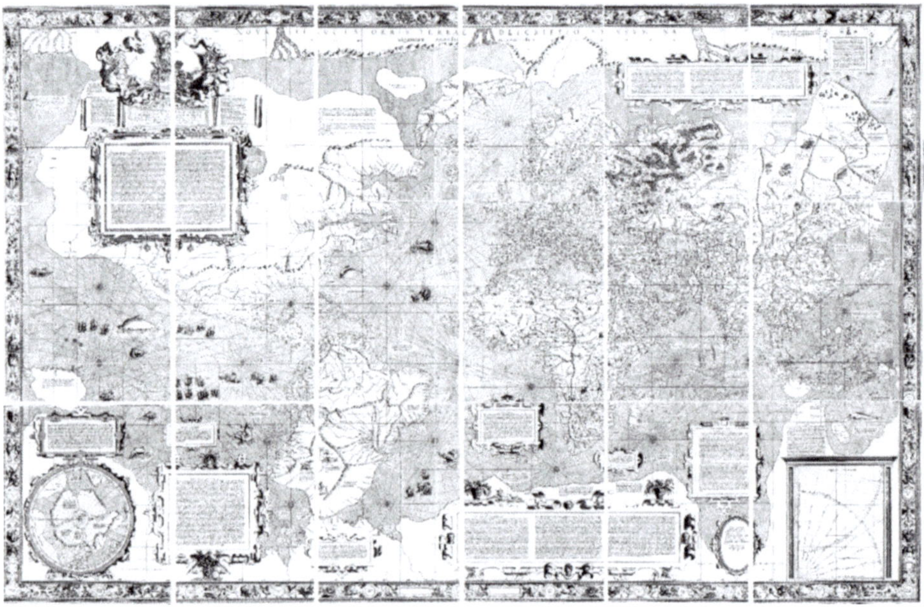

Bild 2.8: *Weltkarte von Gerhard Mercator aus dem Jahr 1569 (Wikipedia Mercator)*

Hier wird das Problem der ebenen Darstellung der Oberfläche einer Kugel dadurch gelöst, dass die Oberfläche der Kugel in die Ebene „abgewickelt" wurde, wodurch die Ränder der Darstellung durch Schnittkurven begrenzt sind. Die Meridiane (gerade Linien von Pol zu Pol) treffen sich an den Polen. Mit Hilfe einer solchen Karte kann man keinen geradlinigen Kurs über das Meer steuern. Die dann von ihm im Jahr 1569 veröffentlichte Weltkarte (Bild 2.8) benutzte eine Zylinderprojektion (Mercatorprojektion). Bei dieser sind die Meridiane Geraden, die parallel zueinander verlaufen und nicht am Pol zusammentreffen. Bestandteil dieser Karten waren kunstvolle Kompassrosen, von denen eine große Anzahl von Kompasslinien ausgingen, denen man zur Kursplanung wegen der Winkeltreue der Karte folgen konnte. In seiner berühmten Weltkarte befinden sich 7 Kompassrosen im Bereich des Atlantiks.

Allerdings birgt diese Art der Projektion ein gravierendes Problem. Im Bereich zwischen dem Äquator und den beiden Wendekreisen werden die Landmassen noch einigermaßen flächengetreu abgebildet. Je weiter man sich den Polen nähert, umso verzerrter werden die Kontinente abgebildet. So scheint in einer modernen Karte mit Mercator-Projektion die Insel Grönland ungefähr die Größe von Afrika zu besitzen (Bild 2.9). In Wirklichkeit ist der Kontinent Afrika aber 14mal größer als Grönland. Der den Südpol enthaltende antarktische Kontinent bekommt eine aberwitzige Vergrößerung, die dessen Landmasse so groß wie alle übrigen Kontinente erscheinen lässt.

Bild 2.9: *Mercator-Projektion der Erde (Wikipedia)*

Alle diese Karten sind Modelle der Erdoberfläche. An den beiden Beispielen der Tabula Peutingeriana und der Weltkarte Mercator's kann man eine wichtige allgemeine Eigenschaft von Modellen erkennen. Sie dienen unterschiedlichen ***Modellzwecken*** und sollen in der Regel gar nicht eine absolut realistische Darstellung der Wirklichkeit sein. Die Tabula Peutingeriana war eine Karte für die logistische Planung einer Überlandreise, die Weltkarte des Mercator eine Karte für die Verfolgung eines geradlinigen Kurses über das Meer. Dies führt auf eine weitere allgemeine Eigenschaft von Modellen, die sogenannte ***Modellgültigkeit***. Entsprechend dem Modellzweck hat die Tabula Peutingeriana nur eine Gültigkeit für die Planung einer Landreise und die Weltkarte des Mercator nur für den näheren Bereich um den aktuellen Standort bei der Verfolgung einer Kompasslinie. Will man entsprechend auf der Ersteren die Entfernung zwischen zwei Städten ablesen, so hilft die Karte nicht weiter, während die Letztere versagt, wenn man Ländergrößen unabhängig von ihrer geografischen Breite bestimmen will. Für ein Modell ist es daher wichtig, den ***Gültigkeitsbereich*** zu kennen und seine Verwendung zu unterlassen, wenn diese außerhalb des Gültigkeitsbereichs liegt.

Mit Wissenschaftlern wie Galilei und Newton begann das wissenschaftliche Denken, das seine Lehrmeinungen nicht mehr an den Werken historischer Autoritäten wie Archimedes und Ptolemäus orientierte, sondern durch eigene Forschung unter Verwendung von Messungen und anderen Untersuchungen zu beweisen suchte. Anfangs waren Modelle aber immer körperliche Objekte wie Karten, Zeichnungen und maßstäbliche Konstruktionen, oder sie wurden verbal formuliert. Will man jedoch anhand seines Modells quantitative Aussagen über ein reales System oder einen Prozess treffen und Voraussagen machen, wie sein zukünftiges Verhalten sein wird, benötigt man Verfahren, mit denen man das Modellverhalten berechnen kann.

3 Modelle ohne Computereinsatz

Um ein Modellverhalten berechnen zu können, war es erst einmal notwendig, Sachverhalte so zu formulieren, dass sie von Wissenschaftlern allgemein und überall gleichartig verstanden werden konnten. Dazu entwickelte sich eine formalisierte Darstellung mit Hilfe von Symbolen, die man heute als Mathematik bezeichnet.

3.1 Die Sprache der Modelle

Die ursprünglichste Art eine Modellvorstellung zu formulieren, ist sie in Worte zu fassen. Je nach sprachlichen Fertigkeiten gelingt das den Menschen mehr oder weniger präzise. Das liegt an den Möglichkeiten der Sprachen, deren Worte für Gegenstände und ihre grammatische Anordnung nicht immer eindeutig sind. Außerdem kann ein Satz, bei gleicher Anzahl von Worten aber unterschiedlicher Anordnung oder Betonung, unterschiedliche Bedeutung erlangen. Die von einem Sprecher verwendete Betonung spiegelt sich bei der geschriebenen Sprache beispielsweise in der Setzung der Satzzeichen wider. Durch Versetzen eines „Kommas“ bekommen die beiden folgenden Sätze eine voneinander abweichende Bedeutung:

„Er versprach mir, jeden Tag etwas Schönes zu kaufen.“

„Er versprach, mir jeden Tag etwas Schönes zu kaufen.“

Um daraus resultierende Mehrdeutigkeiten und Ungenauigkeiten in einer verbalen Erklärung zu minimieren, muss man daher häufig sehr umständliche und ausgefeilte Formulierungen treffen. Dies verwendeten schon vor langer Zeit die Philosophen und Juristen, wodurch eine Sprachgestaltung entstand, die als künstlich und unverständlich wahrgenommen wird.

Haben die zu treffenden Aussagen nur eine qualitative Bedeutung, so ist die sprachliche Formulierung weniger fehleranfällig. Bei quantitativen Aussagen steigt aber der Anspruch an die Genauigkeit der Aussage. Reichen allgemeine Eigenschaftsangaben wie „viel, wenig“ oder „klein, groß“ nicht aus, so muss die Eigenschaft ***quantisiert*** werden, d. h. es findet eine Unterteilung in gleichwertige Einheiten statt. Dies ist besonders einfach bei ähnlichen Objekten, die man zählen kann. Die Abzählbarkeit liefert einem die Information, ob eine Anzahl von Objekten größer oder kleiner als eine andere Menge gleicher Objekte ist. Diese Art der Unterscheidung und Bewertung von Mengen wurde vor allem nach der Sesshaftwerdung der Menschen und dem Übergang zu Agrargesellschaften wichtig. Die Zählung der Tiere einer Viehherde oder die Anzahl der Früchte, die man geerntet hatte, war eine wichtige Information für die Zukunftsplanung einer Gemeinschaft.

W. Roddeck, *Die Welt der Modelle und Simulationen*, https://doi.org/10.1007/978-3-658-46305-2_3

Frühe Kulturen entwickelten verschiedene Zahlsysteme, mit deren Hilfe man quantitative Aussagen über Mengen machen konnte. Um größere Zahlen als „Drei“ abzuzählen, waren die stets verfügbaren Finger schon immer eine gute Hilfe. Was aber, wenn alle Finger „aufgebraucht“ waren, die Anzahl der zu zählenden Objekte aber noch nicht erreicht wurde?

Die Lösung ist, hier ein Merkobjekt zu verwenden, das einem beim Zählen daran erinnert, dass man bereits zehn Objekte gezählt hat. Dies kann ursprünglich einfach ein Stein oder Holzstäbchen sein, oder man macht eine Kerbe in ein Holzstück. Beispiele hierfür gibt es sogar schon aus der Jungsteinzeit. Dies stellt ein ***Stellenwertsystem*** dar, bei dem nach dem Auffüllen der ersten Stelle ein Merkzeichen in der nächsten Stelle eingesetzt wird. Durch dieses einfache Hilfsmittel ist der Ursprung einer dauerhaften Aufzeichnung quantitativer Informationen entstanden. Bei dieser Vorgehensweise ist das dezimale Zahlsystem intuitiv, aber durch Nichts besonders ausgezeichnet, da die Anzahl der Finger und Zehen, in der Medizin als „Akren“ (griech. Akros, „äußerst, oberst“) bezeichnet, bei unterschiedlichen Lebewesen deutlich variieren kann. Das erste in schriftlichen Aufzeichnungen (Keilschrifttafeln) verwendete Stellenwertsystem wurde von den Babyloniern in Mesopotamien verwendet.

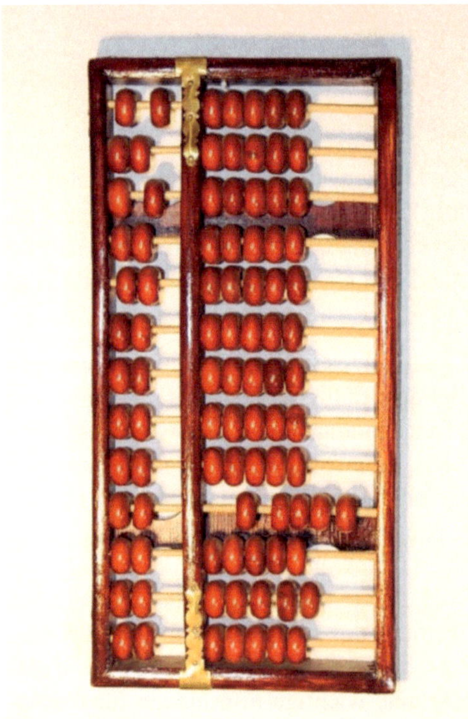

Bild 3.1: *Abakus in Form des chinesischen „Suanpan“*

Die frühen Hochkulturen wie die Sumerer und Babylonier wählten das Sexagesimalsystem, das als Basis nicht die Zahl „10“, sondern die Zahl „60“ (lateinisch sexagesimus, „der Sechsigste“) verwendet. Diese Wahl könnte darauf beruhen, dass der Babylonische Kalender 12 Monate mit je 30 Tagen (360 Tage) umfasste, was wegen der tatsächlichen Anzahl von ungefähr 365 Tagen ständiger Schaltmonate bedurfte. Eine weitere wichtige Eigenschaft der Zahl 60 ist, dass Sie 12 Teiler besitzt, was für Zähl- und Handelsaufgaben sehr nützlich ist. Der Zahlwert 360 findet sich dann auch noch heute bei der Unterteilung eines Kreises in Grad und 60 ist die Anzahl der Sekunden pro Minute und die Anzahl der Minuten pro Stunde.

So entwickelte sich die Mathematik aus alltäglichen Aufgaben in der Wirtschaftstätigkeit der Menschen, bei der die so genannten ***Grundrechenarten*** als Lösungen von offensichtlichen Problemstellungen auftreten. Mit Hilfe des Stellenwertsystems konnte man größere Zahlen platzsparend aufschreiben, um die Anzahl der gezählten Objekte dauerhaft festzuhalten, man konnte damit aber noch nicht schriftlich rechnen. Angelehnt an die oben erwähnte Vorgehensweise benutzte man zum „Rechnen" Bretter mit kleinen Steinchen, die man darauf verschieben konnte.

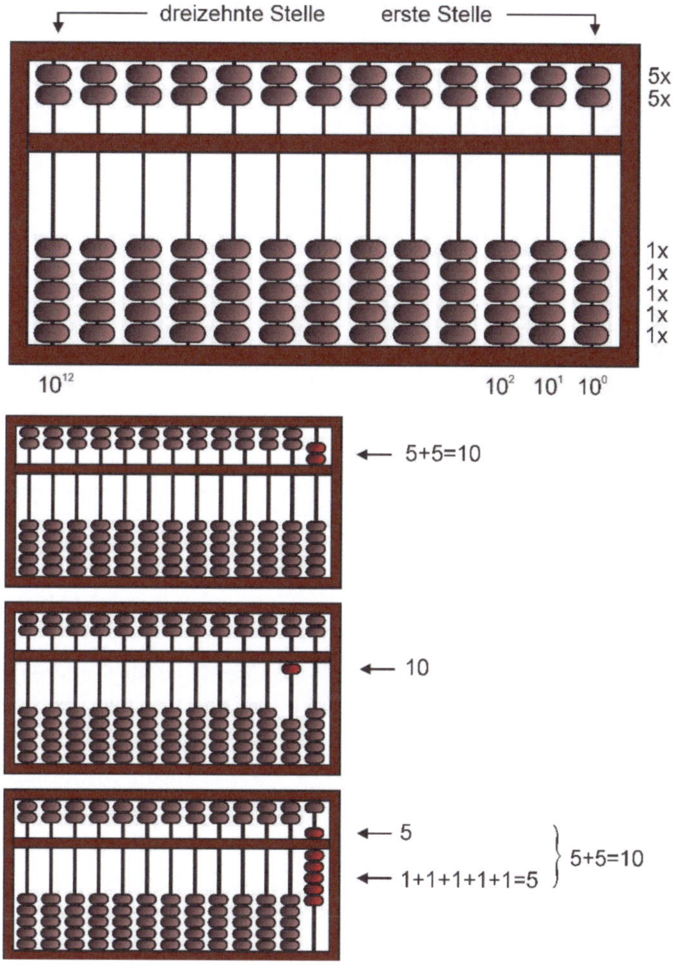

Bild 3.2: *Suanpan: chinesischer Abakus*

Eine kompaktere, technisch ausgefeiltere Form davon ist der ***Abakus***. Bild 3.1 zeigt einen ***Suanpan***, die chinesische Form des Abakus, die seit dem 11. Jhd. v. Chr. bekannt ist. Wie in Bild 3.2 gezeigt, positioniert man den Suanpan mit 13 Stellen so vor sich, dass das Feld mit den zwei Steinen je Stelle oben und das mit den 5 Steinen je Stelle unten angeordnet ist. In der Ausgangsstellung befinden sich die Steine jeweils vom Mittelsteg entfernt. Ein Verschieben eines Steins in Richtung des Mittelstegs entspricht einem Zählvorgang. Die fünf Steine im unteren Feld haben den Zahlenwert „1" die im oberen Feld den Zahlenwert „5". Dieser Zahlenwert wird mit dem Stellenwert multipliziert. Wie im Bild gezeigt, kann man beispielsweise die Zahl 10 auf drei verschiedene Weisen darstellen. Entweder man rückt die beiden Fünfer der ersten Stelle nach unten, oder man rückt einen Einser der zweiten Stelle (Stellenwert $10^1=10$) nach oben, oder man kombiniert einen Fünfer mit 5 Einern.

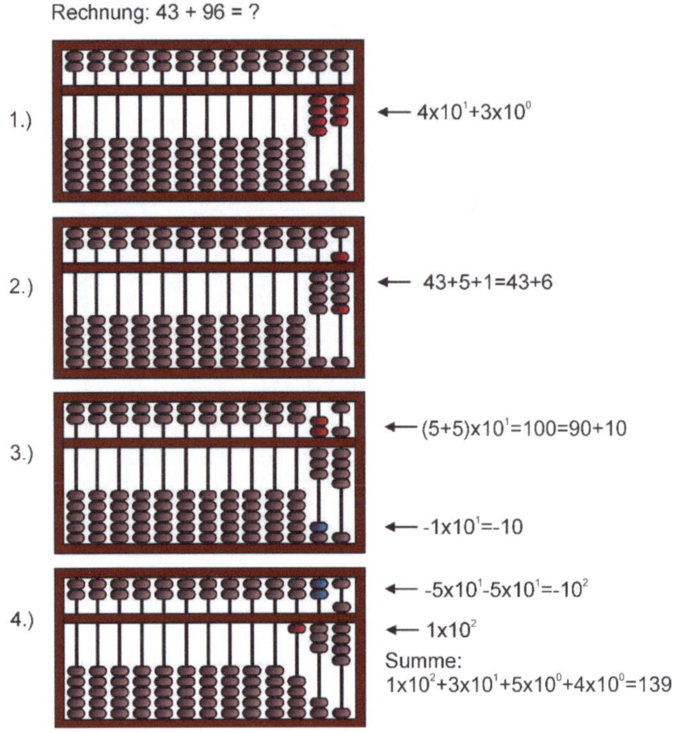

Bild 3.3: Additionsvorgang mit dem Suanpan in vier Schritten

Will man mit einem solchen Rechenhilfsmittel Addieren, so geht man wie in Bild 3.3 gezeigt vor. Wenn man die Addition

$$43 + 96 = 139$$

durchführen will, so stellt man im 1.) Schritt den ersten Summanden 43 ein. Dazu muss man in der Einerstelle 3 Kugeln des unteren Feldes zum Mittelsteg schieben und in der Zehnerstelle 4 Kugeln. Im 2.) Schritt wird der zweite Summand hinzugefügt. Das bedeutet, dass die Einerstelle um 6 und die Zehnerstelle um 9 erhöht werden muss. Dazu wird in der Einerstelle eine weitere Kugel des unteren Feldes (Wert 1) und eine Kugel des oberen Feldes (Wert 5) zur Mitte gerückt. In der Zehnerstelle (10^1) muss dann im 3. Schritt eine 9 erzeugt werden. Das erreicht man dadurch, dass man zwei Kugeln des oberen Feldes (Wert $(5 + 5) \cdot 10)$) zum Mittelsteg schiebt. Da man dadurch 100 hinzugefügt hat, muss man nun ausgleichen und zieht in der Zehnerstelle im unteren Feld 1x10 wieder ab, indem man eine Kugel vom Mittelsteg entfernt. Um schließlich im 4. Schritt das Endergebnis abzulesen, muss die Anzeige aufgeräumt werden. Die zwei Fünferkugeln in der Zehnerstelle entsprechen einer Einerkugel in der Hunderterstelle. Daher werden die beiden Fünferkugeln vom Mittelsteg zurückgeschoben und eine Einerkugel der Hunderterstelle zum Mittelsteg hingeschoben. Nun kann man das Ergebnis 139 am Suanpan ablesen.

Schon bald ergaben sich für Gesellschaften aber Aufgaben, deren formalisierte Bearbeitung mehr als die Grundrechenarten erforderte. In einer der ersten Hochkulturen am Nil entstand das immer wiederkehrende Problem, Landflächen neu zu vermessen, da der Nil alljährlich das fruchtbare Land überschwemmte und daher Besitzgrenzen immer wieder neu festgelegt werden mussten. Im Bauwesen waren die Bestimmung eines rechten Winkles oder das Festlegen bestimmter Proportionen erforderlich, was die griechischen Naturphilosophen wie Thales und Pythagoras zu den Lehrsätzen über die Winkelsumme im Dreieck, die Rechtwinkligkeit des Peripheriewinkels eines in einen Halbkreis eingeschriebenen Dreiecks (Satz des Thales) und der Beziehung der Quadrate über den Seiten eines rechtwinkligen Dreiecks (Satz des Pythagoras) führte, die noch heute jeder Schüler im Unterricht lernt. Die Babylonier entwickelten bereits Rechenverfahren zum Ziehen von quadratischen und kubischen Wurzeln.

Auch die Zahlzeichen waren anfangs nicht gerade für Berechnungen geeignet. Die Griechen benutzten gar keine Zahlzeichen, sondern verwendeten speziell markierte Buchstabenzeichen als Zahlen [Frit 2007-1]. Die weitverbreiteten römischen Zahlzeichen waren von Holzkerbungen abgeleitete Symbole wie I, II, III für "1, 2, 3" und zusätzliche von Worten abgeleitete Zeichen wie „C" für 100 (lat. **c**entum) und „M" für 1000 (lat. **m**ille). Für die schriftliche Manipulation mit Hilfe der Grundrechenarten sind solche Zeichen völlig ungeeignet, da es sich um kein Stellenwertsystem handelt.

Im 6. Jhd. wurden dann in Indien die heute von uns verwendeten Zahlzeichen eingeführt. Dabei wurde ein Stellenwertsystem verwendet, in dem außer den Zahlzeichen für die Zahlen 1-9 die ***Null*** (Zeichen „0") für nichtbesetzte Stellen verwendet wurde. Über die arabische Welt gelangten diese Zahlen in der Renaissance nach Europa. Die uns heute so vertraute Formelsprache der Mathematik, die zu kurzen, exakten und einsehbaren Aussagen führt, war aber noch lange nicht eingeführt.

Mit dem Aufkommen des Buchdrucks wurde die Notwendigkeit, mathematische Operationen drucktechnisch darzustellen, intensiviert. Verknüpfungen von Zahlen wurden lange durch Wortsymbole wie das lateinische *aequalis*, abgekürzt. „aeq.", für die Gleichsetzung und Addition und Subtraktion mit den ausgeschriebenen lateinischen Worten *additio*, von *addere* „hinzufügen" und *minus*, „weniger" beschrieben. Die Zeichen für Plus und Minus wurden später durch die Abkürzungen „a" und „m" ersetzt, die dann vielfach zur Unterscheidung von normalen Buchstaben mit einem Überstrich „$\bar{a}$" und „$\bar{m}$" versehen wurden. Durch Weglassen des Buchstabens entstand dann das „−" Zeichen für die Subtraktion und zur Unterscheidung wurde es für die Addition durchgestrichen, was zum „+" Zeichen führte. Ein anderer möglicher Ursprung des „+" Zeichens könnte durch das Weglassen des „e" vor dem lateinischen Wort „et" für „und" hergeleitet werden. Aus dem dann verbliebenen „t" könnte das Verknüpfungszeichen für die Addition entstanden sein.

Beim konkreten Rechnen (Kalkulieren) wurden am Anfang des 16. Jhd. analog zum Abakus Rechenbretter mit Linien verwendet, auf denen Rechensteine (calculi) verschoben werden konnten, um die Berechnungen durchzuführen (s. Bild 3.4). Das Ergebnis konnte dann als Zahl in einem Kontobuch festgehalten werden, der Vorgang der Rechnung wurde nicht aufgezeichnet. Ein wichtiges Lehrbuch im deutschen Sprachraum zu diesem Thema war das von Adam Ries 1518 herausgegebene Rechenbuch „Rechnung auff der linihen".

Bild 3.4: *Der Sieg des Ziffernrechnens über das Abacus-Rechnen*
Ausschnitt aus "Margarita philosophica nova" von Gregor Reisch (Ausgabe von 1512) (ETH Zürich)

Einfache Aufgaben ließen sich mit dem Rechenbrett sehr schnell lösen, aber die beschränkte Anzahl der Steinchen führte bei komplizierteren Rechenaufgaben zu Problemen. Wollte man beispielsweise Zins- und Zinseszinsrechnungen über längere Zeiträume nachhalten, so reichte die Rechengenauigkeit des Rechenbrettes wegen der beschränkten Anzahl von Nachkommastellen nicht aus.

Um die wortreichen Beschreibungen mathematischer Transaktionen zu vereinfachen, wurden von verschiedenen Mathematikern in Europa eigene symbolische Kurzzeichen erfunden [Frit 2007-2]. Mit diesen konnte man die mathematischen Zusammenhänge eines Rechenvorgangs schriftlich festhalten. Diese als ***Algoristen*** bezeichneten Anhänger des schriftlichen Rechnens mit den indisch-arabischen Ziffern und der Stellenwertschreibweise standen im Gegensatz zu den so genannten ***Abakisten***, die das

Rechenbrett verwendeten. Dieser Wettstreit ist in dem im Jahre1508 erschienenen Holzschnitt in Bild 3.4 allegorisch dargestellt.

In den folgenden Jahrzehnten entstanden langsam auch weitere Rechenzeichen, mit denen man arithmetische Operationen eindeutig und einfach formulieren und niederschreiben konnte.

Eine wichtige Gruppe der Algoristen waren die Anhänger des Coss. Das Wort leitet sich vom italienischen Begriff „Regula de la Cosa“ ab, der frühen Variante unserer Algebra. Aus dem Wort cosa, welches „Ding“ oder „Sache“ bedeutet, wurde im deutschen Sprachraum „Coss“. Die Cossisten verfolgten das Ziel, die umständlichen verbalen Beschreibungen von Rechenvorgängen durch die Verwendung einheitlicher Rechenzeichen zu ersetzen. Neben den schon erwähnten Zeichen für Addition und Subtraktion war für die Formulierung eines funktionalen Zusammenhangs das Gleichheitszeichen erforderlich. Die drucktechnisch verwendete Formulierung „aeq.“ wurde auf ein „æ“ reduziert, das sich schließlich zu „$\propto$“ wandelte, das heute für die Eigenschaft „Proportionalität“ verwendet wird. Im 17. Jahrhundert nutzte es aber beispielsweise der französische Mathematiker René Descartes für die Darstellung der Gleichheit. Daraus entwickelten sich die beiden parallelen Striche für das Gleichheitszeichen. Erstmals dargestellt wurde dieses in einem Rechenbuch des Walisers Robert Recorde im Jahr1557 mit der Begründung, » dass nichts so sehr die Gleichheit ausdrücken könnte wie zwei parallele Linien der gleichen Länge «. Der Universalgelehrte Gottfried Wilhelm Leibniz griff dies auf und machte es in ganz Europa populär.

Dieser verwendete auch als einer der Ersten den von der Grundlinie etwas erhöhten Punkt „•“ als Multiplikationszeichen, da er das schon vorher in England dafür gebräuchliche Zeichen „×“ ablehnte, weil es leicht mit dem Buchstaben x verwechselt werden konnte.

Ähnlich wie beim Zeichen für die Multiplikation gab es zur gleichen Zeit zwei unterschiedliche für die Division und für die Darstellung eines Verhältnisses konkurrierend verwendete Zeichen, den Doppelpunkt „:“ und den Schrägstrich „/“. Der Schrägstrich hatte den Vorteil, dass er nicht mit dem Satzzeichen für den Doppelpunkt verwechselt werden konnte, aber auch hier verhalf Leibniz dem Doppelpunkt als Divisionszeichen zum Durchbruch. Für die Darstellung eines Verhältnisses hat sich dann aber doch der Schrägstrich und in seiner moderneren Form der Bruchstrich „$\frac{3}{4}$“ durchgesetzt. Mit diesem Vorrat an Symbolen zur Darstellung mathematischer Operationen war der Grundstein für die moderne Formelsprache gelegt. Eine der vorher nur verbal formulierten Gesetzmäßigkeiten wie beispielsweise das 3. Kepler'sche Gesetz lauten:

> „*Die Quadrate der Umlaufzeiten* t_1 *und* t_2 *je zweier Trabanten um ein gemeinsames Zentrum sind proportional zu den dritten Potenzen der großen Halbachsen* a_1 *und* a_2 *ihrer Ellipsenbahnen.*“

Die in der modernen Formelsprache formulierte Gesetzmäßigkeit lautet dann kurz und eindeutig:

$$\left(\frac{t_1}{t_2}\right)^2 = \left(\frac{a_1}{a_2}\right)^3 \quad .$$

Diese Art der Darstellung von unbekannten Größen (t, a) in mathematischer Formelsprache bezeichnet man heute als Algebra (von arabisch al-ǧabr „das Zusammenfügen gebrochener Teile"), die eines der grundlegenden Teilgebiete der Mathematik ist.

Bild 3.5: *Sir Isaac Newton (Wikipedia)*

Bild 3.6: *Gottfried Wilhelm Leibniz (Wikipedia)*

An der Schwelle zur Neuzeit waren es vor allem zwei wichtige Naturwissenschaftler, nämlich Sir Isaac Newton (1643-1727, Bild 3.5) und Gottfried Wilhelm Leibniz (1646-1716, Bild 3.6), die wesentliche Impulse zur Entwicklung von Mathematik und Physik gaben. Im Jahre 1687 veröffentlichte Newton sein Hauptwerk zur Physik, die „Philosophiae Naturalis Principia Mathematica" (Mathematische Grundlagen der Naturphilosophie). Darin fasste er die Forschungen Galileis zur Beschleunigung, die von Descartes (1596-1650) zum Trägheitsproblem und die von Kepler (1571-1630) zu den Planetenbewegungen zu einer Theorie der Gravitation zusammen. Dadurch, dass er die drei Grundgesetze (Newton'sche Axiome) der Bewegung formulierte, schuf er die ersten allgemeingültigen Grundlagen der klassischen Mechanik.

Neben vielen anderen Forschungen zur Optik und Astronomie arbeitete Newton auch auf dem Gebiet der Mathematik und entwickelte ab 1666 die ***Infinitesimalrechnung***. Eine Veröffentlichung dieser Forschung fand aber erst 1704 in einem Anhang seines Buches über die Optik statt.

Leibniz war Philosoph und Jurist, beschäftigte sich aber auch intensiv mit den Naturwissenschaften und gilt wegen seiner umfassenden Bildung und Begabung als einer der letzten Universalgelehrten. Er entwickelte im Bereich der Mathematik eine Rechenmaschine für die

Grundrechenarten und ab dem Jahr 1670 arbeitete er an einem Rechenverfahren, das er ***Differentialrechnung*** nannte und das dem Newton'schen Verfahren der Infinitesimalrechnung vergleichbar war. Für die mathematischen Operationen ***Differenzieren*** führte er die Symbolik $\frac{d}{dt}$ ein und für das Integrieren das Zeichen „ $\int$ “. Bis zum Jahr 1699 galt Leibniz dann als Erfinder dieser Rechenart, als in diesem Jahr ein Freund Newtons, der Mathematiker Nicolas Fatio de Duillier, eine Schrift herausgab, in der die Priorität von Leibniz, das Verfahren betreffend, bestritten wurde. Hierin wurde die Behauptung aufgestellt, Leibniz habe das Verfahren von Newton gestohlen. Daraus entspann sich ein lange über den Tod von Leibniz hinaus andauernder Prioritätsstreit, der bis heute nicht grundsätzlich entschieden werden konnte, und der die Erkenntnisse von Leibniz zu den Naturwissenschaften in einem schlechten Licht erscheinen ließ [Bod 2003].

Mit der Einführung der Infinitesimalrechnung waren nun die wesentlichen Voraussetzungen gegeben, zeitlich veränderliche Vorgänge in der Natur durch mathematische Ausdrücke zu beschreiben und damit quantitative Vorhersagen über solche Vorgänge zu machen.

3.2 Physikalische Modelle

Ein anderer Ansatz reale Systeme zu modellieren, ist die Anfertigung eines ***physikalischen Modells***. Anstatt wie in einer Zeichnung eine ebene Ansicht des Systems grafisch darzustellen, kann man aus Materialien wie Holz, Stein oder Metall eine maßstäbliche Kopie anfertigen. Dies wurde schon sehr früh in der Architektur durchgeführt und fand seit der Renaissance weite Verbreitung. Dadurch führte sich der Begriff „Modell“ von italienisch „modello“ ein. Das Bild 3.7 zeigt ein historisches Modell von einer Bogenhalle.

Bild 3.7: *Historisches Modell einer Bogenhalle (Sammlung mathematische Modelle, TU Dresden)*

Solche Modelle dienen nicht der Berechnung von Bauwerken, sondern der räumlichen Veranschaulichung der Proportionen und der Gestaltung. Je nach Maßstab des Modells, zeigt dieses nur grob vereinfacht die Details des Gebäudes, da der Modellzweck nur das Gewinnen eines globalen Eindrucks für den Betrachter aus beliebiger Ansicht ist. Heute gibt es architektonische Modelle nicht nur zur Visualisierung von zu errichtenden oder bestehenden Gebäuden. Im Hobbybereich gibt es eine Vielzahl von Bausätzen zur Verwendung in Modellwelten wie Miniatur-Eisenbahnanlagen. Auch deren technische Bestandteile wie Züge, Gleise Signale usw. sind maßstabsgerechte Modelle tatsächlich existierender Objekte. Dieser auch als „Modellbau" bezeichnete Sektor ist aber nicht Bestandteil der Betrachtungen dieses Buches.

Die Technik des Bronzegusses ist seit der nach ihr benannten „Bronzezeit" (ca. 2200 -800 v. Chr.) bekannt. Anders als zum Zweck der Visualisierung wie beim Architekturmodell, wird hier ein Modell zur Anfertigung eines Originalgegenstandes benötigt. Dieses Modell hat immer den Maßstab 1:1. Beim Bronzeguss wird flüssiges Metall (Mischung aus Kupfer und Zinn) in eine Negativform gegossen, so dass nach dem Erkalten die Geometrie der Negativform als Objekt in Positivform vorliegt. Die Negativform wird aus feuerfesten Materialien wie Lehm, Stein oder auch später Metall hergestellt. Um wiederum die Negativform (Modell) zu erhalten, benötigt man entweder ein positiv gestaltetes „Modell" des anzufertigenden Originals, oder man gestaltet oder eben „modelliert" den Hohlraum der Form, der mit dem Gusswerkstoff gefüllt werden soll, durch Materialabtrag mit Werkzeugen. Meist ist die Form dann zweiteilig oder sogar mehrteilig, wobei diese entweder nach einmaligem Gebrauch zerstört wird (verlorene Form), oder aus widerstandsfähigen Materialien besteht, so dass die Form nach dem Guss auseinandergenommen und wiederverwendet werden kann. Das Bild 3.8 zeigt eine zweiteilige Gussform aus Stein zur Herstellung einer Speerspitze. Um mit einer solchen Form auch hohle Strukturen wie die Tülle der Lanzenspitze herstellen zu können, muss in die Form noch ein weiteres Formteil, der so genannte „Kern", eingelegt werden.

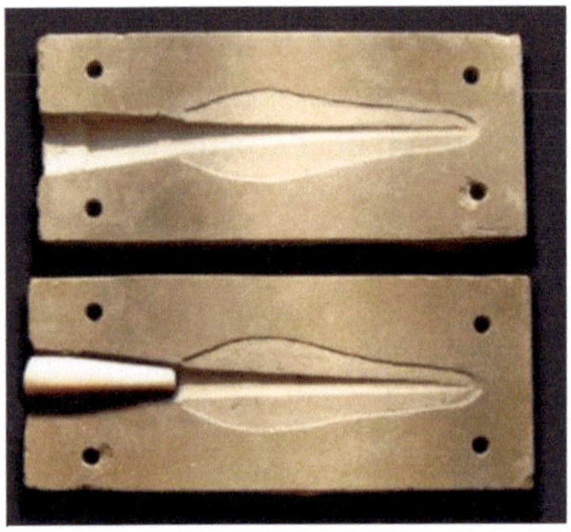

***Bild 3.8:** Gussform für Speerspitze mit Kern (Archäometallurgie)*

In der Neuzeit sind dann Gießverfahren für andere Werkstoffe wie Stahl und Kunststoff entwickelt worden, die nach ähnlichen Prinzipien wie beschrieben durchgeführt werden.

Ein heute in der industriellen Produktion vielfach verwendetes physikalisches Modell ist der ***Prototyp***. Ein Prototyp (von altgriechisch prototypon, deutsch „erste Bildung, Urbild, Original") stellt in der Technik ein für die jeweiligen Zwecke funktionsfähiges, häufig im Maßstab 1:1 ausgeführtes Abbild des zu entwickelnden Produktes dar. Oft wird auch ein vereinfachtes Versuchsmodell eines geplanten Produktes oder Bauteils als Prototyp bezeichnet. Der Prototyp kann nur rein äußerlich oder auch technisch dem Endprodukt entsprechen.

Im technischen Prototypenbau unterscheidet man je nach Detaillierungsgrad zwischen:

- Designprototyp
- Geometrischer Prototyp
- Funktionsprototyp
- Technischer Prototyp

Beim *Designprototyp* handelt es sich, wie der Name schon andeutet, um ein Konzeptmodell in beliebigem Maßstab zur Veranschaulichung und Überprüfung ästhetischer und ergonomischer Eigenschaften des Produktes. Funktionen des späteren Produktes müssen nicht abgebildet werden. Der *geometrische Prototyp* wird im Maßstab 1:1 angefertigt und dient für erste Montage- und Gebrauchsversuche, ohne dass alle späteren Funktionalitäten vorhanden sein müssen. Während die zuvor genannten Prototypen vor allem auf das äußere Aussehen abzielen, enthält der *Funktionsprototyp* bereits die wichtigsten funktionalen Eigenschaften eines später in Serie zu fertigenden Produktes, wobei dieser noch im Material und der Geometrie abweichen kann. Der *technische Prototyp* ist ein mit dem Endprodukt weitgehend identisches Versuchsmodell, mit dem ein Test der Produkteigenschaften vor einer Serienherstellung durchgeführt werden kann. Der technische Prototyp wird in der Regel im Fahrzeugbau und bei in Großserie herzustellenden Produkten angefertigt und ist wegen der weitgehenden Übereinstimmung mit dem endgültigen Produkt kostspielig in der Herstellung und recht unflexibel bezüglich erforderlicher Änderungen. Die unterschiedlichen Prototypmodelle ergeben sich daher aus den unterschiedlichen Modellzwecken.

3.3 Mathematische Modelle

Durch die Infinitesimalrechnung standen nun die klaren und exakten Beschreibungsmöglichkeiten für Naturvorgänge in Form einer mathematischen Sprache zur Verfügung, mit deren Hilfe man zukünftige Zustände von Systemen beschreiben konnte und die Berechnungen der Größe dieser Zustände ermöglichten. Eine der wichtigsten Anwendungsgebiete von „Technik" waren bis zur „Industrialisierung" im 17. Jhd. die Architektur und Bautechnik. In diesen Disziplinen hatten schon die Römer eine hohe Perfektion entwickelt.

Bild 3.9: *Kuppel der Hagia Sophia (Wikipedia)*

Bauwerke wie die Hagia Sophia in Istanbul, die im 6. Jhd. n. Chr. erbaut wurde, zeigt eine umfangreiche geometrische Planung der tragenden Strukturen und der gigantischen Kuppel aus Ziegelsteinen (Bild 3.9).

Allerdings war man weit davon entfernt, die Auslegung der Stärke von zu bauenden Strukturen zu berechnen. Als sich während der Bauphase Risse im Mauerwerk einstellten, waren umfangreiche Maßnahmen erforderlich, um die Stabilität des Bauwerks zu gewährleisten. Gebäude sind ein gutes Beispiel für die Modellvorstellung, dass diese so genannte ***statische Systeme*** sind. Der Begriff stammt aus dem altgriechisch statiké téchne, „Kunst des Wägens" und beschreibt Systeme, deren Position im Raum sich nicht verändert, weil alle an ihm angreifenden Kräfte im Gleichgewicht sind.

Bild 3.10: *Kathedrale von Amiens*

Die grobe Anschauung sagt einem, dass dies bei Gebäuden zutrifft, aber auch das ist wieder nur eine vereinfachende Modellvorstellung für den praktischen Alltag. Die Unkenntnis über die Berechnung der Tragfähigkeit von Gebäudestrukturen in der Antike und im Mittelalter wurde in der Regel dadurch kompensiert, dass man Bauelemente sehr stark überdimensionierte, um auf der sicheren Seite zu sein. Die im gotischen Stil erbaute Kathedrale in Amiens enthält das mit 42,3 m höchste Gewölbe aller französischen Kathedralen (Bild 3.10). Seine Pfeiler könnten das 20-40fache der tatsächlichen Gewölbelast aufnehmen.

Gegenüber den damals rein statischen Auslegungen von Gebäuden steht der griechische Aphorismus *panta rhei* (deutsch „alles fließt"), der auf den griechischen Philosophen Heraklit zurückgeführt wird und von Platon zur Kennzeichnung der heraklitischen Flusslehre verwendet wurde. Diese besagt:

Alles fließt und nichts bleibt; es gibt nur ein ewiges Werden und Wandeln.

Diese Charakterisierung aller Wesen und Objekte unserer realen Umwelt beinhaltet die Erkenntnis, dass Veränderung das Kennzeichen aller ***Systeme*** ist. Die Begrifflichkeit System werden wir später noch genauer kennen lernen. Heute bezeichnet man Systeme, die die oben genannte Eigenschaft besitzen als ***dynamische Systeme*** (altgriechisch *dynamis*, „Kraft"), weil auf dynamische Systeme Kräfte einwirken, wodurch diese bewegt werden bzw. sich verändern.

Statische Systeme wie massive Gebäude werden als im Raum ruhend angenommen, d. h. eventuell auf das Gebäude einwirkende Kräfte werden vernachlässigt. In Mitteleuropa verursacht diese Vereinfachung in der Regel keine Probleme, da es nur selten zu geringfügigen Bewegungen des Baugrunds in Form von Erdbeben kommt und die üblichen Windgeschwindigkeiten bei Sturm keine allzu große Beeinträchtigung von Gebäuden darstellen. In anderen Regionen und bei der in den letzten Jahrhunderten stattgefundenen Zunahme der Gebäudehöhen, muss man heute Gebäude ebenfalls als dynamische Systeme betrachten.

Zwar benutzten schon die Römer bewegte technische Systeme wie Windmühlen und Wasserräder, aber erst in der Renaissance gewannen mit dem Bergbau und der Metallbearbeitung in größerem Umfang bewegte technische Systeme an Bedeutung. Bewegt sich ein Gegenstand, so ändert er seine Position und Orientierung im Raum. Will man die Quantität dieser Veränderungen erfassen, so verwendet man zur Beschreibung heute ***Koordinatensysteme***. Einer der ersten Wissenschaftler, der solche Koordinatensysteme verwendete, war der französische Philosoph und Mathematiker Descartes. Nach seinem latinisierten Nachnamen „Cartesius" sind heute die kartesischen Koordinatensysteme benannt, deren Achsen senkrecht aufeinander stehen. Descartes gilt als der Begründer der analytischen Geometrie, welche Geometrie und Algebra miteinander verbindet und die rechnerische Lösung geometrischer Probleme ermöglicht. Solche kartesischen Koordinatensysteme können 2-dimensional (Ebene) oder 3-dimensional (Raum) sein. Das Bild 3.11 zeigt ein 2-dimensionales Koordinatensystem, dessen Achsen traditionell mit den lateinischen Buchstaben x in der Waagerechten und y in der Senkrechten bezeichnet werden. Ein Punkt in der Ebene, die von den Koordinatenachsen aufgespannt wird, kann damit durch die Angabe eines Wertepaars (x, y) bestimmt werden.

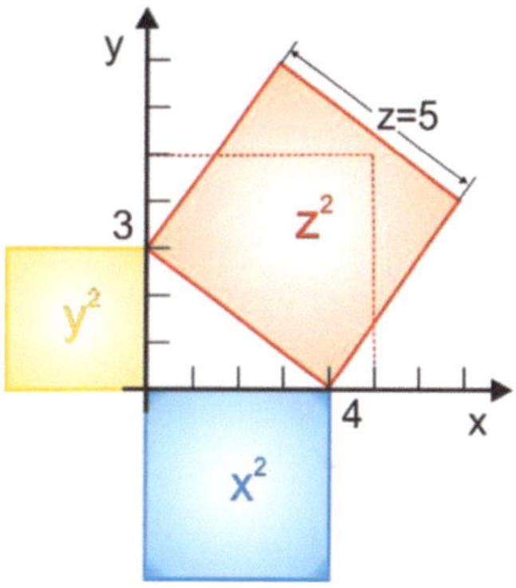

Bild 3.11: *Satz des Pythagoras in einem kartesischen Koordinatensystem*

Die als Satz des Pythagoras bekannte Aussage, dass die Summe der Quadrate über den Katheten (kurze Seiten eines rechtwinkligen Dreiecks) gleich dem Quadrat über der Hypothenuse (lange Seite gegenüber dem rechten Winkel) ist, war schon den Ägyptern im Altertum bekannt. Um ***rechte Winkel***, also Winkel von 90°, bei den nach Überschwemmungen erforderlichen Landvermessung zu erzeugen, wurden Knotenschnüre mit Knoten gleichen Abstands verwendet. Diese wurden beispielsweise zu einem Dreieck mit Seitenlängen von 3, 4 und 5 Knotenabständen anordnet. Diese rein geometrische Darstellung wurde erstmals von Descartes als algebraische Gleichung der Form:

$$z^2 = x^2 + y^2$$

formuliert [Suz 2021]. Setzt man dort die Zahlenwerte 3, 4 und 5 ein, so erhält man:

$$5^2 = 3^2 + 4^2 = 9 + 16 = 25$$

Die geometrische Darstellung dieses Zusammenhangs kann ebenfalls dem Bild entnommen werden. Die in der obigen Gleichung verwendete Exponentialdarstellung wurde allerdings noch nicht von Descartes benutzt, sondern für x^2 wurde „*xx*" geschrieben. Die Art der Darstellung einer wiederholten Multiplikation mit Hilfe eines Exponenten wurde durch den deutschen Theologen und Mathematiker Michael Stifel (1487- 1567) eingeführt. Neben dem Terminus „Exponent" führte er auch das Zeichen √ für das Wurzelziehen anstelle des „r" als Abkürzung von Radix (lat. Wurzel) ein.

3.4 Von der Statik zur Dynamik

Ein dynamisches System zeichnet sich dadurch aus, dass es insgesamt oder Teile von ihm sich im Raum bewegen. Um Bewegungen zu charakterisieren wurden ursprünglich Modellbegriffe wie *langsam* und *schnell* verwendet. Was ist dabei der Unterschied?

Hat man eine vorgegebene Strecke, entlang der sich das System bewegt, so benötigt ein langsames System mehr Zeit als ein schnelles System, um den Weg zurückzulegen. Diese ***Rate*** (Veränderungsgröße, Ortsänderung pro Zeit) der Ortsveränderung wird als ***Geschwindigkeit*** bezeichnet. Wie kann man nun dieses physikalische Verhalten in einen mathematischen Ausdruck (Modell) fassen?

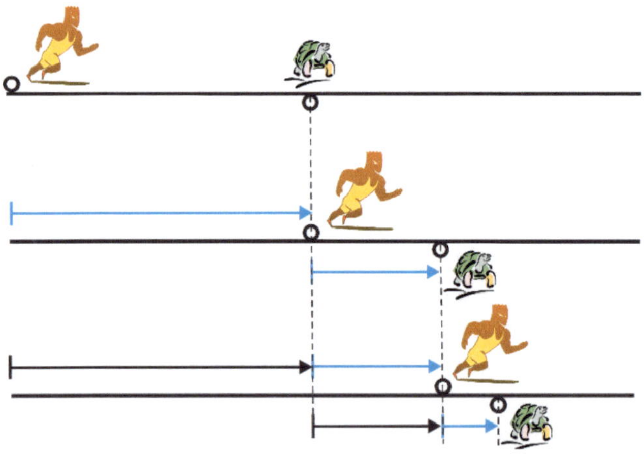

Bild 3.12: *Wettrennen zwischen Achilles und einer Schildkröte*

Im Altertum und Mittelalter war der Begriff der Geschwindigkeit (aus mittelhochdeutsch *swinde*, *swind*: gewaltig, stark, heftig, gewandt, schnell, böse, gefährlich) noch recht unklar. Ein gutes Beispiel hierfür ist das von Aristoteles aufgeführte Paradoxon des griechischen Philosophen Zenon von Elea beim Wettrennen zwischen Achilles und einer Schildkröte. Bei diesem Wettrennen erhält die viel langsamere Schildkröte einen Vorsprung beim Start des Achilles. Einen kurzen Zeitpunkt später hat Achilles eine gewisse Strecke zurückgelegt, aber in diesem

Zeitraum ist auch die Schildkröte ein Stückchen weitergelaufen (Bild 3.12). Einen Moment später ist Achilles wieder weitergelaufen, aber die Schildkröte hat auch wieder ein Stück zurückgelegt.

Immer dann, wenn Achilles also dort ankommt, wo die Schildkröte zuvor war, ist diese schon wieder an einem neuen Ort. Ihr Vorsprung vor Achilles verringert sich zwar immer mehr, verschwindet aber nie. Folglich könne er die Schildkröte niemals einholen. Dies widerspricht offensichtlich der Anschauung.

Die Zeitintervalle in der obigen Betrachtung bilden eine ***unendliche geometrische Reihe***. Unter einer Reihe versteht man in der Mathematik eine Summenfolge, in der die Einzelsummanden einem bestimmten Bildungsgesetz folgen. Ein Beispiel für eine geometrische Reihe ist:

$$1+\frac{1}{2}+\frac{1}{4}+\frac{1}{8}+\frac{1}{16}+\frac{1}{32}+\cdots=2\ .$$

Bild 3.13 zeigt eine geometrische Veranschaulichung dieses Ergebnisses der unendlichen Summenbildung. Ausgehend von einem Quadrat der Fläche „1“ wird ein zweites Quadrat gleicher Größe halbiert, was einer Fläche von „1/2“ entspricht. Führt man die jeweilige Halbierung der Restfläche immer wieder durch, so wird man nach unendlich vielen Halbierungen mit den Teilflächen die Gesamtfläche von „1“ ausgelegt haben. Die Summe der beiden Quadrate hat dann den Wert „2“.

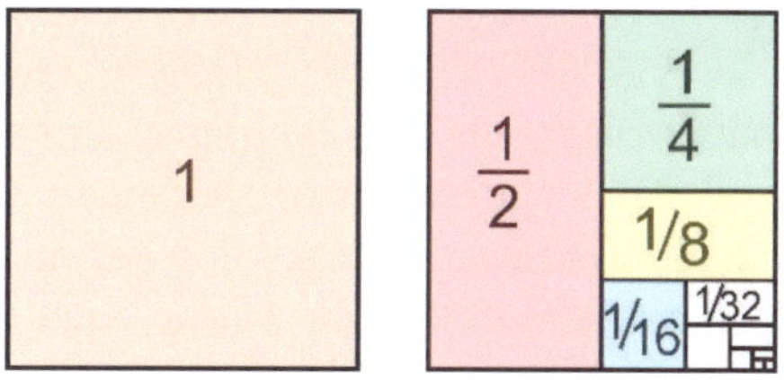

Bild 3.13: *Geometrische Veranschaulichung einer unendlichen Summenbildung*

Dass die Gesamtsumme einer solchen unendlichen Reihe wie im Beispiel einen endlichen Wert besitzen könnte, war den griechischen Philosophen unbekannt. Dieser endliche Summenwert ist ein so genannter ***Grenzwert*** und gibt in unserem Fall den Zeitpunkt an, zu dem Achilles die Schildkröte überholt.

Wenn man nun die Geschwindigkeit mit dem zurückgelegten Weg und der benötigten Zeit in einen mathematischen Ausdruck bringen will, so zeigt sich, dass das mit den Mitteln der klassischen Algebra nur möglich ist, wenn man annimmt, dass die Geschwindigkeit mit der Maßeinheit Meter/Sekunde (Ortsänderung pro Zeit) entlang der Bewegungsstrecke konstant ist. Dann lautet der algebraische Ausdruck, der auch als ***Funktion*** bezeichnet wird:

$$s=v\cdot t \qquad \text{Weg-Zeit-Funktion}$$

Darin steht s für den Weg (lat. spatium), v für die Geschwindigkeit (lat. velocitas) und t für die Zeit (lat. tempus). Der zurückgelegte Weg ist also das Produkt von

Geschwindigkeit und Zeit. Die oben aufgeführte Gesetzmäßigkeit kann man nun in einem kartesischen Koordinatensystem darstellen. Dabei sind Darstellungen der Geschwindigkeit v in Abhängigkeit von der Zeit t (mathematische Schreibweise $v = f(t),\ f{:}\,Funktion\ von$)) und die Darstellung des Weges s in Abhängigkeit der Zeit t ($s = f(t)$) möglich (Bild 3.14).

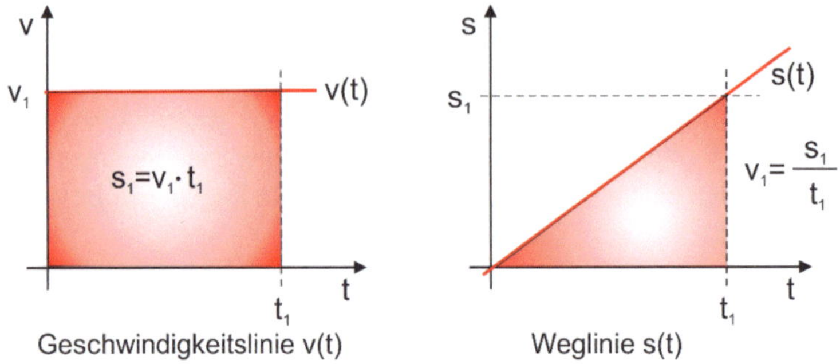

Bild 3.14: *Weg und Geschwindigkeit in Abhängigkeit von der Zeit*

Im v,t-Diagramm links im Bild ist die Geschwindigkeitslinie eine Parallele zur t-Achse und man kann geometrisch für einen Zeitpunkt t_1 die dann zurückgelegte Strecke s_1 als die Rechteckfläche mit den Seitenlängen v_1 und t_1 ermitteln. Der Weg zum Zeitpunkt t_1 ist dort also die Fläche unter der Geschwindigkeitskurve. Im s,t-Diagramm rechts im Bild ist die Weglinie eine ansteigende Gerade, die eine konstante ***Steigung*** besitzt. Die Steigung ist das Verhältnis eines Wegintervalls Δs geteilt durch ein Zeitintervall Δt:

$$v = \Delta s/\Delta t, \qquad v_1 = \frac{s_1 - s_0}{t_1 - t_0} = \frac{s_1}{t_1} \;\; mit\ s_0 = t_0 = 0) \;\; .$$

Die Geschwindigkeit entspricht in diesem Diagramm der Steigung der Weglinie. Allgemein wird eine solche Funktionslinie in einem kartesischen Koordinatensystem als ***Funktionsgraph*** bezeichnet.

Die Annahme, die diese Darstellung erst ermöglicht, ist die der konstanten Geschwindigkeit. Gibt es so etwas tatsächlich?

Bewegt sich ein System über eine längere Strecke, so ist das kaum möglich. Ist das System beispielsweise ein Fahrzeug, so verfügt es über einen Antrieb. Selbst wenn der Fahrer den Antrieb konstant halten würde (was schon sehr schwierig ist), würden in der Realität wechselnder Abrollwiderstand zwischen Rad und Straße, Änderung der Straßensteigung, Windkräfte, Gewichtsabnahme durch Treibstoffverbrauch, Richtungsänderungen der Straße usw. dazu führen, dass die Geschwindigkeit nicht konstant sein kann. Das heißt, dass das obige mathematische Modell eine Idealisierung beinhaltet, die nur dann exakt ist, wenn man unter „v“ nicht die ***Momentangeschwindigkeit***, sondern die ***Durchschnittsgeschwindigkeit*** im Zeitintervall Δt vom

Bewegungsbeginn bis zum Bewegungsende versteht. Dies ist natürlich eine nützliche Information zum Vergleich verschiedener Bewegungen, hilft aber nicht weiter, wenn man die Größe der Momentangeschwindigkeit angeben will. Und was ist mit der zunehmenden Geschwindigkeit eines im Schwerefeld der Erde fallenden Körpers?

Die Klärung eines solchen Vorgangs im physikalischen Sinn stammt von Galileo Galilei, indem er die Geschwindigkeit nicht als Durchschnittsgeschwindigkeit eines gegebenen Wegstückes, sondern als Momentangeschwindigkeit am jeweiligen Punkt der Bahn begriff. Die genaue Fassung dieses Geschwindigkeitsbegriffs mithilfe des Grenzübergangs zu unendlich kleinen Strecken wurde erst Ende des 17. Jahrhunderts von Isaac Newton entwickelt. Dabei wurden die beiden Aspekte Betrag (Zahlenwert) und Richtung der Geschwindigkeit zunächst nur getrennt behandelt, bis sie im 19. Jahrhundert zu einer einzigen mathematischen Größe, dem ***Geschwindigkeitsvektor*** $\vec{v}$, zusammengeführt wurden.

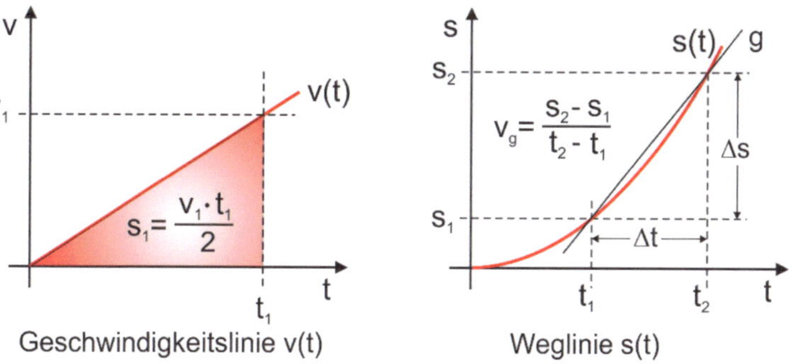

Bild 3.15: *Weg und Geschwindigkeit bei gleichförmig beschleunigter Bewegung*

Die oben erwähnte Bewegung wird als ***gleichförmig beschleunigte Bewegung*** bezeichnet, bei der die Geschwindigkeit $v(t)$ linear mit der Zeit zunimmt (Geschwindigkeitslinie $v(t)$, Bild 3.15 links). Newton postulierte, dass dann eine Kraft auf den bewegten Körper einwirken muss, nämlich die von ihm eingeführte Schwerkraft beim Vorgang des freien Falls. Die Rate der Geschwindigkeitsänderung wird heute als ***Beschleunigung a*** (a, lat. **a**ccelerare: beschleunigen) bezeichnet. Da, wie oben erwähnt, der zurückgelegte Weg zum Zeitpunkt t_1 der Fläche unter der Geschwindigkeitslinie entspricht, findet man leicht

$$s_1 = \frac{v_1 \cdot t_1}{2}$$

Die Geschwindigkeit nimmt aufgrund der Kraft (Schwerkraft) mit der Zeit ständig zu und zwar proportional zur konstanten Beschleunigung a (Erdbeschleunigung g, lat. gravitas: Schwere):

$$\Delta v = a \cdot \Delta t$$

Gleichzeitig gilt entsprechend der Geschwindigkeitslinie im Bild

$$\Delta s = \frac{\Delta v \cdot \Delta t}{2}$$

Setzt man die Geschwindigkeitsgröße Δv der ersten Gleichung in die zweite Gleichung ein, so erhält man die Gleichung der Weglinie der gleichförmig beschleunigten Bewegung:

$$\Delta s = \frac{a \cdot \Delta t \cdot \Delta t}{2} = \frac{a \cdot \Delta t^2}{2}$$

Die Weglinie im s,t-Diagramm (Bild 3.15 rechts) ist eine gekrümmte Linie und zwar eine so genannte ***Parabel***, bei der die Zeitgröße t quadriert auftritt. In der heute üblichen Funktionsdarstellung ist eine Parabel eine Kurve in einem x,y-Koordinatensystem mit der Funktionsgleichung $y = c \cdot x^2$, oder wie im Beispiel des s,t-Koordinatensystems $s = a/2 \cdot t^2$. Zu verschiedenen Zeitpunkten t_1 und t_2 besitzt diese Kurve eine unterschiedliche Steigung, es herrscht also eine unterschiedliche Geschwindigkeit. Verbindet man die zugehörigen Wegwerte s_1 und s_2 durch eine Gerade g, so ist die Geschwindigkeit

$$v_g = \frac{s_2 - s_1}{t_2 - t_1}$$

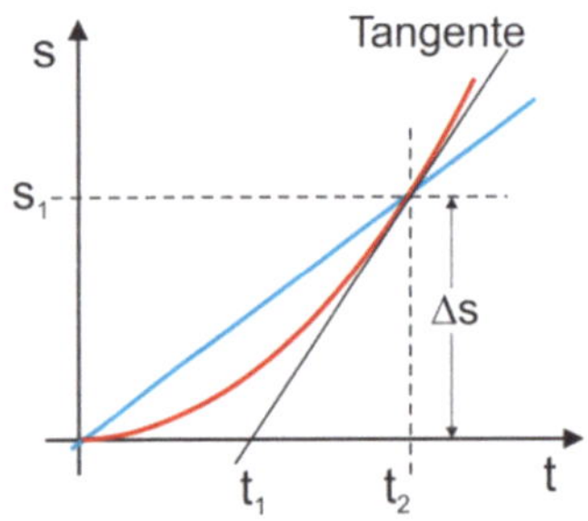

Bild 3.16: *Vergleich gleichförmige und gleichförmig beschleunigte Bewegung*

die Durchschnittsgeschwindigkeit im Zeitintervall Δt. Die Gerade g wird in der Geometrie auch als ***Sekante*** bezeichnet, eine Gerade durch zwei Punkte der gekrümmten Kurve.

Im Bild 3.16 sind jeweils die Wegverläufe $s(t)$ zweier Objekte für eine gleichförmige (blau) und eine gleichförmig beschleunigte (rot) Bewegung enthalten. Zum Zeitpunkt t_2 haben beide Objekte den gleichen Weg s_1 zurückgelegt. Für die gleichförmige Bewegung ist die Geschwindigkeit zum Zeitpunkt t_2 gleich der Steigung der Weglinie, also $v_1 = s_1/t_2$. Die gleichförmig beschleunigte Bewegung muss zum Zeitpunkt t_2 eine höhere Geschwindigkeit besitzen, da die Steigung der Wegkurve (rot) deutlich größer ist. Um diese Steigung zu bestimmen, muss man im betrachteten Punkt der Wegkurve die Tangente an die Kurve durch den Punkt zeichnen. Diese Tangente schneidet die Zeitachse zum Zeitpunkt t_1. Die Steigung der Wegkurve und damit die Momentangeschwindigkeit v_m beträgt daher:

$$v_m = \frac{\Delta s}{t_2 - t_1}$$

Da nun der Nenner des Bruchs, verglichen mit der Gleichung der gleichförmigen Bewegung, kleiner geworden ist, hat die Geschwindigkeit der gleichförmig beschleunigten Bewegung gegenüber der gleichförmigen Bewegung zugenommen. Die Idee hinter der durch Newton und Leibniz entwickelten ***Infinitesimalrechnung*** (von lat. ad infinitum, bis ins Unendliche, unbegrenzt) war nun, die Beobachtungszeitpunkte t_1 und t_2 immer näher zusammenrücken zu lassen. Wird der Abstand beliebig klein, so geht die Gerade g im Bild 3.15 rechts in eine Tangente an die Kurve über. Dies wird heute als ***Grenzwertbetrachtung*** bezeichnet. Die Steigung dieser Tangente ist dann die Momentangeschwindigkeit im Berührpunkt der Tangente mit der gekrümmten Kurve. Für dieses neue Rechenkalkül führte Leibniz die Schreibweise

$$v = \frac{ds}{dt} = \lim_{\Delta t \to 0} \frac{\Delta s}{\Delta t}$$

ein, welche heute als ***Ableitung*** des Weges nach der Zeit bezeichnet und als „v ist gleich ds nach dt" gesprochen wird. Bei der Schreibweise ds/dt handelt es sich allerdings um keinen Bruch, sondern um eine symbolische Schreibweise für die Ableitung, die auch als Differentialquotient bezeichnet wird. Hinter dem zweiten Gleichheitszeichen ist außerdem die Grenzwertbetrachtung ($\Delta t \to 0$: Zeitintervall Δt nähert sich dem Wert Null beliebig an) dargestellt. Da die Schreibweise als Differentialquotient druck- und schreibtechnisch umständlich ist, ist eine übliche Schreibweise auch:

$$\frac{dy}{dx} = y'$$

wobei die abgeleitete Größe mit einem Apostroph versehen wird.

Wendet man auf die Beschleunigung a die gleiche Methodik an, so erhält man aus obiger Gleichung

$$a = \lim_{\Delta t \to 0} \frac{\Delta v}{\Delta t} = \frac{dv}{dt} = \frac{d(ds)}{dt(dt)} = \frac{d^2 s}{dt^2} \quad .$$

Die Beschleunigung wird als zweite Ableitung des Weges nach der Zeit bezeichnet, wobei die Notation auf der rechten Seite der Gleichung ebenfalls von Leibniz eingeführt wurde. Die Rechenart der Bildung der Ableitung wird auch als Differentialrechnung und der Rechenvorgang als „differenzieren" bezeichnet. Schaut man sich nun die Zusammenhänge zwischen den drei Größen Weg, Geschwindigkeit und Beschleunigung an, so kann man die Rechenregeln für die Ableitung von einfachen Potenzausdrücken herleiten:

$$s = \frac{a}{2} \cdot t^2 \;\triangleq\; y = c \cdot x^2$$

$$v = \frac{ds}{dt} = a \cdot t \;\triangleq\; \frac{dy}{dt} = 2c \cdot x^1$$

$$a = \frac{d^2s}{dt^2} = \frac{v}{t} \triangleq \frac{d^2y}{dx^2} = 2c \cdot x^0 = 2c$$

Dabei steht das Zeichen ≙ für die Zuordnung „entspricht". Für den Ausdruck am Ende der letzten Gleichung gilt $x^0 = 1$, weil jede zur Potenz „0" erhobene Zahl den Wert 1 besitzt. Eine Potenzfunktion $y = c \cdot x^n$ wird offensichtlich abgeleitet nach der Vorschrift

$$\frac{dy}{dx} = c \cdot n \cdot x^{n-1}$$

d.h. Konstanten wie *c* bleiben unverändert, der Exponent *n* der x-Variablen wird um „1" reduziert und die veränderte Potenzgröße wird mit *n* multipliziert. Damit stand nun ein sehr nützliches Rechenkalkül zur Verfügung, mit dessen Hilfe man dynamische Bewegungsvorgänge beschreiben und berechnen konnte.

Die schon vorher bekannten Grundrechenarten, treten paarweise auf und bewirken in einem Paar, das die Anwendung der einen Rechenart durch die andere aufgehoben werden kann. Addiert man beispielsweise eine Zahl zu einer anderen, so erhält man, durch Subtraktion der zweiten Zahl vom Ergebnis, die ursprüngliche Zahl. Ähnliches gilt für die Rechenverfahren Multiplikation und Division. Beispiele dafür sind:

$$8 + 5 = 13, \qquad 13 - 5 = 8 \;\; ; \;\; 15/3 = 5\,, \qquad 5 \cdot 3 = 15$$

Daher sollte es auch eine Rechenmethode geben, deren Anwendung auf die Ableitung eines Ausdrucks wieder den ursprünglichen Ausdruck als Ergebnis besitzt. Wir hatten oben gesehen, dass die Fläche unter der Geschwindigkeitslinie $v(t)$ unterschiedlicher Bewegungsvorgänge der zurückgelegten Strecke $s(t)$ entspricht. Die Ableitung des Weges nach der Zeit ist die Geschwindigkeit, also muss die gesuchte Rechenoperation auf die Geschwindigkeit *v* angewendet den Weg *s* ergeben:

$$v = \frac{ds}{dt} \;\; ; \quad \int \frac{ds}{dt} \cdot dt = s\,(t) + C \;\; .$$

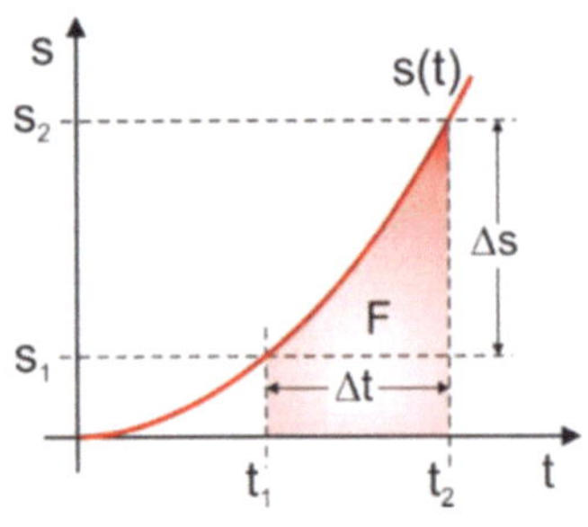

Bild 3.17: *Weglinie gleichförmig beschleunigte Bewegung*

Dies ist die moderne Schreibweise der mathematischen Operation ***Integrieren***, wobei das Integralzeichen „ ∫ " von Leibniz eingeführt wurde. Es ist vom „langen s" (erster Buchstabe von summa) abgeleitet, dass früher in der deutschen und englischen Schreibschrift verwendet wurde. Die als ***Integrationskonstante*** bezeichnete Größe „*C*" berücksichtigt den Fall, dass die Integration nicht zum Zeitpunkt $t = 0$ startet. Ist dies doch der Fall, so gilt $C = 0$. Die Integralrechnung ist ein Zweig der Infinitesimalrechnung und bildet mit der Differentialrechnung die mathematische ***Analysis***. Die Integralrechnung wurde entwickelt, um Flächen oder Volumen zu berechnen.

Im Bild 3.17 ist wieder eine Weglinie $s(t)$ für eine gleichförmig beschleunigte Bewegung gezeigt. Will man die Fläche F zwischen den Zeitpunkten t_1 und t_2 unter der Kurve berechnen, so ist dies nicht mehr so leicht möglich wie bei der Geschwindigkeitslinie $v(t)$, da die eine Seite der Fläche durch eine gekrümmte Linie begrenzt ist. Eine Sekante durch die Punkte (s_1, t_1) und (s_2, t_2) als obere Begrenzung der Fläche würde nur eine grobe Annäherung an den wahren Flächeninhalt ermöglichen. Führt man nun wieder eine Grenzwertbetrachtung mit $\Delta t \to 0$ durch, so dass die Sekantenpunkte immer näher zusammenrücken, so entspricht der Funktionswert der dadurch entstehenden infinitesimal schmalen Fläche $ds \cdot dt$. Summiert man diese infinitesimal schmalen Flächen (Streifen) vom Zeitpunkt t_1 bis zum Zeitpunkt t_2, so erhält man die gesuchte Gesamtfläche F. Zur Kennzeichnung der Zeitpunkte t_1 und t_2 werden diese dem Integralzeichen unten und oben hinzugefügt und man spricht von einem ***bestimmten Integral*** im Gegensatz zum ***unbestimmten Integral*** ohne Intervallangaben:

$$F = \int_{t_1}^{t_2} v \cdot dt = s(t) \ .$$

Um ein solches Integral zu berechnen, benötigt man die ***Stammfunktion*** der zu berechnenden Funktion. Die Stammfunktion ist diejenige Funktion, deren Ableitung die zu integrierende Funktion ergibt. Soll die Funktion $f(t) = v = ds/dt$ integriert werden, so ist die Stammfunktion $s(t)$. Hat man beispielweise die Funktion $y = x$, deren Funktionsgraph eine Gerade mit der Steigung „1“ ist, so ist die zugehörige Stammfunktion $x^2/2$. Bildet man nach der oben genannten Regel die Ableitung dieser Funktion, so ergibt sich:

$$\frac{d}{dt}\left(\frac{1}{2} \cdot x^2\right) = 2 \cdot \frac{1}{2} \cdot x^{2-1} = x^1 = x \ .$$

Will man nun die Fläche F unter der Weglinie der gleichförmig beschleunigten Bewegung mit Hilfe des bestimmten Integrals berechnen, so geht man wie folgt vor:

$$F = \int_{t_1}^{t_2} v \cdot dt = \frac{1}{2} v^2 \Big|_{v(t_1)}^{v(t_2)} = \frac{1}{2} v^2 \Big|_{v_1}^{v_2} = \frac{1}{2}(v_2^2 - v_1^2)$$

Dabei bedeutet die Symbolik $v^2 \Big|_{v_1}^{v_2}$, dass für v der Wert von v_2 und von v_1 eingesetzt wird und dass diese Größen dann voneinander subtrahiert werden. Man muss für das bestimmte Integral also die Stammfunktion des unbestimmten Integrals ermitteln. Bei diesem Ausdruck muss man in die zu integrierende Größe die obere und untere Grenze des Integrationsintervalls einsetzen und deren Werte voneinander subtrahieren. Am Beispiel einer quadratischen Parabel $y = x^2$, die man zwischen den x-Werten 0 und 1 integrieren will, wäre das Ergebnis:

$$\int_0^1 x^2 \cdot dt = \frac{1}{3}x^3 \Big|_0^1 = \frac{1}{3}(1^3 - 0^3) = \frac{1}{3}(1 - 0) = \frac{1}{3}$$

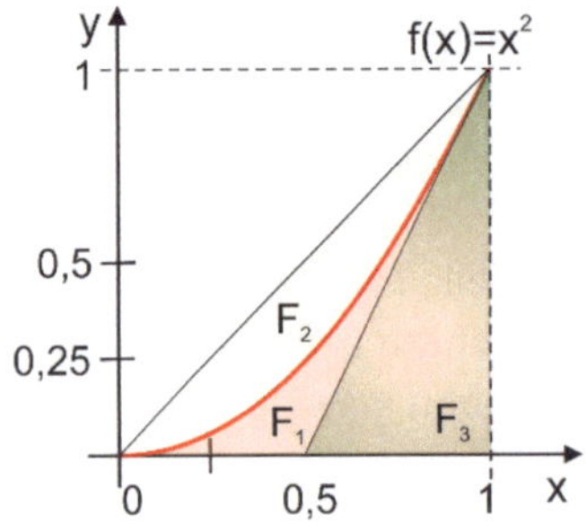

Bild 3.18: Abschätzung der Fläche unter der Kurve

Um abzuschätzen, ob der Wert der Fläche F_1 (Bild 3.18: Farbe Rot) richtig ist, kann man als Vergleichswert die Fläche F_2 (Farbe Gelb) unter der Sekante durch die Punkte (x, y) = (0, 0) und (1, 1) heranziehen. Dies wäre ein Dreieck mit den Kathetenlängen von jeweils „1" mit der Fläche $1/2$. Die berechnete Fläche unter der Parabel muss kleiner sein, da sich die Kurve zwischen den betrachteten Punkten gegenüber der Sekante nach unten wölbt. Dies trifft zu, da $1/3 < 1/2$ gilt, wobei das Zeichen „<" die Bedeutung „kleiner als" hat. Die Gerade durch die Punkte (0,5; 0) und (1; 1) bildet mit der x-Achse und einer Parallelen zur y-Achse das Dreieck mit der Fläche F_3 (Farbe Grün). Dieses Dreieck hat die Kathetenlängen 1 und 0,5, so dass die Dreiecksfläche $1/4$ beträgt. Es muss gelten

$$F_3 < F_1 < F_2,$$

was mit $1/4 < 1/3 < 1/2$ gegeben ist.

3.5 Erweiterung der mathematischen Methoden

Während für das Ableiten von mathematischen Funktionen jeder Art spezielle Rechenregeln existieren, gilt dies für die Umkehrrechnung der „Integration" nicht. Das Auffinden der Stammfunktion einer zu integrierenden Funktion erfordert häufig die Anwendung spezieller Umformungen wie die ***Substitution*** und ***partielle Integration***, oder gar das Erraten der Stammfunktion. Daher gibt es umfangreiche Tabellenwerke in denen Stammfunktionen gängiger mathematischer Funktionen aufgelistet sind, wodurch man den Aufwand reduzieren kann. In der Dynamik sind die mathematischen Modelle von physikalischen Vorgängen in der Regel ***Differentialgleichungen***, mit denen das Veränderungsverhalten der zu untersuchenden Größen beschrieben wird. Eine Differentialgleichung enthält zusätzlich zu den algebraischen Ausdrücken auch solche, in denen Ableitungen der zu untersuchenden Größe vorkommen. Die einfachste Art der Differentialgleichung ist für mechanische Bewegungen $v = ds/dt$. Um den Wert von $s(t)$ zu ermitteln, muss man die Gleichung Integrieren. Differentialgleichungen können aber viel komplizierter sein und auch höhere Ableitungen enthalten, was unter den genannten Problemen des Integrationsverfahrens eine Schwierigkeit darstellt. In rechnergestützten ***Simulationssystemen***, mit denen man heute mathematische Modelle in Form von Differentialgleichungen berechnen kann, wird daher ein numerisches Näherungsverfahren für das Integrieren verwendet. Dieses als ***numerische Integration*** bezeichnete Verfahren ist ein Näherungsverfahren, das auch als numerische Quadratur bezeichnet wird. Unter Quadratur versteht man Verfahren, mit denen man ähnlich wie in Bild 3.18 versucht, Flächeninhalte durch Ausfüllen mit Flächen bekannter Größe abzuschätzen. Hierfür ist keine Kenntnis der Stammfunktion erforderlich. Dieses Verfahren werde ich in einem späteren Kapitel erläutern.

Weiterhin kommen in mathematischen Modellen, die das Verhalten von Systemen beschreiben, Potenzausdrücke vor, wie beispielweise in dem oben erwähnten Satz des Pythagoras. Wie wir am Beispiel gesehen haben, gibt es zu vielen Rechenverfahren eine Umkehroperation. Hat man einen Potenzausdruck wie $4^x = 64$, so sucht man eine Zahl *x*, den so genannten ***Exponenten***, der angibt, wie oft man die Zahl 4, die so genannte ***Basis***, mit sich selbst multiplizieren muss, um die Zahl 64 zu erhalten. Zur Berechnung der Zahl *x* wird die Logarithmusfunktion oder der ***Logarithmus*** benötigt. Der Name leitet sich aus den altgriechischen Worten *logos*, „Verständnis, Lehre, Verhältnis" und *arithmos*, „Zahl" her. Schon in der Antike benutzten indische Mathematiker vereinzelt Logarithmen und arabische Mathematiker des Mittelalters stellten bereits ganze Tabellenwerke mit Logarithmen zusammen. Als sich die Algebra in Europa etablierte, wurden durch die oben bereits erwähnten Mathematiker wie Michael Stifel bereits im Jahr 1544 die Gesetzmäßigkeiten der Logarithmusfunktion wie

$$q^m \cdot q^n = q^{m+n}$$

angegeben. In moderner Schreibweise wird der Sachverhalt folgendermaßen formuliert. Hat man eine Potenzfunktion $b^x = a$ und möchte die Zahl *x* bestimmen, so gilt für diese:

$$x = \log_b(a)$$

Darin wird *x* als *Logarithmus*, *b* als *Basis* und *a* als *Numerus* bezeichnet. Von besonderer Bedeutung für die Entwicklung der Technik war die Logarithmusfunktion durch die oben schon angedeutete Eigenschaft, dass man Multiplikationen, deren Ergebnisse je nach Anwendung sehr große Zahlen ergeben können, durch eine Addition kleinerer Zahlen ersetzen kann:

$$\log_b(x \cdot y) = \log_b(x) + \log_b(y)$$

Um also zwei Zahlen *x* und *y* miteinander zu multiplizieren, kann man die Logarithmen dieser Zahlen bestimmen, die Logarithmen anschließend addieren und erhält so den Logarithmus des Produktes. Nun ist man allerdings noch nicht fertig, denn man will ja das Produkt selbst ermitteln. Man muss daher noch die Summen der Logarithmen mit der Umkehrfunktion ***Delogarithmieren***:

$$x \cdot y = b^{\log_b(x)+\log_b(y)}.$$

Dieser Rechenvorgang ist nicht ganz einfach, da ja die Logarithmen der Zahlen x und y keine ganzen Zahlen zu sein brauchen, so dass man eine Exponentialfunktion mit gebrochenem Exponenten berechnen muss. Während Stifel noch nur ganzzahlige Exponenten zuließ, entwickelte der Schweizer Uhrmacher Jost Bürgi (1552-1632) ein neues System zur Berechnung von Logarithmen, das er 1620 veröffentlichte. Aber bereits im Jahr 1614 veröffentlichte der schottische Wissenschaftler John Napier das Buch „Mirifici Logarithmorum Canonis Descriptio" (Beschreibung der wunderbaren Regeln der Logarithmen), das ihn als „Erfinder der Logarithmen" berühmt machte.

Wegen der oben genannten Problematik bei der Multiplikation (entsprechend auch für die Division), hat man schon früh begonnen so genannte ***Logarithmentafeln*** zu entwickeln, in denen mit unterschiedlicher Genauigkeit bereits berechnete Logarithmen der ***reellen Zahlen*** (enthält alle ganzen - positive und negative - Zahlen, sowie alle Brüche) tabellarisch aufgelistet sind. In der Regel wurde der ***dekadische Logarithmus*** zur Basis „10" verwendet. Für diesen ist die Schreibweise „log" für das Logarithmieren üblich, aber es werden auch Logarithmen zu anderen Basen wie etwa 2 oder die euler'sche Zahl e verwendet. Die letztgenannten Logarithmen werden als „natürliche Logarithmen" bezeichnet.

Für die Darstellung der dekadischen Logarithmen reicht der Zahlenbereich 1,00 – 9,99 aus, da der Logarithmus von 10^1 zur Basis 10 den Wert 1 und der Logarithmus von $100 = 10^2$ den Wert 2 besitzt. Schreibt man eine reele Zahl z. B. 6,11 in der heute üblichen wissenschaftlichen Schreibweise, so wäre die Darstellung $6{,}11 \cdot 10^0$ und die Zahl 61,1 würde als $6{,}11 \cdot 10^1$ geschrieben. Die Zahl 6,11 in beiden Darstellungen wird als ***Mantisse*** bezeichnet. Nach den Gesetzen der Logarithmusfunktion gilt:

$$\log_b(b \cdot x) = \log_b(b) + \log_b(x)$$

Ist b die Zahl 10 so ist $\log_{10}(10^1) = 1$ und $\log_{10}(10^2) = 2$. Hat man entsprechend dem Beispiel $\log_{10}(6{,}11) = 0{,}786$ bestimmt (s. Bild 3.19), so kennt man die Logarithmen von beiden Numeri

$$\begin{aligned}\log_{10}(6{,}11 \cdot 10^0) &= 0{,}786 + 0\\ &= 0{,}786\\ \log_{10}(6{,}11 \cdot 10^1) &= 0{,}786 + 1\\ &= 1{,}786\end{aligned}$$

Infolgedessen muss man in einer Logarithmentafel nur die Mantissen zwischen 1,000 und 9,999 aufführen. Die Logarithmen für 1,000÷1,001÷1,002 usw. kann man mit numerischen Näherungsverfahren vorab ermitteln und dann in eine entsprechende Tabelle einfügen. Das Bild 3.19 zeigt eine Seite aus einer solchen historischen Logarithmentafel, in der man unter dem Numerus (N.) 6110 den Logarithmus (L.) 7860 findet.

N.	L. 0	1	2	3	4	5	6	7	8	9
600	7782	7782	7783	7784	7784	$778\dot{5}$	7786	7787	7787	7788
601	7789	7789	7790	7791	7792	7792	7793	7794	$779\bar{5}$	$779\dot{5}$
602	7796	7797	7797	7798	7799	7800	7800	7801	7802	7802
603	7803	7804	$780\bar{5}$	$780\dot{5}$	7806	7807	7807	7808	7809	7810
604	7810	7811	7812	7813	7813	7814	$781\bar{5}$	$781\dot{5}$	7816	7817
605	7818	7818	7819	7820	7820	7821	7822	7823	7823	7824
606	$782\bar{5}$	$782\dot{5}$	7826	7827	7828	7828	7829	7830	7830	7831
607	7832	7833	7833	7834	$783\bar{5}$	$783\dot{5}$	7836	7837	7838	7838
608	7839	7840	7840	7841	7842	7843	7843	7844	$784\bar{5}$	$784\dot{5}$
609	7846	7847	7848	7848	7849	$78\bar{5}0$	$78\dot{5}0$	7851	7852	7853
610	7853	7854	$785\bar{5}$	$785\dot{5}$	7856	7857	7858	7858	7859	7860
611	7860	7861	7862	7863	7863	7864	$786\bar{5}$	$786\dot{5}$	7866	7867
612	7868	7868	7869	7870	7870	7871	7872	7872	7873	7874
613	$787\bar{5}$	$787\dot{5}$	7876	7877	7877	7878	7879	7880	7880	7881
614	7882	7882	7883	7884	$788\bar{5}$	$788\dot{5}$	7886	7887	7887	7888
615	7889	7889	7890	7891	7892	7892	7893	7894	7894	$789\dot{5}$
616	7896	7897	7897	7898	7899	7899	7900	7901	7901	7902
617	7903	7904	7904	$790\bar{5}$	7906	7906	7907	7908	7908	7909
618	7910	7911	7911	7912	7913	7913	7914	$791\bar{5}$	7916	7916
619	7917	7918	7918	7919	7920	7920	7921	7922	7923	7923
620	7924	$792\bar{5}$	$792\dot{5}$	7926	7927	7927	7928	7929	7930	7930
621	7931	7932	7932	7933	7934	7934	$793\dot{5}$	7936	7937	7937
622	7938	7939	7939	7940	7941	7941	7942	7943	7943	7944
623	$794\bar{5}$	7946	7946	7947	7948	7948	7949	$79\bar{5}0$	$79\dot{5}0$	7951
624	7952	7953	7953	7954	$795\bar{5}$	$795\dot{5}$	7956	7957	7957	7958
625	7959	7959	7960	7961	7962	7962	7963	7964	7964	$796\dot{5}$
626	7966	7966	7967	7968	7969	7969	7970	7971	7971	7972
627	7973	7973	7974	$797\bar{5}$	$797\dot{5}$	7976	7977	7978	7978	7979
628	7980	7980	7981	7982	7982	7983	7984	7984	$798\dot{5}$	7986
629	7987	7987	7988	7989	7989	7990	7991	7991	7992	7993
630	7993	7994	$799\bar{5}$	$799\dot{5}$	7996	7997	7998	7998	7999	8000
631	8000	8001	8002	8002	8003	8004	8004	$800\dot{5}$	8006	8006
632	8007	8008	8009	8009	8010	8011	8011	8012	8013	8013
633	8014	$801\bar{5}$	$801\dot{5}$	8016	8017	8017	8018	8019	8020	8020
634	8021	8022	8022	8023	8024	8024	$802\dot{5}$	8026	8026	8027
635	8028	8028	8029	8030	8030	8031	8032	8033	8033	8034
636	$803\bar{5}$	$803\dot{5}$	8036	8037	8037	8038	8039	8039	8040	8041
637	8041	8042	8043	8043	8044	$804\bar{5}$	$804\dot{5}$	8046	8047	8048
638	8048	8049	$80\bar{5}0$	$80\dot{5}0$	8051	8052	8052	8053	8054	8054
639	$805\dot{5}$	8056	8056	8057	8058	8058	8059	8060	8060	8061
640	8062	8062	8063	8064	$806\bar{5}$	$806\dot{5}$	8066	8067	8067	8068
641	8069	8069	8070	8071	8071	8072	8073	8073	8074	$807\bar{5}$
642	$807\dot{5}$	8076	8077	8077	8078	8079	8079	8080	8081	8081
643	8082	8083	8083	8084	$808\bar{5}$	$808\dot{5}$	8086	8087	8088	8088
644	8089	8090	8090	8091	8092	8092	8093	8094	8094	$809\bar{5}$
645	8096	8096	8097	8098	8098	8099	8100	8100	8101	8102
646	8102	8103	8104	8104	$810\dot{5}$	8106	8106	8107	8108	8108
647	8109	8110	8110	8111	8112	8112	8113	8114	8114	$811\dot{5}$
648	8116	8116	8117	8118	8118	8119	8120	8120	8121	8122
649	8122	8123	8124	8124	$812\dot{5}$	8126	8126	8127	8128	8128
650	8129	8130	8130	8131	8132	8132	8133	8134	8134	$813\dot{5}$
N.	L. 0	1	2	3	4	5	6	7	8	9

Bild 3.19: *Seite einer historischen Logarithmentafel*

Die Tafel kann man auch direkt zum Delogarithmieren verwenden, indem man den Logarithmus in der Tafel sucht (z. B. 7996) und dazu den Numerus 6304 findet.

Vor der Einführung der Logarithmen führte man Berechnungen schon seit langer Zeit mit Hilfsmitteln wie Zählbrett und Abakus aus. Das Multiplizieren ist damit viel umständlicher und schwieriger als das Addieren. Insbesondere in den wissenschaftlichen Disziplinen Astronomie und Navigation sind solche langwierigen und fehleranfälligen Rechnungen erforderlich. Zu welchen Erleichterungen das Rechnen mit Logarithmen führt, kann man an einem einfachen Zahlenbeispiel darstellen, z. B: die Multiplikation 3574 · 5112. Mit der heute üblichen Darstellungsweise für Multiplikationen sähe der Vorgang wie folgt aus:

3	5	7	4	·	5	1	1	2
	1	7	8	7	0			
			3	5	7	4		
				3	5	7	4	
					7	1	4	8
	1	8	2	7	0	2	8	8

In der Schreibweise mit Mantisse und Zehnerpotenz ist das Ergebnis:

$$1{,}8270288 \cdot 10^7$$

Alternativ ermittelt man mit Hilfe der Logarithmentafel die Logarithmen der beiden Zahlen:

$$\log_{10}(3574) = 3{,}5531 \qquad \log_{10}(5112) = 3{,}7085$$

Anschließend addiert man die beiden Logarithmen und erhält die Zahl 7,2616. Nun sucht man in der Logarithmentafel den Wert der Mantisse 0,2616 auf und findet den Numerus 1,8264, den man mit der Zehnerpotenz 10^7 multiplizieren muss. Da die Logarithmen der Tabelle nur auf 4 Stellen genau sind, stimmt dieses Ergebnis nur ungefähr mit dem wahren Ergebnis überein. Für viele Probleme ist das zwar eine ausreichende Genauigkeit, aber mit auf 5 Stellen genauen Logarithmentafel kann man das Ergebnis noch verbessern:

$$\log_{10}(3574) = 3{,}55315 \qquad \log_{10}(5112) = 3{,}70859$$

$$3{,}55315 + 3{,}70859 = 7{,}26174$$

Der daraus zu ermittelnde Wert des Produktes beträgt dann $1{,}82700 \cdot 10^7$. Dies ist zwar auch nur eine Approximation des wahren Wertes, aber für die meisten Anwendungen in Technik und Wissenschaft genau genug. Heute macht der Taschenrechner es dem Nutzer von Logarithmen noch leichter, da die meisten die log-Funktion und die Umkehrung auf Tastendruck mit noch deutlich höherer Genauigkeit ermöglichen. Hier findet man:

$$\log_{10}(3574) = 3{,}553154548169625$$

$$\log_{10}(5112) = 3{,}70859\,0845150343$$

$$3{,}553154548169625 + 3{,}708590845150343 = 7{,}261745393319968$$

Delogarithmieren liefert dann den Wert $1{,}827028799999995 \cdot 10^7$ für das Produkt, was dem wahren Wert schon sehr nahekommt.

Die Entwicklung der Logarithmen hatte sofort eine Auswirkung auf die Wissenschaft [War 2020], besonders auf die Astronomie, wo mit sehr großen Zahlenwerten gerechnet wird. Der Astronom Johannes Kepler hatte, wie bereits oben erwähnt, seine ersten beiden Gesetze zur Planetenbewegung im Jahr 1609 in dem Buch *Astronomia Nova* veröffentlicht. Doch erst mit den Logarithmentafeln von Napier gelang ihm die Entdeckung des dritten Planetengesetzes. Es beschreibt, wie die Umlaufzeit eines Planeten mit seinem mittleren Abstand von der Sonne zusammenhängt, was wie oben beschrieben einen exponentiellen Zusammenhang beinhaltet. Er veröffentlichte dies im Jahr 1619 in seinem Werk *Harmonices mundi libri V* („Fünf Bücher zur Harmonik der Welt") und widmete die Entdeckung dem Forscherkollegen Napier.

Da der Umgang mit einer Logarithmentafel von der Handhabung her immer noch aufwendig ist, entwickelte der Mathematiker Edmund Gunter (1581-1626) bereits 1624 einen Stab mit logarithmisch angeordneten Skalen, die auch als „Gunterskala" bezeichnet wurde. Mit diesem logarithmisch eingeteilten Stab konnte man mit Hilfe eines Stechzirkels Multiplikationen und Divisionen durchführen, indem man die logarithmischen Strecken abgriff und dann auf Papier addierte (Multiplikation) oder subtrahierte (Division). Dies war aber aufwendig und fehleranfällig. Richard Delamain veröffentlichte im Jahr 1630 einen kreisförmigen Rechenschieber mit verschiebbaren Skalen, den er „Grammelogia" nannte. Mit diesem waren zum ersten Mal Rechnungen wie mit einem modernen Rechenschieber möglich.

Die ersten geraden Rechenschieber mit verschiebbarer Zunge sind von Robert Bissaker (1654), und Seth Patridge (1657) entwickelt worden. In Deutschland werden logarithmische Rechenschieber bzw. -lineale erst gut 50 Jahre später bekannt. Ein modernes Exemplar aus den 60er Jahren des 20. Jhd. der Firma „Aristo" zeigt das Bild 3.20.

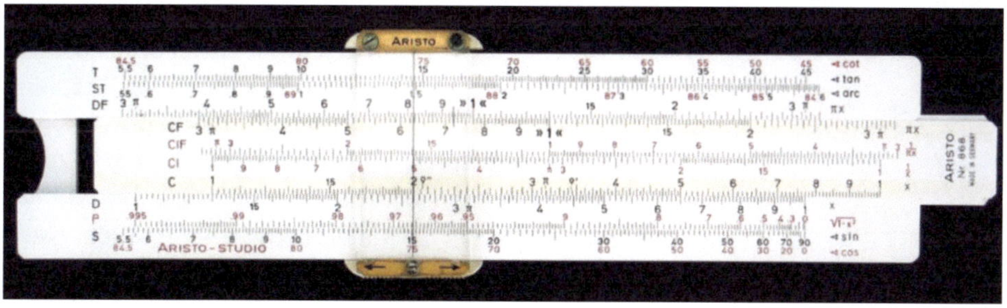

Bild 3.20: *Rechenschieber der Fa. Aristo aus den 1960er Jahren (Wikipedia)*

Auf dem feststehenden Grundkörper und auf der in Schlitzführungen eingelassenen beweglichen „Zunge" des Rechenschiebers (Bezeichnung ARISTO Nr. 868) sind nach der Logarithmusfunktion eingeteilte Skalen angebracht. Außerdem gibt es einen durchsichtigen „Läufer“ (gekennzeichnet durch den Firmennamen und Rechts-, Linkspfeile). Dieser ist ebenfalls auf dem Grundkörper verschiebbar und enthält eine durchgehende Linie, über die man alle Skalen durch eine gerade Linie miteinander verbinden kann. Das Rechenprinzip besteht dann darin Multiplikationen (Divisionen) durch Addition (Subtraktion) logarithmischer Strecken vorzunehmen. Im Bild wurde die „1“ auf der Skala mit der Bezeichnung „C“ auf die Mantisse „13“ der Skala „D“ gestellt. Der senkrechte Strich des Läufers ist auf die Mantisse „2“ der Skala „C“ positioniert. Schaut man nun entlang der Senkrechten Linie des Läufers auf die Skala „D“, so kann man dort die Mantisse „26“ ablesen. Dies entspricht nun der Multiplikation

$$1{,}3 \cdot 2 = 2{,}6 \quad oder\ auch \quad 13 \cdot 20 = 260 \ .$$

Die Interpretation, wo das Dezimalkomma zu setzen ist, bleibt also dem Geschick des Rechnenden überlassen. Es ist leicht einsehbar, dass man zur Berechnung des Produktes geometrische Strecken auf den Skalen „C“ und „D“ addiert hat.

Die gleiche Einstellung von Zunge und Läufer liefert einem nebenbei natürlich auch die Divisionsaufgabe $26{:}\,2 = 13$. Dabei befindet sich der Dividend (Zähler) auf der Skala „D“ und der Divisor (Nenner) auf der Skala „C“. Das Ablesen des Ergebnisses erfolgt auf der Skala „D“, dort wo die „1“ der Skala „C“ sich befindet. Nun wurden die Strecken voneinander subtrahiert. Weitere Skalen, die der Grundkörper und die Zunge enthalten, dienen beispielsweise der Ermittlung von Werten der ***trigonometrischen Funktionen*** wie „Sinus“ und „Cosinus“.

Der um das 3 Jhd. v. Chr. lebende griechische Mathematiker Euklid hatte in seinem berühmten Werk „Elemente“ beschrieben, dass die Summe der Innenwinkel eines Dreiecks immer 180° beträgt. Ist das Dreieck „rechtwinklig“ (siehe Bild 3.11), so ist der Innenwinkel zwischen den beiden Katheten „x“ und „y“ gleich 90°. Die Winkelsumme der beiden übrigen Innenwinkel ist dann ebenfalls 90°. Die Größe der beiden Einzelwinkel hängt entsprechend einer speziellen Funktion vom Verhältnis der Längen der beiden Katheten und der Hypothenuse ab. Diese speziellen ***trigonometrischen Funktionen*** (griech. trigonon: Dreieck) werden als ***Sinus*** und ***Cosinus*** bezeichnet und wurden von Gerhard von Cremona bereits im Jahr 1175 n. Chr. entsprechend benannt. Sie sind sehr nützlich bei geometrischen Berechnungen und spielen eine wichtige Rolle in Physik und Technik. So entspricht der Verlauf der ***Amplitude*** A (aktueller Funktionswert, Schalldruck) über der Zeit eines reinen Kammertons, z. B. des „hohen C“, einer Sinusfunktion (Bild 3.21).

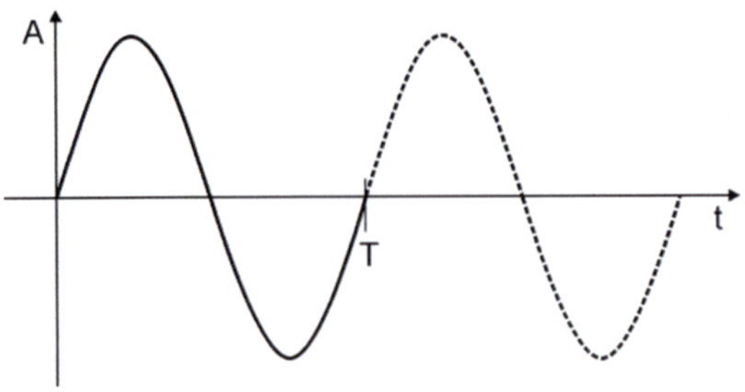

Bild 3.21: *Verlauf der Sinusfunktion als Amplitude A über der Zeit t*

Diese Funktion ist periodisch und wiederholt sich nach Ablauf der Periodendauer „*T*". Die für die Tonhöhe charakteristische Größe ist die Frequenz *f*, die sich aus dem Kehrwert der Periodendauer *T* ergibt.

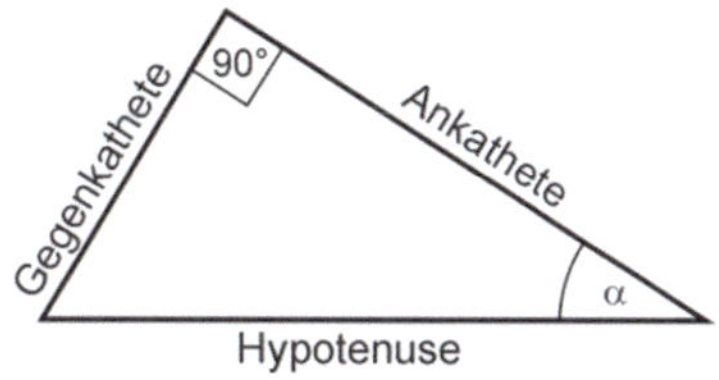

Bild 3.22: *Dreieck mit Bezeichnung der Seiten*

Den Verlauf der trigonometrischen Funktionen kann man mit Hilfe eines rechtwinkligen Dreiecks definieren. Im Bild 3.22 ist ein solches Dreieck dargestellt und die drei Seiten sind durch Namen bezeichnet. Die dem rechten Winkel (90°) gegenüberliegende Seite heißt ***Hypothenuse*** (griech. *hypoteinusa pleura*: die sich unten erstreckende Seite) und die beiden anderen Seiten werden als Katheten (griech. *káthetos*, das Herabgelassene, Senkblei) bezeichnet. Betrachtet man einen bestimmten der beiden anderen Winkel z. B. α, so wird die dem Winkel gegenüberliegende Kathete als ***Gegenkathete*** und die dem Winkel anliegende als ***Ankathete*** bezeichnet. Verändert man die Verhältnisse von Katheten und Hypotenuse zueinander, so erfolgt die Änderung entsprechend der Sinus- bzw. Cosinus-Funktion:

$$\sin\alpha = \frac{Gegenkathete}{Hypotenuse} \qquad \cos\alpha = \frac{Ankathete}{Hypotenuse}$$

Eine große Stärke des oben beschriebenen Rechenschiebers ist die Berechnung von Tabellenwerten, die durch Multiplikation (Division oder beides) einer festen Zahl mit einer in Schritten geänderten zweiten Zahl sich ergeben. Man braucht dann nur noch, nachdem man die 1 der Skala „C" auf die feste Zahl der Skala „D" eingestellt hat, mit dem Läufer in den vorgegebenen Schritten über die Skala „C" gleiten, um den Wert des Produktes auf der Skala „D" abzulesen. Heute werden Rechenschieber nicht mehr verwendet, da sie ab den 1980er Jahren vom Taschenrechner, einem speziellen Digitalrechner zur Berechnung mathematischer Funktionen, verdrängt wurden. Aktuell kann man dies sogar durch das Universalgerät „Smartphone" ersetzen, auf dem ein Programm installiert werden kann, das einen Taschenrechner simuliert.

Vom 17. bis zum 19. Jahrhundert wurden dann mit den sich entwickelnden Naturwissenschaften die mathematischen Methoden und die verwendeten Zahlensysteme weiter ausgebaut. Zum Letzteren gehören die Verwendung ***negativer Zahlen***, die sich häufig als Lösung von Gleichungen ergeben, oder die ***komplexen Zahlen***. Diese wurden aufgrund der Problemstellung entwickelt, die sich ergibt, wenn man die Wurzel aus einer negativen Zahl ziehen will. Es gibt nämlich keine reele Zahl deren Quadrat negativ ist.

Bei vielen physikalischen Größen spielt nicht nur der absolute Wert oder ***Betrag*** eine Rolle, sondern auch die ***Wirkrichtung***. Am Beispiel der Bewegung eines Objektes zwischen zwei Punkten in der Ebene oder im Raum spielt nicht nur der kürzeste Abstand dieser Punkte, sondern auch die Bahnkurve eine Rolle, die das Objekt zwischen diesen Punkten beschreibt. Bewegt sich das Objekt auf seiner Bahn, die nicht mit dem kürzesten Abstand übereinstimmt, mit einer angenommenen konstanten Geschwindigkeit, so ist die Bahngeschwindigkeit immer tangential zur Bahnkurve ausgerichtet. Die Geschwindigkeit ist daher durch zwei Parameter nämlich den Betrag und die Richtung (innerhalb eines Koordinatensystems) gekennzeichnet. Eine solche physikalische Größe bezeichnet man als ***Vektor***. In geometrischen Veranschaulichungen werden Vektoren als Pfeile dargestellt, deren Richtung die Wirkrichtung der physikalischen Größe angibt und deren Länge den Betrag der Vektorgröße darstellt.

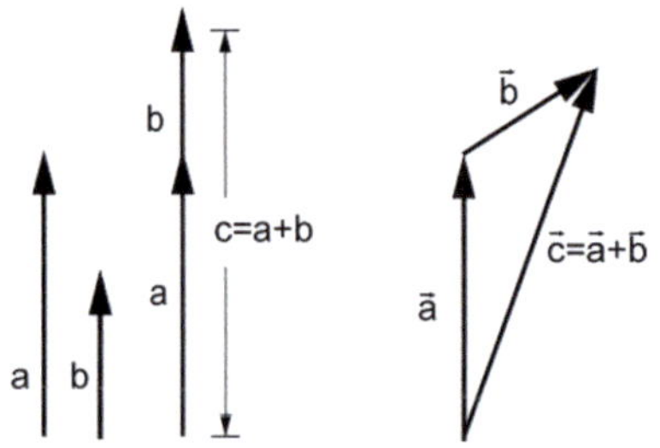

Bild 3.23: *Vektoren und Vektoraddition*

Die Vektorrechnung wurde von Hermann G. Graßmann begründet, der diese 1844 in seinem Buch „Lineale Ausdehnungslehre" veröffentlichte. Im Bild 3.23 sind links Vektoren a und b als Pfeile dargestellt. Zeigen sie in die gleiche Richtung, so erhält man ihre Summe dadurch, dass man die Pfeile einfach aneinanderhängt ($c = a + b$). Haben Sie aber unterschiedliche Richtung, so ergibt sich die Summe wie im Bild rechts dargestellt. Der Pfeil b wird in seiner Ausrichtung mit dem Anfang des Pfeils an die Spitze des Pfeils a angehängt. Um zu kennzeichnen, dass die Pfeile Vektoren sind, die sich in Betrag und Richtung unterscheiden können, werden die Größenbezeichnungen mit kleinen Pfeilen überstrichen dargestellt ($\vec{a}, \vec{b}$). Da dies früher drucktechnisch kaum möglich war, wurden die Buchstaben zur Unterscheidung von „normalen" physikalischen Größen auch mit Frakturbuchstaben bezeichnet ($\mathfrak{a}, \mathfrak{b}$). Wie im Bild rechts dargestellt, ist nun die Summe der beiden Vektoren ein Vektor, der vom Anfang von $\vec{a}$ auf das Ende von $\vec{b}$ zeigt. Damit hat $\vec{c} = \vec{a} + \vec{b}$ eine andere Richtung als $\vec{a}$ oder $\vec{b}$ und auch einen anderen Betrag als in dem Fall im Bild links dargestellt. Typische physikalische Größen, die den Charakter eines Vektors besitzen, sind Kraft, Geschwindigkeit, Beschleunigung, Impuls (Masse · Geschwindigkeit), elektrische und magnetische Feldstärke. Dies trifft aber natürlich nicht auf alle physikalischen Größen zu. Ein Beispiel dafür ist die Masse eines Körpers, die richtungsunabhängig ist und als ***Skalar*** (von lat. scala : Leiter, „gleichförmige Einteilung") bezeichnet wird.

Zwischen dem 18. und 19. Jhd. wurden dann alle mathematischen Methoden und Berechnungsverfahren entwickelt, um mathematische Modelle von physikalischen Systemen und Prozessen aufzustellen, mit dem Ziel, qualitative und quantitative Vorhersagen über deren zukünftiges Verhalten treffen zu können. Im gleichen Zeitraum wurden die vorher noch unklaren Bereiche der Physik wie der Energiebegriff und die Wärmelehre, sowie die Natur der elektrischen und magnetischen Phänomene erklärt und mit den neuen mathematischen Methoden berechenbar gemacht. Im 19. und 20. Jhd. wurden dann auch mathematische Modelle nicht physikalischer Prozesse wie beispielsweise für das Bankwesen oder die Volkswirtschaft entwickelt.

3.6 Herleitung mathematischer Modelle

Trotz der nun zur Verfügung stehenden mathematischen Methoden, ist die Herleitung eines mathematischen Modells, vor allem für dynamische Systeme, häufig mühselig und nicht trivial. Wie ich bereits oben beschrieben habe, betrachtet man daher in der Physik häufig Sonderfälle oder Vereinfachungen, die es erst ermöglichen, ein mathematisches Modell zu erstellen.

Ein bereits genanntes Beispiel ist die geradlinige, gleichförmige Bewegung. Eine exakt so über einen längeren Zeitraum verlaufende Bewegung kann es unter realen Bedingungen nicht geben, aber die Konsequenz ist ein bestechend einfaches mathematisches Modell, das besagt, dass der zurückgelegte Weg s proportional zur Zeit t ist, mit dem Proportionalitätsfaktor Geschwindigkeit v, kurz $s = v \cdot t$. Kennt man also die Geschwindigkeit, so kann man den zu einem beliebigen Zeitpunkt zurückgelegten Weg sehr einfach berechnen, indem man die Geschwindigkeit mit der Zeit multipliziert. Den Zusammenhang zwischen Weg und Zeit bezeichnet man als linear, weil der Funktionsgraph in einem s,t-Diagramm eine gerade Linie ist.

Die Reisedauer eines Flugzeugs, dessen Geschwindigkeit genau geregelt wird und wegen des Fehlens von Hindernissen mehr oder weniger genau geradlinig erfolgen kann (Luftlinie), kann so, mit für Reisezwecke genügender Genauigkeit, berechnet werden. Die Fahrt eines PKW über einen Alpenpass stellt da schon eine andere Herausforderung dar.

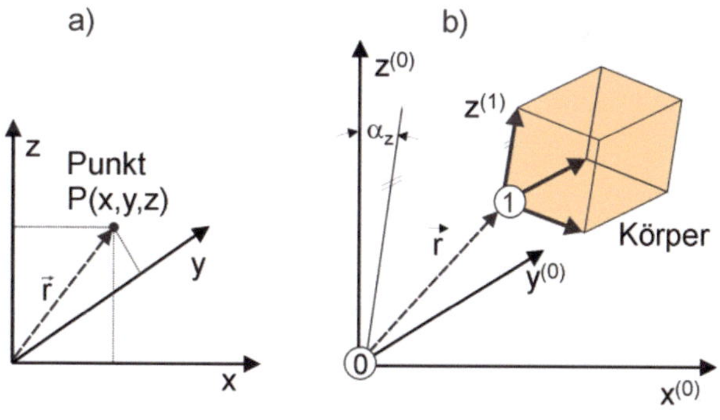

Bild 3.24: *a) mathematischer Punkt in kartesischen Koordinaten b) Positionsbeschreibung eines realen Körpers*

Eine weitere vor allem in der Geometrie benutzte Vereinfachung zur Beschreibung von Positionen in der Ebene oder im Raum ist der des „Punktes“ (lateinisch punctum: der Einstich, das Gestochene). Wie im Bildteil 3.24 a) dargestellt, kann man die Position innerhalb eines kartesischen Koordinatensystems, durch Angabe der Koordinatenwerte der drei Raumachsen x,y,z angeben, oder durch einen dreidimensionalen ***Ortsvektor*** $\vec{r} = (x, y, z)$. Aber was soll ein solcher Punkt sein? Der „mathematische“ Punkt ist dadurch gekennzeichnet, dass er keine räumliche Ausdehnung besitzt! Also kann es in der realen Welt keine Punkte geben, denn Objekte existieren nur dann, wenn sie eine räumliche Ausdehnung besitzen. Will man also die Position eines realen

Objektes wie des Würfels in Teilbild b) beschreiben, so reichen drei Koordinatenangaben in Bezug auf das ortsfeste Koordinatensystem mit dem Ursprung „0“ nicht aus. So könnte sich die mit „1“ bezeichnete Ecke des Würfels immer an derselben Position befinden, die Orientierung des Würfels allerdings durch Drehungen um den Eckpunkt in seiner Raumlage verändert werden. Daher führt man zusätzlich ein körpereigenes Koordinatensystem ein, das seinen Ursprung beispielsweise in der Ecke „1“ hat und dessen Koordinatenachsen entlang der Würfelkanten orientiert sind. Zur Unterscheidung der Koordinatenachsen der beiden Koordinatensysteme sind diese mit dem Namen des jeweiligen Ursprungs (⓪,①) gekennzeichnet. In allgemeiner Lage sind die Koordinaten des Systems ① gegenüber denen des Systems ⓪ verdreht. Man kann dann für jedes Koordinatenpaar einen Verdrehwinkel α angeben, also beispielsweise α_z für den Winkel zwischen Achse $z^{(0)}$ und $z^{(1)}$. Zur kompletten Beschreibung der Raumlage des Würfels im ortsfesten Koordinatensystem gehören dann sechs Angaben, die drei Koordinaten *x, y, z* und drei Winkelangaben $\alpha_x, \alpha_y, \alpha_z$.

Mit Hilfe der Vorstellung des mathematischen Punktes, die zur Ortsangabe nur drei Angaben benötigt, wurde jedoch zu Beginn des wissenschaftlichen Denkens von Isaac Newton die so genannte ***Punktmechanik*** entwickelt. Man ersetzt dabei gedanklich den realen Körper durch seinen Schwerpunkt (Modellvorstellung, die alle Masse des Körpers in dem Punkt konzentriert, der bei Unterstützung im Schwerefeld der Erde ohne weitere äußere Kräfte den Körper in Ruhelage halten würde). Drehungen des Körpers um den Schwerpunkt werden bei dieser Modellvorstellung ausgeschlossen.

Die durch Newton eingeführte Idealisierung „Punktmechanik“ vereinfacht die mathematische Behandlung von Bewegungen. Im Bereich der Himmelsmechanik gelang es Newton, die Keplerbahnen der Planeten um die Sonne mathematisch darzustellen. Die Idealisierung führte zu keinen Problemen, da die Abmessungen der Himmelskörper im Sonnensystem klein gegenüber ihren Abständen sind und der Einfluss der Eigenrotationen vernachlässigt werden kann. Dieser Erfolg führte dazu, dass Wissenschaftler versuchten, alle Naturerscheinungen auf Kräfte zurückzuführen, die zwischen zwei punktförmigen Teilchen wirken und nur von deren Abstand abhängen. Diese Herangehensweise beherrschte die Physik bis weit ins 19. Jhd. Heute ist in der industriellen Technik die exakte Bestimmung von Lage und Orientierung von Objekten für automatisierte Handhabungsvorgänge beispielsweise durch Roboter von hoher Bedeutung. Dabei hilft das mathematische Modell „Punkt“ nicht weiter und man spricht von ***Posen***, die wie oben beschrieben durch 6 unabhängige Koordinaten bestimmt sind.

Im Zusammenhang mit der Punktmechanik leitete Newton auch in seinem im Jahr 1687 erschienen Buch *Philosophiae Naturalis Principia Mathematica* (mathematische Prinzipien der Naturphilosophie) drei wichtige Gesetze der Bewegungslehre her. Diese wurden nach ihm benannt und begründeten die klassische Mechanik, die bis ins 20. Jhd. alleinige Gültigkeit besaß. Diese heute als Newton'sche Gesetze bezeichneten Formulierungen werden in Newtons Werk mit Lex prima, Lex secunda und Lex tertia (Erstes/Zweites/Drittes Gesetz) bezeichnet, oder zusammengenommen mit axiomata, sive leges motus (Axiome oder Gesetze der Bewegung). Diese lauten im Originaltext (Moderne Benennung):

- Ein Körper verharrt im Zustand der Ruhe oder der gleichförmig geradlinigen Bewegung, sofern jener nicht durch einwirkende Kräfte zur Änderung seines Zustands gezwungen wird. (Trägheitsgesetz)
- Die Änderung der Bewegung (dv/dt) ist der Einwirkung der bewegenden Kraft (F) proportional (Proportionalitätsfaktor m: Masse) und geschieht nach der Richtung derjenigen geraden Linie, nach welcher jene Kraft wirkt. (Impulssatz $F = m \cdot \frac{dv}{dt} = m \cdot a$)
- Kräfte treten immer paarweise auf. Übt ein Körper A auf einen anderen Körper B eine Kraft aus (actio), so wirkt eine gleich große, aber entgegen gerichtete Kraft, von Körper B auf Körper A (reactio). (Reaktionsprinzip Actio = Reactio)

Mit Hilfe dieser drei Gesetze sind Vorhersagen über das Bewegungsverhalten von vielen mechanischen Systemen möglich.

Schon die mathematische Beschreibung des Bewegungsverhaltens extrem einfacher mechanischer Systeme wie beispielsweise eines Pendels erfordert einige mathematische und physikalische Kenntnisse. Eine wichtige Herangehensweise an solche Probleme beschrieb der französische Mathematiker und Philosoph Jean-Baptiste de Rond genannt d'Alembert (1717-1783), als er die Bewegungsgleichung für mechanische Systeme unter dem Einfluss von Zwangskräften formulierte. ***Zwangskräfte*** sind dabei solche am betrachteten Körper angreifenden Kräfte, die beispielsweise auf den Körper durch Bewegungseinschränkungen in Form von Führungen oder Lagerungen ausgeübt werden. Andere am Körper angreifenden Kräfte nennt man ***äußere*** oder ***eingeprägte Kräfte***, wie beispielsweise die Gewichtskraft oder Reibkräfte. Mit Hilfe ***des d'Alembertschen Prinzips*** kann man für einen dynamischen Bewegungsvorgang ein mathematisches Modell formulieren, das die Dynamik auf die Statik zurückführt. Es besagt in Worten, *dass die Summe aller an einem Körper angreifenden Kräfte gleich Null sein muss*. Um das Prinzip auf einen Körper anzuwenden, muss man daher zuerst einmal ermitteln, welche Kräfte auf den Körper einwirken.

Bereits der englische Naturphilosoph Francis Bacon (1561-1626) hatte darauf hingewiesen, dass die Natur als Ganzes viel zu komplex sei, als dass Menschen die Zusammenhänge durchschauen könnten und vorgeschlagen „Man müsse die Natur zerschneiden", um genauere Aussagen über kleinere Teile der Natur machen zu können. Der Schweizer Mathematiker und Physiker Leonhard Euler (1707-1783) entwickelte, auf der Erkenntnis von Bacon und anderen aufbauend, im Jahr 1752 das so genannte ***Schnittprinzip***.

Dieses Prinzip ist bereits durch das dritte Newton'sche Axiom (Actio = Reactio) vorgegeben. Um das Bewegungsverhalten eines Körpers betrachten zu können, schneidet man fiktiv alle Verbindungen des Körpers zur Umgebung auf und erhält dadurch in Gedanken den von der Umgebung und ihren Einflüssen isolierten Gegenstand. Dies hat nach dem dritten Newton'schen Axiom aber Konsequenzen, da in den realen Verbindungen vorhandene Kräfte nun am freigeschnittenen Körper entsprechende Gegenkräfte hervorrufen, die am Körper anstelle der entfernten Verbindungen angreifen.

Weiter oben habe ich schon erläutert, dass Modelle selten den Anspruch haben, die Realität möglichst umfänglich und exakt abzubilden, sondern dass die Modellgenauigkeit häufig durch den Modellzweck bestimmt wird. Dazu kommt, dass ein mathematisches Modell, das zu kompliziert ausfiel, sich mit klassischen Methoden vor dem Zeitalter des Computers nicht berechnen liess. Daraus lassen sich drei einfache Bedingungen für die Modellbildung ableiten:

- Die Modellelemente müssen klar definiert, eindeutig beschreibbar und in sich widerspruchsfrei sein. Diese auch als ***physikalische Transparenz*** bezeichnete Eigenschaft verbietet, wie in der vorwissenschaftlichen Phase häufig angenommen, die Wirkung höherer Mächte oder das Vorhandensein nicht nachweisbarer Eigenschaften. Ein gutes Beispiel für das Letztere ist die Annahme der Existenz eines Mediums „Äther" im Weltraum, der im ausgehenden 17. Jhd. als Medium für die Ausbreitung von Licht postuliert wurde.
- Die Folgerungen über das Verhalten, die man aus der Verknüpfung der Modellelemente zum Gesamtmodell ziehen kann, müssen im Rahmen des Modellzwecks (Gültigkeitsbereich) dem realen Systemverhalten entsprechen (***Modellgültigkeit***). Am Beispiel unterschiedlicher historischer Landkarten hatte ich dieses bereits erläutert.
- Gibt es verschiedene Möglichkeiten zur Modellierung des Systems, die alle den ersten beiden Forderungen genügen, so sollte man die einfachst mögliche Auswählen (***Effizienz***). Weil bei durch die Gravitation bedingten Bewegungen der Planeten um die Sonne die Durchmesser der Körper klein gegenüber den Entfernungen im Weltraum sind, konnte Newton die vereinfachende Modellvorstellung der Punktmechanik zur Berechnung der Planetenbewegungen verwenden, die die mathematische Behandlung stark vereinfacht. Albert Einstein drückte diese Forderung treffend einmal so aus: „Es sollte alles so einfach wie möglich gemacht werden, aber nicht einfacher". Damit zielte er darauf ab, dass zu umfassende Vereinfachungen den Gültigkeitsbereich zu stark einschränken könnten.

3.7 Das Modell eines mathematischen Pendels

Ein sehr einfaches mechanisches System ist eine Einzelmasse, die an einem Faden aufgehängt ist. Will man nun ein mathematisches Modell für das Bewegungsverhalten dieses Pendels aufstellen, so muss man als erstes überlegen, welche Modellelemente man in sein Modell aufnehmen will. Ein sehr einfaches Pendel besteht aus einer Masse m, die an einem Faden der Länge l an einer ortsfesten Lagerung aufgehängt ist (Bild 3.25 links). Das beobachtbare Verhalten eines solchen Systems ist, dass nach Auslenkung der Masse aus der Ruhelage (Masse befindet sich senkrecht unter der Lagerstelle), die Masse eine Schwingung zwischen zwei „Totpunkten" ausführt, in denen die Geschwindigkeit der Masse Null wird und danach ihre Richtung umkehrt. Diese ***Schwingung*** findet in einer Ebene statt, die im Bild die Bildebene darstellt.

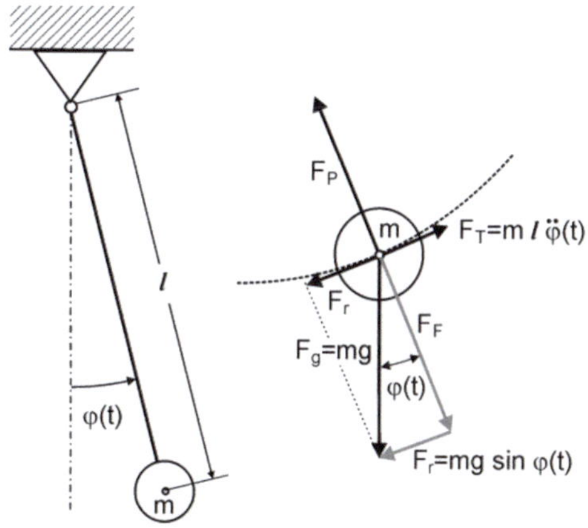

Bild 3.25: *Pendel und angreifende Kräfte*

Ist die Masse beispielsweise eine Metallkugel und der Faden eine dünne textile Schnur, so ist die Masse der Kugel in diesem System absolut dominant. Daher kann man auf die Punktmechanik zurückgreifen und sich alle Masse des Systems im Schwerpunkt der Kugel konzentriert denken. Die Lagerstelle wird in den meisten Fällen nur ganz wenig Reibung aufweisen, so dass man ihren Einfluss für den Modellzweck vernachlässigen kann. Der Luftwiderstand der sich bewegenden Kugel ist ebenfalls sehr klein und kann vernachlässigt werden. Der Modellzweck könnte bei einem solchen Pendel die Berechnung der Schwingdauer T des Pendels zwischen den beiden Totpunkten oder auch die Frequenz f der Pendelschwingung sein.

Um nun das d'Alembert'sche Prinzip anzuwenden, muss man untersuchen, welche Kräfte auf die Kugel während ihrer Bewegung einwirken. Da ist natürlich als erstes die von Newton geforderte Gewichtskraft der Masse $F_g = m \cdot g$, die senkrecht zum Mittelpunkt der Erde gerichtet ist und im Schwerpunkt der Kugel angreift (s. Bild 3.25 rechts). Sie ist der Masse der Kugel proportional und der Proportionalitätsfaktor g ist die Gravitationskonstante der Erde, die eine Beschleunigung darstellt. Um die Kraftkomponente F_r (Rückstellkraft) zu erhalten, die die Bewegung der Masse auf ihrer Bahn nach links beschleunigt, kann man die Vektorgröße Gewichtskraft in zwei Komponenten tangential und normal (senkrecht stehend) aufteilen. Die tangentiale Komponente entspricht der Kraft F_r und die normale Komponente ist die so genannte Zentrifugalkraft F_F (lat. centrum, die Mitte; fugare, fliehen). Diese tritt auf, weil die Vektorgröße ***Bahngeschwindigkeit*** auf einer gekrümmten Bahn wie der Kreisbahn ständig ihre Richtung ändert. Eine Änderung der Vektorgröße Geschwindigkeit liegt vor, wenn sich entweder der Betrag oder auch ihre Richtung ändert. Bewegt sich daher ein Körper mit konstanter Bahngeschwindigkeit auf einer Kreisbahn, so wirkt auf ihn eine Beschleunigung (Zentifugalbeschleunigung), da sich die Richtung der Geschwindigkeit ständig ändert. Eine Beschleunigung hat wiederum eine Kraft zur Folge, die Zentrifugalkraft. Würde man den Faden nicht nur fiktiv, sondern tatsächlich durchschneiden, so würde die Masse durch die Zentrifugalkraft nach außen geschleudert.

Schneidet man nun fiktiv den Faden durch, so muss man ihn durch eine Reaktionskraft F_P (Zentripetalkraft) ersetzen, die den gleichen Betrag wie die Kraft F_F aber eine um 180° veränderte Richtung besitzt. Auch die die Masse auf ihrer Bahn beschleunigende Kraft F_r hat eine genau in Gegenrichtung wirkende Komponente gleichen Betrages, die so genannte Trägheitskraft F_T . Sie ist die Konsequenz aus dem 1. Newton'schen Axiom.

Auf die Masse wirken daher die vier Kraftkomponenten F_r , F_T , F_P , F_F ein, deren Summe nach dem d'Alembert'schen Prinzip gleich Null sein muss. Die beiden Komponenten F_P, F_F sind miteinander im Gleichgewicht und stehen senkrecht auf der Bewegungsrichtung der Masse. Sie liefern daher keinen Anteil für die Beschleunigung des Körpers. Es verbleiben die Rückstellkraft und die Trägheitskraft, die beide mit unterschiedlicher Richtung auf der Linie der Bahngeschwindigkeit wirken und deren Wert nun bestimmt werden muss.

Um die Position des Massenschwerpunktes während der Bewegung zu verfolgen, könnte man ein kartesisches x,y-Koordinatensystem beispielsweise im Lagerpunkt anbringen. Bei einer Kreisbewegung, wie der eines Pendels, bietet es sich aber an, den Auslenkungswinkel $\varphi(t)$ aus der Ruhelage als eine Koordinate eines so genannten ***Polarkoordinatensystems*** zu verwenden. Ein solches Koordinatensystem ist typisch für den Spezialfall der Kreisbewegung, wobei der Name sich vom Zentrum der Bewegung dem ***Pol*** ableitet. Die zweite benötigte Koordinate zur Bestimmung der Position in einer Ebene ist der Abstand zum Rotationszentrum (Pol), der in unserem Fall konstant gleich der Fadenlänge l ist.

Der Weg, den der Schwerpunkt der Kugel in einem bestimmten Zeitintervall Δt auf ihrer Kreisbahn zurücklegt, wird als Kreisbogen b bezeichnet. Die Länge des Bogens verhält sich zum Kreisumfang wie der Winkel $\varphi(t)$ zum Kreisumfang. Schon dem griechischen Mathematiker und Ingenieur Archimedes von Syrakus (287-212 v. Chr.) war die Tatsache bekannt, dass sich der Umfang eines Kreises zu seinem Durchmesser genauso verhält, wie die Fläche des Kreises zum Quadrat des Radius. Er nannte dieses (heute mit dem griechischen Buchstaben π bezeichnete) Verhältnis noch nicht π (Pi), erdachte aber eine Methode, wie man sich dem Wert von π bis zu einer beliebig hohen Genauigkeit nähern kann. Dieses numerische (Darstellung durch Zahlen) Verfahren ist vermutlich das älteste in der Geschichte. In moderner algebraischer Darstellung gilt daher für den Umfang U eines Kreises mit Durchmesser D und Radius r,

$U = \pi \cdot D = 2\pi \cdot r$. Setzt man nun den Winkel $\varphi(t)$ mit dem zugehörigen Bogen b zum Umfang ins Verhältnis, so gilt:

$$\frac{b}{U} = \frac{\varphi(t)}{360°} \quad .$$

Setzt man dort den oben genannten Wert für den Umfang ein, so erhält man:

$$b = 2\pi \cdot r \cdot \varphi(t) \cdot \frac{1}{360°} = \frac{\pi \cdot r \cdot \varphi(t)}{180°} \quad .$$

Um nicht die willkürlichen Zahlenwerte wie 360° in solchen Gleichungen zu belassen, ist es in der Mathematik und Physik üblich, das so genannte ***Bogenmaß*** zu verwenden, das die Einheitenbezeichnung „rad“ (von lat. Radiant) besitzt. Es gilt:

$$1\,rad = \frac{360°}{2\pi} = \frac{180°}{\pi} \approx 57{,}29° \quad .$$

Damit vereinfacht sich die Gleichung für den Kreisbogen des Winkels $\varphi(t)$ zu:

$$b = r \cdot \varphi(t) \quad oder\ bei\ r = l \quad b = l \cdot \varphi(t).$$

Der Bogen b ist der Weg, den die Kugel auf ihrer Bahn zurücklegt. Der zugehörige Winkel $\varphi\,(t)$ ist daher eine zeitabhängige Weggröße. Wie wir oben gesehen haben, ist die Beschleunigung die zweite Ableitung des Weges nach der Zeit. Angewendet auf den Kreisbogen ergibt sich die Tangentialbeschleunigung a_t der Kugel zu

$$\frac{d^2b}{dt^2} = l \cdot \frac{d^2\varphi(t)}{dt^2} = l \cdot \ddot{\varphi}(t) = a_t \quad .$$

In dieser Darstellung wird eine in der Physik übliche Abkürzung für die Ableitung nach der Zeit benutzt, die sich einfacher schreiben lässt als die klassische Formulierung der Ableitung als Differentialquotient. Zur Unterscheidung von der Schreibweise y' für die Ableitung von y nach x wird für die Ableitung von φ nach t die Schreibweise $\dot{\varphi}$ verwendet:

$$\frac{d\varphi(t)}{dt} = \dot{\varphi} \quad , \quad \frac{d^2\varphi(t)}{dt^2} = \ddot{\varphi} \quad .$$

Mit dieser Schreibweise gilt daher für die Trägheitskraft $F_T = m \cdot a_t = m \cdot l \cdot \ddot{\varphi}$. Die Rückstellkraft F_r ist proportional zur Gewichtskraft $F_g = m \cdot g$. Ihr Wert ändert sich aber während der Bewegung der Kugel und zwar entsprechend der Sinus-Funktion abhängig vom Auslenkungswinkel $\varphi(t)$: $F_r = m \cdot g \cdot \sin\varphi(t)$. Wie oben festgestellt wurde, sind die beiden Kräfte F_r und F_T vom gleichen Betrag aber entgegengesetzt gerichtet. Daher gilt $F_r = -F_T$ oder ausführlich

$$m \cdot g \cdot \sin\varphi(t) = -m \cdot l \cdot \ddot{\varphi} \quad bzw. \quad m \cdot l \cdot \ddot{\varphi} + m \cdot g \cdot \sin\varphi(t) = 0$$

Dies ist eine ***Bewegungsdifferentialgleichung***, weil in ihr, außer der zeitabhängigen Größe φ, auch deren zweite Ableitung $\ddot{\varphi}$ vorkommt. Eine solche Differentialgleichung beschreibt das Änderungsverhalten bestimmter Größen in Abhängigkeit von der Zeit. Das durch die oben angeführten Modellvereinfachungen beschriebene Pendel wird auch als ***mathematisches Pendel*** oder auch ***Fadenpendel*** bezeichnet. Verzichtet man auf die Vereinfachung, dass alle Masse des Pendels in einem Schwerpunkt konzentriert ist, so spricht man von einem ***physikalischen Pendel***, dessen Bewegungsgleichung noch deutlich komplizierter ausfällt.

Die Ermittlung der Lösungen von Gleichungen mit unbekannten Größen ist schon seit der Antike Gegenstand der wissenschaftlichen Forschung. Zu Anfang sah man mathematische Fragestellungen geometrisch [War 2020]. Mit linearen Gleichungen wie $3x + 9 = 15$ konnte man Längen bestimmen. Treten quadratische Variablen (x^2) auf, so stehen sie für Flächen in einer zweidimensionalen Ebene. Der nächste Schritt sind kubische Gleichungen, bei denen der Term x^3 für ein unbekanntes Volumen im dreidimensionalen Raum steht.

Eines der ältesten erhaltenen Beispiele einer quadratischen Gleichung findet sich in einem altägyptischen Papyrus, das um 1800 v. Chr. entstand. Die Fragestellung bezieht sich auf die Erbteilung von Ackerland. Die Summe der Flächen zweier Quadrate beträgt 100 Quadrat-Ellen. Die Seitenlänge x des kleineren Quadrates ist die Hälfte plus ein Viertel der Seitenlänge y des anderen Quadrates. Wie groß ist die Seitenlänge y?

In moderner Notation ergeben sich zwei Gleichungen, die gleichzeitig erfüllt sein müssen:

$$x = \left(\frac{1}{2} + \frac{1}{4}\right)y = \frac{3}{4}y \quad und \quad x^2 + y^2 = 100 \ .$$

Sie lassen sich zu einer quadratischen Gleichung vereinfachen:

$$\left(\frac{3}{4}y\right)^2 + y^2 = 100 \quad oder \quad \frac{25}{16}y^2 = 100 \ .$$

Zur Lösung verwendeten die Ägypter ein Verfahren, das heute als ***Regula-falsi-Methode*** (Regel des Falschen) bezeichnet wird. Dazu wählt man für die Unbekannte einen vermutlichen Wert und berechnet damit den Wert der Gleichung. Dann variiert man abhängig vom Fehler den Ansatz, um den richtigen Wert zu erhalten. Wählt man wie im Papyrus den Wert $y = 4$, so wäre die Seitenlänge des kleineren Quadrates $x = 3$, nämlich 3/4 von y. Die Flächen der Quadrate wären dann 16 und 9 Quadrat-Ellen, also in Summe 25 Quadrat-Ellen, 1/4 des gewünschten Ergebnisses. Man muss also das gewünschte Ergebnis vervierfachen, also die Seitenlängen x und y verdoppeln.

Daraus ergeben sich die richtigen Seitenlängen zu $x = 6$ und $y = 8$, wodurch obige quadratische Gleichung mit $(25/16) \cdot 8^2 = 100$ erfüllt ist.

Später lösten indische, persische und arabische Gelehrte verschiedene quadratische Gleichungen mit anderen Methoden, z. B. mit Hilfe der quadratischen Ergänzung. Die heutige moderne Schreibweise einer allgemeinen quadratischen Gleichung (Gleichung 2. Grades) lautet

$$y = ax^2 + bx + c$$

Der Graph dieser Funktion ist eine Parabel, die im allgemeinen Fall die x-Achse zweimal schneidet. Die Werte dieser Schnittpunkte werden Nullstellen genannt, weil der Funktionswert y bei diesen x-Werten Null wird. Die Nullstellen sind daher die Lösung der Gleichung für den Fall $ax^2 + bx + c = 0$. Für diese Form der quadratischen Gleichung gibt es die allgemeine Lösungsformel für die beiden Nullstellen x_1 und x_2:

$$x_{1,2} = \frac{-b \pm \sqrt{b^2 - 4ac}}{2a},$$

die indischen Mathematikern schon im 7. Jhd. n. Chr. zwar nicht in dieser Formulierung, sondern allgemein sprachlich formuliert, bekannt war. In der gezeigten Schreibweise sind die x-Werte beider Nullstellen $(x_{1,2})$ dadurch bestimmt, dass das Zeichen $(\pm)$ für die beiden Fälle eine Addition oder eine Subtraktion vorsieht.

Im Bild 3.26 ist die Parabel mit der Funktionsgleichung $y = x^2 + 3x + 2$ dargestellt. Ihre Nullstellen ergeben sich zu:

$$x_{1,2} = \frac{-3 \pm \sqrt{9 - 8}}{2} = \frac{-3 \pm 1}{2} \qquad x_1 = -1\,;\; x_2 = -2\,.$$

Der Scheitelpunkt der Kurve muss aus Symmetriegründen bei $x_S = -1{,}5$ liegen. Dies kann man auch durch die Bildung der Ableitung dy/dx herausfinden, da diese im Scheitelpunkt den Wert Null haben muss. Der Grund dafür ist, dass die Ableitung die Steigung der Kurve angibt, die im Scheitelpunkt den Wert Null besitzt:

$$\frac{dy}{dx} = 2x + 3 = 0 \quad \Rightarrow \quad x_S = -1{,}5 \quad \Rightarrow \quad y_S = 2{,}25 - 4{,}5 + 2 = -0{,}25$$

Das Zeichen ⇒ bedeutet darin „daraus folgt“. Der Schnittpunkt der Parabel mit der y-Achse ergibt sich für $x = 0\,, \;\; \Rightarrow \;\; y = 2\,.$

Bis heute wurden auch allgemeine Lösungsformeln für algebraische Gleichungen Gleichungen 3. und 4. Grades gefunden, aber es konnte gezeigt werden, dass Gleichungen vom 5. Grad oder höher nicht analytisch lösbar sind.

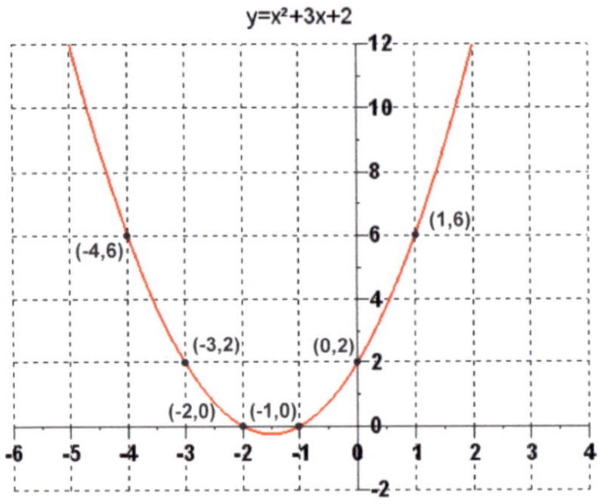

Bild 3.26: Funktionsgraph der quadratischen Parabelgleichung

Bei solchen rein algebraischen Polynomgleichungen sind die Lösungen immer Zahlen, d. h. sie sind unveränderliche „statische“ Lösungen.

Demgegenüber beschreibt eine Differentialgleichung das Änderungsverhalten einer dynamischen Größe von einer unabhängigen Variablen. Das ist im Beispiel des mathematischen Pendels die Zeit. Die Lösung ist dann keine Zahl mehr, sondern eine Funktion, deren Wert sich aufgrund der unabhängigen Variablen stetig ändert. Ähnlich wie bei den oben erwähnten algebraischen Gleichungen sieht es auch bei der analytischen Lösung von Differentialgleichungen aus, die nur in den seltensten Fällen gelingt. Weiter unten werde ich eine Lösungsmethode für den speziellen Typ der gewöhnlichen linearen Differentialgleichung mit konstanten Koeffizienten behandeln. Bei nichtlinearen Differentialgleichungen wie der oben für das Pendel gefundenen

$$m \cdot l \cdot \ddot{\varphi} + m \cdot g \cdot \sin \varphi(t) = 0\,,$$

existieren in der Regel keine Lösungsverfahren. Die Bezeichnung „nichtlinear“ hat diese Gleichung, weil sie die unbekannte Größe φ sowohl in Form ihrer zweiten Ableitung als auch als Argument der nichtlinearen Sinusfunktion enthält. Eine analytische Lösung ist hier nur durch die Anwendung elliptischer Funktionen und elliptischer Integrale möglich, die vom Aufwand der Berechnung sehr komplex sind. „Gewöhnlich“ heißt die Differentialgleichung, wenn sie nur eine unbekannte Größe, hier den Winkel φ enthält.

Es kommt nun auf das Geschick des Modellentwicklers an, der nach Möglichkeiten sucht, eine solche Gleichung zumindest für spezielle Sonderfälle einfacher lösen zu können. Dieser Wunsch tritt meist auf, wenn in der Technik ein unberechenbares Problem innerhalb vorgegebener Toleranzen näherungsweise gelöst werden soll. So wird ein Pendel beispielsweise in einer Pendeluhr als Zeitintervallgeber verwendet. Die Schwingweite eines solchen Pendels ist typischerweise deutlich kleiner als 180°, also beispielsweise $\pm 10°$ von der Mittellage aus. Für diesen Fall kann man die

Sinusfunktion „linearisieren“. Mit solchen Linearisierungen sind in der Regel deutliche Einschränkungen des Gültigkeitsbereichs eines Modells verbunden.

Man kann den Funktionswert einer Sinusfunktion in Form einer so genannten ***Reihenentwicklung*** darstellen. Sie lautet für die Sinusfunktion:

$$\sin\varphi = \varphi - \frac{\varphi^3}{6} + \frac{\varphi^5}{120} - \frac{\varphi^7}{5040} + \cdots$$

Der exakte Wert wird erst bei unendlich vielen Gliedern dieser Reihenentwicklung erreicht, die hier nach dem vierten Glied abgebrochen wurde. Ist der Winkel φ recht klein, so werden die Potenzglieder nach dem ersten Glied noch bedeutend kleiner. So hat der Sinus von 0,1 rad einen Wert von 0,0998. Setzt man 0,1 rad als Winkel in die Reihenentwicklung ein so erhält man

$$\begin{aligned} f(\sin\varphi) &= 0{,}1 - \frac{0{,}001}{6} + \frac{0{,}00001}{120} - \frac{0{,}0000001}{5040} + \cdots \\ &= 0{,}1 - 0{,}000166 + 0{,}0000000833 \end{aligned}$$

Schon die Differenz der ersten beiden Glieder ergibt den Wert 0,0998, weshalb man für diesen Fall feststellen kann: $\sin\varphi \approx \varphi$, wobei das Zeichen $\approx$ die Bedeutung „ungefähr gleich“ hat. Wendet man dies nun auf die Bewegungsdifferentialgleichung des mathematischen Pendels für kleine Ausschläge an, so erhält man die linearisierte DGL (**D**ifferential**gl**eichung)

$$m \cdot l \cdot \ddot{\varphi} + m \cdot g \cdot \varphi(t) = 0$$

Dies ist eine lineare DGL mit konstanten Koeffizienten, für die es analytische Lösungsmethoden gibt. Koeffizienten werden die konstanten Terme $m \cdot l$ und $m \cdot g$ genannt. Die Lösung $\varphi(t)$, also der Pendelwinkel zu einem beliebigen Zeitpunkt t hängt natürlich noch vom Anfangswinkel φ_0 zum Zeitpunkt $t = 0$ ab. Prinzipiell erfolgt die Lösung einer solchen Gleichung durch zweifache Integration. Die Berechnung entsprechender Integrale für viele Zeitpunkte, um beispielsweise den Graphen des zeitlichen Bewegungsablaufs zu zeichnen, ist aber ziemlich aufwendig. Auf einem Computer kann man ein so genanntes ***Simulationssystem*** benutzen, das die Integrale durch numerische Näherungsverfahren löst und dadurch die einfache Darstellung der Pendelschwingung ermöglicht. Diese Vorgehensweise werde ich später näher erläutern. Hier verwende ich eine Simulation anstelle der viel aufwendigeren Berechnung der Kurvenverläufe aufgrund der analytischen Lösungen der DGL’s.

Die folgenden Bilder wurden mit Hilfe eines solchen Simulationssystems erstellt und zwar sowohl für die nichtlineare und die linearisierte DGL der Pendelbewegung. So zeigt das Bild 3.27 das Bewegungsverhalten des Pendels (Schwingung zwischen zwei Totpunkten) bei einer Anfangsauslenkung $\varphi_0 = 0{,}1\ rad$, was einem Winkel von 5,7° entspricht. Im Bild stimmen die zwei Schwingungen für die nichtlineare und die linearisierte Schwingung so stark überein, dass sie nicht voneinander zu unterscheiden sind. Nur durch die kreisförmigen Markierungen in der Spur des linearisierten Modells kann man erkennen, dass dieser Kurvenverlauf mit der des nichtlinearen Modells zusammenfällt.

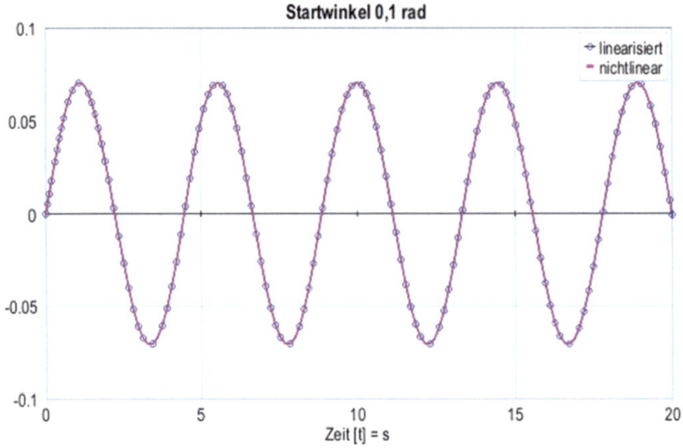

Bild 3.27: *Simulation des Schwingungsverlaufs des mathematischen Pendels bei kleinen Ausschlägen und unterschiedlichen mathematischen Modellen*

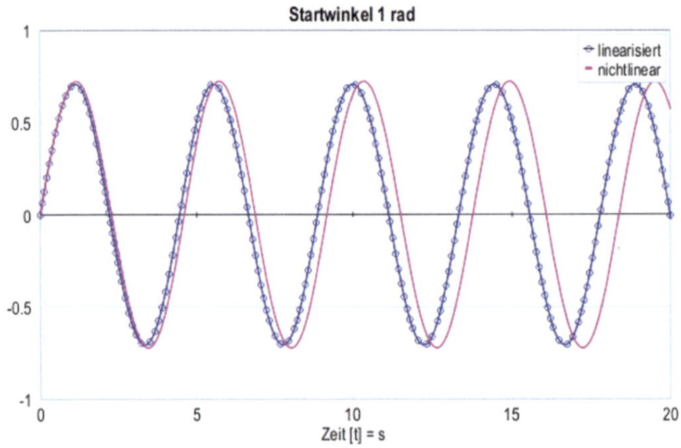

Bild 3.28: *Simulation des Schwingungsverlaufs des mathematischen Pendels bei großen Ausschlägen und unterschiedlichen mathematischen Modellen*

Führt man die gleiche Simulation für den zehnfach größeren Winkel $\varphi_0 = 1\,rad$ durch, so weichen nun die beiden Schwingungsverläufe deutlich voneinander ab (Bild 3.28). Aufgrund der Modellannahme für kleine Winkel $\sin\varphi \approx \varphi$ hat man nun den Gültigkeitsbereich des Modells verlassen und die für die linearisierte DGL gefundene Lösung liefert bereits nach einer Schwingung fehlerhafte Werte gegenüber der nichtlinearen DGL.

Hat man nun in einem technischen Objekt wie einer Pendeluhr ein Pendel, dessen Ausschläge im Bereich $\pm 10°$ aus der Mittellage liegen, so ist der Fehler zwischen den beiden Modellen in der Größenordnung von 0,5%. Aber an diesem einfachen Beispiel sieht man, welche Probleme bei der Berechnung solcher mathematischen Modelle vor dem Aufkommen von Computern zu bewältigen waren, was dazu führte, dass im praktischen Alltag nichtlineare Modelle bis zu diesem Zeitpunkt kaum eine Rolle spielten.

4 Modelle im Zeitalter des Computers

4.1 Analoge Rechner

Vor den heute ausschließlich verwendeten digital arbeitenden Computern gab es Vorläufer, die dynamische Berechnungen mit analog arbeitenden Einrichtungen ermöglichten. Als ***analog*** bezeichnet man Größen, deren Wert sich über die Zeit kontinuierlich ändern kann. Digitalrechner (Computer) arbeiten mit digitalisierten Größen, deren Wert sich zwar auch von Zeitpunkt zu Zeitpunkt minimal ändern kann, aber immer nur sprungförmig zu Anfang und Ende eines vorgegebenen Zeitintervalls.

Bild 4.1: *Der Antikythera-Mechanismus (Wikipedia)*

Eines der ältesten Mechanismen zur Berechnung astronomischer Vorgänge tauchte völlig unerwartet nach einem Tauchgang zu einem gesunkenen antiken Schiff vor der Insel Antikythera im Jahr 1900 auf [Spec 8.22]. Das Fundstück war ein Metallklumpen von der Größe eines dicken Buches, dessen Bedeutung anfangs unerkannt blieb. Der im Archäologischen Museum von Athen eingelagerte Gegenstand zerfiel nach einiger Zeit in mehrere Bestandteile und legte dadurch Präzisionszahnräder aus Bronze frei (Bild 4.1). Erhalten sind 82 Fragmente von Zahnrädern, Inschriften und Skalen. Über eine Kurbel ließ sich das Getriebe im Inneren des Mechanismus antreiben. Auf den Außenseiten gab es Zeiger und Ringe, die sich auf verschiedenen Zifferblättern bewegten. Dadurch wurden mehrere astronomische Ereignisse angezeigt. Dazu gehörte ein Sonnenkalender mit Tierkreiszeichen, Ringe für die Planetenbewegungen, ein Zeiger für die Mondphasen sowie Skalen, an denen Sonnen- und Mondfinsternisse angezeigt wurden.

W. Roddeck, *Die Welt der Modelle und Simulationen*, https://doi.org/10.1007/978-3-658-46305-2_4

Nach den archäologischen Ermittlungen ist das Schiff zwischen 70 und 60 v. Chr. gesunken, Indizien deuten darauf hin, dass das Gerät schon 200 v. Chr. gefertigt wurde. Bis zu diesem Zeitpunkt war nicht bekannt, dass in der griechischen Antike bereits derart ausgefeilte Mechanismen zur Vorhersage von Ereignissen zur Verfügung standen und Wissenschaftler und Handwerker zur Anfertigung derart komplexer Mechanismen fähig waren.

Auch der beschriebene Rechenschieber, mit dem man durch Verschieben beweglicher Teile und Wertablesung auf verschiedenen Skalen komplexe Rechnungen durchführen und Funktionswerte spezieller Funktionen auf Werteskalen ablesen kann, ist nichts anderes als eine analoge Recheneinrichtungen.

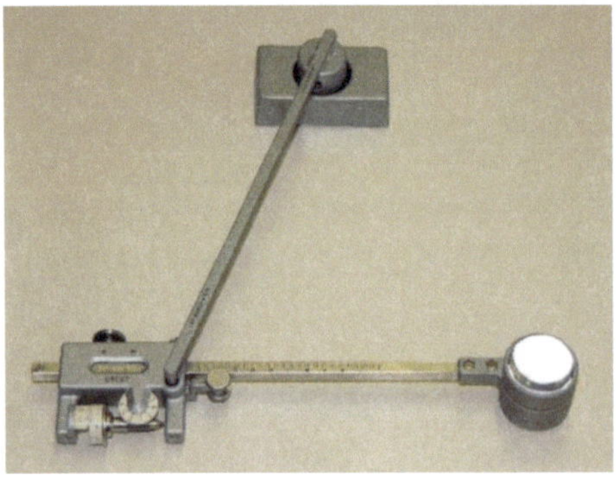

Bild 4.2: Polarplanimeter (Wikipedia)

Ein weiteres Beispiel ist der mechanische ***Planimeter***, der seit dem 19. Jhd. weit verbreitet war. Ein Planimeter ist ein mathematisches Instrument und ein Analogrechner, also ein mechanisches Messgerät, zur Ermittlung beliebiger Flächeninhalte in Landkarten oder Zeichnungen (Bild 4.2). Man fährt den Rand der zu messenden Fläche mit einem Fahrstift oder einer Lupe mit Fadenkreuz entlang, wobei ein Messrad die Fläche integriert. Der Rand muss eine geschlossene Kurve sein, Anfangs- und Endpunkt der Messfahrt ist derselbe. Das Vorzeichen der Messung wird durch den Umstand festgelegt, ob der Rand im Uhrzeiger- oder Gegenuhrzeigersinn abgefahren wurde. Die mechanische Konstruktion von Planimetern beruht auf einem Prinzip des Mathematikers Leonhard Euler, das dieser für die Berechnung infinitesimaler Flächen entwickelt hat. An einer Skala, die mit einem Nonius oder einer anderen optischen Einrichtung zur Erhöhung der Ablesegenauigkeit versehen ist, kann der Flächeninhalt direkt abgelesen werden.

Bild 4.3: Differential Analyser in einem Labor der Cambridge University 1937 (Wikimedia Commons)

Am Massachusetts Institute of Technology (MIT) entwickelten Vannevar Bush und H.L. Hazen zwischen den Jahren 1923 und 1927 einen Analogrechner zum

Lösen von Differentialgleichungen, den ***Product Integraph***. Dieser als Differential Analyzer bezeichnete Analogrechner (s. Bild 4.3) arbeitete elektromechanisch und konnte gleichzeitig mehrere Differentialgleichungen 1. Ordnung integrieren. Die Ausgabe erfolgte mittels automatisch gedruckter Schaubilder. Der Entwickler bezeichnete ihn als eine „elektrische Maschine, die selbständig denkt. Als ‚Gehirn aus Menschenhand' übertrifft der Integraph das logische Denken des Menschen durch seine Fähigkeit, mathematische Probleme zu beantworten, deren Lösung für das menschliche Gehirn zu komplex sind".

Rechenschaltungen, die integrieren können, werden auch in automatischen, ortsbeweglichen Mechanismen benötigt. Der deutsche Ingenieur Helmut Hölzer (1912–1996) leitete an der Heeresversuchsanstalt Peenemünde eine Arbeitsgruppe, die einen zur Tarnung *Mischgerät* genannten elektronischen Analogrechner entwickelte (1944). Als eines der ersten Trägheitsnavigationssysteme diente es in der ballistischen Rakete A4 zur Stabilisierung und Lenkung der Flugbahn. Das mit Elektronenröhren bestückte Gerät integrierte fortlaufend die von den beiden bordeigenen Kreiselinstrumenten ermittelten Beschleunigungen und Richtungen hin zu Entfernungen und Winkeln. Entsprechend der vorgegebenen Flugbahn wurden so die Strahl- und Luftruder sowie der Brennschluss der Rakete gesteuert.

Nachdem man elektronische Schaltungen für das Integrieren entwickelt hatte, wurden in den 1950-70 Jahren komplette Recheneinrichtungen entwickelt, die man tatsächlich als ***Analogrechner*** bezeichnete. Diese dienten vorrangig der Integration linearer und nichtlinearer Differentialgleichungen. Hat man beispielsweise eine Differentialgleichung 2. Ordnung (enthält eine 2. Ableitung) der Form

$$a\ddot{x}(t) + b\dot{x}(t) + cx(t) - d = 0\,,$$

so benötigt man zur Ermittlung der Lösung $x(t)$ zwei Integratoren. Das Gerät arbeitet mit analogen Spannungsquellen, deren Spannungen für die vorgegebenen und zu ermittelnden Größen stehen. Ein Integrator integriert dann Spannungen über die Zeit auf. Für die gerätetechnische Realisierung löst man die Gleichung nach der höchsten Potenz von $x(t)$ auf:

$$\ddot{x} = -\frac{b}{a}\dot{x} - \frac{c}{a}x + \frac{d}{a}\,.$$

Nun kann man unter Zuhilfenahme weiterer Rechenschaltungen die Gleichung lösen (Bild 4.4). Die unterschiedlichen Funktionsbausteine sind als Rechtecke dargestellt, in die ein oder mehrere Eingangsspannungen hineingeführt werden und die nach Berechnung

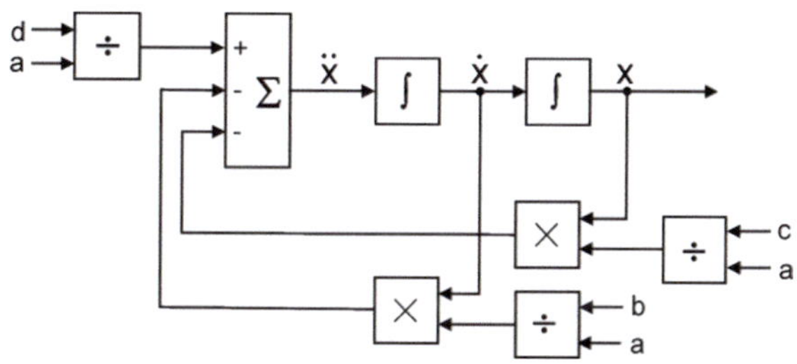

Bild 4.4: *Blockschaltbild für die Integration einer DGL 2. Ordnung*

eine Ausgangsspannung liefern. Wegen der Form der Funktionsbausteine und ihrer Verschaltung durch Verbindungslinien wird eine solche Darstellung auch als ***Blockschaltbild*** bezeichnet. Die Integrierer haben als Kennzeichnung das „lange S" für die Integration. Außerdem werden zur Realisierung der obigen Gleichung weitere Rechenschaltungen benötigt. Das sind Addierer/Subtrahierer (Zeichen Σ) und Multiplizierer/Dividierer (Zeichen ×, ÷).

Der mit dem Zeichen Σ bezeichnete Summierer summiert (addiert oder subtrahiert) die Terme auf der rechten Seite der Gleichung und liefert daher die Größe $\ddot{x}$ auf der linken Seite der Gleichung. Diese Größe wird dann hintereinander über zwei Integrierer geführt, die dann jeweils an ihren Ausgängen die Größen $\dot{x}$ und x liefern. Um beispielsweise den Ausdruck $(b/a) \cdot \dot{x}$ zu erhalten, muss man zuerst den Term b/a ermitteln. Dazu wird ein Dividierer (÷) benötigt, dessen Ergebnis mit $\dot{x}$ multipliziert (×) werden muss. Die drei Terme auf der rechten Seite der Gleichung werden abschließend einem Summierer zugeführt, der sie vorzeichenrichtig aufsummiert. Das Herz der meisten dieser Rechenbausteine sind analog arbeitende so genannte ***Operationsverstärker***. Dies sind integrierte Schaltungen mit Halbleiter- und Widerstandselementen, die sich durch eine sehr hohe Spannungsverstärkung, hohen Eingangs- und niedrigen Ausgangswiderstand auszeichnen.

Bild 4.5: *Analogrechner; Steckfeld für Programmierung und Koeffizientenpotentiometer (Boeing 1953, Wikipedia)*

Den Verbindungslinien im Bild 4.4 entsprechen am Analogrechner steckbare Verbindungsleitungen. Die Koeffizienten a, b, c werden an veränderlichen Widerständen (Potentiometer: Drehwiderstand) eingestellt. Bild 4.5 zeigt die Front eines solchen Analogrechners, mit einem Steckfeld für die Verbindungsleitungen und Koeffizientenpotentiometern. Die „Programmierung" eines solchen Analogrechners besteht dann in der Umsetzung eines Blockschaltbildes in die Verdrahtung der Funktionsblöcke über Kabel auf dem Steckfeld. Die Ausgabe der ermittelten Spannungsverläufe erfolgt über Oszilloskope oder Datenschreiber.

In den 1980er Jahren wurden dann Analogrechner zunehmend durch Digitalrechner ersetzt. Analogrechner haben gegenüber dem Digitalrechner den Vorteil, dass die Änderungsvorgänge in den untersuchten Systemen bis zu hohen Frequenzen in ***Echtzeit*** untersucht werden können. „Echtzeit“ bedeutet dabei, dass die Rechenvorgänge genauso schnell ablaufen wie die im untersuchten System in der Realität. In den 1960er – 1980er Jahren gab es bereits Digitalrechner, die aber meist mit dieser Verarbeitungsgeschwindigkeit nicht mithalten konnten. Allerdings kann auf Digitalrechnern eine nahezu beliebig hohe Rechengenauigkeit erreicht werden, während bei einem Analogrechner eine Genauigkeit von 0,01% bereits einen immensen apparativen Aufwand erfordert. Erst nachdem Digitalrechner in Form so genannter ***Prozessrechner*** in den 1980er Jahren ebenfalls Echtzeitfähigkeiten erlangten, war es möglich, auf diesen wie auf dem Analogrechner mathematische Modelle zu berechnen.

4.2 Digitalrechner

Um Rechnen zu können, benötigt man wie oben beschrieben ein Zahlsystem mit Symbolen für Zahlen und ein Stellenwertsystem. Das Zehner- oder Dezimalsystem, dass sich schon lange als nützlich für das Rechnen auf Papier oder mit einfachen Hilfseinrichtungen wie Rechenbretter oder Abakussen erwiesen hatte, benutzt dabei folgende Zahlendarstellung:

$$Z = a_0 \cdot 10^0 + a_1 \cdot 10^1 + a_2 \cdot 10^2 + \cdots = a_0 \cdot 1 + a_1 \cdot 10 + a_2 \cdot 100 + \cdots$$

Dabei können die Koeffizienten a_i $(i = 0 - \infty)$ die Werte 0,1,2,3,4,5,6,7,8,9 annehmen. Die Dezimalzahl 139 ließe sich in dieser Art von Darstellung als

$$Z = 9 \cdot 10^0 + 3 \cdot 10^1 + 1 \cdot 10^2$$

aufschreiben. Will man nach dieser Zahlenvorschrift eine automatische Rechenvorrichtung bauen, so benötigt man Elemente, die an jeder Stelle der Zahl zehn verschiedene Werte annehmen können. Eine entsprechende Rechenmaschine wurde bereits im Jahr 1690 von Gottfried Leibniz entwickelt (Bild 4.6). In ihr befinden sich so genannte Stufenwalzen, mit denen man Multiplikationen mechanisch durchführen konnte. Wegen der vielen hochpräzise zu fertigenden mechanischen Teile wie Zahnräder, war eine einwandfreie Funktion der von Leibniz selbst in verschiedenen Entwicklungsstufen

Bild 4.6: *Leibniz' Vier-Spezies-Rechenmaschine – Original, um 1690 (Wikipedia)*

hergestellten Rechenmaschinen sehr unwahrscheinlich, wurde aber in den nächsten 200 Jahren immer weiterentwickelt.

Bild 4.7: *Versuchsmodell der Analytical Engine von Charles Babbage (Wikipedia)*

Der englische Mathematiker Charles Babbage entwarf im Jahr 1837 eine mechanische Rechenmaschine, die er als „Analytical Engine" (Bild 4.7) bezeichnete. Er arbeitete dabei mit der Mathematikerin Ada Lovelace zusammen, die beide als Vordenker des modernen universell programmierbaren Computers gelten. Er hatte bereits vorher eine als „Difference Engine" bezeichnete mechanische Rechenmaschine bauen lassen. Die „Analytical Engine" wurde jedoch nie fertiggestellt, das Bild 4.7 zeigt einen Nachbau des Entwurfes. Die Erkenntnis von Ada Lovelace, dass die Maschine mehr als nur Zahlen verarbeiten könnte, weil sie in gewisser Weise programmierbar war, war bahnbrechend, wurde jedoch zu ihrer Lebzeit nicht erkannt.

Wegen der Vielzahl von Symbolen, die im Dezimalsystem zur Darstellung von Zahlen verwendet werden, ist der Bau einer programmgesteuerten Rechenmaschine sehr aufwendig. Man kam der technischen Realisierung von programmierbaren Rechenmaschinen aber näher, indem man das duale Zahlensystem verwendete. Hierin gibt es nur zwei (lat. dualis „zwei enthaltend") Zahlzeichen, die meist mit den Symbolen „0" und „1" bezeichnet werden. Die Basis dieses Zahlensystems ist also nicht mehr die 10, sondern die 2. Eine Dualzahl hat dann folgende Darstellung:

$$\begin{aligned} Z &= a_0 \cdot 2^0 + a_1 \cdot 2^1 + a_2 \cdot 2^2 + a_3 \cdot 2^3 \cdots \\ &= a_0 \cdot 1 + a_1 \cdot 2 + a_2 \cdot 4 + a_3 \cdot 8 \cdots \end{aligned}$$

Die Koeffizienten a_i haben dabei nur die Werte 0 oder 1. Um die Dezimalzahl 139 darzustellen, muss man also diejenigen 2er-Potenzen heraussuchen, deren Summe 139 ergibt:

$$139 = 1 \cdot 2^0 + 1 \cdot 2^1 + 0 \cdot 2^2 + 1 \cdot 2^3 + 0 \cdot 2^4 + 0 \cdot 2^5 + 0 \cdot 2^6 + 1 \cdot 2^7$$

Benutzt man dann die gleiche Darstellungsart wie bei der Dezimalzahl 139, wo die höchstwertige Stelle links außen steht, so lautet die entsprechende Dualzahl 10001011. Diese Darstellung ist für das Rechnen „per Hand“ auf Papier natürlich sehr umständlich, lässt sich aber technisch viel einfacher in einem automatischen Rechengerät realisieren.

Bild 4.8: Nachbau der Zuse Z3, dem ersten funktionsfähigen Digitalrechner mit elektromagnetischen Relais (Wikipedia)

Einer der ersten Anwender dieser Erkenntnis war der deutsche Ingenieur Conrad Zuse (1910-1995), der anfänglich ein rein mechanisches programmierbares Rechengerät konzipierte, später dann aber elektrische Schalter in Form so genannter Relais verwendete. Dies sind elektromagnetisch betätigte Schalteinrichtungen, bei denen über den Anker einer Magnetspule elektrische Kontakte geschaltet werden können. Ein Schalter kann aus- oder eingeschaltet sein, so dass er in einer dualen Zahlendarstellung die Koeffizienten a_i repräsentieren kann. Solche Relais, von denen 600 in der Z3 verwendet wurden, waren im Telefonbau üblich und standen in hoher Stückzahl zur Verfügung. Dieses als Z3 bezeichnete Gerät (Bild 4.8) wurde 1941 gebaut. Berechnungen konnten programmiert werden, jedoch konnten keine bedingten Sprünge und Programmschleifen wie bei allen modernen Digitalrechnern benutzt werden. Die Z3 gilt heute als erster funktionstüchtiger Computer der Welt.

Bild 4.9: ENIAC-Bedienfeld mit Programmiererinnen (Wikipedia)

1946 wurde in den USA der erste Digitalrechner ENIAC (Electronic Numerical Integrator and Computer) in Betrieb genommen, der auch elektronische Rechenelemente in Form von Vakuumröhren verwendete (Bild 4.9). Der große Durchbruch der Digitalrechner wurde aber erst erreicht, als man als Schalterelemente Transistoren verwendete, die die davor gigantischen Recheneinheiten bedeutend verkleinerten. Die nochmalige Miniaturisierung der Computer durch Verwendung integrierter Schaltkreise (IC: **I**ntegrated **C**ircuit) machte es dann möglich, für jedermann verfügbare Computer zu entwickeln, die auf dem Arbeitstisch oder in Form von Taschenrechnern sogar in der Aktentasche Platz finden konnten (Personal Computer).

Wegen der mangelnden grafischen Fähigkeiten von Digitalrechnern in den 1980er Jahren verwendete man anfangs Programmierumgebungen, bei denen man mathematische Ausdrücke in alphanumerischer Schreibweise eingab. Das bedeutet, dass Eingaben nur durch druckbare Zeichen wie Buchstaben und Zahlen vorgenommen werden konnten.

Hier war ein hohes Abstraktionsvermögen gefordert, während man bei Analogrechnern das sehr anschauliche Blockschaltbild direkt als Eingabevorlage verwenden konnte. Insofern ist es interessant, dass in der Folge Programmsysteme zur Lösung von Differentialgleichungen auf Digitalrechnern entwickelt wurden, die die Vorgehensweise auf dem Analogrechner nachahmten. Dem kamen die sich schnell entwickelnden Grafikfähigkeiten der Benutzerschnittstellen von Digitalrechnern entgegen.

Vorgabe war dabei wieder ein Blockschaltbild, das mit einer grafischen Programmierumgebung mit der Bezeichnung ***Blockschaltbild-Editor*** implementiert wurde. Damit können unterschiedliche Funktionsblöcke in ein Grafikfenster gezogen werden

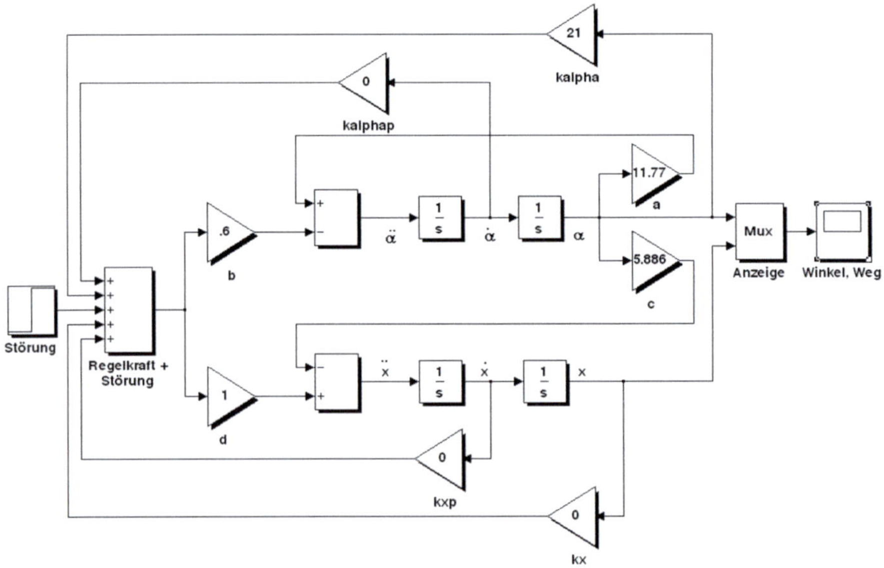

Bild 4.10: *Blockschaltbild des Modells des invertierten Pendels aus „Simulink"*

und dann mit einem grafischen Verbindungswerkzeug untereinander „verdrahtet" werden. Die Bausteine können dann noch durch alphanumerische Eingaben parametriert werden. Das Bild 4.10 zeigt ein solches Blockschaltbild aus dem Simulationssystem „Simulink", das als Zusatzmodul zu dem Programm „Matlab" entwickelt wurde. Dies hat die Aufgabe, mathematische Gleichungen zu lösen und die Ergebnisse in Form von Grafiken auszugeben. Dieses Simulationssystem ist in Wissenschaft und Industrie weit verbreitet.

Das Bild 4.10 zeigt das mit Simulink erzeugte Blockschaltbild eines invertierten Pendels (Lagerpunkt liegt unter dem Schwerpunkt des Pendels (Bild 4.11), das auf einem Fahrzeug angebracht ist und dessen mathematisches Modell nach einem Linearisierungsvorgang aus zwei linearen DGL's 2. Ordnung besteht. Es enthält daher zwei Integratorzweige, die die beiden DGL's integrieren und dadurch den Pendelwinkel α und die Fahrzeugposition x ermitteln. Die Blöcke mit den Bezeichnungen $1/s$ sind die Integratoren, deren Bezeichnung sich aus den Eigenschaften der Laplace-Transformation, einem Rechenverfahren der Systemtheorie, herleitet.

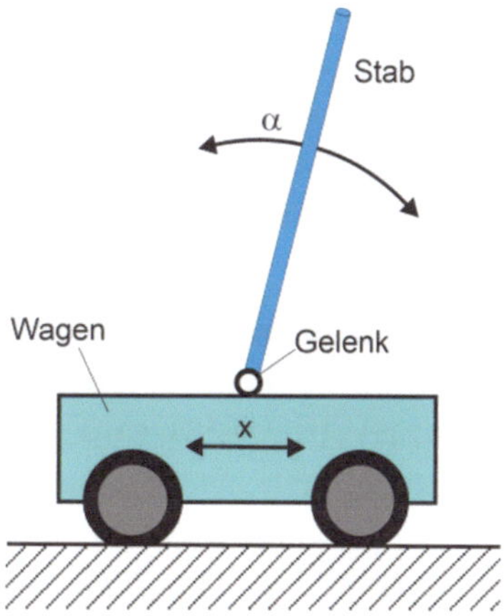

Bild 4.11: Skizze eines Systems aus Fahrzeug und invertiertem Pendel

Das Bild 4.12 zeigt dann ein typisches Simulationsergebnis für diese Systemgrößen. Man sieht den Verlauf des Pendelwinkels α und des Wagenweges x nach dem Auftreten einer Störung, die normalerweise das Pendel umfallen ließe, da es wegen der Lage des Schwerpunktes prinzipiell instabil ist. Das Blockschaltbild enthält aber auch einen Lageregler, der automatisch das Pendel stabilisiert, so dass es schwingend in die senkrechte Position ($\alpha = 0°$) zurückkehrt. Bei der Simulation wurden bestimmte Parameter k_i des Reglers vorgegeben, die genau dieses Regelergebnis bewirken.

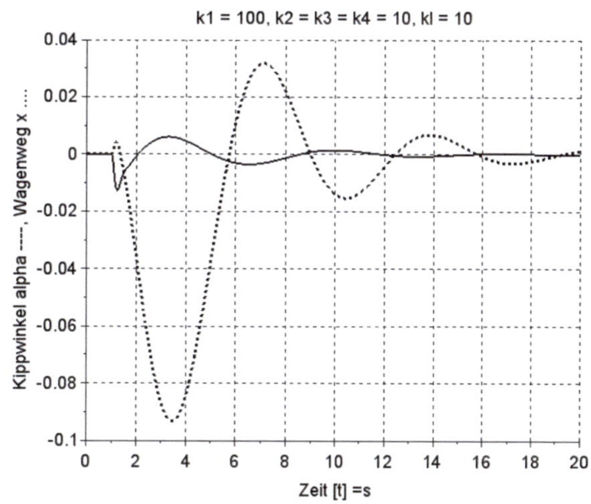

Bild 4.12: Simulationsergebnis des Modellverhaltens des invertierten Pendels

In einem solchen Diagramm kann man also, ohne über das Pendel und den Wagen real zu verfügen, dessen dynamisches Verhalten ablesen.

4.3 Numerische Integration

Würde man auf einem Computer das Integrieren einer Funktion genauso durchführen, wie es der menschliche Rechnende durchführt, so müsste man beispielsweise zur Berechnung des Integrals zuerst die Stammfunktion ermitteln. Wie ich oben beschrieben habe, ist das unter Umständen schwierig oder gar nicht möglich. Daher wird zur Berechnung der Differentialgleichungen mathematischer Modelle ein so genanntes mathematisches Näherungsverfahren verwendet, mit dem in ganz kleinen Schritten schmale Streifen der Fläche unter der Kurve als Teilflächen des Integrals ermittelt werden.

Numerische Integrationsverfahren für Zeitfunktionen gehen davon aus, dass man eine zu integrierende Funktion in Stützstellen im Abstand eines Zeitintervalls Δt diskretisiert (Bild 4.13). Diskretisieren bedeutet dabei, dass nicht unendlich viele der Funktionswerte zur Beschreibung der Funktion verwendet werden, sondern dass nur einzelne Werte in konstanten Abständen behandelt werden. Zum Integrieren der diskretisierten Funktion wird dann iterativ (wiederholt) schrittweise der jeweils neue Wert $x(t)$ des Integrals bestimmt. Es gibt viele unterschiedliche Verfahren, die bei bestimmtem Verhalten der zu integrierenden Funktion verschiedene Vorteile aufweisen. Von diesen Verfahren möchte ich hier nur ein einfaches ***Einschrittverfahren*** behandeln, um das Prinzip der Vorgehensweise zu demonstrieren. Dieses Verfahren ermittelt, ausgehend von einem Funktionswert x_i (Funktionswert $x(t)$ zu einem beliebigen Zeitpunkt t_i), den Funktionswert x_{i+1} zum Zeitpunkt $t_i + \Delta t$, wobei die Bestimmungsgleichung nach x_{i+1} aufgelöst ist (explizite Darstellung).

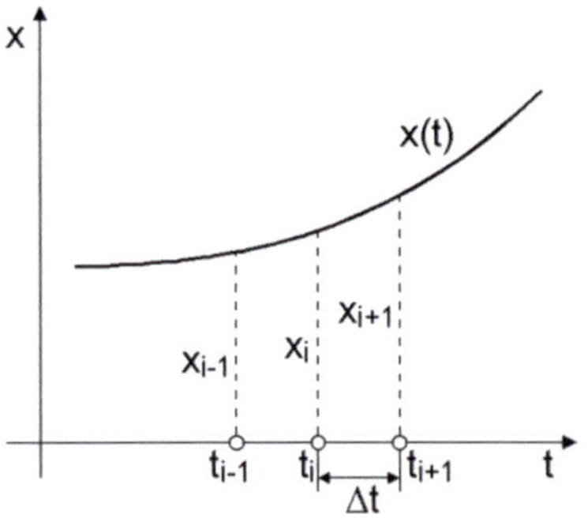

Bild 4.13: *Zeitdiskretisierung der Funktion x(t)*

Untersucht man beispielsweise eine Weg-Zeitfunktion, so ist der Wert x_i der zurückgelegte Weg des betrachteten Objektes zum Zeitpunkt t_i. Um nun von einer Stelle i der Zeitfunktion zu einer Stelle i+1 zu kommen, kann man eine ***Taylor-Reihenentwicklung*** vornehmen. Die Taylorreihe wird in der Analysis verwendet, um eine beliebige analytische Funktion in der Umgebung einer Stelle durch eine Potenzreihe darzustellen, die einem einfachen Bildungsgesetz unterliegt. Reihe und Entwicklung sind nach dem britischen Mathematiker Brook Taylor (1685-1731) benannt.

$$x_{i+1} = x_i + \dot{x}_i \cdot \Delta t + \frac{\ddot{x}_i \cdot \Delta t^2}{2} + \frac{\dddot{x}_i \cdot \Delta t^3}{6} + \cdots$$

Sind die Zeitintervalle Δt sehr klein, so sind die Potenzausdrücke mit höheren Exponenten noch viel kleiner und man kann die Taylor-Reihe nach dem ersten Glied abbrechen, ohne einen zu großen Fehler hervorzurufen:

$$x_{i+1} = x_i + \dot{x}_i \cdot \Delta t$$

Man muss daher für die Durchführung des Verfahrens zur Berechnung des nächsten Funktionswertes den Funktionswert selber und die Steigung des Funktionsgraphen kennen. Das Zeitintervall Δt kann frei gewählt werden, aber es ist klar, dass die Genauigkeit des Verfahrens zunimmt, je kleiner man den Wert wählt. Dabei entsteht zwar ein Abbruchfehler, dieser wird aber, bei genügend kleinem Δt, ebenfalls klein werden. Das Verfahren wird als ***eulersches Polygonzugverfahren*** oder ***explizites Euler-Verfahren*** (auch Euler-Cauchy-Verfahren oder Euler-vorwärts-Verfahren) bezeichnet und ist das einfachste Verfahren zur numerischen Lösung eines so genannten *Anfangswertproblems*. Es wurde von Leonhard Euler im Jahr 1768 in seinem Buch *Institutiones Calculi Integralis* vorgestellt. Auch der französische Mathematiker Cauchy benutzte es, um einige Eindeutigkeitsresultate für gewöhnliche Differentialgleichungen zu beweisen.

Mit einem derartigen Näherungsverfahren kann man eine Differentialgleichung integrieren oder auch eine einfache algebraische Gleichung approximieren (annähern). Dabei geht man beispielsweise bei einem Bewegungsvorgang von den in der Regel bekannten Anfangswerten x_0 und v_0 ($\dot{x}_0$) aus und setzt diese in die Gleichung ein. Es war bereits das Beispiel der algebraischen Gleichung

$$y = x^2 + 3x + 2 \quad ,$$

die als Graph eine Parabel in der x,y-Ebene beschreibt, behandelt worden. Anhand der dazu analogen Funktion in der x,t-Ebene, deren Funktionsgleichung

$$x = t^2 + 3t + 2$$

lautet, soll die Vorgehensweise des Verfahrens demonstriert werden. Dabei soll der Startpunkt des Verfahrens bei $(t_0, x_0) = (0, 2)$ auf der x-Achse liegen. Als erstes werden die später benötigten Ableitungen von x nach der Zeit t nämlich $\dot{x}, \ddot{x}, \dddot{x}$ berechnet:

$$\dot{x} = 2t + 3 \quad ; \quad \ddot{x} = 2 \quad ; \quad \dddot{x} = 0 \quad .$$

Für den Startpunkt $(t_0, x_0) = (0, 2)$ haben diese den Wert

$$\dot{x}_0 = 3 \quad ; \quad \ddot{x}_0 = 2 \quad ; \quad \dddot{x}_0 = 0 \quad .$$

Die zweite Ableitung ist in den weiteren Schritten ebenfalls gleich 2 und die dritte Ableitung hat immer den Wert Null. Nun soll in recht groben Zeitschritten $\Delta t = 0{,}5$ der nächste Punkt der Approximation berechnet werden

$$(t_1, x_1) = (0{,}5; x_1) \quad x_1 = x_0 + \dot{x}_0 \cdot \Delta t = 2 + 3 \cdot 0{,}5 = 3{,}5$$

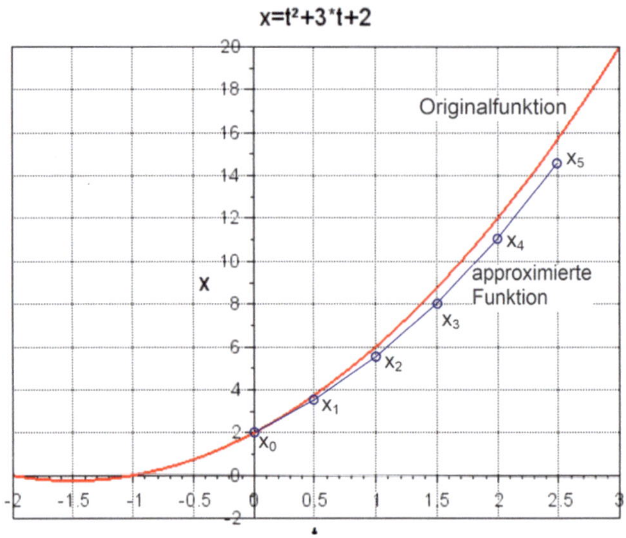

Bild 4.14: *Kurvenapproximation einer Parabel mit dem Euler-Verfahren*

Der erste Schritt der Kurvenapproximation besteht darin, den Startpunkt (t_0; x_0) = (0; 2) mit dem ersten errechneten Punkt (t_1; x_1) = (0,5; 3,5) durch eine Gerade zu verbinden. Diese Gerade schmiegt sich noch recht gut an den Originalgraphen an (Bild 4.14), da der erste x-Wert für t =0,5 nur gering vom wahren Wert $x(t=0{,}5)$ = 3,75 abweicht.

Für den nächsten Zeitpunkt t = 1 müssen nun wieder die Ableitungen zum Zeitpunkt t = 0,5 bestimmt werden:

$$\dot{x}_1 = \dot{x}_0 + \ddot{x}_0 \cdot \Delta t = 3 + 2 \cdot 0{,}5 = 4 \;\; ; \;\; \ddot{x}_1 = 2$$

Die Rechnung des nächsten Schrittes ergibt:

$$(t_2, x_2) = (1; x_2) \;\; x_2 = x_1 + \dot{x}_1 \cdot \Delta t = 3{,}5 + 4 \cdot 0{,}5 = 5{,}5$$

Wieder wird der Punkt (t_1; x_1) = (0,5; 3,5) mit dem neuen Punkt (t_2; x_2) = (1; 5,5) durch eine Gerade verbunden. Nun weicht der approximierte Kurvenverlauf schon deutlich wahrnehmbar vom Verlauf des Originalgraphen ab (Bild 4.14), der für den Zeitpunkt t = 1 den Wert $x(t=1)$ = 6 hat. Ebenso verlaufen die weiteren Schritte:

$$\dot{x}_2 = \dot{x}_1 + \ddot{x}_1 \cdot \Delta t = 4 + 2 \cdot 0{,}5 = 5 \;\; ; \;\; \ddot{x}_2 = 2$$

$$(t_3, x_3) = (1{,}5; x_3) \;\; x_3 = x_2 + \dot{x}_2 \cdot \Delta t = 5{,}5 + 5 \cdot 0{,}5 = 8$$

$$\dot{x}_3 = \dot{x}_2 + \ddot{x}_2 \cdot \Delta t = 5 + 2 \cdot 0{,}5 = 6 \;\; ; \;\; \ddot{x}_2 = 2$$

$$(t_4, x_4) = (2; x_4) \;\; x_4 = x_3 + \dot{x}_3 \cdot \Delta t = 8 + 6 \cdot 0{,}5 = 11$$

$$\dot{x}_4 = \dot{x}_3 + \ddot{x}_3 \cdot \Delta t = 6 + 2 \cdot 0{,}5 = 7 \;\; ; \;\; \ddot{x}_2 = 2$$

$$(t_5, x_5) = (2{,}5; x_5) \;\; x_5 = x_4 + \dot{x}_4 \cdot \Delta t = 11 + 7 \cdot 0{,}5 = 14{,}5$$

Die zugehörigen Punkte sind im Bild 4.14 eingetragen und man sieht, dass die Approximation zwar dem Kurvenverlauf folgt, die Abweichung aber immer größer wird.

Dies hat seinen Grund in der sehr groben Schrittweite des Verfahrens. Bei üblichen Schrittweiten von $\Delta t = 0{,}01$ Sekunden oder kleiner, würde man bei dem Beispiel kaum eine Abweichung bemerken. Dafür ist dann aber auch der Rechenaufwand sehr viel größer.

Will man also mit dem expliziten Euler-Verfahren gute Ergebnisse bei vertretbarem Rechenaufwand erzielen, so muss man es für verschiedene Schrittweiten Δt testen. Dies ist auch deshalb erforderlich, weil das Verfahren bei zu geringen Schrittweiten instabil werden kann und dann völlig falsche Ergebnisse liefert.

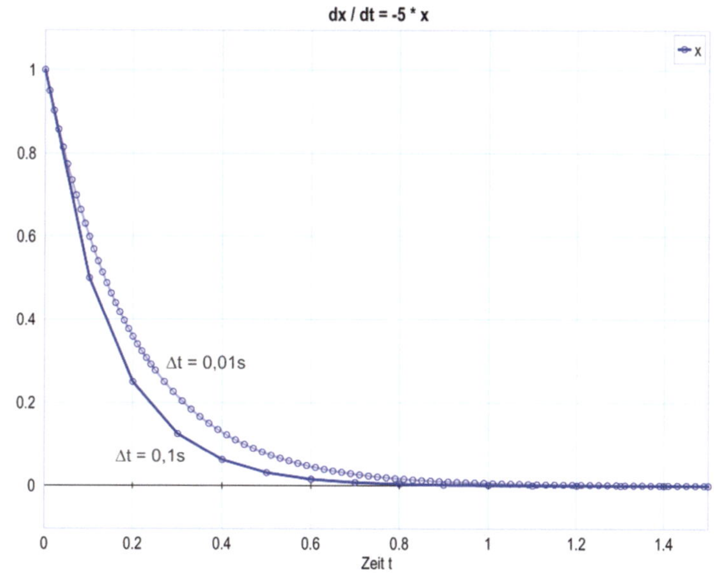

Bild 4.15: *Berechnung des Verlaufs des Funktionsgraphens einer DGL durch numerische Integration mit unterschiedlicher Schrittweite*

Den Einfluss der Schrittweite kann man am Bild 4.15 ablesen, in dem die DGL $\dot{x} = -5x$ mit den Schrittweiten $\Delta t = 0{,}01$ s und $\Delta t = 0{,}1$ s mit Hilfe des Euler-Verfahrens integriert wurde. Bei der kleineren Schrittweite ergibt sich ein glatter Kurvenzug, wobei die Markierungskreise an den interpolierten Punkten stehen. Die Schrittweite von 0,1 s ist schon sehr grob, so dass die Kurve deutliche Knicke aufweist und der Kurvenverlauf im Bereich sich ändernder Steigung von dem bei geringerer Schrittweite ermittelten Verlauf stark abweicht.

Wird die Schrittweite noch größer wie in Bild 4.16, so ist bei 0,15s das Integrationsergebnis zwar noch stabil, weicht aber in Form und Lage des Graphen stark vom richtigen Ergebnis ab. Bei einer Schrittweite von 0,3 s ist das Ergebnis sogar schon instabil geworden und die Kurve gleicht einer Schwingung.

Deutlich stabiler wird das Verfahren, wenn man die Näherungsgleichung für die Integration folgendermaßen modifiziert:

$$x_{i+1} = x_i + \dot{x}_{i+1} \cdot \Delta t$$

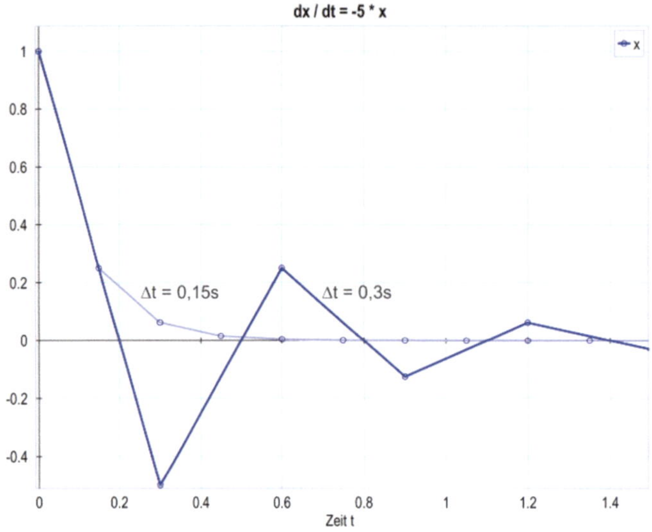

Bild 4.16: *Berechnung des Kurvenverlaufs mit ungenügender Schrittweite*

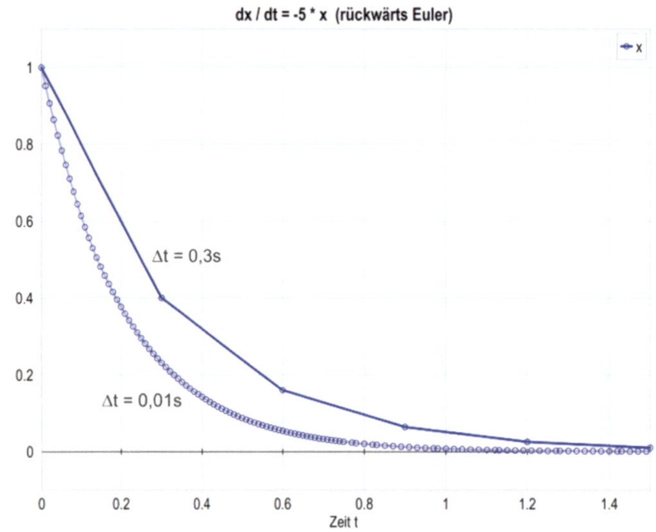

Bild 4.17: *Berechnung des Kurvenverlaufs mit dem impliziten Euler-Verfahren und unterschiedlicher Schrittweite*

Man verwendet also nicht die Steigung zum Zeitpunkt t_i,.sondern die zum Zeitpunkt t_{i+1}, um den Funktionswert zum Zeitpunkt t_{i+1} zu berechnen. Da dieser Steigungswert zum Zeitpunkt t_i aber gar nicht bekannt ist, muss vorab die Steigung nach dem nächsten Zeitschritt berechnet werden. Dies wird daher als ***implizites*** oder ***rückwärts Euler-Verfahren*** bezeichnet. Im Bild 4.17 sind die Auswirkungen dieser Änderungen zu sehen. Bei der kleinen Schrittweite von 0,01 Sekunden ist das Ergebnis mit dem des explizieten Euler-Verfahrens vergleichbar, die exakte Lage des Graphen ist dem gegenüber etwas verschoben. Bei der größeren Schrittweite von 0,3 Sekunden tritt aber ein deutlicher Unterschied auf. Es findet zwar eine weitere Verschiebung des Graphen in entgegengesetzter Richtung statt, aber als Vorteil ist selbst bei dieser großen Schrittweite das Ergebnis noch stabil. Dadurch das die zukünftige Steigung bei jedem Iterationschritt berücksichtigt wird, reagiert das Verfahren bei großen Schrittweiten nicht so empfindlich auf Steigungsänderungen.

Alternative Verfahren wie das Adams-Bashforth-Verfahren oder das Runge-Kutta-Verfahren, die nach ihren jeweiligen „Erfindern" benannt wurden, benutzen zusätzliche Zwischenschritte zwischen zwei Interpolationspunkten, um Genauigkeit und Stabilität des Verfahrens zu verbessern. Sie werden als ***Mehrschrittverfahren*** bezeichnet.

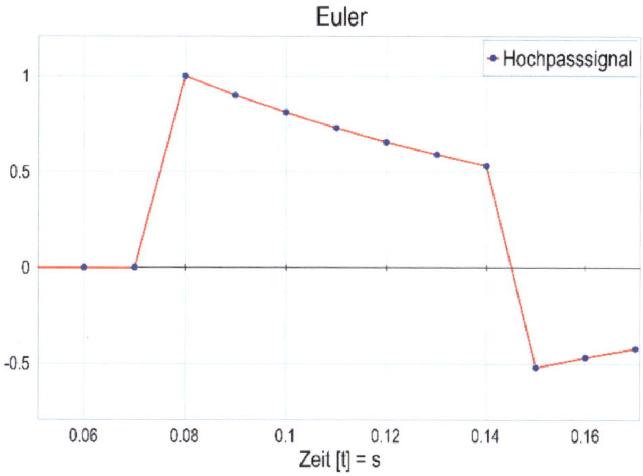

Bild 4.18: Hochpasssignal interpoliert mit dem Euler-Verfahren

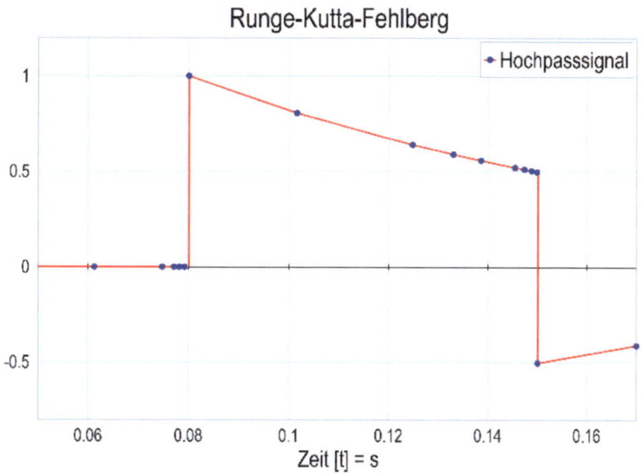

Bild 4.19: Hochpasssignal interpoliert mit dem Runge-Kutta-Fehlberg-Verfahren mit Zeitschrittweitensteuerung

Eine weitere Maßnahme zur Verbesserung der Verfahrensstabilität, bei gleichzeitiger Reduzierung des Rechenaufwandes, ist die so genannte ***Zeitschrittweitensteuerung***. Vor allem wenn Signale wie beisspielsweise eine Rechteckschwingung integriert werden sollen, tritt das Problem auf, dass sich die Steigung des Funktionsgraphens stark ändert. Bei einem solchen Signal ist die Steigung des Graphens an den Signalflanken sehr hoch, dazwischen aber möglicherweise sogar gleich Null. Bild 4.18 zeigt ein solches Signal das entsteht, wenn man ein Rechtecksignal auf einen elektrischen Hochpass gibt. Dies ist eine elektrische Schaltung aus Kondenstor und Widerstand, die den Verlauf des durchgeleiteten elektrischen Signals differenziert. Das Bild zeigt die Darstellung des Ausgangssignals des Hochpasses, ermittelt mit dem expliziten Euler-Verfahren. Die Interpolationsstellen sind stellvertretend durch blaue Punkte markiert. Da der Interpolationsabstand bei diesem Verfahren konstant ist, werden die tatsächlich steilen Signalflanken als flache Anstiege dargestellt, da die Interpolationsstellen nicht mit der zeitlichen Lage der Flanken zusammenfallen.

In Bild 4.19 wurde das gleiche Signal mit dem Runge-Kutta-Fehlberg-Verfahren dargestellt: Wie man sieht, liegen die Interpolationspunkt im Bereich der Flanken durch die Zeitschrittweitensteuerung viel enger zusammen, so dass diese annähernd senkrecht dargestellt werden können. Im Bereich geringer Steigung rücken die Interpolationsschritte weiter auseinander, so dass Rechenaufwand gespart wird.

Mit Hilfe solcher Verfahren ist es nun einfach, die DGL's mathematischer Modelle auf einem Digitalrechner zu integrieren und damit zu lösen.

5 Modelle dynamischer Systeme

Im Zusammenhang mit Modellbetrachtungen tauchen Begriffe wie Objekt, Gegenstand, Komponente oder System auf. Insbesondere der Begriff ***System*** wird in vielen Bereichen von Wissenschaft und Technik verwendet. Was ist aber der Unterschied zwischen einem Objekt oder Gegenstand und einem System?

5.1 Was sind Systeme?

Hier hilft schon die Wortherkunft ein wenig weiter. Das altgriechische Wort *systema* hat die Bedeutung „aus mehreren Einzelteilen zusammengesetztes Ganzes". Objekt ist demnach eine Untermenge eines Systems, da sich dieses aus mehreren Objekten zusammensetzt. Allerdings schränkt dies die Bedeutung von System ein, da in vielen Lebens- und Wissenschaftsbereichen auch völlig immaterielle Dinge als System bezeichnet werden.

Auf der materiellen Ebene ist die Unterscheidung aber schon klarer, wo Objekte häufig von einheitlicher Stoffzusammensetzung sind, während Systeme aus einer Struktur von verschiedenen Objekten mit unterschiedlichen Eigenschaften (Attributen) bestehen. Wichtig ist außerdem, dass die Komponenten eines Systems in irgendwelchen Beziehungen (Relationen) zueinander stehen. Die Gesamtmenge der Objekte und Teilsysteme und ihrer Relationen untereinander bezeichnet man auch als ***Struktur*** des Systems.

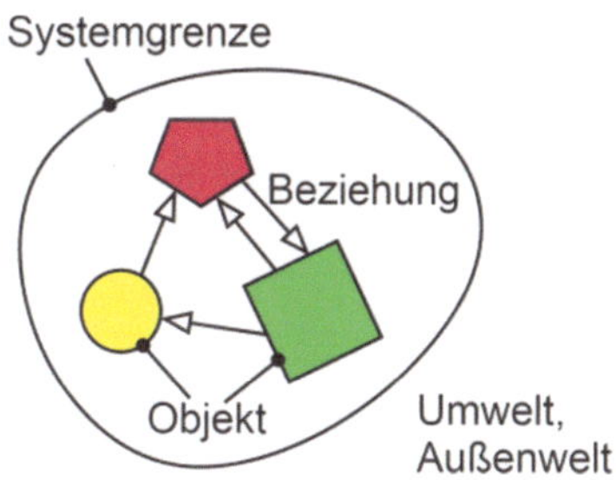

Bild 5.1: *System mit Systemgrenze*

Eine weitere grundlegende Eigenschaft ist die äußere Abgrenzung eines Systems von der Umwelt, eine so genannte ***Systemgrenze*** (Bild 5.1). Strikt zu trennen ist der Systembegriff (systemisch) vom Begriff der Systematik (systematisch), wie er beispielsweise dem Periodensystem der Elemente entspricht. Dabei geht es einzig um eine Anordnung von Teilen anhand eines festgelegten Ordnungsprinzips. Zwischen den Einzelteilen bestehen keine Beziehungen.

Als Beispiel für die fehlende Systemeigenschaft kann man einen Sack mit Steinen ansehen. Der Inhalt befindet sich zwar in einer definierten Umgrenzung (Sack), aber die enthaltenen Objekte sind alle von gleichartiger Natur und stehen in keiner relevanten Beziehung zueinander. Unter sehr speziellen Fragestellungen könnte dem Steinsack jedoch die Systemeigenschaft zugesprochen werden, wenn es um die Reibung zwischen den Steinobjekten geht. Man sieht also, dass es auch auf die Fragestellung des Menschen

W. Roddeck, *Die Welt der Modelle und Simulationen*, https://doi.org/10.1007/978-3-658-46305-2_5

bei der Definition eines Systems ankommt, mit der er ein bestimmtes Problem behandeln will.

Ein sehr bekanntes Beispiel für ein System ist das Sonnensystem. Darunter versteht man die Anordnung der Sonne und ihrer Planeten und Monde zueinander. Die Objekte bestehen teilweise aus unterschiedlichen, aber auch ähnlichen Materialien. Sie haben alle eine besondere, für die Beziehungen untereinander stark variierende Eigenschaft, nämlich ihre Masse. Diese bestimmt die Anziehungskraft der Einzelkörper untereinander und die dadurch hervorgerufenen Bahnbewegungen. Die gegenseitigen Beeinflussungen sind aber nicht chaotisch, sondern gehorchen den schon von Kepler festgestellten Gesetzmäßigkeiten. Damit sind wichtige Eigenschaften für die Systemzuschreibung gegeben, wie unterschiedliche Objekte, die zueinander in festgelegten Beziehungen stehen. Aber wo ist hier die Systemgrenze?

Das größte denkbare System ist das Universum. Menschen gliedern diese riesige Ansammlung von Objekten und Zuständen willkürlich nach eigenen Vorstellungen auf. So werden Grenzen gezogen, die nicht wirklich konkret körperlich vorhanden sind und man stellt dann fest, alles innerhalb der gezogenen Grenze gehört zum System, alles außen Liegende nicht. Eine typische dieser Abgrenzungen ist die Milchstraße, eine mehr oder weniger geordnete Struktur aus Sternen, Planeten und Gasen. Hat man ein System mit seiner Systemgrenze festgelegt, so steht es einem frei, aufgrund bestimmter Interessenlagen Teilsysteme aus einem solchen System herauszuschneiden und damit eine neue Systemgrenze festzulegen. Bei einer Galaxis wäre das beispielsweise ein Sternsystem wie das unsere, dessen Systemgrenze weit außerhalb der Plutobahn gedacht wird. An diesem Beispiel sieht man gut, wie es zur Festlegung der Systemgrenze kommt; sie wird dort angenommen, wo kein messbarer Einfluss der Sonne auf Objekte mehr festgestellt werden kann. Würde man diese Grenze passieren, so könnte man dort nichts Besonderes feststellen, da die Grenze vom Menschen willkürlich festgelegt wurde. Eine Systemgrenze muss also keine körperliche Ausprägung besitzen.

Uns interessieren natürlich vor allem Systeme auf der Erde. In der Systemdenkweise strukturierte Systeme sind hier:

- Wirtschaftssysteme, z. B. Jäger- und Sammler, Sozialismus, Marktwirtschaft
- Verkehrssysteme, z. B. Bahn, Straßenverkehr, öffentlicher Personennahverkehr
- Ökosysteme, z. B. Wald, Gebirge, Teich
- Nervensysteme, z. B. des Menschen, des Tintenfisches, der Biene
- Umweltsysteme, z. B. Atmosphäre, Hydrosphäre, Wetter
- Produktionssysteme, z. B. Hochofen, Kraftwerk, Roboter

- Elektrische Systeme, z. B. Lampe, Kaffeemaschine, Computer
- Betriebssysteme; z. B. MS-Windows, IOS, Linux

Die Objekte eines Systems können reale, materielle Komponenten, aber auch fiktive von Menschen erdachte Begrifflichkeiten sein. Der Begriff System kam auf, als man begann, immer komplexere Vorrichtungen, Gedankengebäude und physikalisch/ chemische Prozesse zu untersuchen. Dabei verwendet man oft die Vorgehensweise der ***Dekomposition***, bei der man ein komplexes System in Untersysteme aufteilt, die eigene Systemgrenzen besitzen und untereinander wiederum durch Relationen verbunden sind. Das Auftrennen der Relationen zwischen den als ***Subsysteme*** bezeichneten Teilsystemen kann körperlich oder gedanklich vorgenommen werden. Ist man sich jedoch nicht im klaren darüber, welche Relationen man aufgetrennt hat, so kann das Verhalten des isolierten Subsystems anders aussehen als es in seiner ursprünglichen Umgebung wäre. In diesem Zusammenhang bekommt der Satz Bedeutung: „Ein Gegenstand/Lebewesen ist mehr als die Summe seiner Teile." Manche Eigenschaften von Systemen tauchen auch erst auf, wenn ein komplexes System aus Subsystemen zusammengesetzt wird. Man spricht dann von ***emergenten*** Eigenschaften.

Emergenz (lateinisch emergere „Auftauchen", „Herauskommen", „Emporsteigen") bezeichnet die Möglichkeit der Herausbildung von neuen Eigenschaften (Systemeigenschaften) oder Strukturen eines Systems infolge des Zusammenspiels seiner Elemente. So ist nach Meinung von manchen Philosphen das Bewustsein des Menschen eine emergente Eigenschaft des Gehirns, da es nirgendwo in den Untereinheiten des Gehirns lokalisiert werden kann.

5.2 Systemeigenschaften

Der Systembegriff tauchte erstmals in den 1950er Jahren in den Biowissenschaften auf und dann in den USA in den 1960er Jahren auch im Bereich der Technik. Da es Systeme unterschiedlichster Eigenschaften und Verhaltensweisen geben kann, existieren einige globale Merkmale, um wichtige Typen von Systemen zu kennzeichnen.

Bild 5.2: *Black Box als Systemdarstellung*

Deterministische Systeme erlauben ausgehend vom momentanen Zustand die exakte (im Rahmen der Toleranzen) Vorhersage des zukünftigen Verhaltens. Meist sind sogar exakte Ausagen über deren Vergangenheit möglich. Ein Beispiel hierfür ist das Planetensystem, bei dem man aufgrund der Kepler'schen und Newton'schen Gesetze die Position der unterschiedlichen Körper zueinander vorausberechnen kann. Natürlich sind auch hier Störungen durch unvorhergesehene Ereignisse wie Kometendurchläufe oder sogar größere Körper möglich. In der Physik und Technik werden solche Systeme, deren innere Zusammenhänge und Zustände exakt bekannt sind, als ***White Box*** bezeichnet. Dieser Begriff hat sich aus der Bezeichnung ***Black Box*** entwickelt, deren Bezeichnung aus der Darstellung als Blockschaltbild abgeleitet ist. Wie im Bild 5.2 dargestellt, ist ein unbekanntes System im Blockschaltbild in einen Kasten (Box) eingeschlossen, der die Systemgrenze darstellt. In den Kasten führen ein oder mehrere Eingänge hinein und Ausgänge heraus. Diese Ein- und Ausgänge können Materie-, Energie- oder Informationsströme sein. Das System beeinflusst die jeweiligen Ströme auf ihrem Weg vom Eingang zum Ausgang über einen mathematischen Zusammenhang, der auch als Übertragungsfunktion F bezeichnet wird. Ist der mathematische Zusammenhang der Beeinflussung völlig unbekannt, so spricht man von einer Black Box, ist er völlig bekannt, so liegt eine White Box vor. Sind nur Teile des Innenlebens der Box bekannt, so spricht man auch von einer ***Grey Box***. Bei einer White Box (dcterministisches System) ist es in der Regel immer möglich, ein exaktes mathematisches Modell des Systems zu erstellen.

Stochastische Systeme entziehen sich einer exakten Vorhersagbarkeit, Aussagen über ihr zukünftiges Verhalten sind nur im Rahmen statistischer Wahrscheinlichkeiten möglich. Bild 5.3 zeigt sowohl exakt mathematisch beschreibbare Signale wie harmonische oder rechteckförmige Schwingungen, als auch ein stochastisches Signal in Form eines so genannten weißen Rauschens. Der Name stammt von einem akustischen Signal, das viele hohe Frequenzanteile enthält. Darin sind die auftretenden Amplituden und Frequenzen zufällig verteilt, stammen also von Prozessen, die keiner Gesetz-

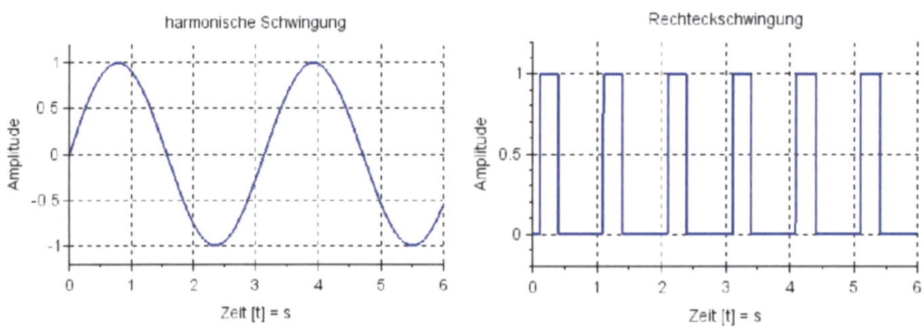

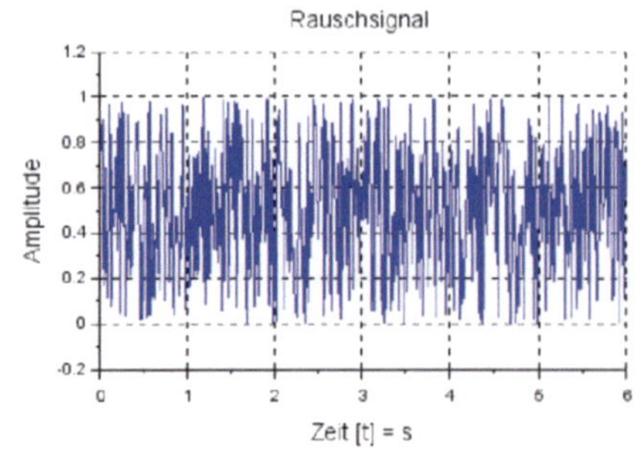

Bild 5.3: *Unterschiedliche Signaltypen*

mäßigkeit unterliegen. Der Extremfall solcher stochastischen Systeme sind die so genannten ***chaotischen Systeme***. Bei ihnen ist eine Vorhersage des Verhaltens nur für kurze Zeiträume oder gar nicht möglich, da sie in der Regel nichtlinearen Gesetzmäßigkeiten folgen, die sehr stark durch ihre Anfangsbedingungen beeinflusst werden. Ein gutes Beispiel hierfür ist das Wettergeschehen. Hier gibt es eine unüberschaubare Menge von Abhängigkeiten der unterschiedlichsten Parameter (Temperatur, Druck, Luftfeuchte, Bodenprofil, Windgeschwindigkeit, Sonneneinstrahlung, usw.). Man hat zwar komplexe Rechenmodelle des Wettergeschehens entwickelt, die aber wegen ihrer Komplexität selbst auf Höchstleistungsrechnern kaum eine Vorhersage über einige wenige Tage hinaus mit hoher Genauigkeit ermöglichen. Schon geringe Variationen der Anfangsbedingungen der Vorhersage können zu dramatischen Veränderungen führen.

So entwickelte der Meteorologe Edward N. Lorenz (1917-2008) im Jahr 1963 ein System von drei gekoppelten nichtlinearen gewöhnlichen Differentialgleichungen, um in idealisierter Form das hydrodynamische Wettergeschehen für eine Langzeitvorhersage zu modellieren. Darin kommen die für physikalische Größen der Atmosphäre stehenden Variablen x, y und z vor:

$$\dot{x} = a(y - x) \quad , \quad \dot{y} = x(b - z) - y \quad , \quad \dot{z} = x \cdot y - c \cdot z$$

Wenn mehr als eine abhängige Variable in Modellen vorhanden ist, so werden als grafische Darstellungen der Funktionen häufig so genannte ***Phasendiagramme*** verwendet. Während bei „normalen" Funktionsgraphen für Gleichungen dynamischer Systeme auf der horizontalen Achse die Zeit *t* und auf der vertikalen Achse die Variable *x* oder *y* aufgetragen ist, werden hier auf den beiden Achsen beispielsweise die beiden Variablen x, y oder x, z aufgetragen. Der Name Phasendiagramm stammt aus der Chemie und Werkstoffkunde, wo für Einzelstoffe oder Stoffgemische ein Diagramm in Abhängigkeit von Druck und Temperatur verwendet wird. Darin ergeben sich beispielsweise bei Wasser verschiedene Diagrammbereiche, die durch Phasengrenzen voneinan-

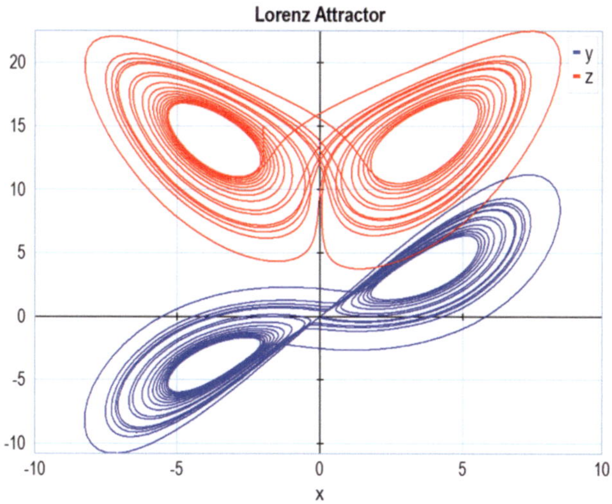

Bild 5.4: *Phasendiagramm des Lorenz-Attractors*

der abgetrennt sind. Als Phasen werden dort Zustände wie fest, flüssig oder gasförmig bezeichnet.

Erstellt man nun ein Phasendiagramm für die drei oben genannten DGL's (Bild 5.4), so sieht man ein chaotisches in Zyklen ablaufendes Verhalten. Allerdings ist die Spur des Graphen nicht völlig regellos, sondern folgt einem Mittelwert der Bahnlage. Man spricht dabei von einem Attraktor (lat. *ad trahere* „zu sich hinziehen"). Wegen ihrer speziellen mathematischen Eigenschaften werden solche Bahnkurven auch als „seltsame Attraktoren" bezeichnet.

Die Form des Phasendiagramms ähnelt dabei einem Schmetterling. Der in diesem Zusammenhang kolportierte sprichwörtliche „Schmetterlingseffekt" (engl. Butterfly effect) wird ebenfalls E. Lorenz zugeschrieben, der besagt, dass der Flügelschlag eines Schmetterlings irgendwo auf der Welt im chaotischen System „Wettergeschehen" an ganz anderer Stelle einen großen Sturm verursachen kann. Damit wird auf die starke Abhängigkeit des chaotischen Systems von den Anfangsbedingungen der Betrachtung abgezielt: kleine Ursachen können große Wirkung haben.

Häufig haben komplexe Systeme das angeführte Verhalten. Aber auch recht einfache Systeme wie das ***Doppelpendel***, bei dem am Ende eines Pendels ein weiteres Pendel befestigt ist, zeigen chaotisches Verhalten.

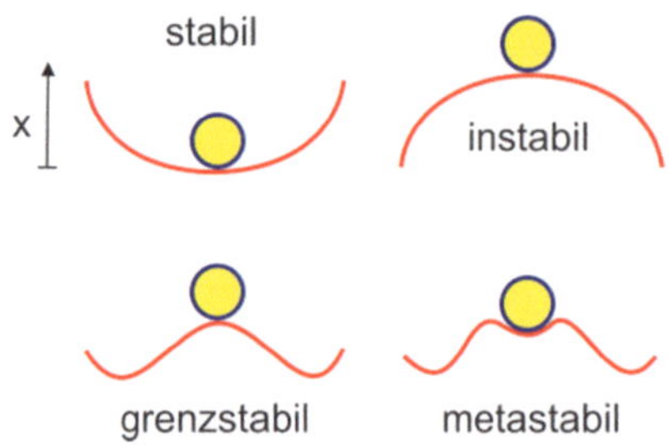

Bild 5.5: Unterschiedliche Grade von Stabilität

Eine weitere wichtige Eigenschaft ist die ***Stabilität*** eines Systems. Untersucht man eine bestimmte Zustandsgröße eines Systems, so ist deren zeitliche Entwicklung für die Stabilität entscheidend. Betrachtet man ein System aus einer gekrümmten Oberfläche und einer frei beweglichen Kugel im Schwerefeld der Erde (Bild 5.5), so ist die Höhenlage x der Kugel ein wichtiger Wert zur Beurteilung der Stabilität. Ist die Krümmung der Oberfläche auf der die Kugel liegt, wie links oben im Bild dargestellt, so ist das System ***stabil***. Führt nämlich eine äußere Kraft auf die Kugel zu ihrer Auslenkung aus der Anfangslage, wodurch sich die x-Koordinate des Schwerpunktes erhöht, so kehrt sie schwingend in diese Ausgangslage zurück und kommt aufgrund der Reibung wieder in der Ausgangslage zur Ruhe.

Liegt die Kugel auf einer wie im Bild rechts oben gekrümmten Fläche, so führt die geringste Störung (Kraft auf Kugel) dazu, dass die Kugel ihre Ruheposition dauerhaft verlässt, das System ist ***instabil***. Ist die Oberfläche wie im Bild links unten gekrümmt, so ist die Ausgangslage instabil, aber das System kann sich nach einer Störung wieder in einem neuen Zustand (x-Koordinate) stabilisieren, das System ist ***grenzstabil***. Bei einer Krümmung der Oberfläche wie im Bild rechts unten, ist das System grundsätzlich erst einmal stabil. Wird jedoch die Störung zu groß, so wird das System instabil, kann aber einen neuen stabilen Zustand einnehmen. Ein solches System wird als ***metastabil*** bezeichnet.

Vor allem hochkomplexe Systeme neigen zu Instabilitäten. Viele Systeme, die durch innere oder äußere dynamische Vorgänge instabil werden, können in der Folge geschädigt oder sogar zerstört werden. Insbesondere wenn das Phänomen der ***Resonanz*** in einem System auftritt, kann dies zu katastrophalen Auswirkungen führen. Unter Resonanz versteht man einen Schwingungsvorgang, bei dem ein System in einer für dieses charakteristischen Frequenz, der ***Eigen-*** oder ***Resonanzfrequenz***, zu Schwingungen angeregt wird. In der Folge kann eine solche Schwingung abklingen oder sogar aufschwingen. Dies hängt von der Dämpfung im System ab, die beispielsweise in mechanischen Systemen durch Reibung und in elektrischen Systemen durch den elektrischen Widerstand verursacht wird. Die Eigenfrequenz selber wird dabei durch wichtige Systemparameter festgelegt.

Bild 5.6: *Einsturz der Tacoma Narrows Bridge 1940. (https://tinyurl.com/ysh9e7hb)*

Bild 5.7: *Resonanzschwingungen der Brücke. (https://tinyurl.com/ysh9e7hb)*

Ein bekanntes Beispiel für die Zerstörung eines mechanischen Systems durch eine solche zu gering bedämpfte Resonanzschwingung ist der Einsturz der Tacoma Narrows Bridge im Staat Washington der USA im Jahr 1940 (Bild 5.6). Während vor dem 19. Jahrhundert Brücken so massiv ausgelegt wurden, das für die Standfestigkeit nur die Schwerkraft als Belastung von Bedeutung war, versuchte man nun immer größere Entfernungen mit minimalisiertem Materialaufwand zu überbrücken. Die genannte Brücke war zu ihrer Bauzeit eine der längsten an Drahtseilen befestigten Hängebrücke mit einem wenig steif ausgelegtem Fahrbahnunterbau. Schon während der Bauzeit traten starke schwingende Brückenbewegungen bei höheren Windgeschwindigkeiten auf (Bild 5.7). Nach der Fertigstellung wurde die Brücke schnell zur Attraktion, da sie häufig gut sichtbare Schwingbewegungen ausführte. Schon nach kurzer Zeit schaukelten sich bei Windstärke 8 die Torsionsschwingungen des Brückenkörpers zu Amplituden von mehreren Metern auf, sodass die Brücke durch Materialversagen einstürzte. Der Grund waren damals noch kaum verstandene aufklingende Resonanzschwingungen des Brückenkörpers, die regenerativ selbstverstärkend waren. In der Folge wurde bei der Auslegung von „statischen" Systemen immer mehr Wert auf die Betrachtung dynamischer Vorgänge gelegt.

In der Systemtechnik, insbesondere in der Regelungstechnik, gibt es einen großen Bedarf zur Informationsgewinnung über die Stabilität eines Systems, um seine Entwicklung in der Zukunft beurteilen zu können. Die meisten in der Regelungstechnik entwickelten Verfahren zur Beurteilung der Stabilität beziehen sich aber ausschließlich auf ***lineare Systeme***, worunter man Systeme versteht, deren Modellgleichungen linear sind.

Eine weitere Systemeigenschaft ist die der ***Zeitvarianz***. Darunter versteht man, dass bei zeitvarianten Systemen sich im Betrachtungszeitraum wichtige Systemparameter verändern. Das können sehr langfristige Veränderungen wie beispielsweise Abnutzung oder Verschleiß sein, oder systembedingte, kurzfristige Änderungen wie die Verringerung der Masse einer beschleunigenden Rakete.

Weiter oben wurde schon beschrieben, dass Systeme auch in die Kategorien ***statisch*** und ***dynamisch*** unterteilt werden können. Auch bei dieser Einteilung spielt der Beobachtungszeitraum und der Bezugsrahmen eine große Rolle. Ist das Zeitfenster und der Bezugsrahmen sehr klein und lässt man geringe Toleranzen zu, so kann man viele Systeme als statisch ansehen, d. h. die Systemeigenschaften bleiben im Beobachtungszeitraum unverändert. Ist der Beobachtungszeitraum jedoch groß und zieht man auch weiter entfernt liegende Raumpositionen in die Betrachtung ein, so muss man jedes System als dynamisch ansehen.

5.3 Zusammenhang System/Modell

In vorausgegangenen Kapiteln wurden bereits viele Eigenschaften von Modellen und ihre Bedeutung und Anwendung im Alltagsleben und der Technik behandelt. Nachdem wir nun eine Vorstellung vom Begriff „System" gewonnen haben, steht noch eine Unterscheidung der beiden Begriffe aus.

Wie oben beschrieben, ist ein System entweder ein mit klaren äußeren Grenzen versehenes physikalisches, biologisches oder technisches Objekt, oder auch ein durch den Beobachter künstlich von seiner Umgebung abgegrenztes Gebilde, das sogar überhaupt keine physischen Eigenschaften besitzen kann.

Häufig sind die Beziehungen (Relationen) zwischen den Teilen von Systemen und die Eigenschaften (Attribute) dieser Teile so komplex, dass es dem Betrachter schwerfällt, das Systemverhalten zu überblicken und Prognosen über sein zukünftiges Verhalten zu stellen. Hier kommt nun das Modell ins Spiel. Mit einem Modell versucht der Betrachter Systemeigenschaften so zu beschreiben, dass die Komplexität des Systems reduziert wird und das Systemverhalten einer Berechnung zugänglich gemacht wird.

Wie bereits erwähnt, müssen bei der Reduzierung der Komplexität eines Systems für die Modellbildung natürlich bestimmte Regeln eingehalten werden. Bei gleichzeitig möglichst großer Einfachheit des Modells, müssen alle Vereinfachungen transparent, d. h. physikalisch vertretbar sein und im Rahmen vorgegebener Toleranzen darf der Gültigkeitsbereich der Modellannahmen nicht verlassen werden.

Am Beispiel der Modellbildung für das System „Pendel" waren diese Prinzipien bereits behandelt worden. So war zur Vereinfachung des Modells gegenüber dem realen System beispielsweise der Luftwiderstand als Krafteinwirkung auf das Pendel vernachlässigt worden. Da dieses sich mit geringer Geschwindigkeit bewegt, ist dies im Rahmen der Toleranzen sicher zulässig. Der Luftwiderstand ist eine Verlustgröße, die mit der Geschwindigkeit quadratisch zunimmt, was bedeutet, dass dieser nicht linear, sondern exponentiell mit immer höherer Rate zunimmt. Ist wie bei einem fliegenden Flugzeug die Geschwindigkeit hoch, so kann man daher für die Modellbildung den Luftwiderstand nicht mehr vernachlässigen. Außerdem war für die Aufstellung der Bewegungsgleichung des Pendels die Annahme getroffen worden, dass nur kleine Pendelausschläge vorkommen, wodurch eine Linearisierung als Vereinfachung vorgenommen werden konnte. Verletzt man diese Annahme, so hat das Modell keine Gültigkeit mehr und es kommt zu starken Abweichungen in den Modellvorhersagen.

Wie bereits ausgeführt, ist die einfachste und natürlichste Art ein Modell zu entwickeln, dieses sprachlich zu formulieren. Befasst man sich mit noch unbekannten oder wenig wissenschaftlich erforschten Fragestellungen bei der Modellerstellung, so spricht man von einer ***Hypothese***. Der Begriff stammt aus dem griechisch/lateinischen Sprachbereich, wobei *hypothesis* wörtlich übersetzt „Unterstellung" bedeutet. Bei hypothetischen Aussagen zu einem Modell handelt es sich also um Annahmen, die durch

Belege und empirische Untersuchungen erst noch „verifiziert“, d. h. überprüft und als richtig nachgewiesen werden müssen. Erst wenn bei solchen Untersuchungen gültige Voraussagen des Modells über ein Systemverhalten nachgewiesen werden können, spricht man dann von einer ***Theorie***. Beispiele hierfür sind die Relativitätstheorie oder die Evolutionstheorie.

Wie gut eine Theorie ein reales System modelliert, hängt stark vom Wissenschaftsgebiet ab. So sind bei technischen Systemen oder physikalischen Theorien die zugrunde liegende Physik und Chemie weitestgehend bekannt und durch mathematisch formulierte Gesetzmäßigkeiten abgesichert, bei Modellen der Wirtschafts-, Bio- oder Geisteswissenschaften überwiegt häufig der hypothetische Charakter.

Bei sehr einfachen technischen Systemen kann man ein als Theorie entwickeltes Modell relativ einfach mathematisch formulieren. Mit zunehmender Komplexität gelingt das häufig nicht mehr, so dass Teile der Systemattribute und der Relationen der Subsysteme unbekannt sind. Um trotzdem ein Modell eines solchen Systems zu erstellen, werden so genannte ***Identifikationsverfahren*** eingesetzt. Das einfachste Verfahren ist, ausgehend von einer Black Box, auf den Eingang des Systems genau definierte Testsignale zu geben und die dadurch hervorgerufenen Ausgangssignale aufzuzeichnen. Bei einfachen technischen Systemen kann man durch Vergleich des Verlaufs des Ausgangssignals in Bezug auf das Eingangssignal dann häufig auf ein mathematisches Modell des Systems rückschließen. Bei komplexen Systemen wie beispielsweise dem Wetter in der Atmosphäre wäre eine solche Vorgehensweise nicht einmal theoretisch denkbar.

Um aus den durch ein Identifikationsverfahren gewonnenen Erkenntnissen auf das mathematische Modell im Inneren einer Black Box schließen zu können, muss man natürlich ein Vorwissen um das allgemeingültige Systemverhalten von grundlegenden Systemen besitzen.

5.4 Grundlegende Eigenschaften von Systemen

Betrachtet man ein System als statisch, so ist die Berechnung des Systemverhaltens häufig mit einfachen mathematischen Beziehungen beschreibbar. Will man beispielsweise unter der Annahme eines unveränderlichen Atmosphärendruckes die Kraft F berechnen, die der Luftdruck p auf eine Fläche A ausübt, so gilt dafür eine einfache algebraische Gleichung:

$$F = p \cdot A \quad ,$$

d. h. die Kraft ist zur Fläche proportional und der Proportionalitätsfaktor ist der Luftdruck. Die Zeit kommt als Einflussgröße gar nicht vor.

Die meisten Systeme sind jedoch dynamisch, weshalb ihr Verhalten stets zeitabhängig ist. Wir haben bereits gesehen, dass in der klassischen Physik mechanische Systeme häufig als Punktmechanik vereinfacht werden. Dabei hat der Körper keine räumliche Ausdehnung und seine Masse wird als im Schwerpunkt konzentriert gedacht. Das funktioniert gut bei Kugeln, die in großer Entfernung umeinanderkreisen und deren Durchmesser gegenüber den Abständen gering sind (Planetenbewegung). In unserer realen Umwelt sind Systeme jedoch meist von anderer Natur.

Hat man ein einfaches Objekt wie einen Holzbalken, so verwendet man in der Technik gerne die vereinfachende Modellvorstellung des ***starren Körpers***. Das bedeutet, man geht davon aus, dass auf diesen Körper einwirkende äußere Kräfte ihn nicht verformen. Dies kann man von Balken ausreichenden Querschnitts sicherlich vertreten, umso mehr, wenn der Balken nicht aus flexiblem Holz, sondern beispielsweise aus dem viel festeren Stahl besteht. Will man einen solchen Balken verwenden, so wäre sein Einsatz als Hebel eine technische Möglichkeit. Als „starrer Körper" gehorcht er dem einfachen ***Hebelgesetz***. Dieses besagt Folgendes: wenn man den Hebel an einer Stelle am Untergrund drehbar fixiert und dann an einer Seite des Hebels eine Kraft F_1 aufbringt, tritt am anderen Ende des Hebels eine zu F_1 proportionale Kraft F_2 in Gegenrichtung auf (Bild 5.8):

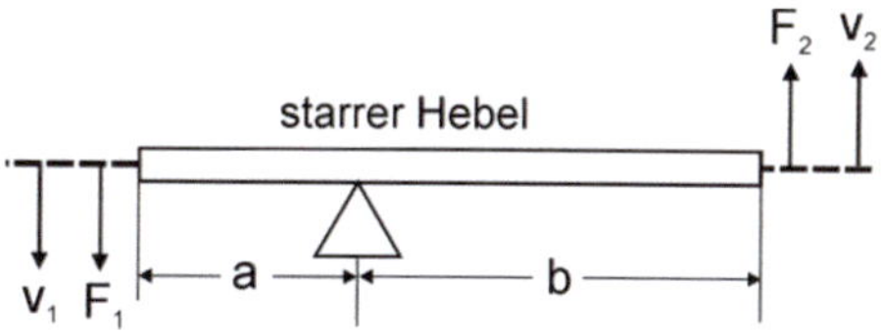

Bild 5.8: *Zweiseitiger Hebel mit angreifenden Kräften*

$$F_1 = F_2 \cdot \frac{b}{a} \quad ; \quad v_1 = v_2 \cdot \frac{a}{b}$$

Die Proportionalität wird durch die Länge der Hebelarme a und b festgelegt. Ein vergleichbares Verhältnis herrscht zwischen den Drehgeschwindigkeiten v_1 und v_2 um den Drehpunkt des Hebels. Allerdings ist hier das Verhältnis der Hebelarme der Kehrwert vom Proportionalitätsfaktor zwischen den Kräften. Dies ist wiederum ein einfacher algebraischer Zusammenhang im mathematischen Modell des Hebels, der keinerlei Zeitabhängigkeit enthält.

Nun weiß jeder, dass ein Hebel in Form eines Holzbalkens, vor allem bei kleinem Querschnitt, sich nicht wie ein starrer Körper verhält. Bei Belastung durch äußere Kräfte wird er sich zumindest zeitweise verformen (verbiegen). Entfernt man die belastende Kraft, so geht diese Verformung auch wieder vollständig zurück. Man sagt der Körper verformt sich ***elastisch***. Dabei ist die Art der Verformung vom Werkstoff abhängig. Holz besitzt eine sehr hohe elastische Verformbarkeit, weshalb sich ein solcher Holzbalken um große, gut sichtbare Beträge verformen kann. Wird aber eine bestimmte Verformung überschritten, so bricht das Holz und der Balken wird in seiner Struktur zerstört.

Anders sieht das beim Werkstoff Stahl aus. Bei gleichem Querschnitt wie dem Holzbalken wird bei der Belastung, bei der sich das Holz schon deutlich sichtbar verformt, beim Stahlbalken kaum eine Verformung sichtbar sein. Erhöht man die Kraft weiter, so bricht der Stahlbalken nicht spontan, sondern verformt sich um zunehmende Beträge. Nimmt man nun die Lastkraft weg, so sieht man, dass die Verformung nicht mehr vollständig zurückgeht, sondern dass der Balken dauerhaft verformt ist. Diese Art der Verformung nennt man ***plastisch***. Steigert man die Lastkraft noch weiter, so bricht auch der Stahlbalken und ist unwiderruflich zerstört.

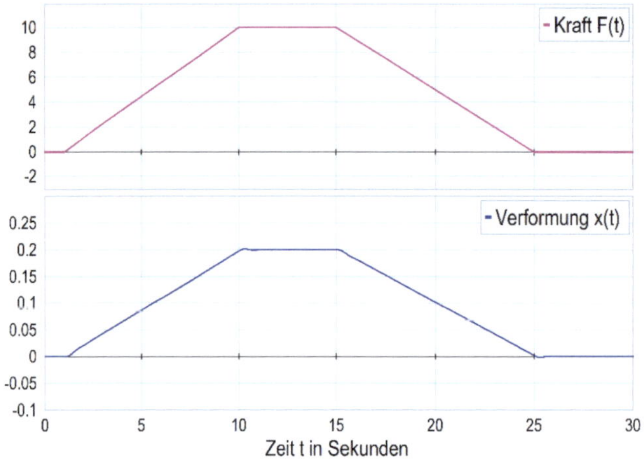

Bild 5.9: *Simulation des Verformungsverhaltens eines Balkens*

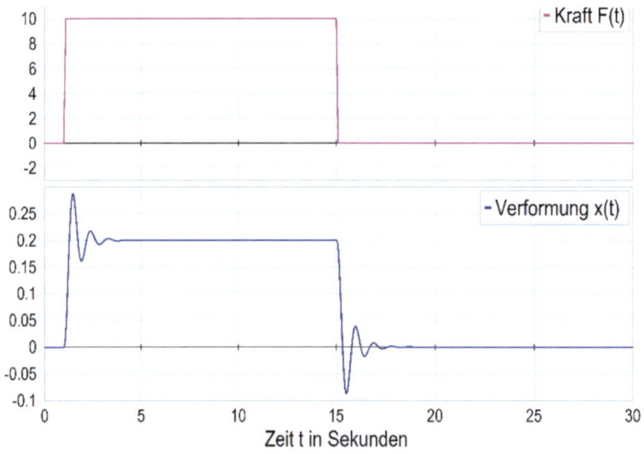

Bild 5.10: *Verformungsverhalten eines Balkens bei Belastungsveränderung mit hoher Rate*

Was passiert jetzt genau, wenn sich der Balken unter der Last verformt und was, wenn man die Last wieder entfernt? Die Anschauung sagt einem, dass bei diesem Vorgang die Zeit eine Rolle spielen muss. Ist der Be- und Entlastungsvorgang sehr langsam, so ist das Verhalten des Systems wieder quasi statisch und die Verformung ist im elastischen Bereich zur Kraft proportional. In Bild 5.9 ist ein solches System auf einem Computer simuliert worden. Dem zeitlichen Verlauf der Kraft $F(t)$ folgt die Verformung des Balkens $x(t)$ analog mit einer bestimmten Proportionalität. Nur wenn man ganz genau hinschaut, erkennt man geringfügige Abweichungen an Stellen, wo sich die Kraft zu ändern beginnt. Führt man die Änderungen in sehr kurzer Zeit durch, so treten deutliche dynamische Vorgänge im Verformungsverlauf bei Änderung der Kraft auf. Sie haben den Verlauf einer gedämpften Schwingung (Bild 5.10).

Unter einer ***Schwingung*** versteht man einen sich periodisch wiederholenden Vorgang, der beim Vorhandensein von ***Dämpfung*** langsam abklingt. Dieses dynamische Verhalten bestimmen die drei wesentlichen Eigenschaften des betrachteten Systems. Es besitzt eine bestimmte Masse m, es verfügt über eine elastische Eigenschaft, die durch eine als Federrate oder Steifigkeit k bezeichnete Größe gekennzeichnet ist und es besitzt innerhalb seiner Massegrenzen eine Dämpfungseigenschaft, die durch eine Dämpfungskonstante d gekennzeichnet ist. Wie hängen die Schwingungsvorgänge von diesen drei Größen ab und warum schwingt bei einer dynamischen Veränderung ein solches System?

5.5 Energie und Leistung

Weiter oben hatte ich die als ***Zustandsgrößen*** eines mechanischen Systems bezeichneten Eigenschaften Position $x(t)$, Geschwindigkeit $v(t)$ und Beschleunigung $a(t)$ behandelt. Dies sind Größen, die über den aktuellen Bewegungszustand des Systems Auskunft geben. Eine weitere charakteristische Größer aller Systeme ist seine ***Energie***. Der „Vater der klassischen Mechanik“ Isaac Newton konnte den Energiebegriff noch nicht richtig einordnen, während Gottfried Leibniz zwar nicht diesen Begriff benutzte, aber schon korrekte Vorstellungen von der „Energie“ hatte.

Daraus entwickelte Leibniz aber keine praktischen Folgerungen und Newton als anerkannte Kapazität und Entwickler der Punktmechanik dominierte in der Folge die Entwicklung der Lehre von den mechanischen, dynamischen Prozessen. Obwohl nachfolgende Forscher den Ansatz zur Erklärung von Problemstellungen der Mechanik mit Hilfe des Energiebegriffs vielversprechend fanden, setzte sich die Anwendung von Newtons 3. Axiom (actio = reactio) als Lösungsansatz durch.

Der erste Wissenschaftler, der die Mechanik auf dem Konzept „Energie“ aufbaute, war der italienische Mathematiker J.L. Lagrange (1736-1813) [Muk 2000]. Im Jahr 1788 veröffentlichte er sein Buch „Mechanique Analytique“, in dem er versuchte, die Behandlung mechanischer Probleme von provisorischen Tricksereien, geometrischen Konstruktionen und intuitivem Vorgehen zu befreien. So verwendet er in seinem Buch keine einzige Zeichnung und kein Diagramm. Er entwickelte zur Behandlung dynamischer Probleme der Mechanik einen exakten Algorithmus, den er als „analytisch“ bezeichnete.

Aber im Jahr 1788 war keine Vereinheitlichung der Betrachtung von Problemstellungen der Physik in Sicht, in allen anderen Fachgebieten waren noch keine dynamischen Phänomene identifiziert worden. Wärme wurde immer noch als das feinstoffliche Phlogiston behandelt. Zwar hatten Charles Du Fay und Benjamin Franklin die statische Elektrizität als solche erkannt, aber die Auswirkungen einer bewegten Ladung waren weiterhin unbekannt.

Endgültige Klärung erlangte der Energiebegriff erst Mitte des 19. Jahrhunderts. Im 18. und 19. Jahrhundert wurden dann durch Forscher wie Faraday, Maxwell und Ohm auch die elektrischen und magnetischen Phänomene erklärt. Diese über eine Periode von fast 200 Jahren andauernde schrittweise Erklärung der unterschiedlichen physikalischen Phänomene durch Forscher der unterschiedlichsten Nationen führte dazu, dass die Zusammenhänge zwischen den Fachgebieten der Physik sich erst Schritt für Schritt klärten und auf jeder Stufe unterschiedliche Bezeichnungen, Darstellungsweisen und physikalische Größen eingeführt wurden.

Heute wird die von einem mechanischen System aufgenommene oder abgegebene Energie als Arbeit W (engl. Work) bezeichnet. Damit an einem mechanischen System Arbeit verrichtet werden kann, muss eine Kraft auf dieses System einwirken. Wird dadurch seine Geschwindigkeit verändert, weil die Kraft über einen sich ändernden Weg an der Masse des Systems Arbeit verrichtet, so spricht man von kinetischer Energie. Bei einem solchen Vorgang nimmt das mechanische System Energie auf, es sammelt sich im System also Energie an. Mit den uns nun bekannten mathematischen Methoden kann man den Vorgang als Integration verstehen. Zu Ehren des englischen Physikers J.P. Joule (1818-1889) wurde die Maßeinheit der Energie mit „Joule“ bezeichnet. Im Bereich der Mechanik gilt:

$$W = F \cdot s \quad .$$

In dieser Definition wird für den zurückgelegten Weg häufig das Formelzeichen „s“ verwendet (von lat. Spatium: Zwischenraum). Die verrichtete Arbeit bei einem mechanischen Vorgang ist die Wirkung einer Kraft F auf einen Körper, der in Richtung dieser Kraft einen Weg der Länge s zurücklegt. Wirkt eine Kraft nicht genau parallel zum Weg, ist für die Berechnung der Arbeit nur die zum Weg parallele Komponente entscheidend.

Wie wir oben in den Bildern 5.9 und 5.10 gesehen haben, ist für den Vorgang der Energieaufnahme die Zeit von entscheidender Bedeutung. Die entsprechende Größe wird als Leistung P (engl. Power) bezeichnet und ist der Quotient aus der in einem Zeitintervall Δt geleisteten Arbeit ΔW und dem Zeitintervall. Daher zeigt die Leistung die pro Zeiteinheit übertragene Energie an, die auch als Energiefluss bezeichnet wird:

$$P(t) = \frac{\Delta W}{\Delta t} \quad .$$

Wird also in einem Zeitintervall eine bestimmte Energie übertragen, so erhält man die doppelte Leistung, wenn die Energie in der halben Zeit geleistet wird.

Bei einer entsprechenden Grenzwertbetrachtung ($\Delta t \to 0$) gilt:

$$P(t) = \lim_{t \to 0} \frac{\Delta W}{\Delta t} = \frac{dW}{dt} \quad \Rightarrow \quad W = E = \int P \cdot dt$$

In einem mechanischen System ist die durch eine Kraft aufgebrachte Leistung zur Geschwindigkeit proportional und es gilt:

$$P = F \cdot v$$

Berechnet man daraus die von einem System bei konstanter Kraft F aufgenommene Energie ΔE, so gilt:

$$\begin{aligned}\Delta E(t) &= \int_{t_1}^{t_2} F \cdot v(t) \cdot dt = \int_{t_1}^{t_2} F \cdot \frac{ds(t)}{dt} \cdot dt = \int_{s_1}^{s_2} F \cdot ds = m \int_{s_1}^{s_2} a \cdot ds \\ &= m \int_{s_1}^{s_2} \frac{dv}{dt} \cdot ds = m \int_{v_1}^{v_2} \frac{ds}{dt} \cdot dv = m \int_{v_1}^{v_2} v \cdot dv \\ &= \frac{m}{2}(v_2^2 - v_1^2)\end{aligned}$$

Diese von Leibniz noch als „lebendige Kraft“ bezeichnete Größe wird heute als ***kinetische Energie*** bezeichnet.

Eine sehr wichtige Erkenntnis im Zusammenhang des Energiebegriffs ist der ***Energieerhaltungssatz***. Er besagt, dass Energie nicht erzeugt oder vernichtet werden kann, sondern nur von einer Energieform in eine andere umgewandelt wird. Das bedeutet, dass innerhalb eines abgeschlossenen Systems die Gesamtenergie sich nicht ändern kann. Umwandlungen können dabei beispielsweise in Form des Übergangs von mechanischer Energie durch Reibung in Wärmeenergie stattfinden.

Der Energieerhaltungssatz wurde zuerst von dem deutschen Arzt Robert Mayer (1814–1878) formuliert. Im Jahr 1842 wies er durch entsprechende Versuche nach, dass eine bestimmte Bewegungsenergie bei vollständiger Umwandlung in Wärme stets die gleiche Wärmemenge ergibt. Unabhängig davon wurde wenig später der gleiche Sachverhalt auch von J. P. Joule formuliert. Endgültig ausformuliert wurde der Energieerhaltungssatz 1847 von dem deutschen Physiker Hermann von Helmholtz. Zwar spricht man umgangssprachlich von Erzeugung und Verbrauch von Energie, aber solche Vorgänge sind in Wirklichkeit Umwandlungen von einer Energieform in eine andere. Ein typisches Beispiel für „Energieerzeugung“ ist die Umwandlung von mechanischer Energie einer Windturbine in elektrische Energie mit Hilfe eines Stromgenerators (Dynamo). „Energieverbrauch“ findet bei der Heizung eines Raumes durch einen elektrischen Heizlüfter statt. Man meint damit also nicht die Erzeugung von Energie aus dem Nichts, bzw. die Vernichtung von Energie, sondern die Umwandlung von in irgendeiner Form vorhandener Energie in eine vom Menschen nutzbare Energieform, meist in Form von elektrischer Energie.

Unter Berücksichtigung solcher Konventionen kann man eine Bilanz über die in einem geschlossenen System enthaltene und durchgeleitete Energie aufstellen. Dabei unterscheidet man in das System hinein- und herausfließende Energie, sowie im System

„erzeugte“ und „verbrauchte“ Energie. Hier muss nun noch ein Energiebetrag ergänzt werden, denn Energie kann auch in einem System „gespeichert“ werden (Bild 5.11).

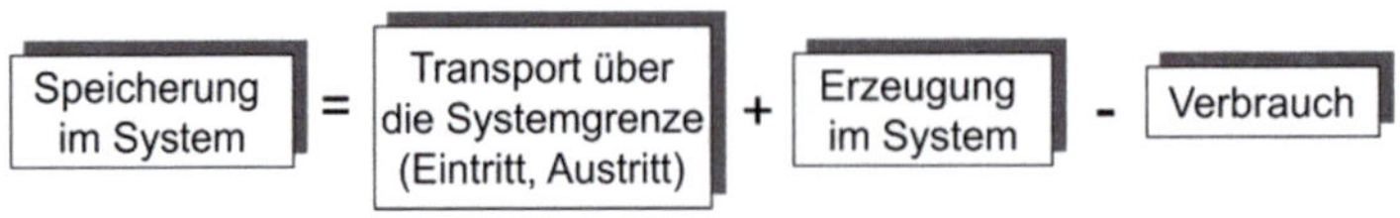

Bild 5.11: *Bilanzgleichung für die Energie eines Systems*

Diese Speicherfähigkeit wird in technischen Systemen ausgenutzt, findet aber natürlich überall statt, wo Energie fließt. Bekannte Energiespeicher sind für elektrische Energie Batterien oder Kondensatoren und für mechanische Energie Schraubenfedern oder beschleunigte Massen.

5.6 Energiespeicher in Systemen

Als wir den Balken als starren Körper betrachtet haben, enthielt er keine Speicher für Energie, sein Bewegungsgesetz war eine algebraische Beziehung zwischen Kräften und Geschwindigkeiten. Der reale Balken enthält aber Speicher für Energie, nämlich die elastische Verformbarkeit und seine Masse. Um dieses Speichervermögen etwas übersichtlicher zu machen, möchte ich zuerst ein System mit nur einem Speicher betrachten. Ein Beispiel dafür ist das Rad eines Autos, dass mit einem Stoßdämpfer verbunden ist. Ein Stoßdämpfer ist ein Rohr, in dem ein Kolben gleitet. Im Rohr ist Luft oder Hydrauliköl. Der Kolben ist mit einer Bohrung versehen, durch die bei Bewegung des Kolbens Öl von einer auf die andere Seite strömen kann. Dadurch, dass der mögliche Ölstrom durch die Engstelle „Bohrung“ gedrosselt wird, tritt eine Verlustleistung auf, d. h. Druckenergie wird durch Reibung in Wärme umgewandelt. Das charakteristische Verhalten eines solchen ***viskosen*** (mit Gas oder Flüssigkeit gefüllten) ***Dämpfers*** ist dann so, dass die Dämpferkraft F_D (Widerstandskraft gegen Verschiebung des Kolbens bei viskoser Reibung) zur Verschiebgeschwindigkeit v proportional ist.

Es gilt

$$F_D = d \cdot v \qquad d{:}\ Dämpfungskonstante, Proportionalitätsfaktor$$

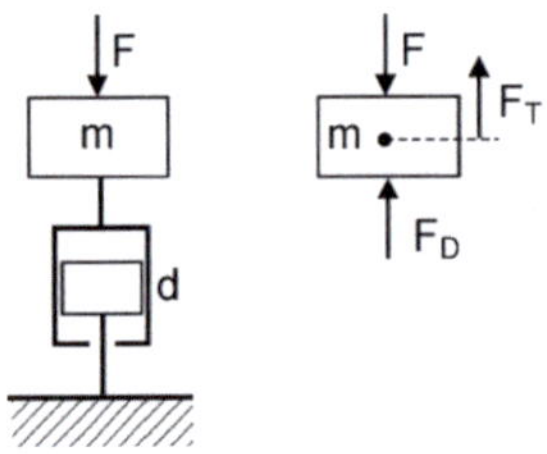

Bild 5.12: *Masse mit viskosem Dämpfer*

Die Kraft ist also umso stärker, je schneller der Kolben im Zylinder verschoben wird. Wenn man schon einmal einen solchen Stoßdämpfer in der Hand hatte, so konnte man feststellen, dass sich der Kolben bei langsamem Eindrücken mit nur geringem Widerstand eindrücken lässt, bei dem Versuch dies schneller durchzuführen, wird der Widerstand deutlich größer. Im Bild 5.12 ist die Situation eines solchen Dämpfers, der eine Masse m abstützt und auf den eine zeitlich veränderliche Kraft F wirkt, als Skizze links dargestellt.

Wir hatten bereits einmal bei der Ermittlung des mathematischen Modells für das Pendel gesehen, dass man zur Ermittlung der Bewegungsgleichung für die Masse an dieser alle auf sie einwirkenden Kräfte antragen muss. Die Summe dieser Kräfte muss dann nach dem d'Alembert'schen Prinzip gleich Null sein. Rechts im Bild ist die freigeschnittene Masse dargestellt, an der die äußere Kraft F, die Dämpferkraft F_D und die Trägheitskraft F_T angetragen sind. Die Trägheitskraft $F_T = m \cdot a = m \cdot \dot{v}$ ist immer der Bewegungsrichtung der Masse entgegengerichtet, welche durch die äußere Kraft vorgegeben wird. Da die Gewichtskraft zu jeder Zeit konstant und gleichgerichtet ist, kann man sie ebenso wie den Luftwiderstand zur Vereinfachung des Modells weglassen. Es gilt:

$$F = F_D + F_T = d \cdot v + m \cdot \dot{v}$$

Dies ist die Bewegungs-Differentialgleichung der Masse, in der die Geschwindigkeit und ihre Ableitung vorkommen. Diese Differentialgleichung kann man integrieren, um die Lösung für die Geschwindigkeit zu erhalten. Diese Integration ist von der Vorgehensweise (Substitution, Delogarithmierung) relativ aufwendig, so dass ich hier nur die Lösung aufführe:

$$v(t) = \frac{F(t)}{d}\left(1 - e^{-\frac{d}{m} \cdot t}\right) = v_{End}\left(1 - e^{-\frac{t}{T}}\right)$$

In dieser Gleichung taucht die nach Leonard Euler benannte Euler'sche Zahl $e = 2{,}7182\ldots$ auf, die in der Analysis eine wichtige Rolle spielt. Sie ist die Basiszahl des „natürlichen Logarithmus", für den $\log_e e = \ln e = 1$ gilt und die durch eine unendliche Reihe der Form

$$e = 1 + \frac{1}{1} + \frac{1}{1 \cdot 2} + \frac{1}{1 \cdot 2 \cdot 3} + \cdots$$

berechnet werden kann.

In der obigen DGL werden die Abkürzungen „Endgeschwindigkeit" $v_{End} = F(t)/d$ und die „Zeitkonstante" $T = m/d$ verwendet. Die ***Zeitkonstante*** ist eine allen Speichern gemeinsame Kenngröße für das dynamische Verhalten beim Füllen und Leeren eines Speichers. Um einen bildlichen Eindruck von einem solchen Vorgang zu bekommen, kann man die DGL wieder mit einem Simulationssystem integrieren. Damit etwas „passiert", muss die Eingangsgröße des Speichers sich natürlich dynamisch ändern. Eine solche Änderung wird in der Technik beispielsweise häufig sprungförmig vorgenommen, d. h. in unserem Beispiel springt die Eingangskraft $F(t)$ plötzlich zum Zeitpunkt $t = 1$ Sekunde vom Wert Null auf eine bestimmte Amplitude mit dem Wert „1".

Das Ergebnis in Form der Geschwindigkeit $v(t)$ der Masse ist zusammen mit dem Kraftsprung im Bild 5.13 dargestellt und wird als ***Sprungantwort*** bezeichnet. Die Geschwindigkeit nimmt natürlich nicht wie der Eingangskraftsprung schlagartig zu, da

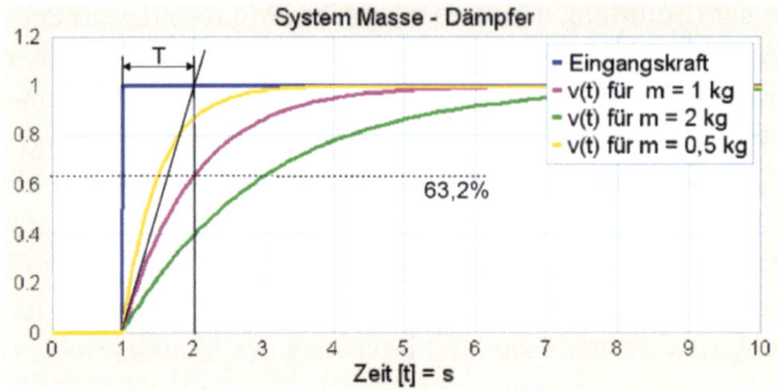

Bild 5.13: Sprungantworten eines Masse-Dämpfer-Systems für unterschiedliche Werte der Masse m

der Speicher ja erst aufgefüllt werden muss. Die durch die Kraft in das System eingebrachte Energie wird dabei in der Masse als ***kinetische Energie*** gespeichert. Ändert man diese Masse wie im Bild gezeigt, so ändert sich auch der Verlauf der Geschwindigkeitsänderung. Je kleiner die Masse, umso schneller nähert sich die Geschwindigkeit der Endgeschwindigkeit an. An die Kurve für die Masse $m = 1$ kg ist eine Tangente an den Anstieg gelegt worden. Diese schneidet die horizontale Endgeschwindigkeit bei 2 Sekunden. Daraus ergibt sich eine ***Zeitkonstante*** $T = 1$ Sekunde. Nach dieser Zeit hat die Geschwindigkeit 63,2% der Endgeschwindigkeit erreicht. Dieser Wert ergibt sich aus der e-Funktion. Wenn die Zeit t gleich der Zeitkonstante T ist, hat der Ausdruck $(1 - e^{-1})$ der Lösung der DGL den Wert 0,632. Daher hat die Sprungantwort bei $t = T$ den Wert 63,2 % von v_{End} erreicht.

Das Verhalten eines Systems mit nur einem Speicher ist also so, dass eine dynamische Eingangsgröße verzögert zum Ausgang weitergeleitet wird. Deswegen wird in der Regelungstechnik, einer Wissenschaftsdisziplin die sich vertieft mit Systemen und ihren Eigenschaften beschäftigt, ein solches System als ***Verzögerungsglied*** bezeichnet.

Bei der Simulation des Verhaltens eines Balkens weiter oben war noch ein anderes dynamisches Verhalten aufgetreten. Bei abrupt wechselnder Kraft folgte die Verformung nicht nur verzögert, sondern es trat ein Schwingungsvorgang auf. Der Balken enthält Material, das durch die Kraft elastisch verformt wird. Bei einer solchen Verformung um den Weg x ist diese der verformenden Kraft proportional. Für diese Kraft F_k gilt daher:

$$F_k = k \cdot x = k \cdot s$$

Der Proportionalitätsfaktor k wird als Federrate, Federkonstante oder ***Steifigkeit*** bezeichnet. Ein solches elastisches Element ist ebenfalls ein Speicher, der durch die Belastung mit einer äußeren Kraft ***potentielle Energie*** aufnimmt. Dabei nimmt die Energie in Richtung der Kraftwirkung zu. Von potentieller Energie spricht man, wenn nur so genannte ***konservative Kräfte*** auf ein System wirken. Konservative Kräfte sind solche, die in der Mechanik bei Verschiebungen entlang einer geschlossenen Bahnkurve keine Änderungen des Energiezustandes bewirken. Dies gilt beispielsweise für die Schraubenfeder oder für eine Masse im Schwerefeld der Erde. Hebt man die Masse um einen bestimmten Wegbetrag an und führt sie dann wieder auf die alte Position zurück, so hat sich ihre Energie nicht geändert. Für die in einer Schraubenfeder beim Zusammendrücken gespeicherte potentielle Energie ΔE gilt:

$$E(t) = \int_{t_1}^{t_2} F_k \cdot v(t) \cdot dt = k \int_{t_1}^{t_2} s \cdot \frac{ds(t)}{dt} \cdot dt = k \int_{s_1}^{s_2} s \cdot ds = \frac{k}{2} \cdot (s_2^2 - s_1^2) .$$

Da die Verhältnisse beim Verbiegen eines Balkens komplexer sind, vereinfacht man in einem Modell das elastische Element gerne zu einer Spiralfeder, die durch die äußere Kraft linear gedehnt wird. Man erhält dann ein ganz einfaches Modell wie im Bild 5.14 dargestellt. Da die Kräfte in der Feder und im Dämpfer gleichzeitig auf beide Elemente wirken, sind diese im Modell parallel angeordnet. Ein solches Modell wird als ***Einmassenschwinger*** bezeichnet. Als Modellvereinfachung ist hier alle Masse in einem Schwerpunkt konzentriert, die Feder und der Dämpfer sind masselos. Die Masse kann sich nur in der Bildebene in Richtung der Koordinate x vor- und zurückbewegen.

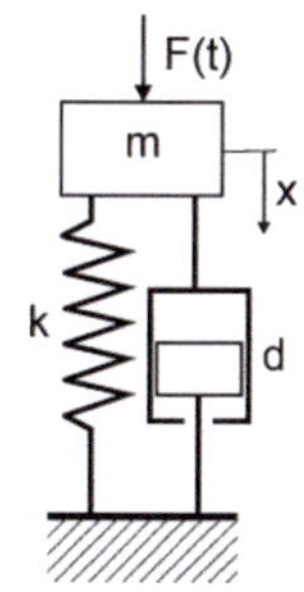

Bild 5.14: *Einmassenschwinger*

Ein solches Modell kann beispielsweise für das System PKW-Federbein stehen, wie es in Bild 5.14 skizziert ist. Die Vereinfachungen im Modell „Einmassenschwinger" sind hier recht realistisch, da die Masse des Rades gegenüber der Masse des Stoßdämpfers und der Schraubenfeder deutlich dominiert. Jeder, der mit einem PKW fährt weiß, dass wenn das Auto über eine Bodenwelle fährt, die Karosserie eine leichte Schwingung ausführt. Aber die Schwingung wird sehr stark gedämpft, so dass die Erschütterungen der Karosserie beim Überfahren der Bodenwelle schnell abklingen. Sollte dies einmal nicht der Fall sein, so heißt es, „der Stoßdämpfer ist kaputt".

Gegenüber der Bewegungs-DGL des Systems mit nur einem Speicher, muss bei der Addition der Kräfte nach dem d'Alembert'schen Prinzip nun eine weitere Kraft, nämlich die Federkraft F_k hinzugenommen werden. Die neue DGL lautet dann:

$$F = F_D + F_T + F_k = d \cdot v + m \cdot \dot{v} + k \cdot x = m \cdot \ddot{x} + d \cdot \dot{x} + k \cdot x$$

Da das System nun zwei Speicher enthält ist die DGL 2. Ordnung, gleichbedeutend mit dem Auftreten der Zustandsgröße x und ihrer ersten Ableitung $v = \dot{x}$, sowie der zweiten Ableitung $a = \ddot{x}$. Die Lösung einer solchen Differentialgleichung gelingt mit einem Trick in Form der Verwendung eines hypothetischen Lösungsansatzes (Lösungsvermutung) der Form:

$$x(t) = \hat{x} \cdot e^{st}$$

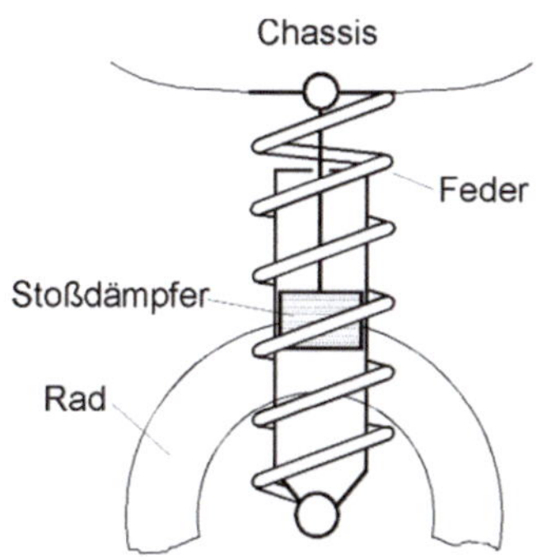

Bild 5.15: *PKW-Federbein*

Darin ist $\hat{x}$ eine Maximalamplitude und s ein unbekannter Wert. Um die DGL zu lösen, muss man die vermutete Lösung für $x(t)$ und deren erste und zweite Ableitung in die Gleichung einsetzen. Die Ableitungen von $x(t)$ lauten:

$$\dot{x} = \hat{x} \cdot s \cdot e^{st} \qquad \ddot{x} = \hat{x} \cdot s^2 \cdot e^{st}$$

Diese Ableitungen ergeben sich aus der besonderen Eigenschaft der e-Funktion, für die gilt:

$$y = e^x \quad y' = e^x \quad und \quad y = e^{c \cdot x} \quad y' = c \cdot e^{c \cdot x}$$

Setzt man den Lösungsansatz und seine Ableitungen in die DGL ein, so erhält man:

$$m \cdot \hat{x} \cdot s^2 e^{st} + d \cdot \hat{x} \cdot s \cdot e^{st} + k \cdot \hat{x} \cdot e^{st} = F(t) = (m \cdot s^2 + d \cdot s + k) \cdot \hat{x} \cdot e^{st}$$

Für den Fall, dass keine äußere Kraft auf das System wirkt ($F(t) = 0$), sondern dieses aufgrund einer einmaligen Anfangsanregung dynamische Bewegungen ausführt, vereinfacht sich die Gleichung nach dem Teilen durch $\hat{x} \cdot e^{st}$ zu:

$$m \cdot s^2 + d \cdot s + k = 0$$

Dies ist keine Differentialgleichung mehr, sondern eine einfache algebraische Gleichung 2. Grades, für die es bekannte Lösungsverfahren gibt. Sie wird auch als ***charakteristische Gleichung*** bezeichnet, die das ***Eigenverhalten*** des Systems beschreibt. Damit ist das Verhalten ohne äußere Einflüsse gemeint. Weiter oben hatte ich bereits die folgende Lösungsformel für quadratische Gleichungen erläutert:

$$x_{1,2} = \frac{-b \pm \sqrt{b^2 - 4ac}}{2a} \quad .$$

Übertragen auf die charakteristische Gleichung ergibt sich:

$$s_{1,2} = \frac{-d \pm \sqrt{d^2 - 4mk}}{2m} = -\frac{d}{2m} \pm \sqrt{\left(\frac{d}{2m}\right)^2 - \frac{k}{m}}$$

Die beiden Lösungen s_1 und s_2 kann man nicht ohne weiteres angeben, weil die Lösungsgleichung ein Problem enthält. Der Wert unter dem Wurzelzeichen kann je nach Größe der Parameter m, d und k negativ werden. Im Bereich der reellen Zahlen gibt es aber keine Zahlen deren Quadrate eine negative Zahl ergeben. Dieses schon in der Antike bekannte Problem wurde im 16. Jahrhundert dadurch gelöst, dass man eine neue Art von Zahlen, die ***Imaginärzahlen*** einführte. Die Imaginärzahlen basieren auf der imaginären Einheit i, einer nichtreellen Zahl mit der Eigenschaft $i^2 = -1$. Mit dieser Konvention kann man die Lösungsgleichung für den oben beschriebenen Problemfall folgendermaßen umformulieren:

$$s_{1,2} = -\frac{d}{2m} \pm i \sqrt{\frac{k}{m} - \left(\frac{d}{2m}\right)^2} = \delta \pm i\omega$$

Der Term mit der Abkürzung δ ist ein Dämpfungswert, der von den Systemeigenschaften abhängt. Der Wurzelausdruck wird als ***Eigenkreisfrequenz*** ω bezeichnet, die ebenfalls von den Systemeigenschaften abhängt und für die gilt:

$$\omega = \frac{2\pi}{T} \quad .$$

T ist darin die Periodendauer einer Schwingung, die im System auftritt, wenn dieses durch äußere Einflüsse angeregt wird. Gäbe es keine Verluste durch Dämpfung im System, so würde sich der Ausdruck unter dem Wurzelzeichen auf den Wert k/m reduzieren und die Eigenkreisfrequenz ω_0 beträgt dann

$$\omega_0 = \sqrt{k/m}$$

Man kann nun drei Fälle unterscheiden. Im 1. Fall kann der Wurzelausdruck positiv sein, was zur Folge hat, dass die charakteristische Gleichung zwei Lösungen mit den Zahlenwerten $s_1 = \delta_1$ und $s_2 = \delta_2$ besitzt. Mit Bezug auf den oben verwendeten Lösungsansatz findet man die Gesamtlösung als Summe der beiden Lösungsmöglichkeiten:

$$x(t) = \hat{x} \cdot e^{\delta_1 t} + \hat{x} \cdot e^{\delta_2 t} \quad .$$

Dies ist die Summe zweier Exponentialfunktionen, die eine monotone, nichtperiodische Funktion darstellt und keinen Schwingungsvorgang. Dieses Verhalten tritt auf, wenn die Dämpfungskonstante *d* relativ groß gegenüber dem Wert k/m ist.

Im 2. Fall wird die Dämpfung *d* im System so weit gesenkt, dass der Ausdruck unter der Wurzel gerade Null wird. Es gibt dann nur eine Lösung δ der charakteristischen Gleichung und die Gesamtlösung der DGL ist

$$x(t) = \hat{x} \cdot e^{\delta t} \quad .$$

Auch dies ist eine abklingende e-Funktion mit einem aperiodischen Verlauf. Die dann vorhandene Dämpfung wird als kritische Dämpfung d_{krit} bezeichnet und da gerade noch keine Schwingung auftritt, spricht man vom ***aperiodischen Grenzfall***.

Im 3. Fall bei weiter sinkender Dämpfung *d* wird der Ausdruck unter der Wurzel negativ und für die beiden Lösungen der charakteristischen Gleichung gilt die oben gezeigte Form mit der imaginären Einheit *i*. Die Gesamtlösung findet man dann unter Verwendung einer nach Leonard Euler benannten Relation, deren Erläuterung hier zu weit führt. Die Gesamtlösung lautet:

$$x(t) = e^{\delta t}\left(x_0 \cos \omega t + \left(\frac{\dot{x}_0 - \delta \cdot x_0}{\omega}\right) \sin \omega t\right) \quad .$$

Darin kommen die Anfangsauslenkung der Masse x_0 und die Anfangsgeschwindigkeit $\dot{x}_0$ sowie die Dämpfungsgröße δ vor. In der Klammer steht eine Summe von periodischen Sinus- und Cosinus-Ausdrücken, die eine Schwingung beschreiben. Der Term vor der Klammer ist wieder eine e-Funktion, die abhängig vom Wert von δ die Schwingung abklingen ($\delta < 0$) oder aufklingen ($\delta > 0$) lässt. Der letztgenannte Fall lag beispielsweise beim Einsturz der Tacoma Narrows Bridge vor, wo unzureichende Dämpfung zum Aufschaukeln von durch Windkräfte verursachten Schwingungen führte. Zu große Dehnungskräfte beanspruchten dann das Material über den Bereich elastischer Verformung hinaus, so dass es zum Bruch des Materials kam.

Warum schwingt ein System wie der Einmassenschwinger aber überhaupt? Wie wir gesehen haben, enthält das System zwei parallel angeordnete Speicher. Der eine Speicher (Masse m) kann kinetische Energie speichern, für die gilt:

$$E_{kin} = \frac{m}{2} v^2 \quad .$$

Diese verändert sich also, wenn v sich ändert, da die Masse konstant ist. Der zweite Speicher (Feder k) speichert potentielle Energie abhängig von der Kraft F und dem Verformungsweg x:

$$E_{pot} = \frac{k}{2} \cdot x^2 \quad .$$

Hier wird eine Änderung der potentiellen Energie bei normalerweise konstanter Verformungskraft durch Änderung des Verformungsweges hervorgerufen. Die beiden Speicher haben in der Regel eine unterschiedliche Zeitkonstante T.

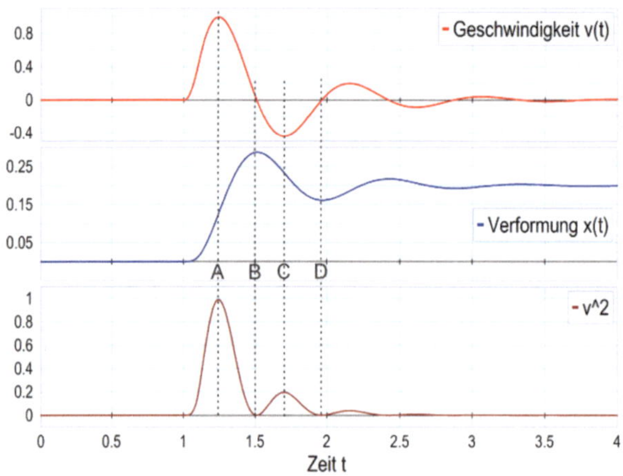

Bild 5.16: *Verlauf der Zustandsgrößen eines Einmassenschwingers nach einer Sprunganregung*

Werden sie also parallel gefüllt, so wird der Spei-cher mit der kleineren Zeitkonstante eher gefüllt sein. In Bild 5.16 ist die Simulation eines Einmassenschwingers mit den Zustandsgrößen x und v und der Kenngröße für die kinetische Energie v^2 als Diagramm dargestellt. Der Speicher für kinetische Energie hat offensichtlich die kleinere Zeitkonstante und ist zum Zeitpunkt „A“ vollständig gefüllt. Die Geschwindigkeit hat dann ein Maximum erreicht, ebenso wie die zur kinetischen Energie proportionale Größe v^2. Der Speicher für die potentielle Energie, welche zu x proportional ist, ist aufgrund der höheren Zeitkonstante noch nicht gefüllt. Da nach dem Zeitpunkt A die Zustandsgröße x sich weiter nichtlinear ändert, muss sich auch v ändern. Weil der Speicher für kinetische Energie aber voll ist, kann v nur kleiner werden. Die deshalb aus diesem Speicher abfließende Energie kann nur in den anderen Speicher übernommen werden. Im statischen Fall wird die komprimierte Feder eine bestimmte Energie gespeichert haben. Da der Feder darüber hinaus die kinetische Energie aus der Masse zufließt, wird dieser Speicher sozusagen überfüllt. Zum Zeitpunkt „B" ist der Speicher für kinetische Energie entleert, die Geschwindigkeit ist wieder Null und der Weg, der über den zukünftigen Endwert hinausgeschossen ist, nimmt wieder ab. Dadurch entleert sich jetzt der Speicher für potentielle Energie, indem der Weg x wieder abnimmt.

Abnehmender Weg bedeutet eine Geschwindigkeitsumkehr und -zunahme, was wieder kinetische Energie in den Massenspeicher fließen lässt. Diese erreicht zum Zeitpunkt „C" ihr Maximum. Auf diese Weise pendelt die Energie zwischen den beiden Speichern hin und her, ein Teil davon wird aber durch das Dämpfungselement in Wärmeenergie umgewandelt. Dadurch nehmen die Schwingungsamplituden ab und das System kommt nach einigen Schwingungen in einem statischen Endwert zur Ruhe.

Will man das Dämpfungsverhalten aufgrund der Größe der Systemdämpfung δ beurteilen, so ist dieser mit einer Maßeinheit behaftete Wert eher ungeeignet. Man verwendet daher einen dimensionslosen Dämpfungswert, der als Dämpfungsgrad oder als nach dem deutschen Ingenieur Ernst Lehr benanntes Lehr'sches Dämpfungsmaß D bezeichnet wird. Für diese Größe gilt:

$$D = \frac{d}{d_{krit}} = \frac{d}{2m\omega_0} = \frac{d}{2\sqrt{k \cdot m}}$$

Im Bild 5.17 ist das Schwingungsverhalten eines Einmassenschwingers in Abhängigkeit von D dargestellt. Die Simulation wurde für verschiedene Dämpfungsgrade durchgeführt. Bei einem großen Dämpfungsgrad ($D = 10$) führt das System eine aperiodische Bewegung aus, d. h. nach einer Auslenkung „kriecht" die Masse in ihre Ausgangslage zurück (Kriechfall). Bei D = 1 liegt der aperiodische Grenzfall vor, bei dem die Masse nach Auslenkung relativ schnell in die Ruhe-

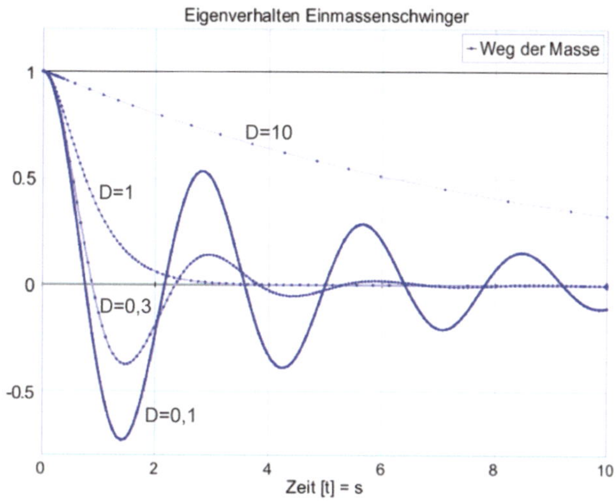

***Bild 5.17:** Gedämpfte Schwingung eines Einmassenschwingers in Abhängigkeit vom Dämpfungsgrad D*

lage zurückkehrt, ohne einen Schwingvorgang. Bei D < 1 tritt eine Schwingung in der Eigenfrequenz auf, die umso länger anhält, je geringer der Dämpfungsgrad ist.

Ein System kann natürlich auch mehr als zwei Speicher besitzen. Das dynamische Verhalten ähnelt dann jedoch weitgehend dem von Systemen mit 2 Speichern.

5.7 Unterschiedliche Energiespeicher

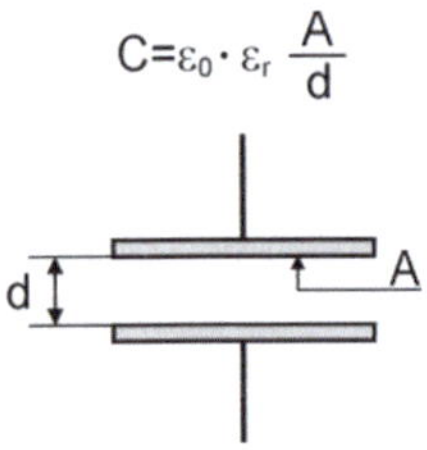

Bild 5.18: *Plattenkondensator*

Auch in anderen Fachgebieten der Physik gibt es Bauelemente und Systeme, die vergleichbare Eigenschaften zu denen der Mechanik besitzen. Speicherelemente für elektrische Energie sind beispielsweise ein Kondensator oder eine Spule. Ein Kondensator ist eine Anordnung von zwei metallischen Platten (Elektroden), die durch einen Isolator (Dielektrikum) voneinander getrennt sind. Legt man an die Elektroden eine Gleichspannungsquelle (z. B. eine Batterie) an, so wandern elektrische Ladungen (Elektronen) zu den Elektroden oder von ihnen weg. Ist der Kondensator geladen, so kommt der Ladungsstrom zum Erliegen und zwischen den entgegengesetzt geladenen Platten bildet sich ein elektrisches Feld aus. Die Menge der gespeicherten Ladungen wird als ***Kapazität*** des Kondensators bezeichnet und ist der Größe der Platten A direkt und dem Abstand der Platten d umgekehrt proportional. Den dritten Einfluss auf die Kapazität hat das Dielektrikum, das einfach Luft oder ein anderer Isolationsstoff sein kann. Der Einfluss des Dielektrikums wird durch eine ***Dielektrizitätskonstante*** ε gekennzeichnet. Die Dielektrizitätskonstante eines Vakuums wird als ε_0, die eines Stoffes als relative Dielektrizitätskonstante ε_r bezeichnet. Im Bild 5.18 ist ein einfacher Kondensator und die Berechnung seiner Kapazität C dargestellt. Man kann auf den Platten sehr dünne isolierende Oberflächenschichten als Dielektrikum elektrolytisch abscheiden. Dadurch kann der Plattenabstand sehr klein werden, was sehr große Kapazitäten ermöglicht.

Die elektrische Spannung U, die sich am Kondensator einstellt, wenn er geladen wurde, hängt vom Ladestrom i und der Kapazität C ab (elektrische Ladungsträger wurden integriert, d. h. gespeichert):

$$U(t) = \frac{1}{C}\int^{t} i(t)dt \ .$$

Da die elektrische Energie im elektrischen Feld des Kondensators gespeichert wird, entspricht diese Energie der potentiellen Energie. Der im mechanischen Fall auftretenden Weggröße s entspricht hier die Größe $C \cdot U$, die Kapazität entspricht dem Kehrwert der Steifigkeit k. Deshalb beträgt die im Kondensator gespeicherte Energie:

$$E = \frac{1}{2C}(C \cdot U)^2 = \frac{C}{2} \cdot U^2 \ .$$

Im Bereich der Mechanik gibt es zwei unterschiedliche Speichertypen für potentielle und kinetische Energie. Ebenso gibt es dies auch im Bereich der Elektrotechnik. Eine Spule stellt den zweiten Speichertyp dar. Eine Spule oder auch ***Induktivität*** besteht aus einem meist dünnen Draht, der um einen Kern gewickelt wird. Der Kern kann langstreckt oder auch wie in Bild 5.19 ein Ring sein. Fließt durch den Draht ein elektrischer Strom i, so baut sich in der Spule ein Magnetfeld auf, in welchem Energie gespeichert wird. Dieses Magnetfeld wird durch die Größe „magnetischer Fluss Φ" charakterisiert. Ein solches System aus Spule und Kern wird auch als Elektromagnet bezeichnet. Wieviel Energie in einer solchen Spule gespeichert werden kann, hängt vom magnetischen Fluss Φ ab. Dieser ist proportional zum elektrischen Strom i. Der Proportionalitätsfaktor wiederum hängt von der Geometrie der Spule (Querschnitt A, Spulenlänge l, Anzahl der Windungen N) und vom Material des Kerns ab.

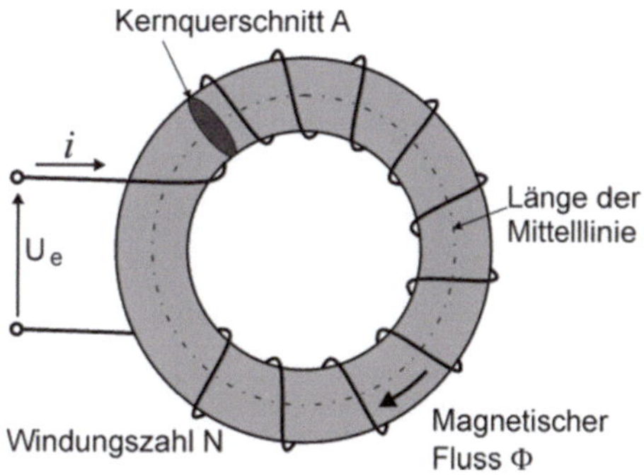

Bild 5.19: Magnetisches System „Ringspule"

Die Materialkenngröße wird als ***Permeabilität*** μ bezeichnet. Die Speicherkapazität der Spule wird durch ihre Induktivität L definiert:

$$L = N^2 \cdot \frac{\mu \cdot A}{l} = \frac{N^2}{R_m} \quad .$$

Ebenso wie der elektrische Stromfluss durch einen Leiter durch dessen elektrischen Widerstand R bestimmt wird (Ohm'sches Gesetz ($U = R \cdot i$), wird der magnetische Fluss durch einen magnetischen Widerstand R_m charakterisiert. Die im Magnetfeld gespeicherte Energie hängt dann wie folgt von den genannten Größen ab:

$$E = \frac{R_m}{2} \cdot \Phi^2$$

Diese Form der Gleichung entspricht der für die kinetische Energie in der Mechanik und die im Magnetfeld gespeicherte Energie ist mit dieser vergleichbar.

Mit den beiden Speicherelementen Kondensator C und Induktivität L und einem elektrischen Widerstand R kann man nun ein zum Einmassenschwinger vergleichbares System aufbauen, das auch als Schwingkreis bezeichnet wird (Bild 5.20). Bild 5.21 zeigt dessen simuliertes Verhalten, wenn man auf den Eingang des Systems einen Spannungssprung aufgibt.

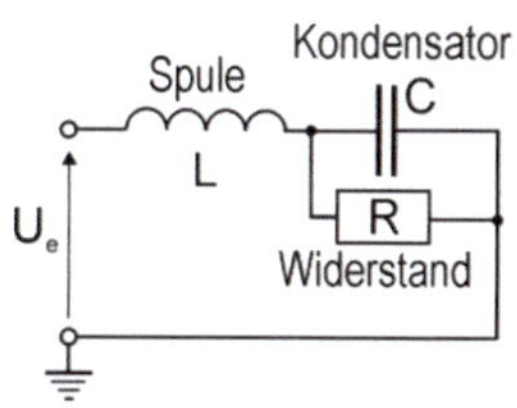

Bild 5.20: Elektrischer Schwingkreis

Die Spannung am Kondensator führt dann eine ebensolche gedämpfte Schwingung aus, wie die Koordinate x am Ende der Feder des Einmassenschwingers. Der Dämpfungsfaktor des Schwingkreises wird durch den Widerstandswert R bestimmt. Die Schwingfrequenz ohne Einfluss der Dämpfung beträgt:

$$\omega_0 = \frac{1}{\sqrt{L \cdot C}} \quad .$$

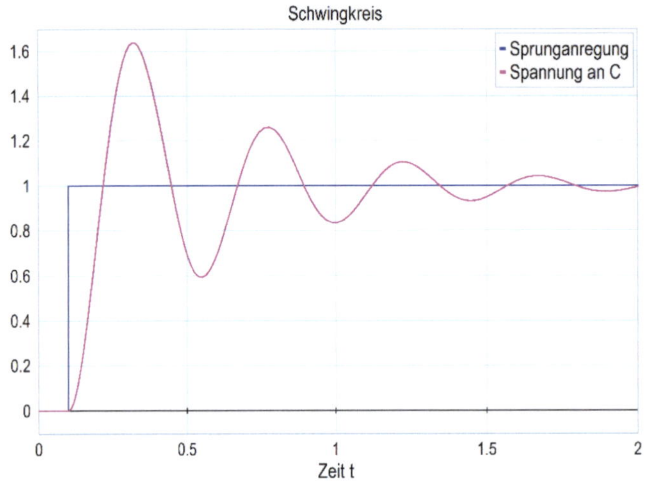

Bild 5.21: *Sprungantwort eines Schwingkreises*

Wie man sieht, ist das dynamische Verhalten eines Schwingkreises genauso wie das eines Einmassenschwingers, weshalb es nahe liegt, dass beiden vergleichbare Systemeigenschaften zukommen.

Im nächsten Kapitel werden wir eine Darstellungsform von Systemmodellen kennen lernen, die den Leistungsfluss zwischen Komponenten eines Systems in den Mittelpunkt stellt. Diese als Bondgraph bezeichnete Darstellungsform zeigt das eben Gesagte noch deutlicher auf, denn die Modelldarstellungen von Einmassenschwinger und Schwingkreis sind hier völlig identisch.

6 Grafische Darstellung technisch/physikalischer Systeme

Wir haben in den vergangenen Kapiteln bereits mehrfach grafische Modelle von Systemen in Form von Blockschaltbildern kennen gelernt. Solche Blockschaltbilder sind für den Anwender in der Technik sehr viel intuitiver zu deuten, als eine Darstellung als mathematisches Modell. Bei solchen grafischen Darstellungen unterscheidet man solche, die nur die Funktionalitäten darstellen, ohne Verwendung der realen Bauelemente und solchen, bei denen die Objekte des Systems und auch dessen struktureller Aufbau im Vordergrund stehen.

6.1 Funktionsorientierte Darstellung und Simulation

In einem vorherigen Kapitel wurde bereits dargestellt, wie man aus einer DGL 2. Ordnung ein Blockschaltbild als grafische Darstellung der DGL ableiten kann. Eine entsprechende DGL, die aus einer Kräftebilanz für den Einmassenschwinger abgeleitet wurde, lautet beispielsweise:

$$F = F_D + F_T + F_k = m \cdot \ddot{x} + d \cdot \dot{x} + k \cdot x$$

Zur Lösung der DGL muss diese zweifach integriert werden, weshalb im Blockschaltbild entsprechende Blöcke mit der Funktionalität „Integrieren“ auftreten. Um die 2. Ableitung der Zustandsvariablen x zu integrieren, stellt man die DGL am besten nach $\ddot{x}$ um:

$$\ddot{x} = -\frac{d}{m} \cdot \dot{x} - \frac{k}{m} \cdot x + \frac{F}{m} .$$

Dann kann der Vorgang der Integration wie folgt (Bild 6.1) durch grafische, mit Pfeilen verbundene Blöcke dargestellt werden, die entweder Informations- oder Energieflüssen entsprechen. Der erste Integrator erhält als Eingang die zweite Ableitung $\ddot{x}$ und liefert an seinem Ausgang den Wert $\dot{x}$. Dieser Wert wird auf den Eingang eines zweiten Integrators gegeben, der an seinem Ausgang den Wert x liefert.

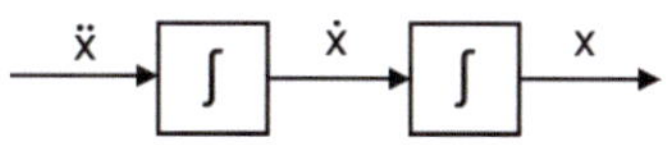

***Bild 6.1:** Zweifache Integration der Beschleunigung*

Auf der rechten Seite der DGL steht eine Summe von Faktoren, die durch Multiplikation von Systemparametern mit den durch Integration gewonnenen Zustandsgrößen $\dot{x}$

W. Roddeck, *Die Welt der Modelle und Simulationen*, https://doi.org/10.1007/978-3-658-46305-2_6

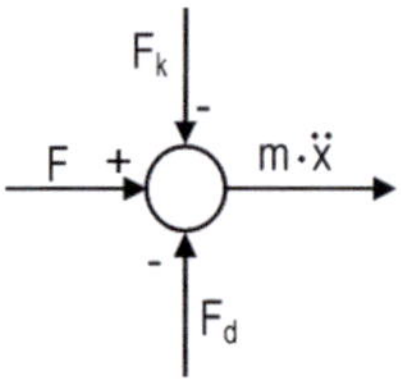

Bild 6.2: Summenpunkt

und x ermittelt werden bzw. als Kraft F von außen vorgegeben werden. Solche Summenbildung wird in einem Blockdiagramm durch einen Kreis dargestellt, in den mehrere Eingangsgrößen als Pfeile hineingeführt werden und der einen Ausgangspfeil besitzt (Bild 6.2). In dieser Art von Darstellung bedeutet die Durchleitung eines Signals durch einen Block die Multiplikation mit der so genannten Übertragungsfunktion. Diese Funktion ist nicht aus dem Bereich der reellen Zahlen, sondern eine im Bildbereich der ***Laplace-Transformation*** definierte Funktion, deren Bedeutung hier nicht weiter thematisiert werden soll. Für einfache algebraische Operationen gilt, dass die Multiplikation des Signals bei der Durchleitung durch Verwendung der im Block vorhandenen Funktion erfolgt. In einem Summenpunkt können natürlich nur gleichartige Größen unter Verwendung eines Vorzeichens am Pfeil zusammengefasst werden. Daher stellt der Summenpunkt in Bild 6.2 quasi die d'Alembertsche Kräftebilanz

$$m \cdot \ddot{x} = F_T = F - F_k - F_d$$

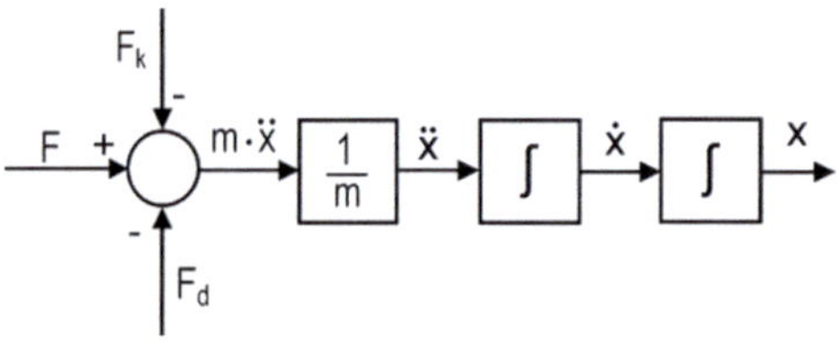

Bild 6.3: Verbindung von Integratorkette und Summenpunkt

dar. Um die Bilder 6.1 und 6.2 miteinander kombinieren zu können, muss man das Ausgangssignal $m \cdot \ddot{x}$ durch einen Block mit der Übertragungsfunktion $1/m$ durchleiten und erhält die Darstellung in Bild 6.3. Die beiden Kräfte F_k und F_d ergeben sich durch Multiplikation der Zustandsvariablen x und $\dot{x}$ mit den Werten k und d. Die Zustandsvariablen treten am Ausgang der beiden Integratoren auf, die Multiplikationen erfolgen in Form der Durchleitung durch jeweils einen Block mit den Parameterwerten k und d als Übertragungsfunktion. Damit ergibt sich das endgültige Blockschaltbild in Bild 6.4.

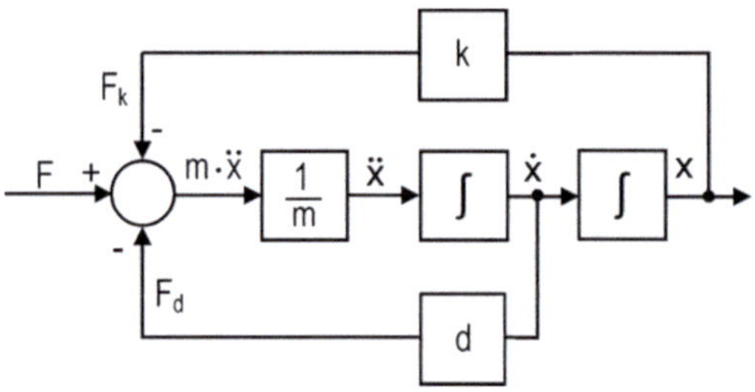

Bild 6.4: Blockschaltbild der DGL des Einmassenschwingers

Ein solches Blockschaltbild hat den Vorteil, dass die Signalflüsse in grafischer Darstellung viel anschaulicher sind als eine Darstellung als mathematisches Modell in Form von Gleichungen. Für diese Art der grafischen Modellierung gibt es viele kommerzielle und gemeinfreie Simulationsprogramme. Im Kapitel über das invertierte Pendel war bereits ein Simulationsdiagramm aus dem System „Simulink" gezeigt worden. Ein weiteres gemeinfreies Simulationssystem, das sich jeder Anwender kostenlos installieren kann, ist das System „Scilab“ (s. URL-Verzeichnis). Dieses enthält ebenfalls ein Zusatzmodul „Xcos“, das wie Simulink einen Blockschaltbild-Editor darstellt. Mit Xcos wurde das Blockschaltbild-Modell eines Einmassenschwingers in Bild 6.5 modelliert. Es gibt hierin einige abweichende Symbolbilder zum Standard-Blockschaltbild in Bild 6.4, aber deren Bedeutung ist leicht zu erkennen. Außerdem enthält das Bild 6.5 Anzeigen für die Zustandsgröße x (Weg), $\dot{x}$ (Geschwindigkeit) und $\ddot{x}$ (Beschleunigung). Die drei Anzeigen werden durch eine Uhr synchronisiert. Am Eingang wird durch einen Funktionsgenerator ein Sprungsignal als äußere Kraftanregung F auf das Modell gegeben.

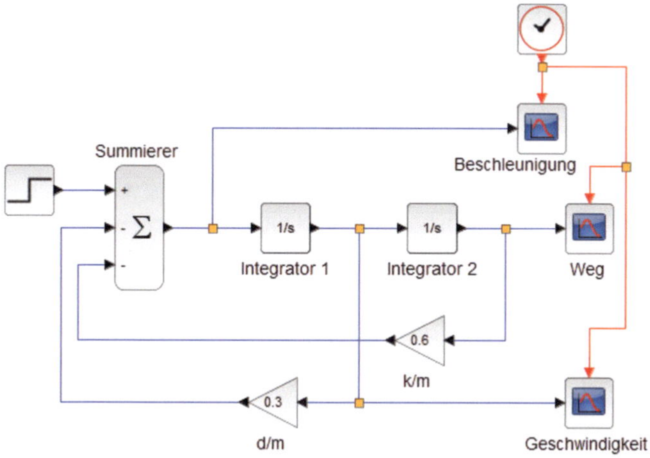

Bild 6.5: *Blockschaltbild des Einmassenschwingers erzeugt mit dem Blockschalteditor „Xcos“*

Mit diesem Modell wurde dann das Simulationsdiagramm in Bild 6.6 erstellt. Es zeigt den Wegverlauf der Schwingermasse nach einem Kraftsprung.

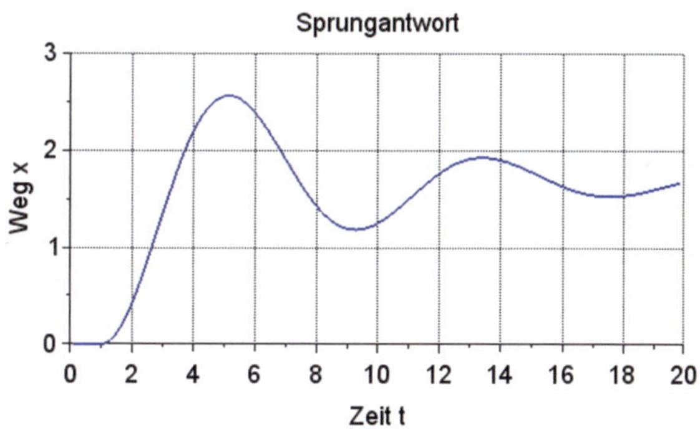

Bild 6.6: *Sprungantwort des Einmassenschwingermodells aus „Xcos“*

Schaut man aber auf das Blockschaltbild des Einmassenschwingers in Bild 6.4, so enthält diese Art der Darstellung nicht die Objekte des Schwingers wie die Masse, die Feder und den Dämpfer. Die Blöcke sind also nicht stellvertretend für Objekte des Systems. Man spricht daher auch von einer funktionsorientierten Darstellung. Wäre es nicht noch anschaulicher, wenn die Blöcke direkt den Objekten des Systems entsprechen würden? Dann hätte man nicht nur den Signalfluss und die Funktionalität des Systems, sondern auch die Systemstruktur abgebildet.

6.2 Strukturorientierte Darstellung und Simulation

Eine strukturorientierte grafische Darstellung bietet beispielsweise ein ***Bondgraph*** [Rod 2022], [Rod 2019], [Kar 2006]. Die einfachste Form eines solchen Bondgraphen ist ein ***Wortgraph***. Im Graphen werden einfach die Namen der Systemobjekte so angeordnet, wie sie in der Realität vorhanden sind. Um sie untereinander in Beziehung zu setzen, verwendet man eine Verbindungslinie (Bond: engl. Verbindung), die für eine Energieübertragung zwischen den Systemobjekten steht. Der Leistungsfluss zwischen den Objekten ist natürlich gerichtet, was man durch einen Pfeil an der Verbindungslinie anzeigen kann. Zur Unterscheidung von Pfeilen des Blockschaltbildes, wird, wie in Bild 6.7 dargestellt, ein so genannter ***Halbpfeil*** verwendet. In einem solchen Wortgraphen sind alle Objekte des Systems, sowie dessen Struktur und Leistungsflüsse wie in der Realität vorhanden.

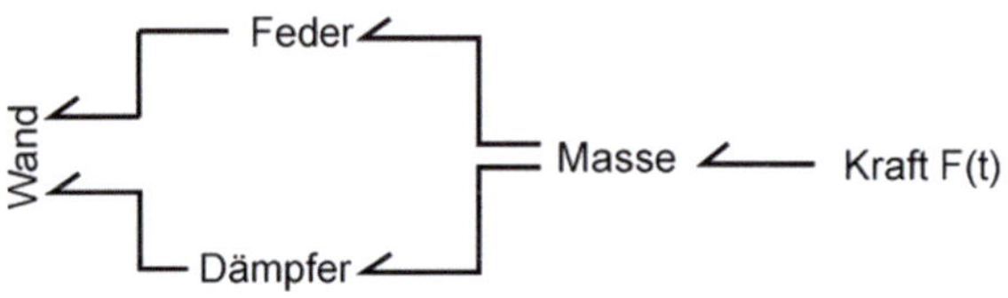

Bild 6.7: *Wort-Bondgraph des Einmassenschwingers*

Dadurch, dass die Kraft F auf die Masse einwirkt, fließt Leistung in die Masse. Diese Leistung wird mit der Größe der Kraft aufgebracht und verursacht die Bewegung der Masse mit einer Geschwindigkeit v. Für die Leistungsübertragung bei einem geradlinigen Bewegungsvorgang gilt:

$$P = F \cdot v$$

Vergleicht man dies beispielsweise mit einer Übertragung elektrischer Energie, so gilt dort, dass die Leistung das Produkt aus Spannung U und Strom i ist:

$$P = U \cdot i$$

Man stellt dann weiterhin fest, dass die Leistung in allen anderen auch als ***Domänen*** bezeichneten Fachgebieten wie Hydraulik, Magnetismus, Chemie, Thermodynamik, usw. ebenfalls das Produkt zweier charakteristischer Kenngrößen des entsprechenden Fachgebietes ist. Dabei ist eine dieser Größen immer die Ursache eines dynamischen Vorgangs und die andere Größe ergibt sich als Reaktion des Systems (Wirkung) auf die vorhandene Ursache. Diesen Zusammenhang bezeichnet man auch als ***Kausalität***; es gibt keine Wirkung ohne eine Ursache.

Schon die griechischen Philosophen Demokrit, Platon und Aristoteles definierten diesen Zusammenhang und wendeten ihn für ihre Philosophie an. Darauf beruht auch der als erste Anforderung bei der Modellbildung genannte Punkt der „physikalischen Transparenz". Tritt eine Wirkung in einem System auf, so muss dafür als Erklärung eine Ursache gefunden werden. Magische Ursachen wie in der Astrologie, Alchemie oder im Glauben an höhere Wesenheiten sind daher ausgeschlossen. Aufgrund der geschilderten Eigenschaften entwickelte im Jahr 1959 H. M. Paynter (1923 - 2002), damals Professor am Massachusetts Institut of Technology (MIT), die Methode der Modellierung von dynamischen Systemen mit Hilfe von Bondgraphen. Da die Methode die Leistungsübertragung zwischen den Objekten des Systems abbildet, gilt an jedem Punkt des Systems automatisch der Energieerhaltungssatz.

Wie oben dargestellt, gibt es immer zwei Kenngrößen in jedem Fachgebiet, deren Produkt die Leistung ergibt. In der Methodik der Bondgraphen wird die „Ursache" als ***Effort*** (engl. Aufwand) oder ***Potentialgröße*** und die „Wirkung" als ***Flow*** (engl. Fluss) oder ***Flussgröße*** bezeichnet. Da die als ***Leistungsbonds*** bezeichneten Verbindungshalbpfeile die Leistung darstellen, kann man die Kenngrößen am Pfeil notieren. Bei einem waagerechten Pfeil (Bond) notiert man den Effort oberhalb und den Flow unterhalb des Pfeils.

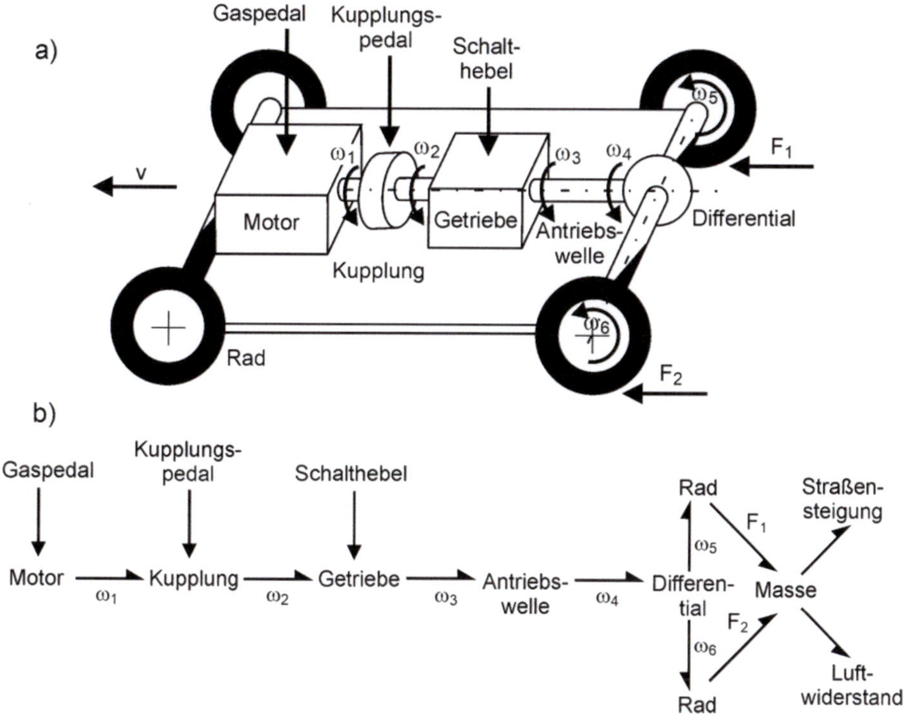

Bild 6.8: *Wort-Bondgraph (a) und Skizze (b) des Antriebsstrangs eines PKW*

Ein Wort-Bondgraph, wie der des Einmassenschwingers in Bild 6.7 kann aufgrund der Tatsache, dass er als Objekte nur so genannte ***konzentrierte Bauelemente*** (engl. lumped element) enthält, noch relativ leicht in ein mathematisches Modell umgewandelt werden. Konzentrierte Bauelemente sind solche, deren Einfluss sich nur auf eine Zustandsgröße bezieht und die durch einen Parameter charakterisiert werden. Kommen im Wort-Bondgraphen jedoch wie im Bild 6.8, das eine Skizze und den Wort-

Bondgraphen des Antriebsstrangs eines PKW zeigt, Begriffe wie „Motor“, „Kupplung“ oder „Getriebe“ vor, so kann man kaum auf das mathematische Modell zurückschließen.

Im Bondgraphen sind außer den Halbpfeilen für die Leistung auch normale Vektorpfeile eingezeichnet. Diese werden als ***Informationsbonds*** bezeichnet und stehen für Größen, bei denen keine wesentliche Energieübertragung stattfindet, sondern nur eine Information übermittelt wird. So ist die Information über die Stellung des Schalthebels für das Getriebe entscheidend, die bei Änderung der Getriebestellung übertragene geringe Energie zur Verschiebung des Schalthebels ist aber ohne Bedeutung für das Modell. An einigen Leistungsbonds sind die Flows, in diesem Fall die Winkelgeschwindigkeiten ω (Drehgeschwindigkeit) unterhalb des Halbpfeils eingetragen und die Efforts, hier Kräfte F, oberhalb der Halbpfeile.

Will man nun aus einem solchen Wort-Bondgraphen ein mathematisches Modell gewinnen, so muss man Systeme, deren Übertragungsverhalten komplex ist, auf ganz einfache Subsysteme herunterbrechen. Dabei gibt es vier grundsätzliche unterschiedliche Eigenschaften von Systemen:

- Erzeugung von Energie
- Verbrauch von Energie (Umwandlung in Wärme = Dissipation)
- Umwandlung von leistungsbestimmenden Größen innerhalb oder zwischen den Domänen bei gleichzeitiger Leistungserhaltung
- Speicherung von Energie

Dabei muss, wie oben gesagt, beachtet werden, dass es keine wirkliche Erzeugung und keinen Verbrauch von Energie gibt, sondern dass es sich um Umwandlungen von vorhandenen Energieformen in von der Technik nutzbare Energieformen und umgekehrt handelt.

Damit kann man jetzt sehr einfache Modellelemente und deren Übertragungsverhalten für Leistung definieren. Für die Modellelemente werden im Bondgraphen, ähnlich wie beim Wort-Graphen, Symbole in Form von Buchstaben oder Zahlen verwendet.

Erzeugung von Energie geschieht durch Quellen (engl. Source), wobei man Quellen für Effortgrößen „SE“ und Quellen für Flowgrößen „SF“ unterscheidet. SE-Elemente können auf Massen wirkende Kräfte oder elektrische Spannungsquellen sein, SF-Elemente wären Konstantstromquellen oder die einen Volumenstrom dV/dt liefernde Zahnradpumpe.

Der Verbrauch oder die Dissipation von Energie durch Umwandlung in Wärmeenergie wird von einem in der Elektrotechnik typischen Bauelement, dem ohm’schen Widerstand, abgeleitet. In einem solchen Bauelement verursacht der Stromfluss entsprechend dem Ohm’schen Gesetz ($U = R \cdot I$) eine Umwandlung von elektrischer Energie in Wärmeenergie. Da solche Widerstände meist mit dem Buchstaben „R" (von engl. Resistor) abgekürzt bezeichnet werden, wird dies auch für das Modellelement verwendet. In einem Bondgraphen würde ein solches Element, wie in Bild 6.9 a) dargestellt, am Ende eines Leistungsbonds auftreten. Über diesen Leistungsbond fließt Energie in das R-Element. Dazu muss der Effort (Spannung U) an das Element als Ursache angelegt werden, worauf das Element mit einem Flow (Strom i) darauf reagiert. Der Zusammenhang der beiden Größen wird durch den R-Parameter des Elementes bestimmt.

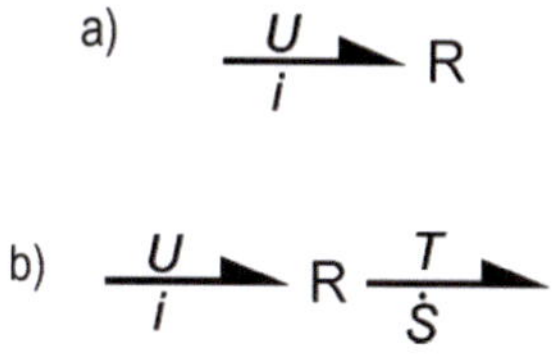

Bild 6.9: *R-Element*
a) Standarddarstellung
b) als Bindeglied zwischen zwei Domänen

Wo aber bleibt nun die Energie, denn ein solcher Widerstand kann ja keine Energie speichern? Dies bereitet in der Methodik der Bondgraphen kein Problem, da jederzeit Energie in andere Domänen übertragen werden kann. Dazu kann man, wenn dies im Modell benötigt wird, einfach einen weiteren Leistungsbond an das R-Element anfügen, über den Wärmeenergie bei der Temperatur T (Effort) in Form eines Entropiestroms $\dot{S}$ (S: Entropie; Form von nicht nutzbarer Energie) abfließt (Bild 6.9 b)). Ein solches R-Element ist aber nicht nur Modellelement eines elektrischen Widerstandes, sondern steht auch in einem mechanischen System für den Verlust mechanischer Energie durch Reibvorgänge. Das mathematische Modell mit den Größen „e" für Effort und „f" für den Flow eines solchen R-Elementes lautet:

$$e = R \cdot f$$

Bezieht man diese Definitionsgleichung des R-Elementes auf bestimmte Domänen, so ergeben sich die dort angewendeten Gesetzmäßigkeiten:

$$e = R \cdot f \quad \widehat{=} \quad U = R \cdot i \quad \widehat{=} \quad F = d \cdot v$$

Das Zeichen „$\widehat{=}$" bedeutet darin „entspricht", d. h. die Definitionsgleichung des R-Elementes entspricht dem ohm'schen Gesetz ($U = R \cdot i$) oder der Gesetzmäßigkeit für die Reibkraft ($F = d \cdot v$) bei viskoser Reibung. Dies bringt in der Modellbildung den Vorteil, dass man Bauelemente aus ganz unterschiedlichen Domänen in einem Modell vereinigen kann. Diese Beziehung zeigt gleichzeitig, dass in der Domäne „Elektrotechnik" dem Effort die elektrische Spannung U und dem Flow der elektrische Strom i entspricht. In der Domäne der „Mechanik" entspricht dem Effort die Kraft F und dem Flow die Geschwindigkeit v.

Für die Umwandlung leistungsbestimmender Größen bei gleichzeitiger Erhaltung der durchgeleiteten Leistung gibt es zwei Typen von Bauelementen. Das erste ist der ***Transformer***, für den im Bondgraphen das Symbol „TF" verwendet wird. Dieser Begriff kommt einem bekannt vor, er ähnelt dem Wort „Transformator". Das liegt daran, dass der im Deutschen verwendete Begriff „Transformator" dem im Englischen verwendeten Begriff „Transformer" entspricht und dieser danach benannt wurde.

Tatsächlich ist der elektrische Transformator ein Transformer, der aus zwei Spulen besteht, die durch einen magnetischen Kern gekoppelt sind. Er dient dazu die Effortgrößen (U) und die Flowgrößen (i) wertmäßig an die Erfordernisse einer technischen Anwendung anzupassen.

So muss beispielsweise in einem USB-Netzteil (USB: Universal Serial Bus) die Netzspannung von 220 Volt auf einen für die USB-Versorgung niedrigeren Wert von 5 Volt umgewandelt werden. Diese Aufgabe übernimmt ein Transformator, der auf der Primärseite (220V) eine Spule mit vielen Windungen und auf der Sekundärseite eine Spule mit wenigen Windungen enthält. Das Verhältnis der Windungszahlen n_p/n_s ergibt sich aus dem Spannungsverhältnis U_p/U_s. Im Bereich der Mechanik hat ein Hebel die Eigenschaft eines Transformers, der entsprechend dem Hebelgesetz an den Hebelenden Kräfte auftreten lässt, die vom Verhältnis der Hebelarme abhängen.

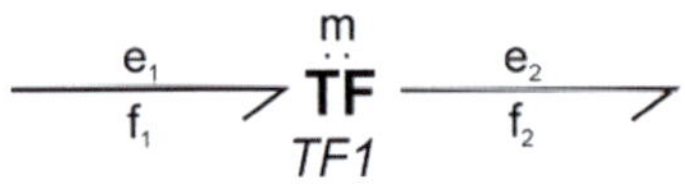

Bild 6.10: *Transformersymbol*

Bild 6.10 zeigt das Modellsymbol eines Transformers. Über dem TF-Symbol ist durch einen liegenden Doppelpunkt abgetrennt der Verhältnisfaktor (Transformerfaktor m) vermerkt. Es gibt zwei Leistungsbonds, einer auf der Eingangsseite (e_1, f_1) und einen auf der Ausgangsseite (e_2, f_2). Für den idealen Transformer (ohne Berücksichtigung von Verlusten) gilt:

$$e_1(t) \cdot f_1(t) = e_2(t) \cdot f_2(t) \quad ,$$

d. h. die Leistung ist auf beiden Seiten des Transformers gleich. Die Efforts und Flows sind über den Transformerfaktor m miteinander verknüpft:

$$e_1 = m \cdot e_2 \quad und \quad f_2 = m \cdot f_1 \quad .$$

Bei einem elektrischen Transformator (Skizze in Bild 6.11 a)), der zwei Spulen mit den Windungszahlen n_1 und n_2 enthält, lassen sich diese Definitionsgleichungen folgendermaßen schreiben:

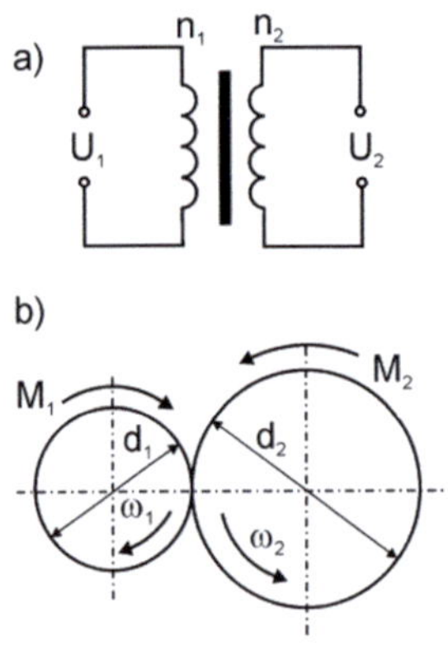

Bild 6.11: *Transformer*
a) Transformator
b) Zahnradpaar

$$U_1 = m \cdot U_2 \quad und \quad i_2 = m \cdot i_1 \quad .$$

Daraus kann man bei Kenntnis des Transformatorgesetzes den Wert des Transformerfaktors m ableiten:

$$m = \frac{n_1}{n_2} \qquad m{:}\, Transformerfaktor \; .$$

Bei einem USB-Netzteil wäre der Transformerfaktor 220V / 5V = 44. Wäre die Anzahl der Windungen $n_1 = 440$, was durch den zulässigen Strom vorgegeben würde, so errechnet sich die sekundäre Windungszahl zu

$$n_2 = n_1/m = 10.$$

Ähnlich sieht es in einem mechanischen System in Form zweier aufeinander abrollender Zahnräder (Bild 6.11 b)) aus. Bei einer Translationsbewegung (Bewegung, bei der sich alle Punkte des bewegten Körpers in dieselbe Richtung bewegen) ist der Effort eine Kraft und der Flow eine Geschwindigkeit. Bei einer Rotationsbewegung (Bewegung auf einer geschlossenen Kreisbahn) ist der Effort ein Drehmoment $M = F \cdot d/2$, mit d als dem Durchmesser des Kreises. Der Flow ist die Winkelgeschwindigkeit $\omega = 2\pi \cdot n$, mit n als der Drehzahl der Rotation. Ein solcher Zahnradsatz ist ebenfalls ein Transformer für den gilt:

$$M_1 = m \cdot M_2 \quad und \quad \omega_2 = m \cdot \omega_1 \ ,$$

woraus sich der Transformerfaktor m aufgrund des Hebelgesetzes wie folgt berechnet:

$$m = \frac{d_1}{d_2} \ .$$

Wenn das Rad mit dem Index 1 das Antriebsrad ist und das mit dem Index 2 das Abtriebsrad und der Durchmesser d_2 doppelt so groß ist wie d_1, so ist der Transformerfaktor $m = 0{,}5$. Damit ist das Drehmoment $M_1 = 0{,}5 M_2$ und für die Winkelgeschwindigkeiten gilt

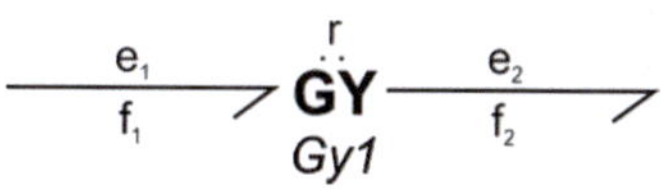

Bild 6.12: *Gyratorsymbol*

$$\omega_2 = 0{,}5\omega_1 \ .$$

Der Transformer führt eine Verknüpfung zwischen gleichartigen Größen durch. Der Eingangseffort wird mit dem Ausgangseffort und desgleichen der Eingangsflow mit dem Ausgangsflow verknüpft. Wird hingegen über Kreuz der Eingangseffort mit dem Ausgangsflow und der Eingangsflow mit dem Ausgangseffort verknüpft, so spricht man von einem ***Gyrator***. Ebenso wie beim Transformer gilt auch beim idealen Gyrator, dass die Leistungen am Eingang und am Ausgang gleich sind. Als Symbol wird für den Gyrator im Bondgraphen die Abkürzung „GY" verwendet (Bild 6.12). Für die Effort- und Flowgrößen gelten folgende Definitionsgleichungen:

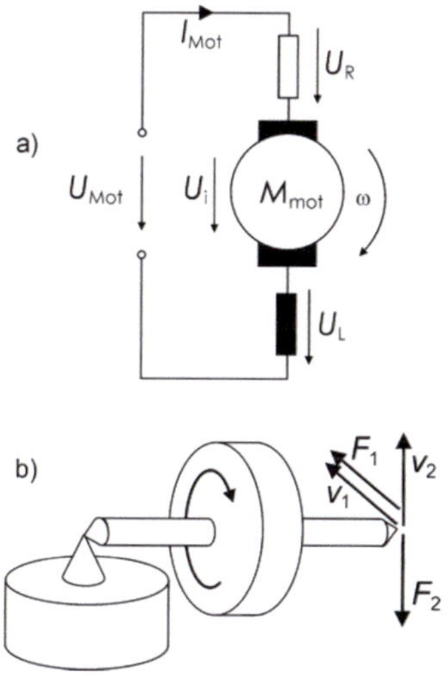

Bild 6.13: *Gyratoren*
a) Gleichstrommotor
b) Kreisel

$$e_1 = r \cdot f_2 \quad und \quad e_2 = r \cdot f_1$$

Der in den Definitionsgleichungen verwendete Faktor r heißt Gyratorfaktor. In Bild 6.13 sind wieder zwei Beispiele für Gyratoren aus den Domänen Elektrotechnik und Mechanik dargestellt. Teilbild a) zeigt das Funktionsschema eines Gleichstrommotors. Bei diesem Motor wird elektrische in mechanische Energie umgewandelt. Er besteht aus einem Feldmagneten, der als Elektro- oder Permanentmagnet ausgelegt ist. Im Magnetfeld ist ein Rotor (Anker) aus Eisen drehbar gelagert, auf den die Ankerspule aufgewickelt ist, die mit Gleichstrom beaufschlagt werden kann. Die Wechselwirkung der beiden Magnetfelder ruft Kräfte hervor, die den Anker in Drehung versetzen.

Die Leistung $P = U \cdot i$ wird auf der elektrischen Eingangsseite einerseits durch die innere Motorspannung U_i (innere Spannung) bestimmt, die über der Ankerwicklung abfällt. Die zweite Größe ist der Eingangsstrom, das ist der Ankerstrom i_{Mot} durch die Wicklung. Entsprechend der Definitionsgleichungen gilt dann:

$$e_1 = U_i \quad , \quad f_1 = i_{Mot}$$

Auf der mechanischen Ausgangsseite wird die Leistung durch das Motormoment M_{Mot} und die Winkelgeschwindigkeit ω bestimmt:

$$e_2 = M_{Mot} \quad , \quad f_2 = \omega$$

Entsprechend der Definitionsgleichungen des Gyrators gilt dann:

$$U_1 = r \cdot \omega \quad und \quad M_{Mot} = r \cdot i_{Mot}$$

Der Gyratorfaktor r muss aufgrund der Gesetzmäßigkeiten über den Gleichstrommotor ermittelt werden. Für die über der Ankerwicklung des Motors abfallende Spannung U_i gilt:

$$U_i = c_{Mot} \cdot \Phi \cdot \omega$$

Darin ist c_{Mot} eine von der Bauart abhängige Motorkonstante und Φ der magnetische Fluss im Ständer des Motors. Der Ausgangsflow, also die Winkelgeschwindigkeit (Drehzahl), ist demnach proportional zur inneren Spannung an der Ankerwicklung bzw. zur Ankerspannung. Ist die Modellierung eines Gleichstrommotors durch einen Gyrator richtig, so muss gelten:

$$r = c_{Mot} \cdot \phi$$

d. h. er ist gleich dem Produkt zweier Motorkenngrößen. Für die zweite Definitionsgleichung müsste dann für den Ausgangseffort gelten:

$$M_{Mot} = c_{Mot} \cdot \phi \cdot i_{Mot}$$

Dies trifft tatsächlich zu, d. h. das Motormoment ist proportional zum Strom durch die Ankerwicklung. Die Gyratoreigenschaft bezieht sich natürlich nur auf das eigentliche Wirkprinzip des Gleichstrommotors. Bei einer kompletten Modellierung müssen noch Widerstände, Induktivitäten, Trägheit und Reibung berücksichtigt werden.

Bei dem zweiten in Bild 6.13 b) dargestellten System handelt es sich um einen Kreisel (engl. Gyro), von dessen Namen im Englischen sich der Begriff Gyrator ableitet. Die Efforts sind hier senkrecht aufeinander stehende Kräfte, die am Kreiselende angreifen, die Flows sind senkrecht aufeinander stehende Geschwindigkeiten, mit denen sich das Kreiselende im Raum bewegen kann. Wenn sich der Kreisel mit hoher Winkelgeschwindigkeit ω dreht, so wird ein in Richtung der Kraft F_1 aufgebrachter leichter Stoß eine Bewegung des Kreiselendes in Richtung der Geschwindigkeit v_2 zur Folge haben. Da bei einem realen Kreisel die Schwerkraft in Richtung F_2 wirkt, führt der Kreisel eine Präzessionsbewegung in Richtung von v_1 aus. Zeigen die Kräfte in x- und y-Richtung eines kartesischen Koordinatensystems, so ist die Drehachse des Kreisels die z-Richtung. Für die Bewegungsdynamik eines rotierenden Körpers ist für die Trägheitswirkung, das so genannte Trägheitsmoment J, verantwortlich. Dies hängt von der Masse und von der Geometrie des Kreisels ab. Wenn das Trägheitsmoment des Kreisels um die z-Achse mit J_{zz} bezeichnet wird, so gilt entsprechend den konstituierenden Gleichungen:

$$M_x = J_{zz} \cdot \omega_z \cdot \omega_y \quad und \quad M_y = J_{zz} \cdot \omega_z \cdot \omega_x$$

Daraus kann man den Gyratorfaktor r ablesen:

$$r = J_{zz} \cdot \omega_z$$

Im Abschnitt über die unterschiedlichen Energiespeicher hatten wir gesehen, dass es zwei unterschiedliche Speichertypen gibt, die beispielsweise kinetische oder potentielle Energie speichern. Im Lichte der Bondgraphen-Methodik wird das sehr deutlich, da es sich um Speicher handelt, die entweder eine Effort- oder eine Flowgröße integrieren.

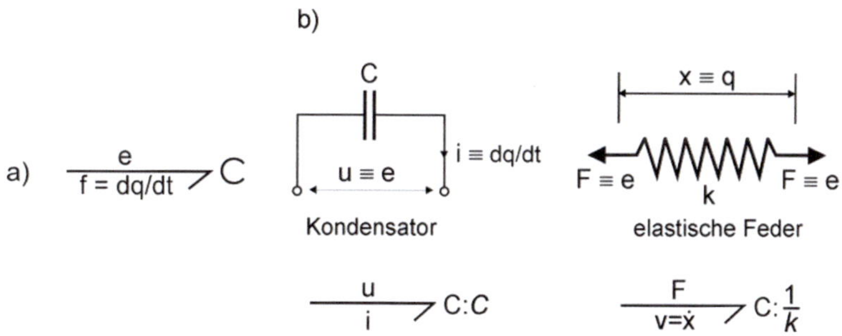

Bild 6.14: *C-Element a) Symbol im Bondgraphen b) elektrischer Kondensator und mechanisches Federelement*

Der erste Typ von Speicherelement ist das ***C-Element***. Der Name leitet sich vom englischen Begriff „Compliance“ (Nachgiebigkeit) oder „Capacity“ (Kapazität) ab. Dies weist schon auf zwei Systeme des entsprechenden Typs hin, nämlich einer elastischen Feder aus der Domäne der Mechanik oder einem Kondensator aus der Domäne der Elektrotechnik. Entsprechend dem Namen wird im Bondgraphen als Symbol der Buchstabe „C“ verwendet (Bild 6.14 a)).

Beim Kondensator werden elektrische Ladungen im Kondensator angesammelt d. h. der Strom (Flow) wird integriert, wodurch sich am Kondensator abhängig vom Kehrwert der Kondensatorkapazität C eine bestimmte Spannung einstellt:

$$U = \frac{1}{C}\int idt \quad \hat{=} \quad e = \frac{1}{C}\int fdt \quad \hat{=} \quad e = \frac{1}{C} \cdot q$$

Für das Integral über den Flow wird auch der Begriff der ***Verschiebung*** q verwendet. Die Bedeutung dieser Bezeichnung erhellt, wenn man den gleichen Zusammenhang für das Beispiel der elastischen Feder aufschreibt:

$$F = \frac{1}{N}\int vdt = k \cdot x \quad \hat{=} \quad e = \frac{1}{C}\int fdt \quad \hat{=} \quad e = \frac{1}{C} \cdot q \quad \Rightarrow$$

$$q = \int fdt$$

Die ***Nachgiebigkeit*** N der mechanischen Domäne entspricht dem C-Wert des C-Elementes und ist der Kehrwert der ***Steifigkeit*** k. Man sieht, dass das Federgesetz ebenfalls der Definitionsgleichung des C-Elementes entspricht. In der Mechanik ist das Integral über den Flow, also das Integral über die Geschwindigkeit v der Verschiebewert x der Feder oder die Verschiebung q.

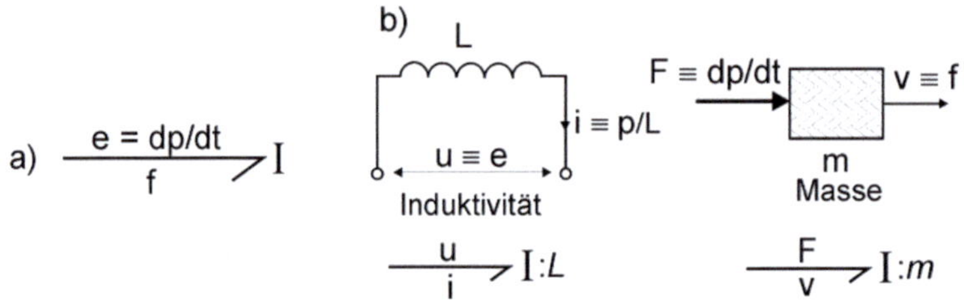

Bild 6.15: *I-Element a) Symbol im Bondgraphen b) elektrische Spule und bewegte Masse*

Der zweite Typ von Speicher ist das ***I-Element***. Der Name leitet sich vom englischen Begriff „Inertia" (Trägheit) oder „Inductance" (Induktivität) ab. Dies weist ebenfalls auf zwei Systeme des entsprechenden Typs hin, nämlich auf eine träge Masse aus der Domäne der Mechanik oder auf eine Spule aus der Domäne der Elektrotechnik. Entsprechend dem Namen wird im Bondgraphen als Symbol der Buchstabe „I" verwendet (Bild 6.15 a)).

Fließt ein Strom i durch eine Spule, so wird im dadurch erzeugten Magnetfeld Energie gespeichert. Für die dabei an der Spule abfallende Spannung gilt:

$$U = L \cdot \frac{di}{dt} \quad \hat{=} \quad e = L \cdot \frac{df}{dt} = I \cdot \frac{df}{dt}$$

Beim C-Element war für das Integral über den Flow die Bezeichnung „Verschiebung q“ verwendet worden. Ebenso kann man für das Integral über den Effort die Abkürzung ***Impuls*** p verwenden. Integriert man die letzte Gleichung, so erhält man:

$$\int edt = I \cdot \int \frac{df}{dt} dt \quad \widehat{=} \quad p = I \cdot f \quad \Rightarrow \quad p = \int edt$$

Dies ist die Definitionsgleichung für das I-Element. Der Begriff „Impuls p“ erklärt sich aus dem Beispiel der Domäne Mechanik (Bild 6.15 b)). Dort ist der Impuls das Produkt aus Masse m und Geschwindigkeit v und die Ableitung des Impulses ist gleich der Kraft F.

Um aus den oben behandelten Modellelementen ein dem Blockschaltbild vergleichbares Schaubild zu erstellen, werden noch Elemente benötigt, die Leistungsflüsse aufteilen oder zusammenfassen. Im Blockschaltbild sind das Verzweigungsstellen und Summenpunkte. Im Bondgraphen werden die Symbole „0“ und „1“ verwendet. Da es im Bondgraphen die zwei bestimmenden Größen Effort und Flow gibt, werden Verknüpfungsstellen (engl. Junction) definiert, die wie die 0-Junction den Flow der Zuleitungen und die 1-Junction den Effort der Zuleitungen summieren. Deshalb wird die ***0-Junction*** auch als ***Flow-Junction*** und die ***1-Junction*** als ***Effort-Junction*** bezeichnet (Bild 6.16).

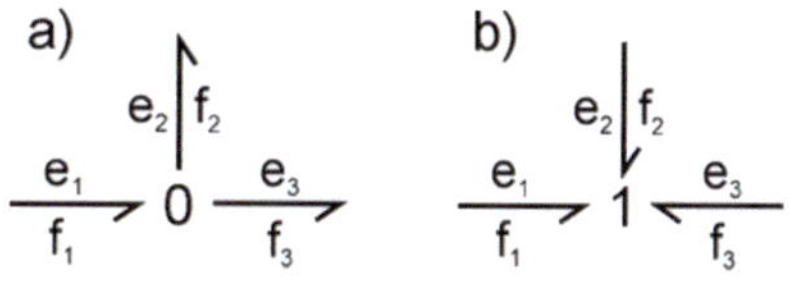

Bild 6.16: a) Flow- oder 0-Junction b) Effort- oder 1-Junction

Eine Junction fasst mindestens drei oder mehr Leistungsbonds zusammen. Die Richtung der Halbpfeile ist die Richtung des Leistungsflusses, nicht der von Effort oder Flow. In der Junction wird keine Energie verbraucht oder gespeichert, sodass die Summe der zufließenden Leistung gleich der der abfließenden Leistung sein muss. Welchen Leistungsfluss man als positiv gerichtet ansieht, kann willkürlich gewählt werden. Sollte dann die tatsächliche Richtung umgekehrt sein, so wird diese Leistung im mathematischen Modell ein negatives Vorzeichen erhalten. Für die 0-Junction in Bild 6.16 a) gilt beispielsweise:

$$e_1 \cdot f_1 - e_2 \cdot f_2 - e_3 \cdot f_3 = 0 \quad \Rightarrow \quad e_1 \cdot f_1 = e_2 \cdot f_2 + e_3 \cdot f_3$$

Die Definition der Flow- oder 0-Junction besagt, dass in ihr alle Efforts gleich sind:

$$e_1 = e_2 = e_3$$

Daher muss für die Flows gelten:

$$f_1 = f_2 + f_3 \quad bzw. \quad f_1 - f_2 - f_3 = 0$$

Würde man nun in einem elektrischen System diese beiden Definitionsgleichungen der Flow-Junction formulieren, so würde das bedeuten: Die Spannungen an den in die Junction führenden Leistungsbonds sind alle gleich und die Summe der Ströme muss

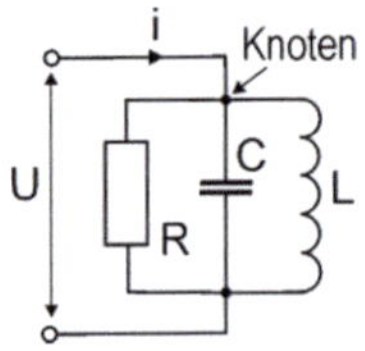

Bild 6.17: *Parallel-Schwingkreis*

gleich Null sein. Dies entspricht genau der Knotenregel der Kirchhoff'schen Regeln. Diese wurden 1845 von Gustav Robert Kirchhoff formuliert, nachdem sie bereits 1833 von Carl Friedrich Gauß entdeckt worden waren. In einem elektrischen Netzwerk treten diese Art von Knoten bei Parallelschaltung von Bauelementen auf (Bild 6.17). Die an allen parallel geschalteten Bauelementen anliegende Spannung U ist überall gleich und der in die Parallelschaltung hereinfließende Strom i teilt sich entsprechend den Parametern der Bauteile auf die drei Zweige auf. Um also eine solche Schaltung als Bondgraph zu modellieren, benötigt man eine 0-Junction, die deshalb auch als ***Parallel-Junction*** bezeichnet wird. Auch in anderen Domänen benötigt man 0-Junctions zur Modellierung von parallel angeordneten Strukturen.

Für die 1-Junction in Bild 6.16 b) gilt analog:

$$e_1 \cdot f_1 + e_2 \cdot f_2 + e_3 \cdot f_3 = 0 \quad \Rightarrow \quad e_1 \cdot f_1 = -e_2 \cdot f_2 - e_3 \cdot f_3$$

Die Definition der Effort- oder 1-Junction besagt, dass in ihr alle Flows gleich sind:

$$f_1 = f_2 = f_3$$

Daher muss für die Efforts gelten:

$$e_1 = -e_2 - e_3 \;\; bzw. \;\; e_1 + e_2 + e_3 = 0$$

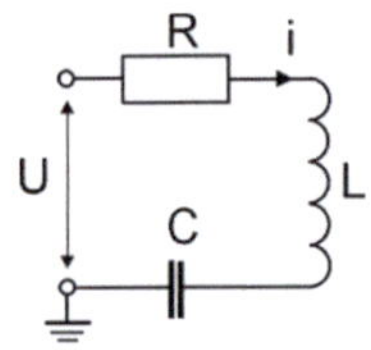

Bild 6.18: *Reihen-Schwingkreis*

Betrachtet man wieder ein elektrisches Netzwerk, so würde dies hier bedeuten: „Die Ströme in der Junction sind alle gleich und die Summe aller Spannungen ist gleich Null". Diese Formulierung entspricht der Maschenregel der Kirchhoff'schen Regeln. In dem elektrischen Netzwerk tritt dies bei einer Reihen- oder Serienschaltung auf (Bild 6.18). Der durch alle Bauteile fließende gemeinsame Strom i ist überall gleich und die Summe der Spannungsabfälle an den jeweiligen Bauteilen ist gleich der anliegenden Spannung U. Um also eine solche Schaltung als Bondgraph zu modellieren, benötigt man eine 1-Junction, die deshalb auch als ***Reihen-Junction*** bezeichnet wird.

In der Domäne der Mechanik hatten wir schon mehrfach den Einmassenschwinger behandelt. Hier sind die beiden Energiespeicher Feder und Masse ebenfalls mechanisch in Reihe geschaltet. Daher konnte das d'Alembertsche Prinzip zur Erstellung des mathematischen Modells verwendet werden, das ja besagt, dass die Summe aller Kräfte, die an der Masse angreifen, gleich Null sein muss. Dies entspricht der entsprechenden Definitionsgleichung der Effort-Junction für die Efforts (Kräfte). Zusätzlich sind die Flows, d. h die Geschwindigkeiten von Federende und Masse gleich groß.

Mit diesen Grundelementen der Bondgraph-Methode kann man nun einen Bondgraphen von Systemen aufbauen. Beim Einmassenschwinger gibt es drei konzentrierte

Bauelemente: die Masse *m*, ein I-Element, die Feder *k*, ein C-Element und den Dämpfer *d,* ein R-Element. Die von außen angreifende Kraft *F* entspricht einer Source of Effort SE. Diese vier Baugruppen sind beim Einmassenschwinger kinematisch in Reihe geschaltet, weshalb diese über eine 1-Junction verbunden werden müssen. Dies folgt daraus, dass Masse, Feder und Dämpfer am Koppelpunkt alle die gleiche Geschwindigkeit *v* (Flow) besitzen. Bild 6.19 zeigt den entsprechenden Bondgraphen. Die Richtung der Leistungsbonds ist dabei so, dass aus einer Quelle Leistung in das System hineinfließt und die Bauelemente eine entsprechende Teilleistung aufnehmen, indem sie diese speichern oder in Wärme umwandeln. Die 1-Junction steht dabei sozusagen für das „System“. Im Wort-Bondgraphen des Einmassenschwingers in Bild 6.7 war noch als Systemkomponente die Wand aufgeführt, an der der Einmassenschwinger befestigt ist. Dabei handelt es sich um ein als ruhend betrachtetes Bauelement, dessen Geschwindigkeit Null ist. Daher fließt hier keine Leistung ab und die Wand muss nicht in den Modellbildungsprozess eingebunden werden. Das Bondgraph-Modell enthält daher alle relevanten Objekte des realen Systems.

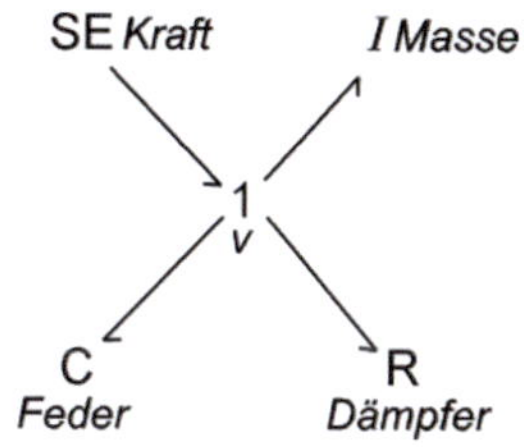

Bild 6.19: *Bondgraph eines Einmassenschwingers*

Die gleiche Vorgehensweise kann man auch beim Serienschwingkreis aus Bild 6.18 anwenden. Es gibt drei konzentrierte Bauelemente, den Widerstand *R*, die Spule *L* und den Kondensator *C*. Außerdem gibt es eine äußere Spannungsquelle *U*, die als Effortquelle modelliert wird. Da alle vier Baugruppen in Reihe geschaltet sind, wird für das Modell wieder eine 1-Junction benötigt. Bild 6.20 zeigt den entsprechenden Bondgraphen. Vergleicht man diesen mit dem des Einmassenschwingers aus Bild 6.19, so sind diese identisch, was darauf hinweist, dass die Systemeigenschaften dieser Systeme absolut vergleichbar sein müssen. Schaut man sich die Bauelemente im Schaltbild Bild 6.18 an, so gibt es dort noch das Symbol für die Erdung der Spannungsquelle. Dies entspricht sozusagen der „Wand“ im mechanischen Modell, weshalb dies im Bondgraphen wieder weggelassen werden kann.

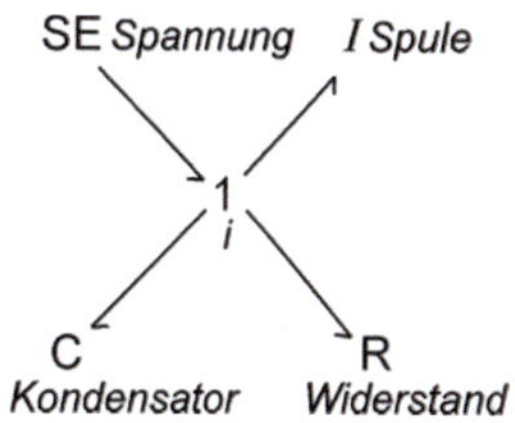

Bild 6.20: *Bondgraph des Serienschwingkreises*

Im Folgenden soll ein mechanisches System (Bild 6.21) modelliert werden, das sowohl parallele als auch serielle Strukturen enthält.

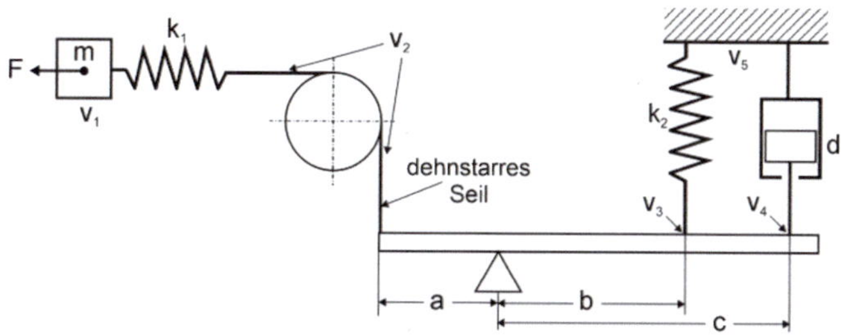

Bild 6.21: *Mechanisches System aus Feder-/Dämpferelementen und Hebelübersetzung*

Eine Masse m, an der eine Kraft F angreift, ist über eine Feder k_1 und ein über eine Umlenkrolle geführtes dehnstarres Seil mit einem Ende eines Hebels verbunden. Am anderen Ende des Hebels sind zwei Elemente, eine Feder k_2 und ein Dämpfer d an unterschiedlichen Stellen angebracht. Beide Elemente sind mit einer ruhenden Wand verbunden.

Bild 6.22: *Ausgangskonfiguration der Junctions für den Bondgraphen*

Zur Modellbildung kann man als Ausgangskonfiguration bei einem mechanischen System günstigerweise die unterschiedlichen Geschwindigkeiten im System heranziehen. Deshalb sind im Bild 6.22 alle unterschiedlichen Geschwindigkeiten benannt, auch die Geschwindigkeit v_5 der Wand, die ja gleich Null ist. Koppelpunkte im System, an denen unterschiedliche Geschwindigkeiten herrschen, können durch 1-Junctions modelliert werden, in denen ja eine gleiche Geschwindigkeit an allen Leistungsbonds herrscht, die Summe der Kräfte aber Null ist. Zwischen Punkten unterschiedlicher Geschwindigkeiten liegen Bauelemente, die Energie speichern, dissipieren oder transformieren. Die Verbindungsstrecke Seil/Seilrolle hat keinen Einfluss auf das dynamische Verhalten des Systems, da die Rolle reibungsfrei gelagert und das Seil dehnstarr sein soll. Es wird dort nur eine Richtungsänderung der Geschwindigkeit v_2 vorgenommen.

Um ein Bauteil, das Energie speichert oder dissipiert, zwischen zwei 1-Junctions einzufügen, muss man 0-Junctions verwenden. Diese weisen an allen Leistungsbonds die gleiche Kraft auf, aber unterschiedliche Geschwindigkeiten, die sich zu Null summieren. Entsprechend ist in Bild 6.23 zwischen den 1-Junctions mit den Flows v_1 und v_2 eine 0-Junction eingefügt.

Federn werden als C-Elemente, Dämpfer als R-Elemente und Massen als I-Elemente modelliert. Hebel sind als Modellelement ein Transformer, wobei unterschiedliche Hebelübersetzungen unterschiedliche Transformer bedingen. Da sie eine bestimmte Geschwindigkeit in eine andere transformieren, können sie direkt zwischen zwei 1-Junctions eingefügt werden.

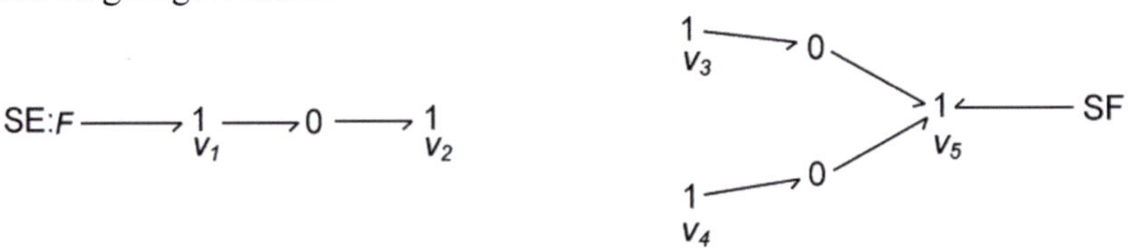

Bild 6.23: *Einfügen von Quellen und 0-Junctions*

Der erste Schritt besteht darin, 1-Junctions zu platzieren, die den verschiedenen Geschwindigkeiten entsprechen (Bild 6.22). Die Geschwindigkeit v_1 am linken Bildrand

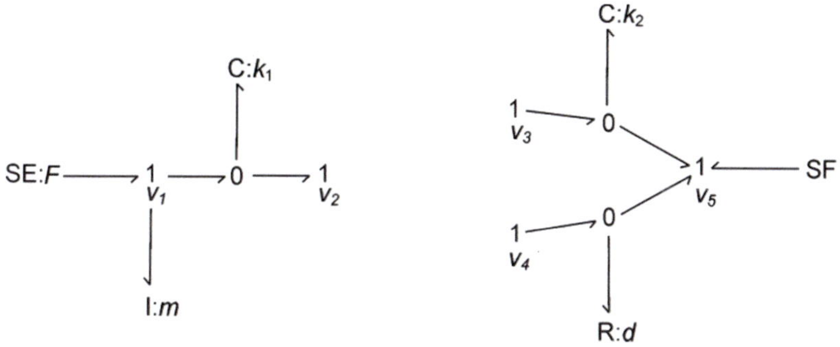

Bild 6.24: *Einfügen von I-Elementen an 1-Junctions, C-Elementen und R-Elementen an 0-Junctions*

(Bild 6.23) wird durch die Kraft F in Form einer Effort-Quelle verursacht. Da die Quelle Leistung liefert, führt ein Bond in die 1-Junction (v_1). Wie Bild 6.23 rechts zeigt, muss die Geschwindigkeit v_5 sich aus den Geschwindigkeiten v_3 und v_4 über die Bauelemente Feder k_2 und Dämpfer d ergeben. Da $v_5 = 0$ gilt (Wandgeschwindigkeit), muss diese von einer Flowquelle geliefert werden. Wäre die Wand nicht ruhend, sondern ortsbeweglich, so würde deren Geschwindigkeit auch von der Flowquelle geliefert.

Ein Speicher vom Typ C hat an seinen Enden unterschiedliche Geschwindigkeiten, ein Speicher vom Typ I hat nur eine Geschwindigkeit (starrer Körper). Weiterhin hat ein R-Element an seinen beiden Enden unterschiedliche Geschwindigkeiten. Daher kann man die C-Elemente und den Widerstand R an die entsprechenden 0-Junctions anhängen, die zwischen den Geschwindigkeiten an den Enden der Bauteile liegen (Bild 6.24). Das I-Element kann direkt an die 1-Junction mit der Geschwindigkeit v_1 angehängt werden.

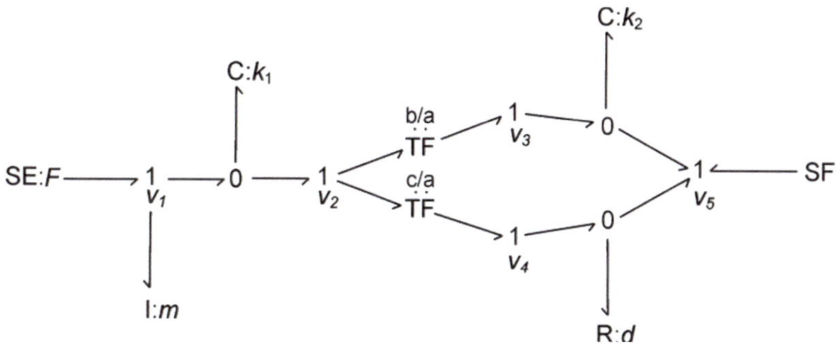

Bild 6.25: *Einfügen von Transformern*

Nun fehlt noch die Transformation der Geschwindigkeit v_2 in die beiden Geschwindigkeiten v_3 und v_4. Dies erfolgt mit Hilfe zweier Transformer (Bild 6.25), deren Transformerfaktoren sich aus dem Verhältnis der Hebelarme ergeben.

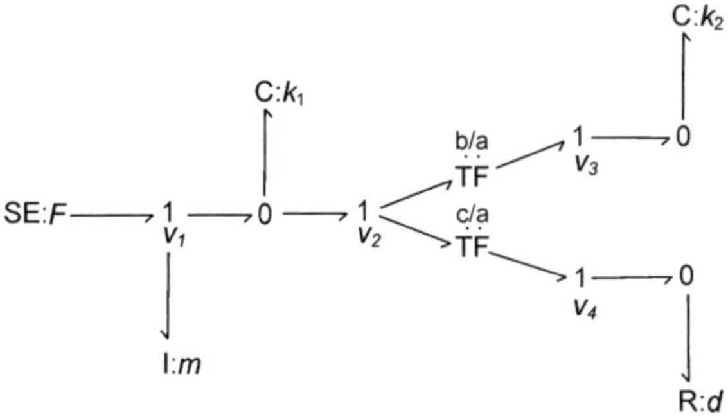

Bild 6.26: *Vereinfachung des Bondgraphen für $v_5 = 0$.*

Dies wäre schon ein gültiges Modell des Systems in Form eines Bondgraphen. Ein Modell sollte aber immer so einfach wie möglich sein, damit es überschaubar bleibt. Hier bietet sich als Vereinfachungsmöglichkeit für $v_5 = 0$ an, die entsprechenden Junctions und die damit verbundenen Baugruppen wegzulassen (Bild 6.26), da diese keinen Einfluss auf die Dynamik des Systems besitzen. Wäre $v_5 \neq 0$, so wäre das nicht möglich.

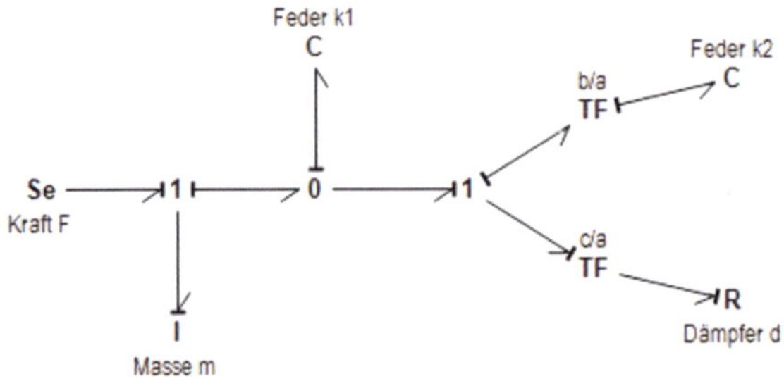

Bild 6.27: *Vereinfachter Bondgraph*

Oben habe ich erwähnt, das Junctions nur einen Sinn machen, wenn sie über mindestens drei Leistungsbonds verfügen. Bei zwei Bonds fließt aus einem Bond die gleiche Leistung in die Junction herein, die dann aus dem anderen Bond herausfließt, da die Junction weder Energie speichert noch dissipiert. Deshalb kann man Junctions mit nur zwei Leistungsbonds einfach weglassen. Daraus ergibt sich der endgültige vereinfachte Bondgraph in Bild 6.27.

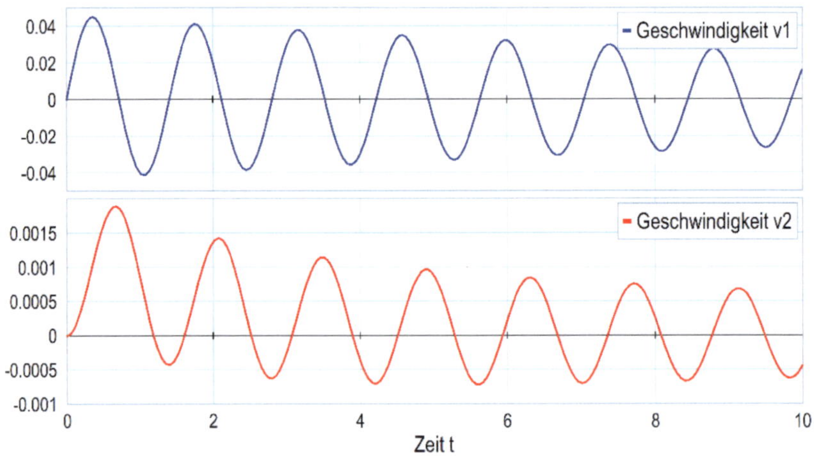

Bild 6.28: *Simulationsergebnis der Geschwindigkeiten im mechanischen System*

Dieses Modell kann man nun in ein Simulationssystem wie „20-sim“ (s. URL-Verzeichnis) eingeben, dass über entsprechende Eingabemöglichkeiten für Elemente des Bondgraphen verfügt. Hinter den grafischen Symbolen sind die Definitionsgleichungen der Bauelemente hinterlegt, die nach einer ***Kausalisierung*** (Anordnung in richtiger Reihenfolge und Wirkzusammenhang), geschlossen gelöst werden können. Der Bondgraph in Bild 6.27 wurde nicht gezeichnet, sondern mit dem Simulationsprogramm erstellt. Bild 6.28 zeigt ein Simulationsergebnis für bestimmte Werte der Systemparameter. Man sieht, dass, bei sprunghafter Aufgabe der Kraft F, die Masse eine gedämpfte Schwingung mit der Geschwindigkeit v_1 ausführt. Das andere Ende der Feder folgt dieser Bewegung verzögert mit der Geschwindigkeit v_2.

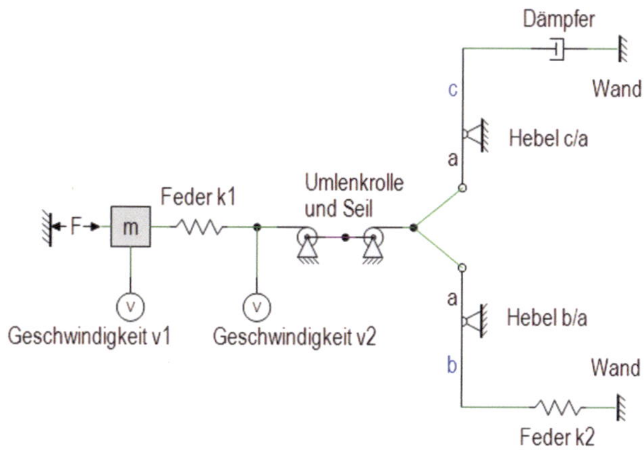

Bild 6.29: *Simulationsmodell des mechanischen Systems modelliert mit „Icons“*

Das Simulationsprogramm 20-sim enthält sogar die Möglichkeit, direkt technische Objekte als Teilmodelle in einen grafischen Editor einzugeben und untereinander zu verbinden. Dazu gibt es eine Bibliothek von so genannten ***Icons***. Dies sind Symbolbilder von Bauelementen unterschiedlicher Domänen, die man in einen Editor durch „Drag and Drop“ ziehen und untereinander verbinden kann. Bild 6.29 zeigt das Bild des grafischen Editors, mit dem Modell des Systems aus Bild 6.21. Zwar sind nicht alle Bauelemente exakt so aufgebaut wie in der Systemskizze, aber dies lässt sich entsprechend wie im dargestellten Modell umgehen. Für die Umlenkrolle mit Seil kann man ein Element verwenden, das eine Translationsbewegung in eine Rotation und umgekehrt umwandeln kann. Zwei dieser Elemente hintereinandergeschaltet mit gleichem Rollendurchmesser, haben die gleiche Funktion wie die Seilrolle mit Seil. Den Hebel mit zwei Hebelarmen kann man durch zwei unterschiedliche Hebelarme ersetzen. Bei gleichen Parametern zeigt dieses Modell das exakt gleiche dynamische Verhalten wie das Bondgraph-Modell. Hinter den Icons verbergen sich natürlich Kombinationen von Bondgraphen-Basiselementen, mit denen man ja auch objektorientiert modellieren kann. Mit diesen Möglichkeiten kann man direkt anhand einer Systemdarstellung ein Modell entwerfen und Simulationen durchführen.

6.3 Vom Kontinuum zur Quantentheorie

Technisch/physikalische Systeme sind in der Regel Systeme, deren Zustandsgrößen und Parameter analoge Werte darstellen. Das bedeutet, dass die Größen sich im makroskopischen Maßstab kontinuierlich ohne Stufung verändern können. Auf submikroskopischer Ebene gilt das natürlich auch nicht mehr, da dort alle Größen gequantelt sind, d. h. sie können sich nur in Stufen ändern. Das beruht darauf, dass Materie aus Atomen und ihren Bestandteilen (Protonen, Neutronen, Elektronen) besteht.

Die Vorstellung des Aufbaus von Materie aus kleinsten Bestandteilen (das sind Atome, von griech. *atomos*: unteilbar) wurde schon von den griechischen Naturphilosophen diskutiert. Das Teilchenmodell von Demokrit (etwa 400 v. Chr.) postuliert die Existenz von verschiedenartigen festen, unteilbaren Teilchen, den Atomen. Kombiniert man diese unterschiedlich, so bilden sie die bekannten Substanzen. Später ging diese Vorstellung verloren und bis zu Beginn der Neuzeit galt die oben bereits beschriebene Lehre, dass Materie sich aus Grundelementen wie Erde, Wasser, Feuer und Luft zusammensetzt, die als Essenzen oder Wurzelkräfte bezeichnet wurden.

Der Engländer John Dalton begründet um 1800 die moderne Atomtheorie. Das von ihm 1803 veröffentlichte ***Dalton-Modell*** geht von kleinsten, nicht weiter teilbaren Teilchen aus, die sich je nach Element in ihrer Masse unterscheiden. Bei Veränderung der Stoffe durch chemische Reaktionen können die Atome sich nur umordnen.

Das ***Rutherford'sche Atommodell*** ist ein Atommodell, das 1909 bis 1911 von dem neuseeländischen Physiker Ernest Rutherford (1871 - 1937) aufgestellt wurde. Es bildet die Grundlage für das heutige Modell vom Atom, indem es den Atomkern einführte, der als außerordentlich kleine, positiv geladene Kugel im Zentrum des Atoms fast dessen ganze Masse besitzt. Die Elektronen, die eine negative Ladung tragen, befinden sich ungeordnet in einer Hülle um das Atom.

Da dieses Modell einige Eigenschaften von Atomen und deren Bestandteilen nicht erklären konnte, entwickelte daraus der dänische Physiker Niels Bohr (1885 - 1962) im Jahr 1913 das nach ihm benannte ***Bohr'sche Atommodell***. In diesem Atommodell besteht das Atom aus einem positiv geladenen, massetragenden Kern und negativ geladenen Elektronen, die diesen auf bestimmten Kreisbahnen umkreisen, ohne Energie abzustrahlen. Dieses wurde dann in den Folgejahren zum ***Orbitalmodell*** erweitert, in dem Elektronen sich nicht mehr auf Kreis- oder Ellipsenbahnen bewegen, sondern sich in Orbitalen aufhalten, die deren Aufenthaltswahrscheinlichkeit definieren. Nachdem das ursprünglich als kleinste Einheit für unteilbar gehaltene Atom sich durch die Entdeckung der Kernspaltung durch die deutschen Physiker Otto Hahn und seinen Assistenten Fritz Straßmann im Jahr 1938 als teilbar erwiesen hatte, konnte man in den darauffolgenden Jahrzehnten nachweisen, dass selbst die kleinsten Atombausteine wie die Protonen sich aus noch kleineren als Quarks bezeichneten Grundbausteinen zusammensetzen.

In seiner Relativitätstheorie hat der deutsche Physiker Albert Einstein seine berühmte Formel $E = m \cdot c^2$ veröffentlicht, die die Gleichwertigkeit von Energie und Materie postuliert. Schon vorher war klar, dass auch die Energie nur gequantelt auftreten kann. In den Jahren 1899/1900 entwickelte der deutsche Physiker Max Plank (1858-1947) aufgrund seiner Untersuchungen zur Wärmestrahlung ein Konzept, das die Quantenphysik begründete. Die nach ihm benannte Plank-Konstante verknüpft Eigenschaften, die vorher in der klassischen Physik entweder nur Teilchen oder nur Wellen zugeschrieben wurden. Damit ist sie die Basis des Welle-Teilchen-Dualismus der modernen Physik. Die Plank-Konstante, oder das Planck'sche Wirkungsquantum h ist das Verhältnis von Energie E und Frequenz f eines Photons, entsprechend folgender Gleichung: $E = h \cdot f$. Das kleinste Wirkungsquantum ist unvorstellbar klein und beträgt

$$h = 6{,}62607015 \cdot 10^{-34}\ J \cdot s$$

Mit immer aufwendigeren Experimenten konnten in der Folge immer exotischere Materiebausteine wie beispielsweise das Higgs-Boson nachgewiesen werden, das schon 1964 von dem englischen Physiker Peter Higgs (1929-2024) postuliert worden war. Dieses wurde 2012 schließlich am großen Teilchenbeschleuniger LHC (Large Hadron Collider) durch verschiedene Experimente nachgewiesen. Damit war das heute von der Physik präferierte ***Standardmodell der Teilchenphysik*** abgerundet worden. Seine exakte Beschreibung und das Verstehen der Bedeutung und Zusammenhänge ist heute nur wenigen Menschen zugänglich und würde an dieser Stelle zu weit führen.

7 Individuen und Wachstum

Viele dynamische Abläufe und Prozesse in Biologie, Wirtschaft, Soziologie und anderen Fachgebieten sind ebenfalls durch eine Quantelung ausgezeichnet. Wachstumsprozesse können zwar auch als Energieumsatz und damit als kontinuierlicher Vorgang interpretiert werden, aber das Wachstum einer Population von Lebewesen findet konkret in Einzelindividuen statt. Ebenso behandeln Transportprobleme mit Fahrzeugen oder Gütern eine Vielzahl von verschiedenen oder gleichartigen Einzelobjekten. Dies muss in der Art der Modellbildung und Simulation entsprechend berücksichtigt werden.

7.1 Biologische Systeme

Die Wachstumsrate oder die Wachstumsgeschwindigkeit (dx/dt) einer Population von beispielsweise Bakterien oder Mäusen mit der Größe x, also die Größe des Zuwachses, ist proportional zur Populationsgröße. Das bedeutet, je größer eine Population ist, umso größer ist auch die Wachstumsrate. Nimmt man die Populationsgröße als Zustandsgröße x und hat der Proportionalitätsfaktor den Wert a, so gilt für die Zuwachsrate dx/dt :

$$\frac{dx}{dt} = a \cdot x$$

Integriert man diese Gleichung, so erhält man:

$$x = a \cdot \int^{t} x \cdot dt$$

Stellt man diese Gleichung als Blockschaltbild dar, so sieht das wie das Simulationsblockschaltbild aus, das in das Simulationsdiagramm in Bild 6.1 oben eingefügt ist. Die Simulation beginnt bei einer Populationsgröße $x = 2$ und erreicht nach 10 Zeiteinheiten den Wert 15. Man sieht, dass der Anstieg der Kurve ***exponentiell*** erfolgt, weil mit größer werdender Population x die Größe des Zuwachses pro Zeiteinheit ebenfalls wächst.

Der Rechenvorgang der Integration erfolgt im Simulationssystem durch numerische Integration, d. h. das Integral wird in sehr kleinen Zeitschritten Δt aus dem letzten Wert durch Hinzunahme eines von der Kurvensteigung abhängigen Faktors berechnet.

Man kann nun bei solchen ohnehin quantisierten Vorgängen, wie dem Wachstum einer Population, statt des Integrationsvorgangs direkt eine Rekursionsformel im Simulationssystem verwenden:

W. Roddeck, *Die Welt der Modelle und Simulationen*, https://doi.org/10.1007/978-3-658-46305-2_7

$$f(t+1) = f(t) + a \cdot f(t)$$

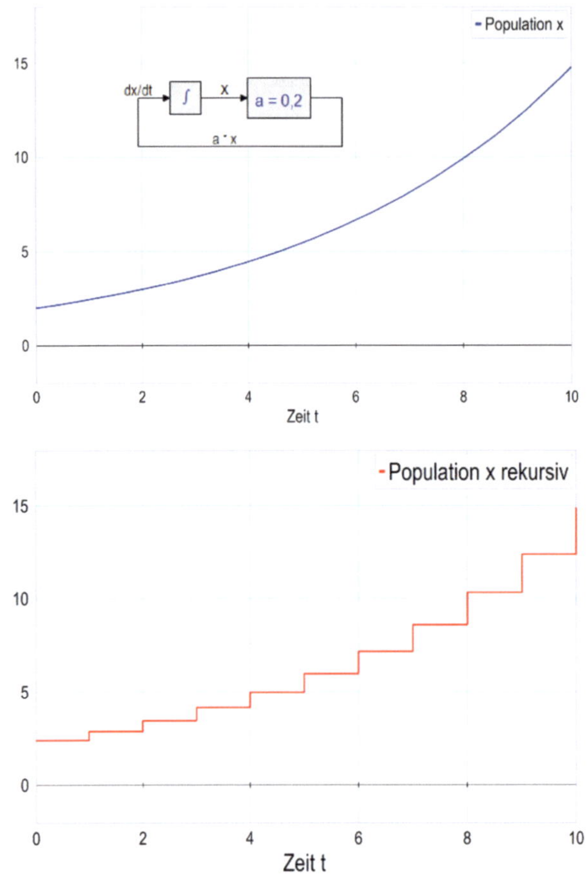

Bild 7.1: *Simulation von exponentiellem Wachstum, oben: stetige Integration, unten: diskrete Rekursion*

Dadurch wird in diskreten Schritten durch Rekursion der neue Funktionswert ermittelt. Im Bild 7.1 unten ist das Simulationsergebnis für den gleichen Anfangswert „2“ und den gleichen Proportionalitätsfaktor a = 0,2 dargestellt. Hier sieht man deutlich, dass von Zeitschritt zu Zeitschritt der Populationszuwachs zunimmt, wodurch die Populationsgröße exponentiell ansteigt.

Ein solcher exponentieller Anstieg, beispielsweise einer Tierpopulation, würde natürlich irgendwann zum Zusammenbruch der Population führen, da die Nahrungsressourcen nicht unbegrenzt zur Verfügung stehen. Ein realistischeres Verhalten wird durch so genanntes ***logistisches Wachstum*** modelliert. Bei dieser Art Wachstum ist der anfängliche Anstieg der Population ebenfalls exponentiell, aber nach einiger Zeit flacht sich der Anstieg ab und geht in einen stationären Endwert S über (Bild 7.2). Die Rekursionsformel hierfür lautet:

$$f(t+1) = f(t) + a \cdot f(t) \cdot (S - f(t))$$

Der Faktor $(S - f(t))$ hat zu Anfang des Wachstumsprozesses einen großen Wert, der bei Annäherung von $f(t)$ an den Wert S immer kleiner und schließlich Null wird. Dadurch sinkt die Wachstumsrate auf den Wert Null und der Funktionswert $f(t)$ bleibt beim Wert S. Dies kann man auch am Simulationssystem als Rekursionsformel eingeben, womit man für S = 20 und a = 0,01ein Diagramm wie in Bild 7.3 erhält. Für eine anfänglich kleine Population von Pflanzenfressern wie Hasen würde das bedeuten, dass bei konstanter Futterverfügbarkeit in der betrachteten Region, sich die Anzahl der Hasen schnell ansteigend vergrößert. Bald aber führt die dadurch zunehmende Futterknappheit zu einer Begrenzung des Wachstums der Population.

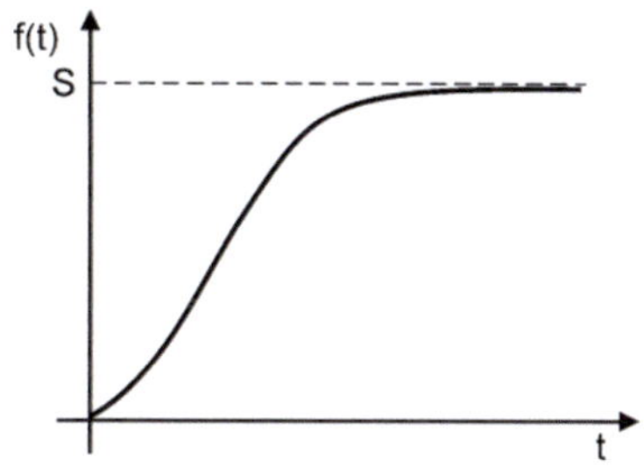

Bild 7.2: Funktionsgraph des logistischen Wachstums

Bei einem biologischen System kann man dieses natürlich nicht nur isoliert als einzige Population betrachten. In der Regel wird neben einer Population von Pflanzenfressern auch eine Population von Fleischfressern existieren, die die Pflanzenfresser als Beute nutzen. Dies könnten beispielsweise Füchse sein. Gibt es jedoch keine oder nicht genügend Beute in Form von Hasen, so nimmt die Population der Füchse ab, da die Lebenserhaltung einen Energieaufwand benötigt, der dann nicht zur Verfügung steht. Dies würde in der Simulation durch die gleiche Art von Rekursionsformel realisiert werden können, in der der Parameter für den Zuwachs ein negatives Vorzeichen hat:

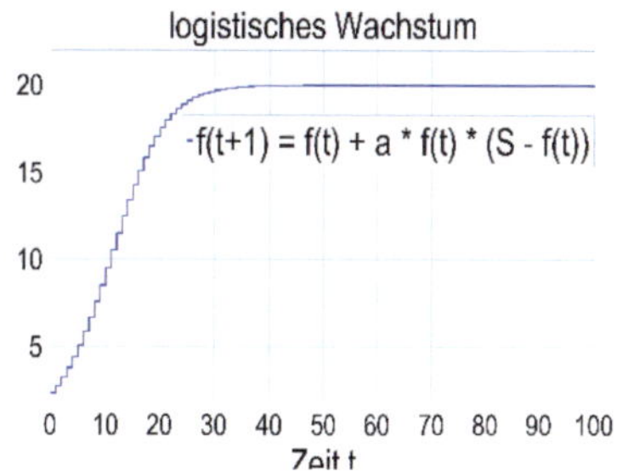

Bild 7.3: Logistisches Wachstum einer Hasenpopulation

$$F(t+1) = F(t) - b \cdot F(t)$$

Wie das Simulationsergebnis in Bild 7.4 zeigt, nimmt die Fuchszahl $F(t{+}1)$, ausgehend von einer Anfangspopulation $F = 10$, aufgrund eines Faktors $b = 0{,}2$ exponentiell ab. Dies würde für den Fall gelten, dass den Füchsen keine Beute zur Verfügung steht. Hat man aber gleichzeitig eine Population von Hasen im betrachteten Gebiet, so findet eine Interaktion der beiden Populationen untereinander statt.

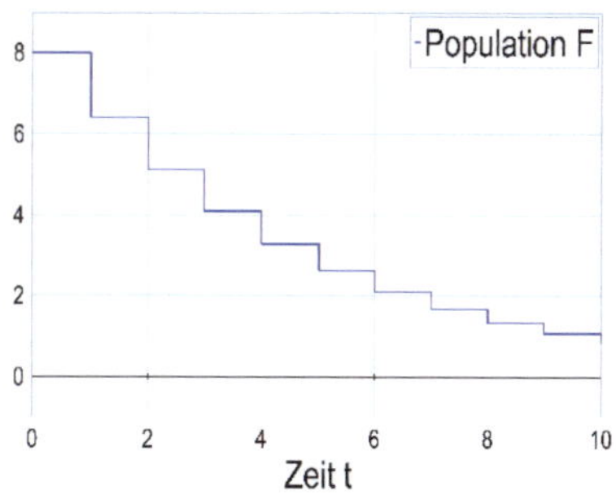

Bild 7.4: Negatives Wachstum einer Fuchspopulation

Je mehr Hasen es gibt, umso geringer werden die Verluste der Füchse werden und das wird dann zu einer Vergrößerung der Fuchspopulation führen. Die beiden Systemgleichungen für die Hasen und die Füchse müssen also über eine durch beide Populationen bestimmte Koppelgröße verbunden werden. Wie häufig Hasen und Füchse aufeinandertreffen, hängt vom Produkt der Populationsgrößen $H(t)$ und $F(t)$ ab. Die Koppelgröße in Form des Produktes wirkt jeweils proportional auf die Populationsgrößen $H(t)$ und $F(t)$ ein. Bei der Hasenpopulation muss der Proportionalitätsfaktor der Koppelung negativ sein ($H(t)$ wird reduziert) und bei der Fuchspopulation positiv, da nun die Verluste durch die Beute verringert werden. Die beiden für die Populationen geltenden Rekursionsgleichungen lauten dann:

$$H(t+1) = H(t) + a \cdot H(t) \cdot (S - H(t)) - b \cdot H(t) \cdot F(t)$$

$$F(t+1) = F(t) - c \cdot F(t) + d \cdot H(t) \cdot F(t)$$

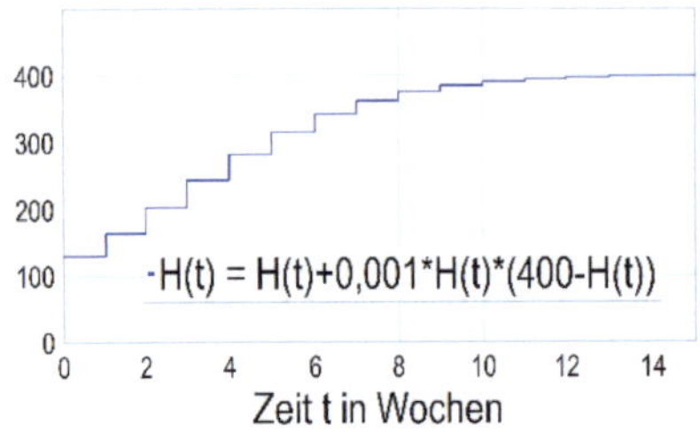

***Bild 7.5:** Hasenpopulation mit realistischen Parametern nach 15 Wochen*

Um nun das Zusammenspiel der beiden Populationen zu simulieren, muss man noch sinnvolle Werte für die Parameter a, b, c, d und die Anfangswerte festlegen. Die Startwerte mögen bei $H(t)$ = 100 und bei $F(t)$ = 10 liegen. Der Parameter a legt die Zuwachsrate der Hasenpopulation fest. Eine Häsin kann im Jahr bei optimalen Bedingungen sechsmal im Jahr, also alle 9 Wochen Junge bekommen, wobei die durchschnittliche Wurfgröße bei 3 liegt. Nimmt man als Zeitraum für die Rekursion eine Woche, so führt ein Wert von a = 0,001, ausgehend von 90 weiblichen und 10 männlichen Hasen ($H(t)$ = 100), nach 9 Wochen zu 270 Junghasen. In Summe ergibt das ein $H(t)$ = 370 (Bild 7.5).

Beim Fuchs kann man davon ausgehen, dass er pro Woche ohne Nahrungsaufnahme 20% seiner Überlebensressourcen verliert, d. h. c = 0,2. Das Produkt der beiden Populationen $H(t) \cdot F(t) = 1000$ gibt sozusagen die Anzahl des Aufeinandertreffens von Füchsen und Hasen an. Die Population der Füchse (anfangs $F(t) = 10$) muss dabei ihre Verluste von $10 \cdot 20\% = 2$ pro Woche ausgleichen, was zu einem Parameter d = 2/1000 = 0,002 führt, wenn die Fuchspopulation stabil bleiben soll. Ein Fuchs benötigt ca. einen Hasen pro Woche um seine Verluste auszugleichen, d. h. pro Woche müssen die Füchse 10 Hasen erlegen. Das führt zu einem Parameter b = 10/1000 = 0,01 bei der Hasenpopulation. Der Parameter S gibt die Hasenzahl an, die die Weidemöglichkeiten der betrachteten Region ohne Füchse ernähren könnte. Diese möge mit S = 400 angenommen werden.

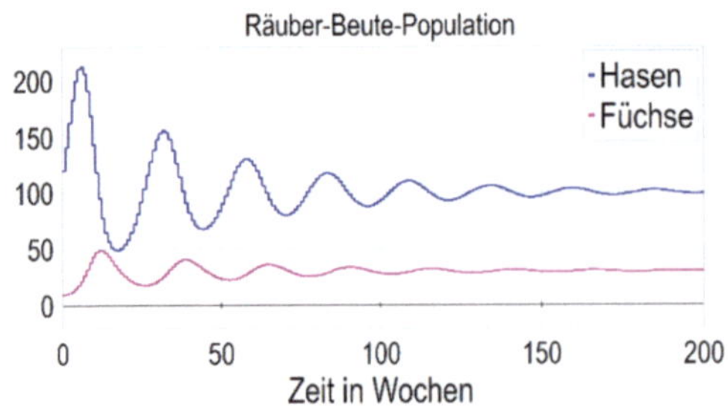

***Bild 7.6:** Simulation der gekoppelten Populationen*

Verwendet man in der Simulation, die beiden oben angeführten Rekursionsgleichungen und die festgelegten Parameter, so ergibt sich der Verlauf der beiden Populationen in Bild 7.6. Nun hängen die beiden Populationen voneinander ab, ein Anstieg der Hasen führt verzögert zur Zunahme der Füchse, wodurch wiederum eine Abnahme der Hasen eintritt.

Insgesamt sind dies Schwingungsvorgänge, die langfristig zu einer konstanten Population von 100 Hasen und ca. 30 Füchsen führt.

Auch Störungen des Systems wie beispielsweise eine Einschränkung des Futters für die Hasen aufgrund schlechter Wachstumsbedingungen lassen sich simulieren. In Bild 7.7 ist die Entwicklung der Population für den Fall dargestellt, dass zwischen Woche 50 und 100 die Futterverfügbarkeit auf S = 200 halbiert wird. Dies führt zu einem Rückgang der Hasenpopulation, die ebenfalls einen Rückgang der Fuchspopulation verursacht. Dies wiederum begünstigt die Hasen, so dass sie erneut stärker zunehmen. Nach erneuter Verdopplung des Nahrungsangebots in der 100sten Woche erfolgt wieder ein Anstieg wie zu Beginn der Simulation.

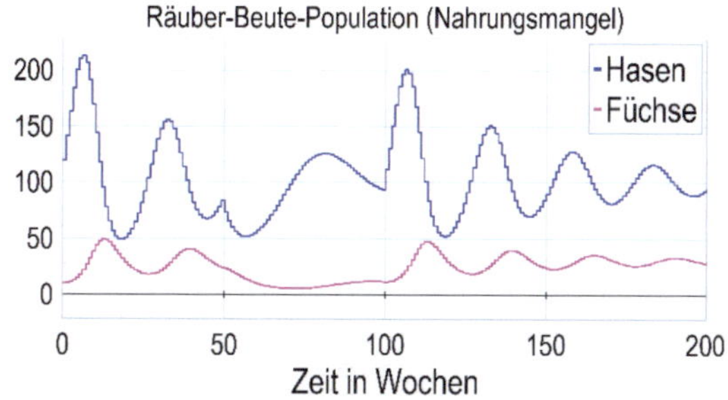

Bild 7.7: Räuber-Beute System mit Nahrungsmangel zwischen Woche 50 und 100

7.2 Diskrete Simulationen

Während bei kontinuierlichen Simulationen die Zeit quasi als gleichmäßiger Zeitfluss die Systemdynamik beeinflusst, benutzt die ***diskrete Simulation*** die Zeit, um nach statistisch oder zufällig bemessenen Zeitintervallen bestimmte Ereignisse hervorzurufen, welche ihrerseits den (nächsten) Systemzustand bestimmen.

Etwa zur gleichen Zeit als Programme für die Simulation kontinuierlicher dynamischer Prozesse entwickelt wurden, wurde durch den IBM-Ingenieur Geoffrey Gordon die Programmiersprache GPSS (**G**eneral **P**urpose **S**imulation **S**ystem) entwickelt. Dabei handelt es sich um eine Programmiersprache für die Simulation von Warteschlangen-Netzwerk-Modellen, wie sie typischerweise in Produktionsprozessen auftreten. Unter einer Warteschlan-

Bild 7.8: Warteschlange am Eifelturm (Wikipedia)

ge (engl. queue) versteht man eine Aufstauung, die entsteht, wenn pro Zeiteinheit mehr Anforderungen an das System weitergereicht werden, als dieses in der gleichen Zeit verarbeiten kann. Bild 7.8 zeigt eine Warteschlange von Menschen, die nach Eintrittskarten zum Eiffelturm anstehen. Der spontan auftretenden Besucherandrang überschreitet die Durchsatzkapazität von Kartenverkauf und Aufzugtransport zu den Aussichtplattformen. Die Diskrepanz führt zur Ausbildung der Warteschlange. Vergleichbare Probleme treten überall im öffentlichen Transportsektor oder vielen Produktionsprozessen auf.

Für solche diskreten Ereignis-Modellierungen wurden aus GPSS verschiedene moderne Simulationsprogramme entwickelt. Auch als Ablaufsimulation oder ereignisgesteuerte Simulation bezeichnet, findet die diskrete Simulation im Produktions- und logistischen Bereich ihre hauptsächliche Anwendung. Die Modelle dieser Simulation sind im Gegensatz zu den kontinuierlichen Simulationen gut mit standardisierten Elementen (z.B. Zufallszahlen, Warteschlangen, Wahrscheinlichkeitsverteilungen usw.) darstellbar. Einen weiteren leistungsfähigen Ansatz zur Entwicklung diskreter, ereignisgesteuerter Modelle bietet die ***Petri-Netz-Theorie***.

Die Stärke der diskreten Simulation liegt darin, dass sie den Zufall bzw. die Wahrscheinlichkeit in das Modell mit einbezieht und bei genügend häufiger Durchrechnung eine Aussage über die zu erwartende Wahrscheinlichkeit der verschiedenen Systemzustände liefert. Das Anwendungsfeld für diese Art der Simulation ist daher entsprechend groß:

- Arbeitsabläufe in der Produktion (z. B. in der Automobilproduktion)
- Prozesse der Logistik (Supply-Chains, Container-Umschlag usw.)
- Abläufe mit großem Personen- oder Güter-Aufkommen (Flughäfen, Großbahnhöfe, Autobahn-Mautstellen, öffentliche Verkehrssysteme, Post-Verteilzentralen, Verschiebebahnhöfe usw.)
- Multi-Agenten-Simulation

Die Multi-Agenten-Simulation, die als Spezialfall der diskreten Simulation gesehen werden kann, erlaubt, emergente Phänomene und dynamische Wechselwirkungen zu modellieren und wird im in den folgenden Kapiteln an Beispielen wie Verkehrssysteme oder Wirtschaftssysteme erläutert.

7.3 Verkehrssysteme

In einem Verkehrssystem wie dem Straßenverkehr gibt es eine Vielzahl von Teilnehmern, die bestimmte Eigenschaften besitzen und mit den anderen Teilnehmern „kommunizieren“. So wird ein nachfolgendes Fahrzeug bremsen müssen, wenn das Vorausfahrende langsamer wird und beschleunigen, wenn das Vorausfahrende ebenfalls beschleunigt.

Für ein solches Szenario, aber beispielsweise auch für das oben angeführte Beispiel der „Hasen-Füchse Population“, eignet sich zur Modellierung besonders ein agentenbasiertes Modellierungsverfahren. In einem solchen Modell gibt es eine Vielzahl ***intelligenter autonomer Agenten***, die alle unabhängig voneinander arbeiten und jeweils ein eigenes Ziel verfolgen. Dabei ist ein „Agent“ ein Computerprogramm, das vom Entwickler ohne genaue Kenntnis der Einzelheiten eines anderen Agenten geschrieben werden kann. Alle Agenten greifen auf Daten in einem festgelegten Speicherbereich zu, so dass sie untereinander Informationen austauschen können. Bei der Entwicklung eines Agenten muss dem Programmentwickler nur bekannt sein, wie der Agent mit den gemeinsamen Daten umgehen muss. Das Zusammenspiel vieler solcher unabhängiger Agenten kann dann ***emergente*** (d. h. sich selbst herausbildende) Eigenschaften besitzen, die ein einzelner Agent nicht besitzt, so dass durch das Zusammenspiel vieler Agenten eine höhere Stufe der Modellerkenntnis erreicht werden kann.

Ein weiteres gemeinfreies Simulationsprogramm für die agentenbasierte Modellierung ist das Programm ***NetLogo***. NetLogo ist eine Multi-Agenten-Programmiersprache mit integrierter Modellierungsumgebung. Die bei seiner Entwicklung bereits existierende Programmiersprache ***Logo*** ist eine bildungsorientierte, funktionale Programmiersprache, die 1967 von D. Bobrow, W. Feurzeig, S. Papert und C. Solomon entworfen wurde. Die Eigenschaften von Logo wurden bei der Entwicklung von NetLogo verwendet. Die Idee war, geringe Einstiegsschwierigkeiten zu bieten und gleichzeitig den Anforderungen von fortgeschrittenen Entwicklern gerecht zu werden. Diese freie und quelloffene Software unter der GPL-Lizenz* wird am Northwestern University's Center for Connected Learning and Computer-Based Modeling entwickelt. Sie kann unter der URL im URL-Verzeichnis abgerufen werden.

Zur Visualisierung und Steuerung des Simulationsprozesses steht ein grafisches Interface zur Verfügung, das Bedienelemente und Plotfunktionalitäten enthält. Weitere agentenbasierte Simulationssysteme werde ich im Zusammenhang mit betriebswirtschaftlichen und logistischen Prozessen behandeln.

Im Bild 7.9 ist das grafische Interface eines Modells mit Netlogo dargestellt, mit dem die Ampelsteuerung an einer Kreuzung von zwei Straßen simuliert wird. Auf der einen Straße fahren Autos von West nach Ost und auf der anderen von Süd nach Nord. Die Häufigkeit und die Geschwindigkeit der Fahrzeuge wird zufallsbasiert erzeugt. Jedes der Autos stellt einen Agenten dar, der mit seinen Nachbarn und der Ampelanlage separat kommunizieren kann.

Im mittleren Teil des Bildes sind die sich kreuzenden Straßen schwarz auf grünem Untergrund symbolisch dargestellt. Auf ihnen befinden sich die Agenten in Form verschiedenfarbiger Autos. Die West-Ost-Richtung ist durch „Rot“ der Ampelanlage gesperrt, so dass sich die Agenten davor aufstauen (Warteschlange). Auf der Straße in

* **GPL** **G**eneral **P**ublic **L**icense; die GPL kann von jedem als Lizenz verwendet werden.

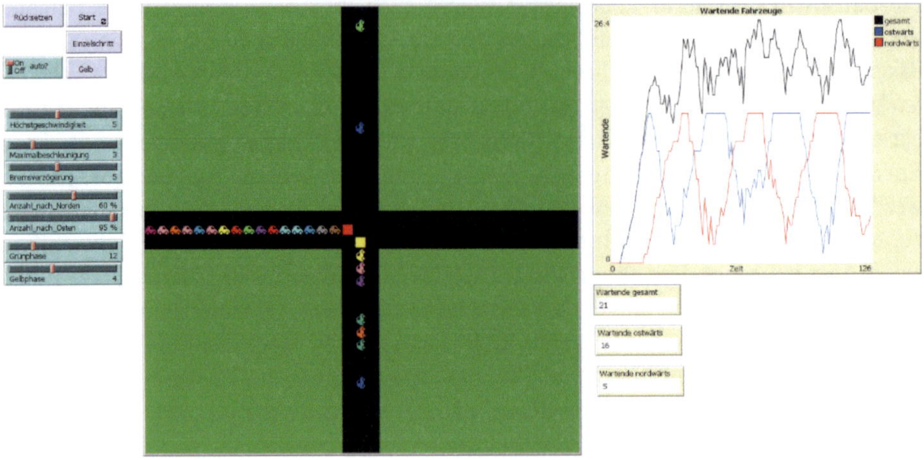

***Bild 7.9:** Grafisches Interface einer Verkehrssimulation mit NetLogo*

Süd-Nord-Richtung fahren Agenten in Pulks und als Einzelfahrzeuge. Die Ampel in dieser Richtung ist gerade auf „Gelb" umgesprungen.

Zur Beeinflussung der Agenten und der Ampelanlage stehen am linken Bildrand Schieberegler für beispielsweise Höchstgeschwindigkeit und Maximalbeschleunigung, sowie Grün- und Gelbphase zur Verfügung. Oberhalb befinden sich noch Bedienknöpfe für das Rücksetzen und den Start eines Modelllaufs. Durch Verstellen der Schieberegler kann man nun untersuchen, wie sich diese Veränderungen auf den Verkehrsfluss auswirken. Zur genaueren Überwachung sind rechts im Bild 7.9 noch ein Plotfenster und digitale Einzelanzeigen vorhanden. Im Plotfenster werden die sich ändernden Werte der wartenden Fahrzeuge im Zeitverlauf dargestellt, in den Einzelanzeigen sieht man momentane Werte. Anhand dieser Werte kann man versuchen, durch Einstellungsänderungen die Anzahl der wartenden Fahrzeuge zu minimieren. Deshalb handelt es sich hier um ein Optimierungsverfahren.

Die Programmierung eines Modells erfolgt mit einer eigenen Simulationssprache. Es gibt ein großes Fenster, das die 2D-Simulationswelt umfasst, in welchem Objekte in verschiedenen Farben dargestellt werden können. Die Simulationswelt ist durch ein großes Raster eingeteilt, wodurch Objekte mittels x,y-Koordinaten platziert werden können. Die Agenten werden darin als *Turtles* (Schildkröten) bezeichnet und die Rasterfelder auf der Simulationsfläche als *Patches* (Felder). Um mit den Modellelementen zu kommunizieren, werden Schlüsselwörter wie „ask" verwendet, die das „Ansprechen" eines Modellelementes bewirken. So bedeutet beispielsweise `ask turtles [set color red]`, dass die Agenten mit der Farbe rot eingefärbt werden sollen. Um den Bezug zwischen den Einstellelementen und der Simulationswelt zu organisieren, kann man beliebige Prozeduren in der Programmiersprache von NetLogo erstellen. Um beispielsweise für den mit „Rücksetzen" bezeichneten Bedienknopf eine

Handlungsanweisung zu hinterlegen, wird folgende Prozedur mit Namen „setup“ verwendet:

```
to setup
  clear-all
  create-turtles 100 [setxy random-xcor random-ycor]
  reset-ticks
end
```

Sie bewirkt, dass alle Variablen zurückgesetzt werden, anschließend 100 Agenten an zufälligen Orten (engl. *random* = zufällig)) mit den Koordinaten (xcor, ycor) erzeugt werden und der Zeitzähler (ticks) zurückgesetzt wird. Um also eine Simulation zu programmieren, muss man sich mit der Programmiersprache des Systems auseinandersetzen, die allerdings recht gut intuitiv verstanden werden kann.

8 Wirtschaftssysteme und stochastische Prozesse

Bei betriebswirtschaftlichen Prozessen handelt es sich meistens um Prozesse, in denen eine Vielzahl gleichartiger, aber auch unterschiedlicher Werte und Objekte auftreten, die untereinander in Beziehung stehen und sich gegenseitig beeinflussen. Solche Systeme unterliegen auch oft unbekannten zufälligen Einflüssen und werden deshalb als ***stochastische Systeme*** (vom Zufall bestimmt) bezeichnet, im Gegensatz zu den bis jetzt meist behandelten ***deterministischen Systemen*** (analytisch beschreibbar). Bei stochastischen Systemen kommen die Methoden der Statistik zum Einsatz. Unter Statistik versteht man die Zusammenfassung bestimmter Methoden zur Analyse empirischer (experimentell ermittelter) Daten.

8.1 Tabellenkalkulation

Eine der einfachsten und beliebtesten Methoden, Modelle und Berechnungen in diesem Fachgebiet durchzuführen, ist die Verwendung eines Programms für die Tabellenkalkulation (engl. spreadsheet programm). Der bekannteste Vertreter dieser Art von Programmen ist Excel, ein Teilprogramm aus dem „Office"-Packet der Fa. Microsoft.

Alternativ hierzu gibt es das Freeware Softwarepaket ***OpenOffice*** mit vergleichbaren Funktionalitäten, das unter der URL im URL-Verzeichnis kostenlos heruntergeladen werden kann und ebenfalls eine Tabellenkalkulation enthält.

Ziel der Tabellenkalkulation ist es, Daten in Zellen einzugeben und die eingegebenen Daten durch Berechnungen zu verknüpfen. Die Ergebnisse werden in dafür vorgesehenen anderen Zellen ausgegeben. Außerdem können die Ergebnisse in vielfältigen Diagrammdarstellungen visualisiert werden.

Bei einem Tabellenkalkulationsprogramm wie Microsoft Excel werden unterschiedlichste Daten in ein Datenblatt aus Zellen eingetragen, die in Zeilen und Spalten angeordnet sind (Bild 8.1). Die Zellinhalte sind durch die Spaltenbuchstaben (A, B, C, …) und die Zeilennummern (1, 2, 3, …) adressierbar, d. h. der Inhalt kann über eine Adresse wie „B1" (zweite Spalte, erste Zeile) abgerufen oder die Zelle kann mit neuen Inhalten gefüllt werden. Im aktuellen Bild enthält die Zelle B1 den Inhalt „Anzahl".

Zwischen den Zellen können über vielfältige mathematische Operationen Verknüpfungen und Berechnungen angestellt werden. In Bild 8.1 links sind in den Spalten A und B Spaltennamen eingegeben. In Spalte A folgen nach dem Spaltennamen in „A1" Daten in Form der Namen von „Waren" (Obst, Gemüse, Brot). In Spalte B folgen nach dem Spaltennamen in „B1" Zahlenwerte für die „Anzahl" (20, 20, 15). Um die Zelle B5 befindet sich ein Auswahlrahmen, um die aktuell ansprechbare Zelle zu markieren.

W. Roddeck, *Die Welt der Modelle und Simulationen*, https://doi.org/10.1007/978-3-658-46305-2_8

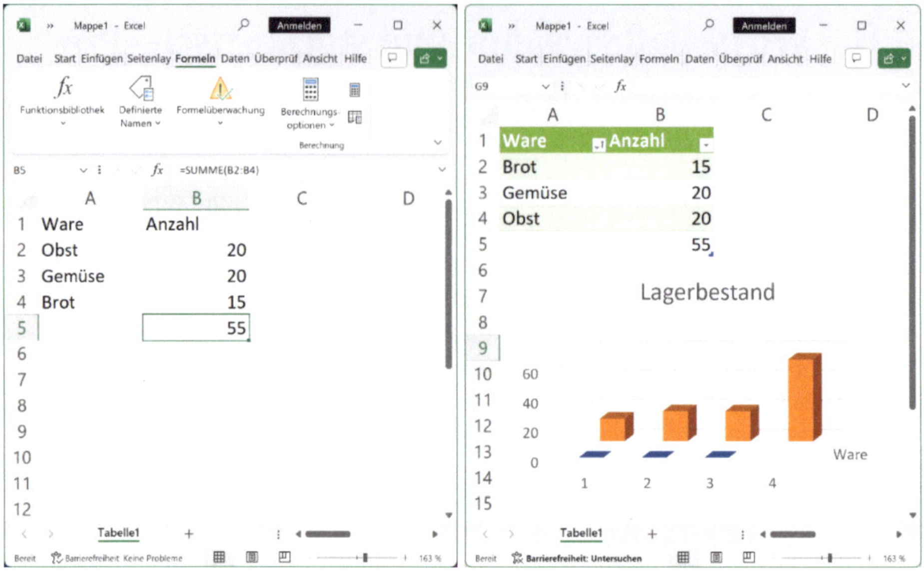

***Bild 8.1:** Microsoft Excel Datentabelle und Datenvisualisierung*

Oberhalb der Tabelle befindet sich eine Bearbeitungsleiste, in deren ersten Feld die aktuell adressierte Zelle (B5) und im dritten Feld eine Berechnungsformel (=SUMME(B2:B4)) eingetragen sind. Diese Formel, die als Berechnungsauftrag für die Zelle B5 hinterlegt ist, besagt, dass in diese Zelle als Wert die Summe der Zahlen in den Zellen B2+B3+B4 eingetragen werden soll. Diese Summe beträgt „55“ und erscheint im Tabellenblatt an der Adresse B5.

Anschließend kann man aus dem Bereich A1:B5 eine Tabelle mit unterschiedlichsten Formatierungen oder ein Diagramm (hier Balkendiagramm) erstellen (Bild 8.1 rechts). Dabei sind der Gestaltung der Tabelle und der darstellbaren Daten keine Grenzen gesetzt. Bild 8.2 zeigt ein Beispiel für eine Rechnungsstellung mit unterschiedlichen Berechnungen wie Summen, Mehrwertsteuer usw..

Als Modellierungsinstrument für betriebswirtschaftliche Vorgänge wird ein solches Tabellenblatt aber erst interessant, wenn man beispielsweise statistische Auswertungen eines Datensatzes vornimmt.

Die Statistik ist eine Methode zur Extraktion von Informationen aus vorgegebenen Informationen oder Daten. Die Statistik wird als Hilfswissenschaft von allen empirischen Disziplinen und Naturwissenschaften verwendet. Ihr Name leitet sich vom lateinischen *statisticum* „den Staat betreffend“ ab und wurde von Mathematikern im 18. und 19. Jhd. entwickelt. Ein wichtiger Vordenker war der deutsche Mathematiker Karl Friedrich Gauss (1777-1855), der die Methode der „kleinsten Quadrate“ entwickelte, was ihn zur ***Normalverteilung*** als wichtiger Kenngröße der Statistik führte.

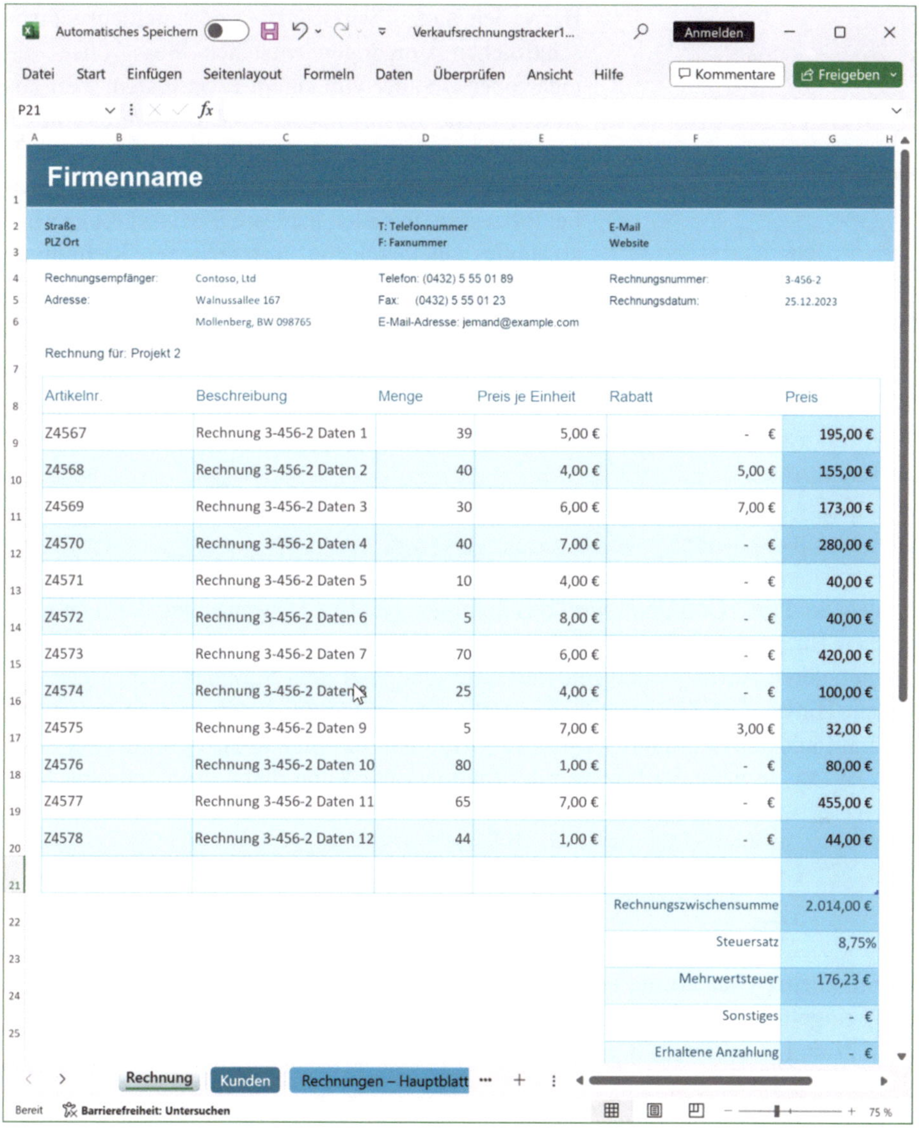

Artikelnr.	Beschreibung	Menge	Preis je Einheit	Rabatt	Preis
Z4567	Rechnung 3-456-2 Daten 1	39	5,00 €	- €	195,00 €
Z4568	Rechnung 3-456-2 Daten 2	40	4,00 €	5,00 €	155,00 €
Z4569	Rechnung 3-456-2 Daten 3	30	6,00 €	7,00 €	173,00 €
Z4570	Rechnung 3-456-2 Daten 4	40	7,00 €	- €	280,00 €
Z4571	Rechnung 3-456-2 Daten 5	10	4,00 €	- €	40,00 €
Z4572	Rechnung 3-456-2 Daten 6	5	8,00 €	- €	40,00 €
Z4573	Rechnung 3-456-2 Daten 7	70	6,00 €	- €	420,00 €
Z4574	Rechnung 3-456-2 Daten 8	25	4,00 €	- €	100,00 €
Z4575	Rechnung 3-456-2 Daten 9	5	7,00 €	3,00 €	32,00 €
Z4576	Rechnung 3-456-2 Daten 10	80	1,00 €	- €	80,00 €
Z4577	Rechnung 3-456-2 Daten 11	65	7,00 €	- €	455,00 €
Z4578	Rechnung 3-456-2 Daten 12	44	1,00 €	- €	44,00 €
				Rechnungszwischensumme	2.014,00 €
				Steuersatz	8,75%
				Mehrwertsteuer	176,23 €
				Sonstiges	- €
				Erhaltene Anzahlung	- €

Bild 8.2: *Darstellung der Tabellenkalkulation für ein Rechnungsstellungsbeispiel*

Diese hat als Funktionsgraph eine ***Glockenkurve*** (Bild 8.3), die man zu Ehren von Gauss als Gauss'sche Glockenkurve bezeichnet. Führt man ein Zufallsexperiment durch, so weicht die jeweilige experimentell ermittelte Größe mit unterschiedlicher Häufigkeit vom Mittelwert b ab. Ein abweichender Wert wird weniger häufig, je weiter er vom Mittelwert entfernt ist (a und c). Die Abweichung vom Mittelwert bezeichnete er als „mittleren Fehler", eine Größe, die heute als „Standardabweichung" bezeichnet wird.

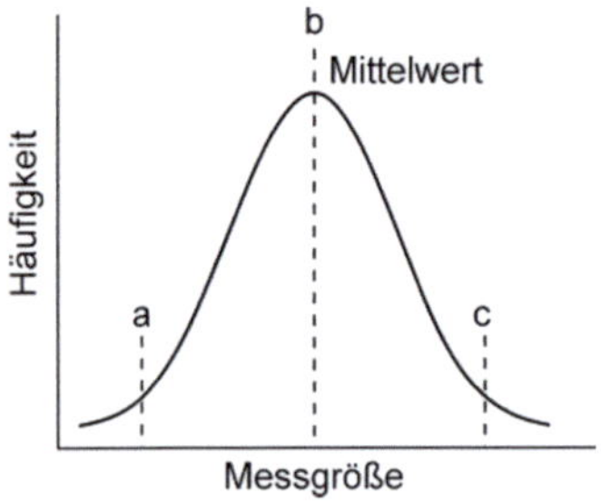

Bild 8.3: *Gauss'sche Glockenkurve*

Bei vielen natur-, wirtschafts- und ingenieurwissenschaftlichen Vorgängen entstehen Messgrößen, die mehr oder weniger von einem erwartbaren Wert abweichen. Die Abweichungen der Messwerte von einem Erwartungswert lassen sich durch die Normalverteilung in guter Näherung beschreiben, vor allem bei Prozessen, in denen mehrere Einflussfaktoren unabhängig voneinander in verschiedenen Richtungen wirken.

Für die Behandlung statischer Problemstellungen ist als erstes der ***arithmetische Mittelwert*** von Bedeutung. Hat man Messwerte $x_1, \cdots, x_i, \cdots, x_n$, so ist der Mittelwert $\bar{x}$ als

$$\bar{x} = \frac{1}{n}\sum_{i=1}^{n} x_i$$

definiert. In dieser Definition wird das Summenzeichen „Σ" verwendet, das dem griechischen Buchstaben „S" entspricht. Darin wird die Variable i als Laufvariable bezeichnet, deren Anfangs- und Endwert unter und über dem Summenzeichen genannt werden. Hinter dem Summenzeichen steht eine indexierte Größe, die entsprechend dem Laufindex aufsummiert werden soll. Hat man beispielsweise die Messwerte x_1, x_2, x_3, x_4, x_5, so wäre der Endwert der Laufvariable 5 und deren arithmetischer Mittelwert

$$\bar{x} = \frac{1}{5}\sum_{i=1}^{5} x_i = (x_1 + x_2 + x_3 + x_4 + x_5)/5$$

Das Summenzeichen wurde vom französischen Mathematiker Joseph Fourier (1768-1830) eingeführt, um die Schreibweise unendlicher mathematischer Reihen (z. B. $\sum_{i=1}^{\infty} 1/i = 1 + 1/2 + 1/3 + \cdots$) zu vereinfachen.

Weitere wichtige Berechnungsgrößen der Normalverteilung sind die vom englischen Mathematiker Karl Pearson (1857-1936) als ***Standardabweichung*** σ bezeichnete Größe und die ***Varianz***. Die Standardabweichung gibt an, wie stark die Einzelwerte typischerweise vom Mittelwert abweichen, ist also ein Streuungsmaß. Die Varianz erhält man, indem man von jedem Wert x_i die Differenz zum Mittelwert $\bar{x}$ berechnet, deren Quadrate summiert und durch die Anzahl der Werte teilt. Das Quadrieren vermeidet Probleme mit negativen Differenzen und größere Abweichungen werden stärker gewichtet. Die Standardabweichung ist dann die Quadratwurzel der Varianz:

$$\sigma^2 = \frac{1}{n}\sum_{i=1}^{n}(x_i - \bar{x})^2 = \frac{\sum_{i=1}^{n} x_i^2}{n} - \bar{x}^2 \ .$$

Als Beispiel für die Anwendung solcher statistischer Größen möge hier eine lineare ***Regressionsanalyse*** aus [Rav 2003] dienen. Bei der Regressionsanalyse handelt es sich um ein statistisches Analyseverfahren, mit dem man Beziehungen zwischen einer abhängigen (vorhergesagte Variable, Antwortvariable) und einer oder mehreren unabhängigen Variablen (erklärende Variable, Kontrollvariable) modellieren kann. Regressionen werden verwendet, um Zusammenhänge quantitativ zu beschreiben oder Werte der abhängigen Variablen vorherzusagen.

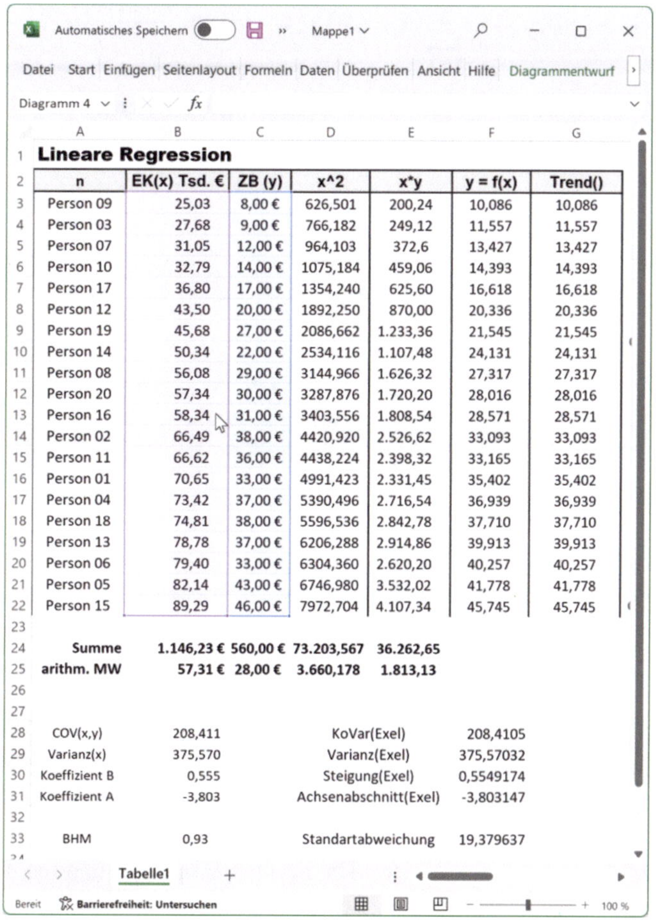

Lineare Regression

n	EK(x) Tsd. €	ZB (y)	x^2	x*y	y = f(x)	Trend()
Person 09	25,03	8,00 €	626,501	200,24	10,086	10,086
Person 03	27,68	9,00 €	766,182	249,12	11,557	11,557
Person 07	31,05	12,00 €	964,103	372,6	13,427	13,427
Person 10	32,79	14,00 €	1075,184	459,06	14,393	14,393
Person 17	36,80	17,00 €	1354,240	625,60	16,618	16,618
Person 12	43,50	20,00 €	1892,250	870,00	20,336	20,336
Person 19	45,68	27,00 €	2086,662	1.233,36	21,545	21,545
Person 14	50,34	22,00 €	2534,116	1.107,48	24,131	24,131
Person 08	56,08	29,00 €	3144,966	1.626,32	27,317	27,317
Person 20	57,34	30,00 €	3287,876	1.720,20	28,016	28,016
Person 16	58,34	31,00 €	3403,556	1.808,54	28,571	28,571
Person 02	66,49	38,00 €	4420,920	2.526,62	33,093	33,093
Person 11	66,62	36,00 €	4438,224	2.398,32	33,165	33,165
Person 01	70,65	33,00 €	4991,423	2.331,45	35,402	35,402
Person 04	73,42	37,00 €	5390,496	2.716,54	36,939	36,939
Person 18	74,81	38,00 €	5596,536	2.842,78	37,710	37,710
Person 13	78,78	37,00 €	6206,288	2.914,86	39,913	39,913
Person 06	79,40	33,00 €	6304,360	2.620,20	40,257	40,257
Person 05	82,14	43,00 €	6746,980	3.532,02	41,778	41,778
Person 15	89,29	46,00 €	7972,704	4.107,34	45,745	45,745
Summe	**1.146,23 €**	**560,00 €**	**73.203,567**	**36.262,65**		
arithm. MW	**57,31 €**	**28,00 €**	**3.660,178**	**1.813,13**		

COV(x,y)	208,411	KoVar(Exel)	208,4105
Varianz(x)	375,570	Varianz(Exel)	375,57032
Koeffizient B	0,555	Steigung(Exel)	0,5549174
Koeffizient A	-3,803	Achsenabschnitt(Exel)	-3,803147
BHM	0,93	Standartabweichung	19,379637

Bild 8.4: Regressionsanalyse von Umfragedaten

Im Beispiel werden die Daten einer Umfrage ausgewertet, um einen gewinnmaximierenden Produktpreis in Abhängigkeit vom Jahreseinkommen der Befragten zu ermitteln. Dabei wird davon ausgegangen, dass die Zahlungsbereitschaft in ausreichender Kausalität vom Jahreseinkommen abhängt. Mit Hilfe einer linearen Regression soll aus den Daten eine Trendfunktion ermittelt werden. Das Bild 8.4 zeigt eine Microsoft Excel-Tabelle mit den erhobenen Daten und den statistischen Kenngrößen.

Um die Trendlinie des Datensatzes zeichnen zu können, wird eine weitere statistische Kenngröße die ***Kovarianz*** σ_{xy} benötigt. Diese Größe ist eine Maßzahl für den Zusammenhang zweier statistischer Variablen x_i und y_i. Hierfür wird, anders als bei der

Varianz σ^2, nicht die Differenz zwischen Einzelwert und Mittelwert quadriert, sondern die entsprechende Differenz der beiden Datenreihen multipliziert:

$$\sigma_{xy} = \frac{1}{n}\sum_{i=1}^{n}(x_i - \bar{x}) \cdot (y_i - \bar{y}) = \frac{\sum_{i=1}^{n}(x_i \cdot y_i)}{n} - \bar{x} \cdot \bar{y}.$$

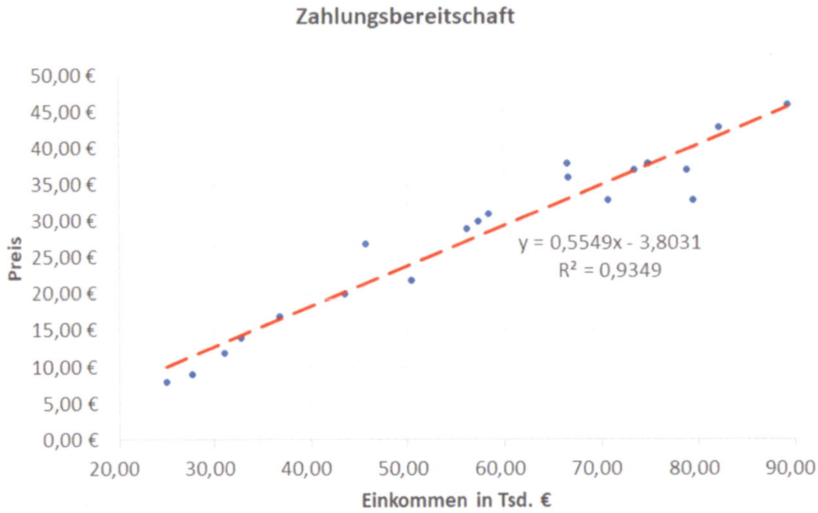

Bild 8.5: *Mit Microsoft Excel erzeugtes Diagramm mit Datenpunkten und Regressionsgerade*

In der Tabellenspalte A von Bild 8.4 sind 20 Personen und in Spalte B deren jeweiliges Einkommen als Statistikgröße x_i in Tausend Euro aufgelistet. In Spalte C befindet sich die Statistikgröße y_i in Form des von den Teilnehmern der Umfrage genannten gewünschten Produktpreises. Die Spalten D und E enthalten die für die Varianz und die Kovarianz erforderlichen Berechnungen von x_i^2 und $x_i \cdot y_i$. Bild 8.5 zeigt ein x,y-Punktdiagramm mit den Daten als blaue Punkte. Für diese Daten soll ja eine lineare Regression vorgenommen werden, d. h. eine Gerade ermittelt werden, die den Trend der Daten aufzeigt, so dass für beliebige Einkommensgrößen der Produktpreis ermittelt werden kann.

Eine Gerade hat die allgemeine Geradengleichung in einem x,y-Koordinatensystem:

$$y = a + b \cdot x$$

Darin ist a der Wert auf der y-Achse (Achsabschnitt), bei dem die Gerade die Achse schneidet und b die Steigung der Geraden. Um den Achsabschnitt zu ermitteln, kann man die arithmetischen Mittelwerte $\bar{x}$ und $\bar{y}$ verwenden, die aus der Summe der jeweiligen Spalten B und C geteilt durch die Datenanzahl $n = 20$ ermittelt werden:

$$a = \bar{y} - b \cdot \bar{x} \quad .$$

Die Steigung ermittelt man aus dem folgenden Quotienten:

$$b = \frac{Kovarianz}{Varianz} = \frac{\sigma_{xy}}{\sigma^2} \quad .$$

Die so ermittelten Werte für die Koeffizienten *a* und b sind links unter der Datentabelle abgebildet. Rechts davon sind die gleichen Werte mit Excel-Rechenoperationen zusätzlich bestimmt worden, die ziemlich gut mit der oben beschriebenen Rechenweise übereinstimmen. So wird die Steigung, die im Datenfeld F30 errechnet wurde, mit der Funktion *fx* = STEIGUNG (C3:C22;B3:B22) ermittelt. Das heißt, die Rechenfunktion „STEIGUNG" verwendet die Koordinaten aller Punkte, um die Geradensteigung zu bestimmen, wobei die Funktion intern die Kovarianz und die Varianz der Daten benutzt. In Spalte F sind die Funktionswerte der ermittelten Geraden aufgelistet und in Spalte G dieselbe Information, die mit der Exel-Funktion „TREND" berechnet wurde. Zusätzlich ist in Zelle B33 noch das so genannte Bestimmtheitsmaß (BHM) mit der Excel-Funktion *fx* = BESTIMMHEITSMASS (C3:C22;B3:B22) ermittelt worden. Dieser Wert wurde mit BHM = 0,93 ermittelt, was bedeutet, dass die Trendfunktion jeden Wert im Durchschnitt zu 93,8% erklären kann. Der Rest von 6,2% kann durch die Trendfunktion nicht erklärt werden und beruht auf anderen Faktoren oder ist zufällig. Die Trendfunktion ist im Bild 8.5 als gestrichelte rote Linie abgebildet.

Wenn man nun also den gewinnmaximierenden Produktpreis für eine Bevölkerungsgruppe mit Jahreseinkommen 80.000 € festlegen möchte, so kann man diesen Preis auf der Trendkurve mit ca. 40 € ablesen.

Mit den Möglichkeiten eines Tabellenkalkulationsprogramms wie Microsoft Excel kann man also umfangreiche Berechnungen über große Datenmengen vornehmen und sich dadurch einfache Modelle für betriebswirtschaftliche Prozesse erstellen.

8.2 Multi-Methoden Modellierung

Es gibt aber viele Problemstellungen, bei denen man eine analytische Lösung mit einem mathematischen Modell nur schwer ermitteln kann, oder wo eine solche Lösung gar nicht existiert. Tabellenkalkulationen versagen in solchen Fällen komplett. Diese Art der Problemstellungen haben meist dynamischen Charakter und sind gekennzeichnet durch

- Nichtlinearitäten
- nicht intuitiv zu ermittelnde Einflüsse zwischen Variablen
- unbekannte zeitliche und kausale Abhängigkeiten
- unbekannte Speicherfähigkeiten

- alle oben genannten Gründe kombiniert mit unscharfen Variablen oder einer großen Anzahl davon.

Bei deterministischen Systemen (s. S. 81) geht man dann häufig so vor, dass man versucht ein Modell durch Experimente zu ermitteln. Von einfachen Systemen kennt man die Systemantwort auf bestimmte Eingangssignale. Wir hatten beispielsweise oben gesehen, dass Systeme mit ein oder zwei Speichern einen charakteristischen Verlauf des Ausgangssignals bei Aufgabe eines sprungförmigen Eingangssignals zeigen. Ebenso charakteristische Systemantworten erfolgen bei der Aufgabe kurzer Impulse oder sinusförmiger Signale. Durch Aufzeichnung der Systemantworten bei bekannten Eingangssignalen und Vermessung der Systemantworten kann man dann auf die Systemstruktur und auf gewisse Systemparameter zurückschließen. Man spricht dann von ***System-identifikation***.

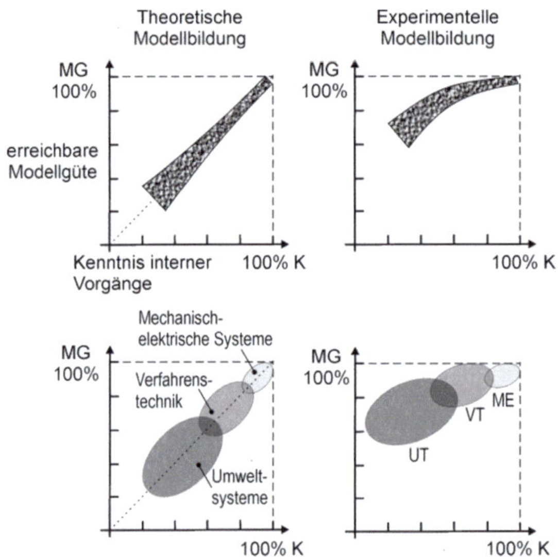

Bild 8.6: *Qualitative Zusammenhänge zwischen Modellgüte und Prozesskenntnis*

In Bild 8.6 ist qualitativ der Zusammenhang zwischen der Kenntnis der internen Vorgänge in einem System und der erreichbaren Modellgüte, sowohl bei theoretischer Modellbildung (mathematisches Modell), als auch bei experimenteller Identifikation, dargestellt. Bei theoretischer Modellbildung wächst natürlich proportional mit zunehmender Kenntnis der Systemeigenschaften die Güte des theoretischen Modells. Bei experimenteller Identifikation kann man auch bei geringeren Kenntnissen der Systemeigenschaften schon relativ gute Modelle ermitteln.

Schlüsselt man dies noch nach dem allgemeinen Systemcharakter auf, so sieht man, dass wegen der sehr guten Kenntnisse über mechanische und elektrische Systeme dort auch die höchsten Modellgüten zu erreichen sind. Bei verfahrenstechnischen Systemen ist das Erreichen einer hohen Modellgüte nicht so einfach und häufig führt eine experimentelle Identifikation schneller zu höheren Modellgüten. Noch ausgeprägter wird dieser Zusammenhang bei biologischen oder Umweltsystemen.

In vielen Fällen ist es unmöglich, ein geschlossenes mathematisches Modell aufzustellen und daher ist nur ein in Worten formuliertes Modell möglich. Ein typisches

Beispiel für ein solches Problem ist der Verkehrsfluss in einem Bahnsystem und die Problemstellung, den zugrunde liegenden Fahrplan zu modellieren. Mit einer Tabellenkalkulation kann man Fahrpläne, Zu- und Ausstiegszeiten, Kapazitäten von Bahnhöfen, Verfügbarkeit von Zügen nicht modellieren, da diese von einer Reihenfolge vorangegangener Ereignisse abhängen. Die Vergangenheit verketteter Ereignisse bestimmt also die Möglichkeiten, die in der Zukunft zur Verfügung stehen. Solche Systeme fallen in den Wissenschaftsbereich der ***Logistik***.

Die Logistik ist sowohl eine interdisziplinäre Wissenschaft als auch ein Wirtschaftszweig oder eine betriebliche Funktion in Wirtschaftssubjekten, die sich mit der Planung, Steuerung, Optimierung und Durchführung von Güter-, Informations- und Personenströmen befasst. In logistischen Prozessen unterscheidet man verschiedene Ebenen der Detailierung [Grigo]. Unter der ***strategischen*** Ebene versteht man diejenige, die durch einen hohen Abstraktionsgrad ausgezeichnet ist. Auf dieser Ebene haben Modelle häufig mathematischen Charakter. In der ***taktischen*** Ebene, ist der Abstraktionsgrad und die Detailtreue von mittlerer Ausprägung. Die ***operative*** Ebene beschäftigt sich mit den Details eines Prozesses und ist am wenigsten abstrakt.

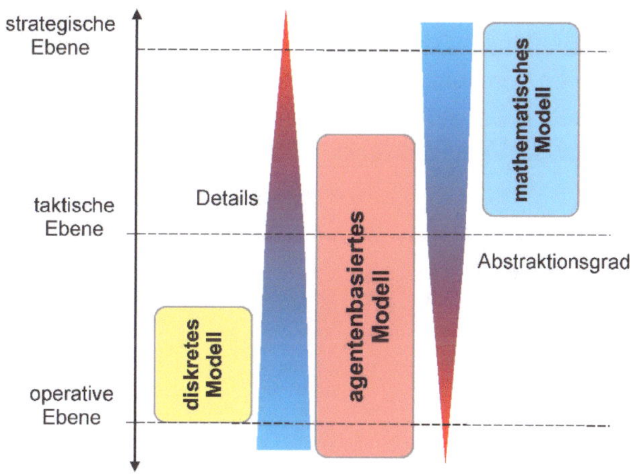

Bild 8.7: *Verschiedene Ebenen logistischer Prozesse*

Wie Bild 8.7 zeigt, ist das mathematische Modell das wichtigste Modellierungsinstrument auf der strategischen Ebene. Hier treten Systeme wie Sozialsysteme, Ökosysteme, Wirtschaftssysteme und Prozesse wie Projektmanagement, Markt- und Börsengeschehen und Personalmanagement auf. Agentenbasierte Methoden haben ihren Schwerpunkt im taktischen Bereich, reichen aber auch in den strategischen Bereich hinein und sind für alle Vorgänge im operativen Bereich einsetzbar. Typische Systeme sind hier Produktions- und Transportsysteme, Lieferketten, Krankenhäuser und Warenhäuser. Die Prozesse werden in kleinsten Individuen wie Pkw, Schienenfahrzeug oder Fußgänger betrachtet und ihre Eigenschaften im Detail modelliert. Diskrete Modelle und Simulationen, die auch als ereignisgesteuerte oder Ablaufsimulationen bezeichnet werden, finden ihre Hauptanwendung im Bereich von Logistik- und Produktionsvorgängen.

Bei den oben beschriebenen Prozessen, in denen verschiedenste Objekte unabhängig voneinander agieren, ist es häufig der Fall, dass man das Systemverhalten nicht kennt, die wichtigen Systemvariablen unklar sind und man die Prozessabläufe noch nicht genau beschreiben kann. Häufig kennt man aber das Verhalten von individuellen Objekten im System. In diesen Fällen bietet sich die Behandlung des Objektverhaltens durch agentenbasierte Modellierung an. Man beschreibt das individuelle Verhalten der Objekte (Agenten) und lässt sie in einer Umwelt agieren, die über eine eigene Dynamik verfügt. Diese Dynamik kann man versuchen mit den klassischen Methoden der mathematischen Modellbildung zu beschreiben und fügt die Agenten in dieses Szenario ein. Dafür ist es nützlich, über ein Simulationsprogramm zu verfügen, dass sowohl die mathematische Modellbildung, wie auch die diskrete Simulation und die agentenbasierte Simulation gleichzeitig ermöglicht. Ein solches Multi-Methoden System beinhalten die Programme „Netlogo" und das noch zu behandelnde „AnyLogic". ***AnyLogic Learning Edition*** ist in eine Trainingsversion des Simulationssystems, das kostenfrei unter der URL im URL-Verzeichnis heruntergeladen werden kann. Mit ihm kann man sowohl agentenbasierte Simulationen durchführen, als auch dynamische, mathematische und diskrete Modellierungen vornehmen.

In agentenbasierten Modellen können Agenten als Modell für Fahrzeuge, Rohstoffe, Produkte, Ideen, Organisationen, Grundstücke oder Personen in unterschiedlichen Rollen dienen. Dabei können Agenten die unterschiedlichsten Eigenschaften haben. Manche kommunizieren untereinander, andere leben isoliert, manche leben in einer speziellen Umwelt, andere nicht. Weiterhin können Agenten lernfähig sein, während andere ihr Verhalten nicht ändern.

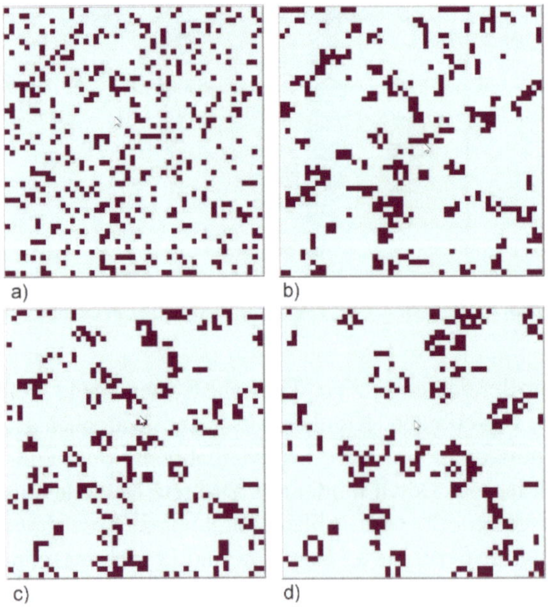

Bild 8.8: *Sequenz der Simulationsschritte im „Game of Life"*

Eine der ältesten agentenbasierten Simulationen ist die Simulation „Game of Life" (Spiel des Lebens). Es simuliert quasi, wie unter vorgegebenen Bedingungen als „Lebewesen" (Zellen oder auch Individuen) bezeichnete Objekte in einer 2D-Umgebung leben, sich vermehren und sterben. Bild 8.8 zeigt eine Simulationssequenz zu Anfang (a), nach einem (b), zwei (c) und 10 Schritten (d). Die mit Hilfe von „Netlogo" durchgeführte Simulation zeigt im ersten Teilbild (a) eine zufällig erzeugte Population von Lebewesen. Ein kleines quadratisches Kästchen (patch) stellt ein Lebewesen innerhalb einer 2D-Matrix von 50x50 Patches dar. Zwischen 2 Schritten wird in der Simulation geschaut, wie viele „lebende Nachbarn“ ein „Lebewesen“ besitzt. Die anfänglich zufällige Verteilung neigt dazu, sich von Schritt zu Schritt in inselförmigen Bereichen zu konzentrieren. Gewisse Konfigurationen bleiben auch für längere Zeit stabil, wenn nicht andere Strukturen über sie hinwegwandern.

In Bild 8.9 ist dargestellt, wie der Algorithmus für die Agenten arbeitet. In Teilbild a) ist eine Anordnung von vier „Lebewesen“ (lila Farbe) innerhalb der 2D-Matrix dargestellt. In Teilbild b) ist die Farbcodierung der Patches durch eine solche aus logischen Einsen und Nullen ersetzt worden. Teilbild c) zeigt für alle Patches an, wie viele „lebende Nachbarn“ ein Feld hat. Im ersten Schritt des Algorithmus werden alle Felder, die nicht den Wert „2“ für lebende Nachbarn enthalten, auf den logischen Wert 0 gesetzt. Dies betrifft Felder mit „0“ und „1“ (zu wenig Nachbarn) und Felder mit „3“ (zu viel Nachbarn). Wie in Teilbild d) gezeigt, wird der vorhandene logische Wert in den grün hinterlegten Feldern, weil sie eine „2“ enthalten, beibehalten. Alle übrigen Felder erhalten den logischen Wert 0, wodurch dort vorher vorhandene Lebewesen „sterben“. Diese Vorgehensweise dient dazu festzustellen, welche Felder eine geringe aber nicht zu geringe und nicht zu große Nachbarschaftsdichte enthalten. Dort herrschen günstige Lebensverhältnisse und die Population bleibt erhalten.

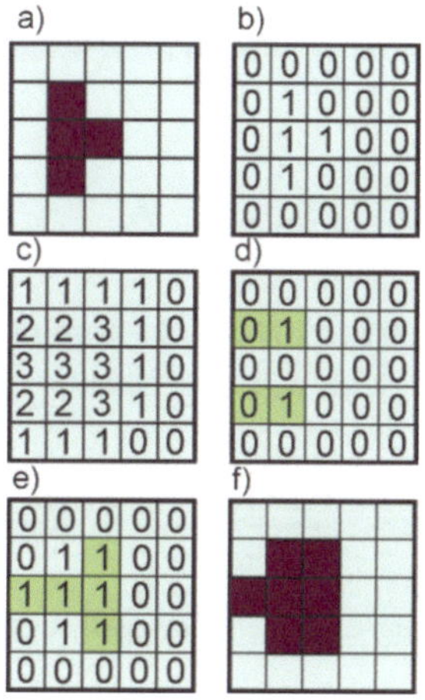

Bild 8.9:*Algorithmus eines Agenten im „Game of Life“*

Im zweiten Schritt wird in allen Feldern, die drei Nachbarn besitzen Nachwuchs durch „Geburt“ erzeugt, bzw. schon vorhandene Bevölkerung bleibt erhalten. Dies sind die grün hinterlegten Felder in Teilbild e), das auch die logischen Werte der übrigen Felder aus Teilbild d) enthält. In Teilbild f) ist wieder die Farbcodierung der Patches wie in Teilbild a) vorgenommen worden und zwar entsprechend der logischen Werte in Teilbild e). Durch diesen Simulationsalgorithmus wurden die Simulationsschritte in Bild 8.8 erzeugt.

8.2.1 Strategische Ebene

Wie bereits erwähnt, ist es sinnvoll auf der strategischen Ebene das globale Systemverhalten durch ein dynamisches mathematisches Modell darzustellen, in das man später Agenten einsetzen kann. Ein wesentliches Modellelement der oben behandelten dynamischen Systeme ist ein Speicher, der bestimmte Quantitäten von Energie, Objekten oder Informationen integriert. Steht ein solches Speicherelement, das im Programm ***AnyLogic*** als „stock“ (engl. Vorrat) bezeichnet wird, für eine Zustandsgröße des Systems, so bekommt sie ihren Eingang entweder von außen oder von einem weiteren Element, das für eine Flussgröße (Zuwachsrate) steht [Grigo]. Diese Größe wird im Programm als „flow“ bezeichnet. Bild 8.10 zeigt zwei Stock-Elemente (kleine Quadrate) mit den Bezeichnungen „Potentielle Nutzer“ und „Nutzer“, die durch einen Flow mit der Bezeichnung „Nutzungsrate“ verbunden sind. Diese Nutzungsrate wird durch ein Element für eine dynamische Variable (Betrag) über einen Link (kleiner gepfeilter Bogen) vorgegeben. Die Links geben an, welche Variablen von welchen Parametern oder externen Größen abhängen. Die Elemente dieser grafischen Eingabe eines mathematischen Modells sind eindeutig durch ihre Namen identifiziert. Die Zustandsgröße „Nutzer“ wird wie folgt im Kontext durch folgende Gleichung festgelegt:

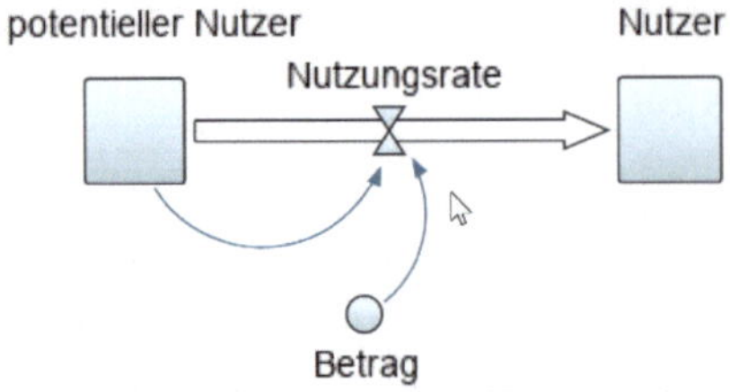

Bild 8.10: *Stock-Elemente und Flussgrößen in AnyLogic*

$$\frac{d(Nutzer)}{dt} = Nutzungsrate \quad ,$$

was gleich der Form

$$Nutzer = \int Nutzungsrate$$

ist. Dies bedeutet, dass die Nutzungsrate zur Zustandsgröße Nutzer aufintegriert wird. Entsprechend gilt:

$$\frac{d(potentieller\ Nutzer)}{dt} = -Nutzungsrate,$$

weil die Zustandsgröße „potentieller Nutzer“ durch die Nutzungsrate reduziert wird. Aufgrund des zweiten Links von „potentieller Nutzer“ nach „Nutzungsrate“ kann die Nutzungsrate in einer Kontextgleichung als

$$Nutzungsrate = potentieller\ Nutzer\ \cdot Betrag$$

oder auch beispielsweise als

$$Nutzungsrate = potentieller\ Nutzer/Betrag$$

festgelegt werden.

Auf diese Weise soll nun ein Modell der Ausbreitung einer ansteckenden Krankheit in einer Population mit AnyLogic entwickelt und simuliert werden. Dazu müssen verschiedene Annahmen über das Infektionsgeschehen gemacht werden. Betrachtet wird eine größere Personengruppe, die mit dem Parameterwert „Gesamtbevölkerung“ bezeichnet wird. Nun soll simuliert werden, wie das Infektionsgeschehen abläuft, wenn anfangs eine Person mit der betrachteten Krankheit infiziert (Zustandsvariable „infektiös“ = 1) ist.

Im Modell sollen vier verschiedene Personengruppen (stocks) unterschieden werden. Dazu wird das Fortschreiten des Infektionsprozesses durch diese vier Personengruppen in Phasen gegliedert, die durch ihre besonderen Eigenschaften gekennzeichnet werden:

- *empfänglich* Personen, die noch nicht infiziert sind, aber aufgrund ihres Immunsystems infiziert werden können.
- *exponiert* Personen, die infiziert sind, aber vor Ablauf der Inkubationszeit noch keine weiteren Personen infizieren können.
- *infektiös* Personen, die infiziert sind und auch andere anstecken können.
- *rekonvaleszent* Personen, die wieder gesund sind und andere nicht mehr anstecken können.

Für das Modell werden fünf Parameter festgelegt. Bei der „Gesamtbevölkerung" wird von 20000 ausgegangen, die „Infektiosität" soll eine Wahrscheinlichkeit von 50% besitzen. Dies ist die Wahrscheinlichkeit, dass eine infizierte Person beim Zusammentreffen eine empfängliche Person infiziert. In der Infektionsphase wird eine Person im Durchschnitt mit 1,5 Personen pro Tag zusammentreffen. Die durchschnittliche „Inkubationszeit" der Krankheit möge 8 Tage betragen, die „Krankheitsdauer" im Durchschnitt 12 Tage. Nach durchstandener Krankheit ist eine Person nicht mehr infektiös.

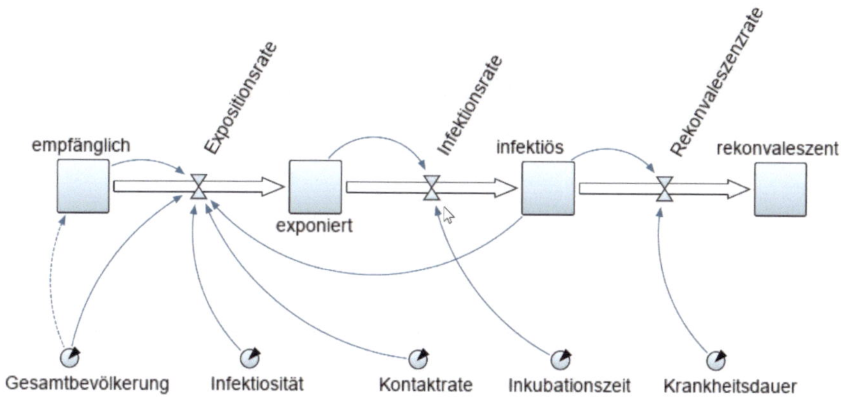

Bild 8.11: *Simulationsmodell des Infektionsprozesses in AnyLogic*

Das Bild 8.11 zeigt das Simulationsdiagramm für den Infektionsprozess, das mit Anylogic erstellt wurde. Die zu integrierenden Änderungsraten sind von den Parametern und den aktuellen Zustandsvariablen abhängig. So ergibt sich die „Expositionsrate" wie folgt:

$$Expositionsrate$$
$$= infektiös \cdot Infektiosität \cdot Kontaktrate \cdot \frac{empfänglich}{Gesamtbevölkerung} ,$$

da für die Zustandsgröße „empfänglich“ gilt

$$empfänglich = Gesamtbevölkerung - Expositionsrate \ .$$

Normalerweise beeinflussen Parameter nur die Änderungsraten, können aber auch in Anfangsbedingungen von Zustandsvariablen eingehen. Da in der Anfangsbedingung der Zustandsvariablen „empfänglich“ der Parameter „Gesamtbevölkerung“ auftaucht, auf den die Expositionsrate bezogen wird, ist der Link zur Zustandsvariablen gestrichelt gezeichnet.

Für die weiteren Änderungsraten gilt:

$$Infektionsrate = \frac{exponiert}{Inkubationszeit}$$

$$Rekonvaleszensrate = \frac{infektiös}{Krankheitsdauer}$$

Für die Anfangswerte der anderen Zustandsvariablen gilt:

$$exponiert = 0 \quad und \quad rekonvaleszent = 0 \ .$$

Damit kann nun eine Simulation durchgeführt werden, wobei die Simulationsschritte in Tagen erfolgen. Neben der numerischen Anzeige aller Variablen, kann man auch

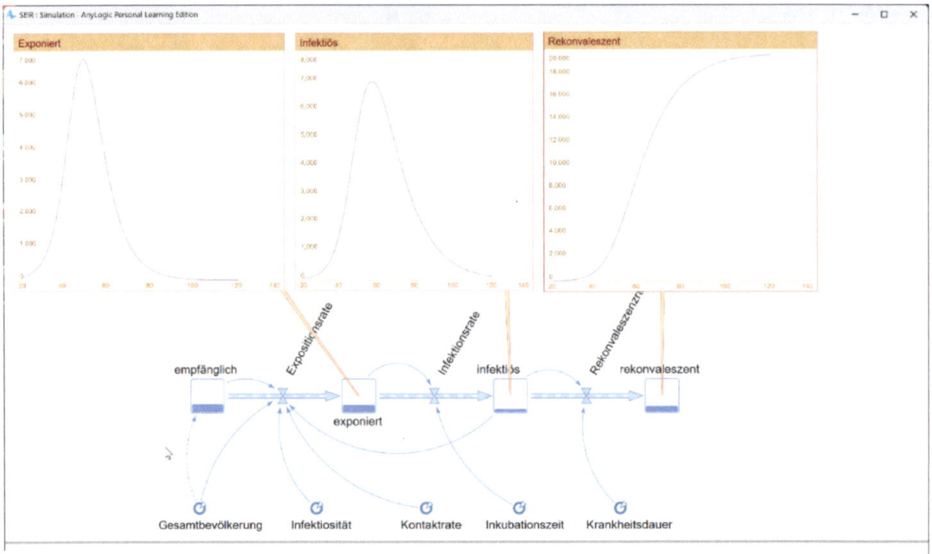

Bild 8.12: *Simulationsdiagramm mit Kurvendarstellungen der Zustandsvariablen*

die Zustandsvariablen als Graph darstellen (Bild 8.12). Wie man sieht, steigt nach Ablauf der ersten Inkubationszeit die Anzahl der exponierten und auch der infizierten Personen exponentiell an. Der Anstieg der Exponierten erreicht nach ca. 50 Tagen ein Maximum von etwa 6800 Personen, der Anstieg der Infizierten erreicht etwas verzögert nach ca. 55 Tagen ein Maximum von ca. 7100 Personen. Nach Ablauf der ersten Inkubationszeit und dem Krankheitsverlauf (20 Tage) steigt auch die Anzahl der rekonvaleszenten Personen exponentiell an und erreicht nach ca. 120 Tagen eine Sättigung, d. h. alle infizierten sind inzwischen genesen. Man bekommt also eine detaillierte Darstellung des Verlaufes des Infektionsgeschehens. Dies ermöglicht der „Gesundheitsversorgung" vor Ausbruch der Infektionswelle durch gezielte Gegenmaßnahmen das Infektionsgeschehen zu beeinflussen.

Man kann auch andere Plotdarstellungen wie die in Bild 129 verwenden, in der alle Kurvenverläufe in einem Diagramm dargestellt werden. In diesem Bild kann man die durch geänderte Simulationsdaten hervorgerufenen Zustandsänderungen analysieren. Gegenüber der Simulation in Bild 128 wurde die Infektiösität auf 70% und die Kontaktrate auf 1,7 Kontakte pro Tag geändert.

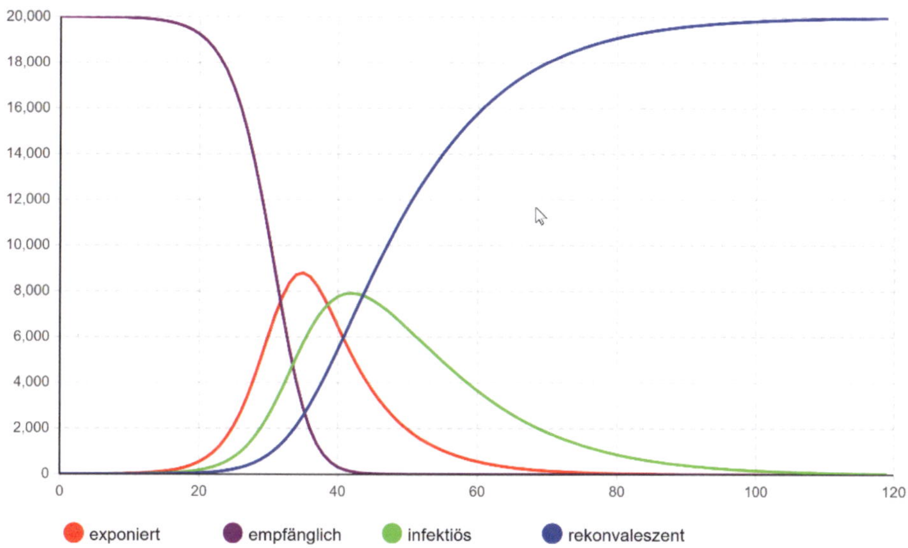

***Bild 8.13:** Diagramm mit allen Zustandsvariablen und geänderten Parametern*

Wie man in Bild 8.13 sieht, verschiebt sich das Maximum der exponierten Personen auf den 35. Tag des Infektionsgeschehens und erreicht die Höhe von 8800 Personen.

8.2.2 Taktische Ebene

Während beim vorherigen Beispiel die Population nicht als Individuen behandelt wurden, sind in der agentenbasierten Modellierung die Agenten Einzelindividuen, deren Verhalten bei der Interaktion verschieden sein kann. Prinzipiell sehen agentenbasierte Modelle in AnyLogic ebenso aus wie in Netlogo, aber die Modellerstellung erfolgt nicht in einer Programmiersprache wie Logo, sondern ist menügeführt und verwendet grafische Darstellungen. So wird das Verhalten der Agenten nicht durch Programmcode, sondern über ein Zustandsdiagramm modelliert. Die Modellelemente werden dafür durch Drag und Drop aus Auswahlmenüs in einen grafischen Editor gezogen und untereinander verbunden. Hinter den Grafikelementen steht natürlich wieder ein in der Programmiersprache Java formulierter Programmcode, aus dem sich das Modell aufbaut.

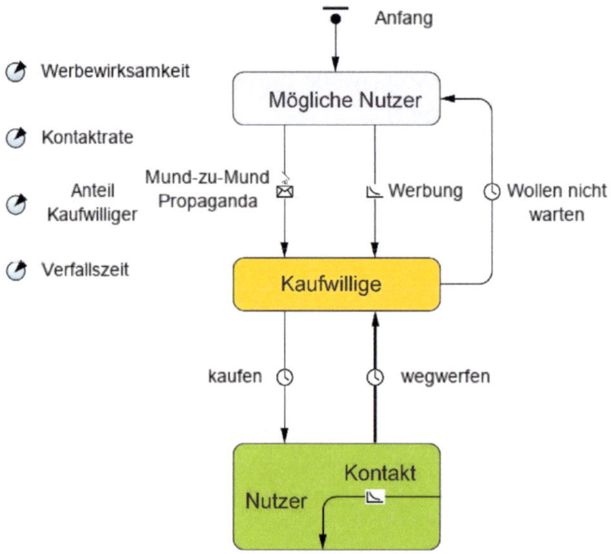

***Bild 8.14:** Grafisches Modell eines agentenbasierten Prozesses zur Transformation des Käuferverhaltens*

In Bild 8.14 ist das grafische Modell eines agentenbasierten Prozesses dargestellt, in dem potentielle Käufer eines Produktes durch verschiedene Maßnahmen und Prozessumstände zu Nutzern transformiert werden. Das Modell besteht aus „Zuständen", „Übergängen" und „Parametern". Die Zustände stellen unterschiedliche Ausprägungen des Agenten „Käufer" dar. Zu Anfang sind alle „Mögliche Nutzer" des Produktes. Sie werden durch das entsprechende rechteckige Feldsymbol dargestellt. Damit aus den möglichen Nutzern „Kaufwillige" werden, wird ein Zustandsübergang (Symbol Funktionsgraph) in Form von „Werbung" verwendet. Dieses Symbol wird beim Diagrammentwurf aus einem Auswahlmenü zwischen die beiden Zustände „Mögliche Nutzer" und „Kaufwillige" gezogen und durch Andocken automatisch zwischen den Zuständen eingefügt. Die Wahrscheinlichkeit, dass Werbung einen Übergang vom „möglichen Nutzer" zum „Kaufwilligen" bewirkt, wird durch den Parameter „Werbewirksamkeit" beeinflusst. Eine weitere Möglichkeit vom Zustand „Möglicher Nutzer" in „Kaufwilliger" zu wechseln, ist ein Übergang durch eine Mitteilung (Symbol Brief), die als „Mund-zu-Mund Propaganda" bezeichnet ist. Sie wird durch den Parameter

„Anteil Kaufwilliger“ beeinflusst. Eine dritte Art von Übergang zwischen Zuständen ist eine Verzögerung (Symbol Uhr), die eine Zeitspanne beinhaltet, die zwischen Eintritt in den Zustand „Kaufwillig“ und „Nutzer“ entsteht, da dieser das Produkt erst noch kaufen muss.

Ein weiterer Übergang in umgekehrter Richtung ist durch die Verzögerungszeit festgelegt, die zwischen dem Kauf des Produktes und dem Unbrauchbarwerden des Produktes (Parameter Verfallszeit) vergeht. Innerhalb des Zustandes „Nutzer“ ist ein interner Übergang „Kontakt“ dargestellt, der den Zustand des betrachteten Agenten nicht verändert, aber andere Agenten informiert. Dies ist die Meldung, die den Übergang „Mund-zu-Mund Propaganda“ hervorruft.

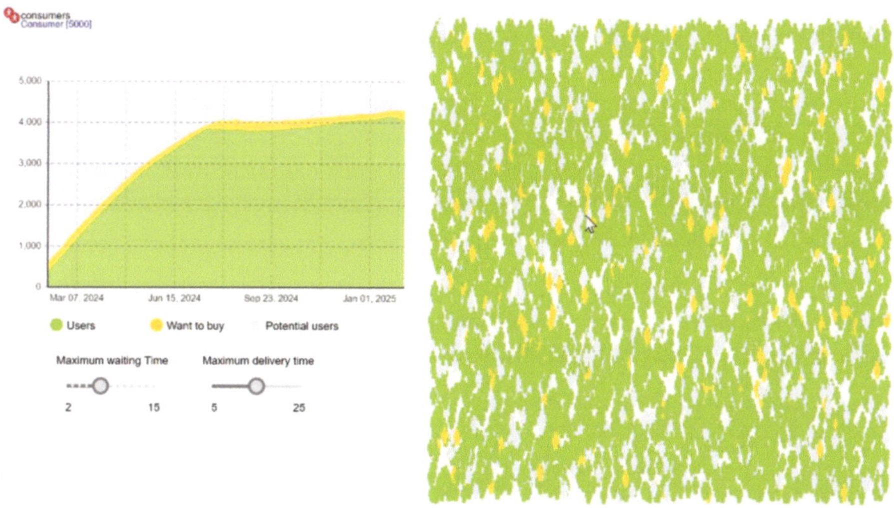

Bild 8.15: *Grafische Darstellung des Simulationsprozesses als Diagramm und Feld mit Personen als „Turtles“*

Eine weiterer Modellprozess ist die Tatsache, dass das Produkt nicht jederzeit zur Verfügung steht, sondern eine Lieferzeit beinhaltet. Dieser Zeitverzug bedingt, dass einige „Kaufwillige“ durch den Übergang „Wollen nicht warten“ in den Zustand „Möglicher Nutzer“ zurückfallen.

Dieser schon mit recht vielen Aspekten ausgestattete agentenbasierte Modellprozess kann visualisiert werden. Dies ist in Bild 8.15 durch ein Diagramm in Form eines Zeitdiagramms mit übereinander gestapelten Anteilsgraphen der verschiedenen Käufergruppen dargestellt ist. Außerdem werden die 5000 Einzelagenten (consumer) in einem Feld rechts dargestellt, in dem diese durch kleine Personensymbole angezeigt werden. Diese Darstellung ist nur während der Simulation aussagekräftig. Man kann das Simulationsgeschehen auch durch Schieberegler beeinflussen (waiting time: Wartezeit, delivery time: Lieferzeit) und dadurch ermitteln, wie diese Zeiten sich auf das Gesamtgeschehen auswirken.

8.2.3 Operative Ebene

Auf dieser Ebene der Modellbildung, werden realistische Layouts der Modellwelt mit konkreten, zum Teil in dreidimensionaler Darstellung ausgeführten Agenten, visualisiert und die Prozessabläufe modelliert. Daher bietet sich hier eine diskrete Modellbildung an.

Die Prozesse bestehen aus einer Sequenz von Einzelschritten, die durch Agenten ausgeführt werden. Die Prozesse enthalten meist Verzögerungs- oder Verweilzeiten, Zuarbeiten durch verschiedenste Prozessoperationen, Auswahl unterschiedlicher Prozessabschnitte, Aufspaltungen und Zusammenfassungen. Da die Agenten meist im System um begrenzte Ressourcen konkurrieren, sind Warteschlangen ein kennzeichnendes Element der diskreten Modellbildung. Dabei können „Agenten" oder allgemeiner „Transaktionen" Kunden, Patienten, Telefonanrufe, physikalische oder elektronische Dokumente, Bauteile, Produkte, Paletten, Container, Fahrzeuge, Aufträge, Projekte oder auch Ideen sein. „Ressourcen" können Personal, Handwerker, Ärzte, Maschinenbediener, Rechner, Rechnerbestandteile, Einrichtungsgegenstände, Maschinen, Ausrüstungen oder Transporteinrichtungen sein.

Wartezeiten oder die Ankunftszeiten von Agenten, wie typischerweise Personen in öffentlichen Verkehrssystemen, sind normalerweise stochastisch. Daher sind diskrete Modelle in der Regel ebenfalls stochastisch. Um daher mit Hilfe des Modells reprä-

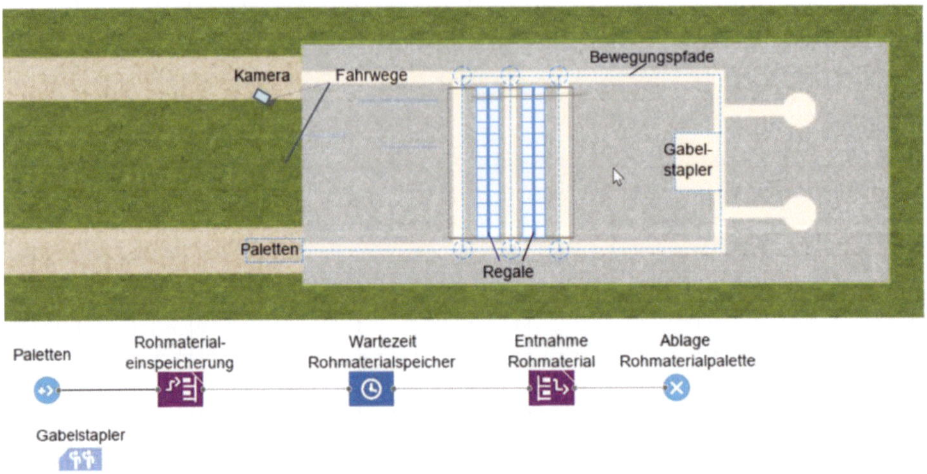

__Bild 8.16:__ Grafische 2D-Darstellung des Grundrisses eines Zwischenlagers und Ablaufkette der Transportvorgänge

sentative Aussagen über das Systemverhalten machen zu können, muss das Modell über einen längeren Zeitraum simuliert werden, bzw. eine bestimmte Anzahl von Wiederholungen durchgeführt werden.

Bild 8.16 zeigt das einfache Beispiel eines Zwischenlagers für Werkstücke, in welchem Teile, die auf Paletten angeliefert werden, durch Gabelstapler in Rohmaterialspeicher in Form von Regalen eingelagert werden. Von dort werden sie auf Abruf zu weiteren Bearbeitungsplätzen durch Gabelstapler transportiert. Im oberen Bildteil befindet sich die 2D-Darstellung des Grundrisses und darunter die Ablaufkette. Sie enthält die erforderlichen Prozessschritte des Transportvorgangs in Form einer grafisch modellierten Ablaufkette. Die Regale zur Ablage der Rohmaterialpaletten und die Transportwege (Bewegungspfade) für die Gabelstapler werden durch grafische Werkzeuge aus Modellpaletten in den Grundriss eingefügt.

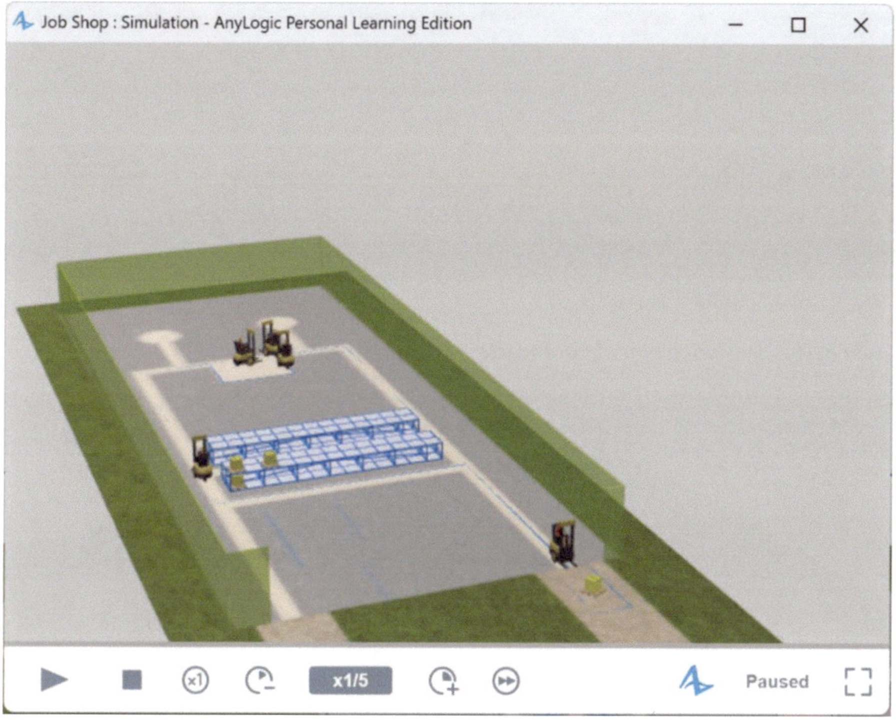

Bild 8.17: *Simulationsansicht des 3D-Modells des Zwischenlagers mit Regalen und Gabelstaplern*

Wenn Modellumgebung und Agenten modelliert sind und die Ablaufkette und erforderliche Ressourcen wie die Gabelstapler definiert sind, kann eine dynamische Simulation durchgeführt werden. Diese kann man entweder in einer 2D-Ansicht wie in Bild 8.16 oder in einer 3D-Ansicht wie in Bild 8.17 verfolgen. Für diese 3D-Ansicht kann man eine Kamera variabel in der 2D-Ansicht platzieren. Durch Variation der Palettenanlieferung, der Gabelstaplergeschwindigkeit, der Wartezeit im Rohmaterialspeicher usw. kann man untersuchen, ob es zu Schwachpunkten wie Stau, Lagerauslastungen und anderem kommt.

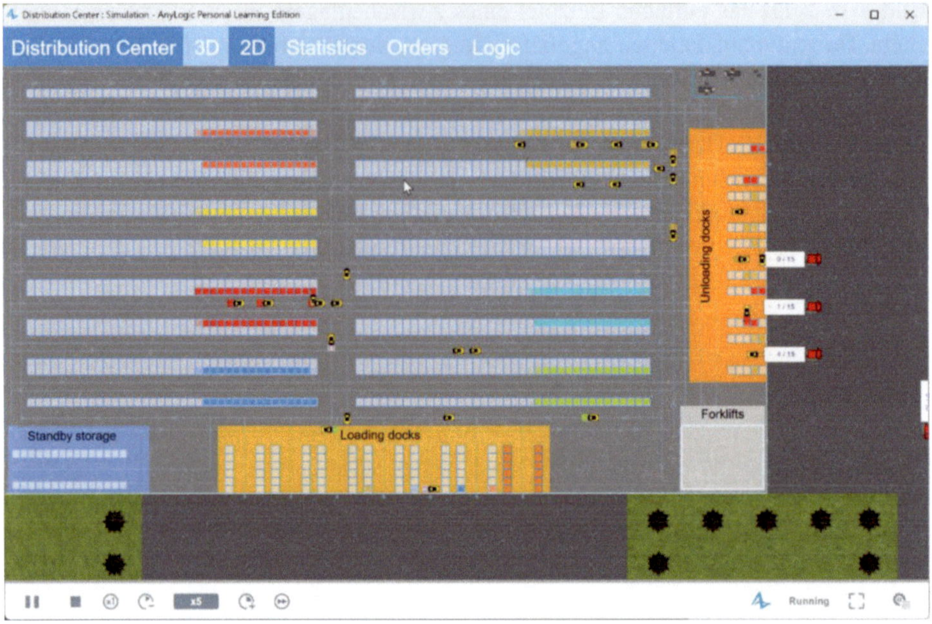

Bild 8.18: *2D-Modell eines Warenverteilzentrums aus AnyLogic*

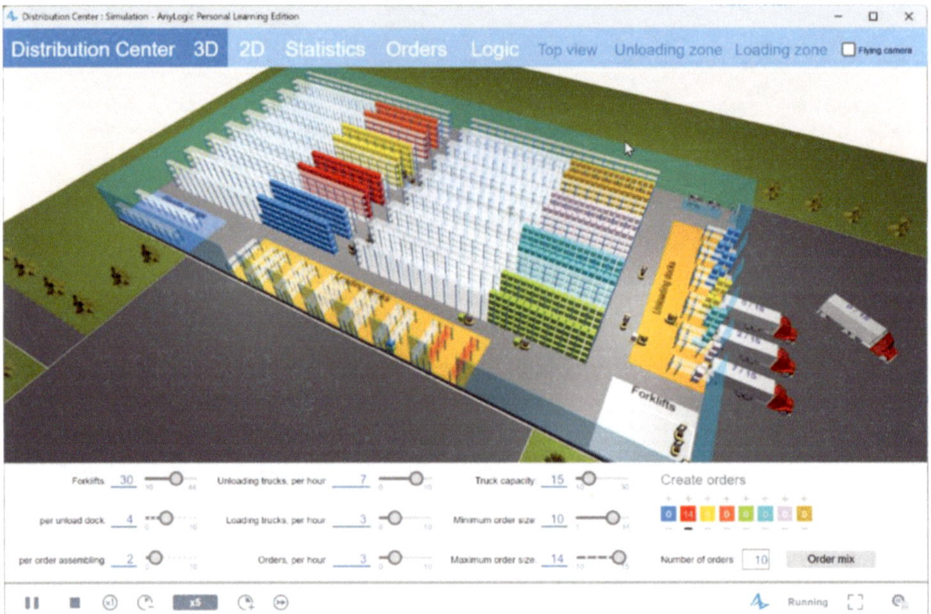

Bild 8.19: *3D-Ansicht des Warenverteilzentrums mit Einstellreglern*

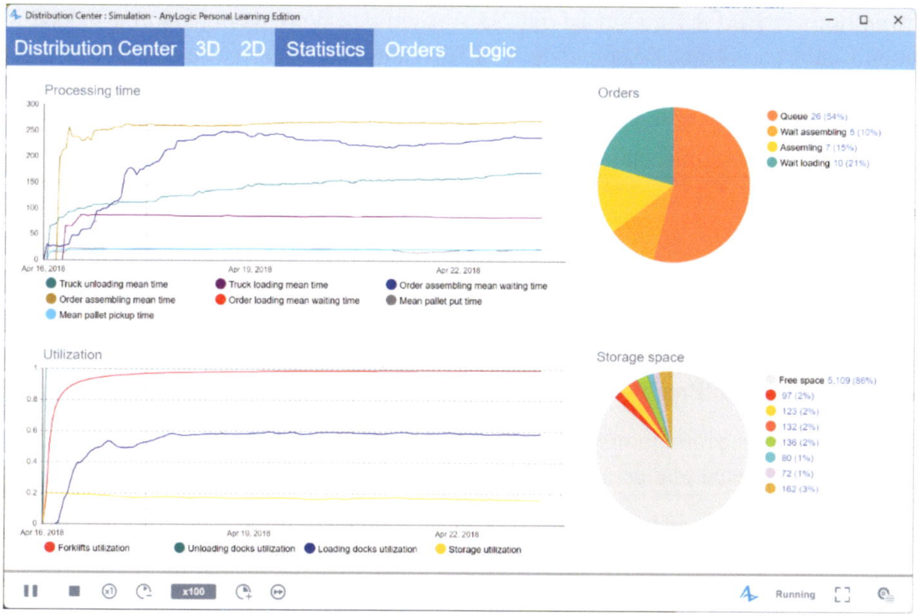

Bild 8.20: *Statistikbildschirm der Simulation des Warenhauses*

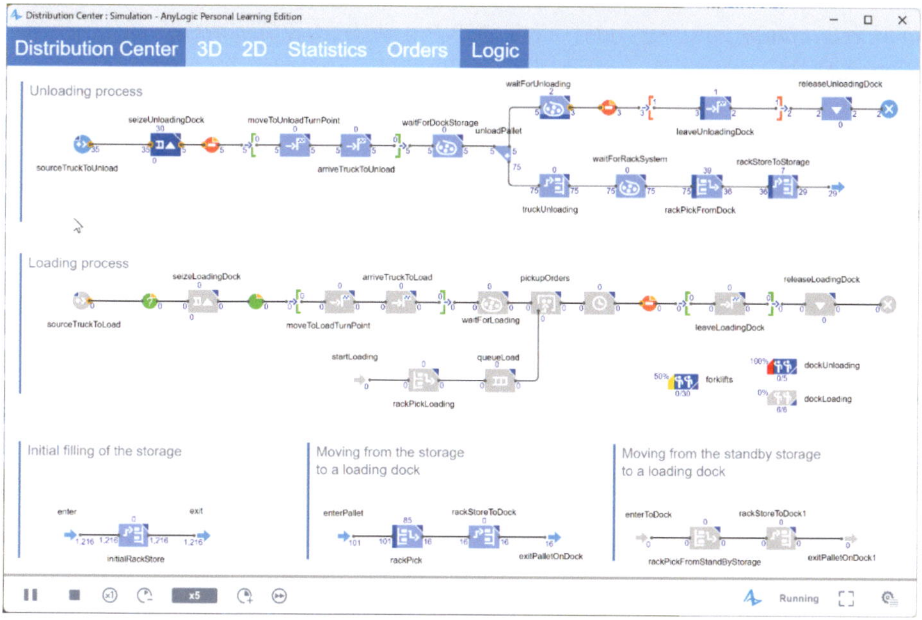

Bild 8.21: *Ablaufketten der Transportvorgänge der Warenhaussimulation*

Solche Modelle können natürlich beliebig komplex werden, wie das eines Warenverteilzentrums in Bild 8.18. Dort ist die 2D-Ansicht des Warenverteilzentrums (Distribution Center) aus einer Beispieldatei von AnyLogic dargestellt. Sie enthält umfangreiche Lagerbereiche mit Regalspeichern, Abstellflächen für Gabelstapler und Andockstationen für Straßentransporte mit LKW's. In der 3D-Ansicht desselben Gebäudes (Bild 8.19), sind unterhalb verschiedene Schieberegler für die Beeinflussung der Simulation dargestellt.

Für die Auswertung des Simulationslaufes ist der Statistikbildschirm in Bild 8.20 interessant, der den Verlauf von Prozesszeiten und Auslastungen der Agenten und Ressourcen in Abhängigkeit der Aufträge anzeigt.

Der Bildschirm mit den Ablaufketten der unterschiedlichen Transportvorgänge in Bild 8.21 zeigt zusätzlich Prozessdetails wie Reagalbelegung, Transportzeiten usw. an.

Mit einem solchen Simulationsinstrument kann man ein Lager und seine Schnittstellen zu anderen Prozessen planen und optimieren, bevor es überhaupt gebaut wurde.

Bei einfachen Transportprozessen wie dem Palettentransport mit Gabelstaplern braucht der exakte Aufnahmeprozess der Palette auf die Gabeln des Staplers nicht im Detail dynamisch modelliert werden, bzw. ist auch gar nicht möglich, da dieser Prozess stark vom Handhabungsgeschick des Staplerfahrers abhängt. Laufen die Transportvorgänge aber bahngesteuert in einer automatisierten Einrichtung wie einem Industrieroboter oder einer anderen Werkzeugmaschine ab, so kann man mit Hilfe eines ***Robotersimulationssystems*** oder einer ***NC-Programmiereinrichtung*** auch solche Prozesse exakt simulieren. Entsprechende Programme werden im nächsten Kapitel vorgestellt.

9 Simulationssysteme in Fertigungs- und Konstruktionstechnik

Es wurde bereits erläutert, wie das wichtige Fertigungsverfahren ***Gießen*** unter Verwendung eines physikalischen Modells durchgeführt wird. Als Verfahrenstyp wird Gießen in die Verfahrensgruppe ***Urformen*** eingeordnet. Bei diesen Verfahren ist die zu erzeugende Form in einem körperlichen Modell abgespeichert. Eine weitere wichtige Verfahrensgruppe der Fertigungstechnik ist das ***Trennen*** und hier haben die spanenden Verfahren eine herausgehobene Bedeutung. Mit Hilfe eines Werkzeugs werden bei diesen Verfahren Späne von einem meist metallischen Rohling abgetrennt und zwar gezielt so lange, bis sich die Fertigteilkontur herausgebildet hat.

9.1 Drehverfahren

Neben vielen anderen Zerspanungsverfahren wie Bohren, Fräsen oder Schleifen, ist das ***Drehen*** das am häufigsten genutzte Verfahren. Es dient dazu, Teile mit rotationssymmetrischer Form herzustellen wie Wellen, Achsen, Schrauben, Flansche oder Zylinder. Dazu wird der Rohling (Werkstück) an einer Antriebsachse fest eingespannt, die das Rohteil in Rotation versetzt. Dadurch bewegt sich ein Punkt auf der Werkstückoberfläche mit der so genannten Schnittgeschwindigkeit v_c, die für den Zerspanprozess eine wichtige technologische Bedeutung besitzt. Das keilförmige Zerspanwerkzeug wird dann am Rohteil des Werkstücks mit der Vorschubgeschwindigkeit v_f entlanggeführt und gegen dieses gedrückt, so dass der Schneidkeil des Werkzeugs in das Werkstück eindringt und einen Span vom Rohteil abtrennt (Bild 9.1). Durch entsprechende Führung des Werkzeuges, kann so dem Rohling die Fertigteilform aufgeprägt werden.

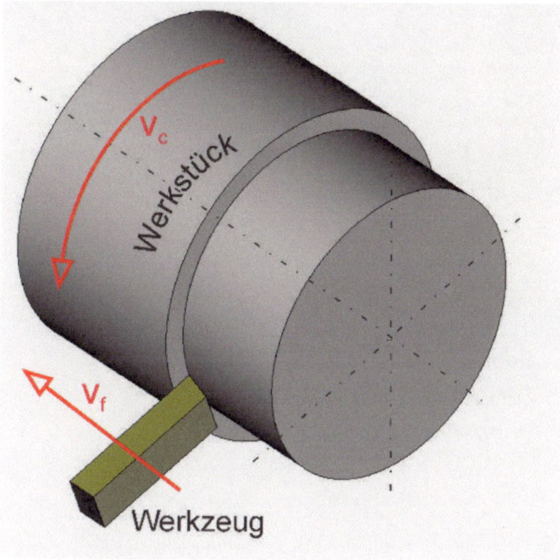

Bild 9.1: *Werkstück und Werkzeug beim Drehprozess*

W. Roddeck, *Die Welt der Modelle und Simulationen*, https://doi.org/10.1007/978-3-658-46305-2_9

Ursprünglich wurde dieses Fertigungsverfahren mit Hilfe einer „Wippendrehbank“ ausgeübt. Bild 9.2 zeigt eine historische Darstellung einer solchen Einrichtung aus dem Hausbuch der Mendelschen Zwölfbrüderstiftung, Band 1. Nürnberg 1426–1549.

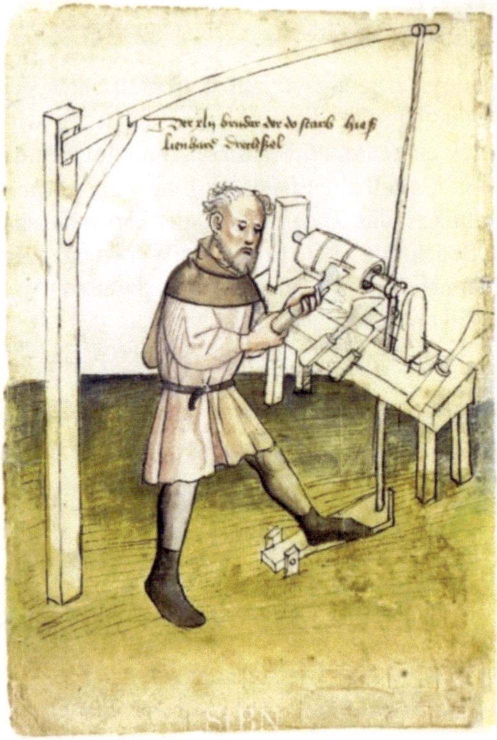

Bild 9.2: *Historische Darstellung der Zerspanung von Holz auf einer Wippendrehbank (Wikipedia)*

Die beiden erforderlichen Bewegungen, das Rotieren des Werkstücks mit v_c, das als ***Hauptbewegung*** bezeichnet wird und das Führen des Werkzeugs entlang der Rotationsachse des Werkstücks, das als ***Nebenbewegung*** bezeichnet wird, werden beide vom Maschinenbediener erzeugt. Das Werkstück ist von einer Schnur umschlungen, die am oberen Ende an einem elastischen Balken und am unteren Ende an einer fußbetätigten Wippe befestigt ist.

Tritt der Maschinenbediener auf die Wippe, so wird das Werkstück in Rotation versetzt. Diese Bewegung wird anschließend durch die gleichzeitig stattgefundene Verbiegung des elastischen Balkens zurückgeführt. Während der Vorwärtsrotation führt der Maschinenbediener das durch die Hand geführte Werkzeug am Werkstück entlang und trennt dadurch Späne vom

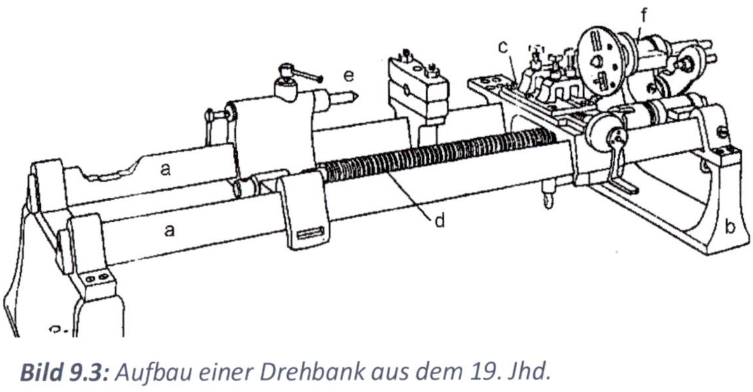

Bild 9.3: *Aufbau einer Drehbank aus dem 19. Jhd.*

Werkstück ab, was schließlich, nach mehrmaligen Arbeitsschritten, die Fertigteilkontur erzeugt.

Aufgrund der erforderlichen Antriebsleistung und der am händisch geführten Werkzeug auftretenden Kräfte, lassen sich auf einer solchen Einrichtung nur weichere Werkstoffe wie Holz oder Kupfer bearbeiten. In der aufkommenden Industrialisierung (18. Jahrhundert) wuchs jedoch der Bedarf an Werkstücken aus Eisen oder Stahl. Daher musste der Hauptantrieb durch leistungsfähigere Antriebe wie Wasserräder oder Dampfmaschinen ersetzt werden und die Nebenantriebe wurden mit Führungen versehen und ebenfalls durch maschinelle Antriebe ersetzt. Bild 9.3 zeigt eine Drehmaschine aus dem 19. Jhd., deren Gestell und Antriebseinrichtungen aus Stahl gefertigt sind. Die mit „*f*“ bezeichnete Einrichtung ist der Hauptantrieb und die durch eine Kurbel angetrieben Transporteinrichtung „*c*“ nimmt das Werkzeug auf und wird durch Drehung der Spindel „*d*“ in Richtung des Maschinenbettes „*a*“ verschoben.

Aufgrund der zunehmenden Stückzahlen der industriell zu fertigenden Werkstücke und dem Fehlen von qualifizierten Maschinenbedienern entstand bald auch das Bedürfnis, Werkstücke auf einer Drehmaschine automatisch zu fertigen. Eine Möglichkeit dies zu ermöglichen, war ein Geometriemodell des Werkstücks anzufertigen, in dem die Maße des Werkstücks gespeichert sind. Um dann die Kontur des zu fertigenden Werkstücks vom Modell auf den eingespannten Rohling zu übertragen, muss man die Modellkontur abtasten. Bild 9.4 zeigt schematisch den Vorgang des ***Kopierdrehens***. Der Fühler ist mechanisch mit dem Werkzeugschlitten verbunden, der die Längsbewegung automatisch ausführt. Dabei tastet der Fühler die Oberfläche des Modells - einer Kopierschablone - ab, wodurch eine verstärkte Bewegung des Vorschubschlittens mit dem Drehwerkzeug in Querrichtung hervorgerufen wird. Dadurch überträgt sich der Konturverlauf von der Schablone auf das Werkstück.

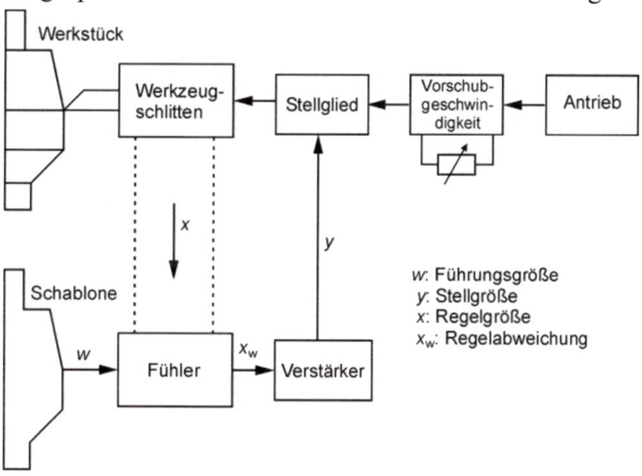

Bild 9.4: *Struktureller Aufbau einer Vorrichtung für das Kopierdrehen*

Das als „Kopieren“ bezeichnete Verfahren konnte besonders einfach hydraulisch gesteuert werden. Bild 9.5 zeigt schematisch einen Schnitt durch eine hydraulische Kopiereinrichtung. Die Zustellbewegung in Querrichtung wird durch einen Hydraulikzylinder erzeugt, dessen Kolben auf Vorder- und Rückseite unterschiedliche Flächen A_1

und A_2 besitzt. Anfangs befindet sich die Fühlerspitze vor der Kontur der Schablone und wird durch eine Feder herausgedrückt. Dadurch kann das Drucköl ungedrosselt in den vorderen und hinteren Zylinderraum strömen.

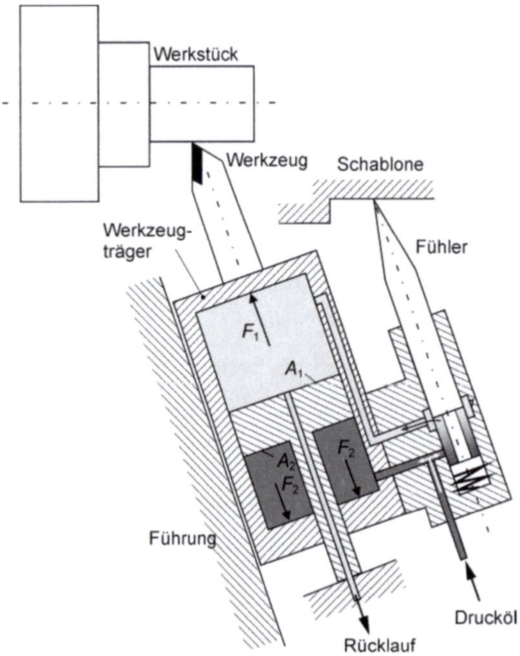

***Bild 9.5:** Aufbau des Kopierschlittens mit Fühler einer hydraulischen Kopiersteuerung*

Da die Flächen A_1 und A_2 auf den beiden Seiten des Arbeitskolbens unterschiedlich groß sind, sind die beiden Druckkräfte F_1 und F_2 bei gleichem Druck auch unterschiedlich groß. Die Vorschubkraft des Arbeitskolbens ist die Differenz der beiden Kräfte, wobei F_1 überwiegt. Da der Kolben feststeht, bewegt sich der Werkzeugträger (Hydraulikzylinder) auf das Werkstück zu. Berührt der Fühler die Schablone, so wird der Fühlerstift eingedrückt, wobei dessen hintere Steuerkante den Druckölzufluss zum vorderen Zylinderraum (A_1) drosselt, während der zum hinteren Zylinderraum (A_2) konstant bleibt. Dadurch sinkt F_1 und die Druckdifferenz wird zu Null. Die Druckkräfte für die Querbewegung sind nun im Gleichgewicht. Jetzt wird der automatische Längsvorschub eingeschaltet und dadurch der Taststift des Fühlers an der Schablone entlanggeführt. Trifft die Fühlerspitze auf die in Querrichtung verspringende Konturkante, so wird der Fühlerstift zurückgedrückt und der Steuerspalt durch den Fühlerstift ganz oder teilweise geschlossen. Dadurch wird die Vorschubkraft negativ und der Werkzeugträger gleitet zurück, wobei das überschüssige Öl über ein Gegendruckventil aus der vorderen Kammer des Arbeitszylinders abströmen kann. Bei Durchmesseränderungen in umgekehrter Richtung erfolgt die Bewegung entsprechend entgegengesetzt.

Solche Art von Steuerungen werden in der Fertigungstechnik kaum noch eingesetzt, da man mit NC-Steuerungen die gleichen Automatisierungsvorteile hat, ohne die relativ aufwendigen Kopierschablonen herstellen zu müssen. NC-Steuerungen werden in einem folgenden Kapitel erläutert. Außerdem ist ein Wechsel des Fertigungsprogramms deutlicher schneller möglich.

9.2 Technische Zeichnungen

Bei der handwerklichen Fertigung auf der Wippendrehbank hat der Handwerker das Modell des zu fertigenden Werkstücks im Kopf und führt die Nebenbewegungen davon ausgehend intuitiv aus. Bei einer industriellen Fertigung liegt meist der Fall vor, dass ein Werkstück in gleichbleibender Qualität (Geometrie und Oberfläche) in größerer Stückzahl hergestellt werden muss. Damit auch unterschiedliche Maschinenbediener diese Arbeit verrichten können, bedarf es eines materiellen Modells, in dem man die erforderlichen Fertigungsinformationen speichern und immer wieder abrufen kann.

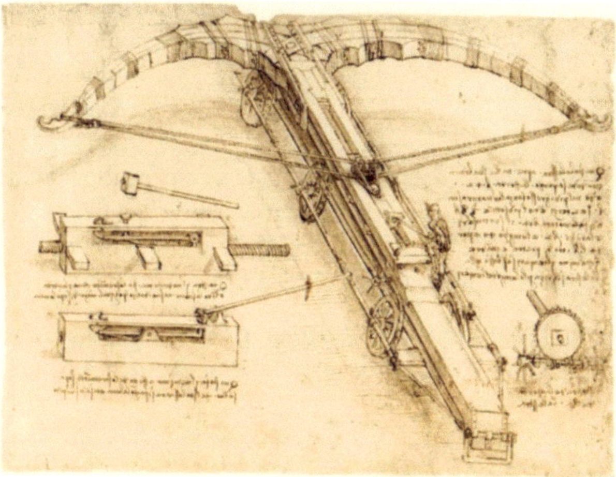

Bild 9.6: *Große Balliste aus dem Codex Atlanticus (Wikipedia)*

Es war naheliegend, dieses Modell in Form einer Zeichnung anzufertigen, der man die Geometrie und die Maße des Bauteils entnehmen kann. Frühe "Technische Zeichnungen" finden sich bei Künstlern wie Leonardo da Vinci (1452-1519). Die Darstellung in Bild 9.6 zeigt eine große Belagerungsarmbrust, die so wahrscheinlich nie gebaut wurde. Die Zeichnung stellt eine perspektivische Ansicht dar. Diese Art der Darstellung kam in der Renaissance auf und ist eine $2\frac{1}{2}$-dimensionale Darstellung, in der man versucht, das räumliche Bild eines Gegenstandes so darzustellen, wie es sich dem menschlichen Auge darbietet. Außerdem enthält die Zeichnung zwei Detailabbildungen in vergrößertem Maßstab, die die Art der Abzugsvorrichtung darstellen.

Wie man am Bild 9.6 sieht, ist die perspektivische Darstellung relativ aufwendig und stellt hohe künstlerische Anforderungen an den Zeichner. Gleichzeitig enthält sie keinerlei Informationen über Maße oder nicht sichtbare Teile der Konstruktion. Deshalb ging man bei Beginn der Industrialisierung auf zweidimensionale Abbildungen der Objekte in rechtwinkliger Parallelprojektion (Orthogonalprojektion s. Bild 9.7) über. Die Kanten und Symmetrie-Linien der meisten technischen Gegenstände sind untereinander rechtwinklig angeordnet oder rotationssymmetrisch. Ordnet man ein

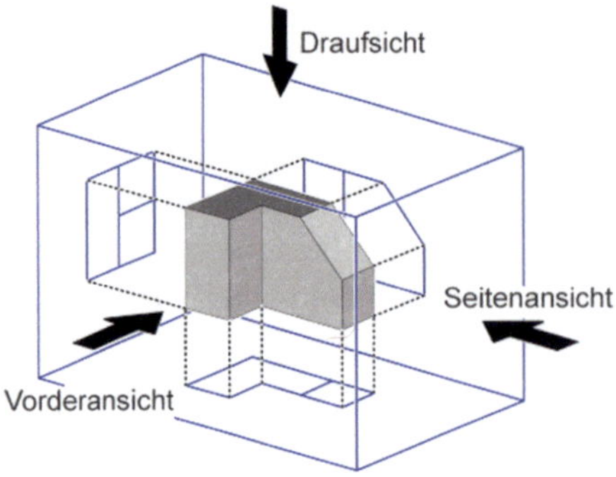

***Bild 9.7:** Orthogonalprojektionen eines prismatischen Körpers (Wikipedia)*

kartesisches Koordinatensystem parallel und rechtwinklig zu den Werkstück-kanten und -flächen an, so kann man drei entsprechende Ansichten des Teils als Vorder-/Rückansicht, Seitenansicht von rechts/links und Drauf-/Untersicht in je einer Richtung der Koordinatenachsen erzeugen. Die in den drei Koordinatenebenen liegenden Flächen werden unverzerrt abgebildet. Während bei einer perspektivischen Darstellung der Abbildungsmaßstab sich mit dem Abstand der Bildebene vom Betrachter ändert, ist bei einer Parallelprojektion der Abbildungsmaßstab unabhängig davon und es werden alle Längen maßstabsgleich dargestellt. Allerdings bedarf es beim Zeichnungsleser eines guten räumlichen Vorstellungsvermögens, um sich die Geometrie des Körpers aufgrund der verschiedenen Ansichten zu visualisieren. Dazu kommt häufig noch, dass Hohlkörper durch zusätzliche virtuelle Schnitte durch den Körper dargestellt werden.

Eine solche technische Zeichnung (Bild 9.8) ist ein Modell des Bauteils, dem die Geometrie und die Maße entnommen werden können. Später wurden dann in die

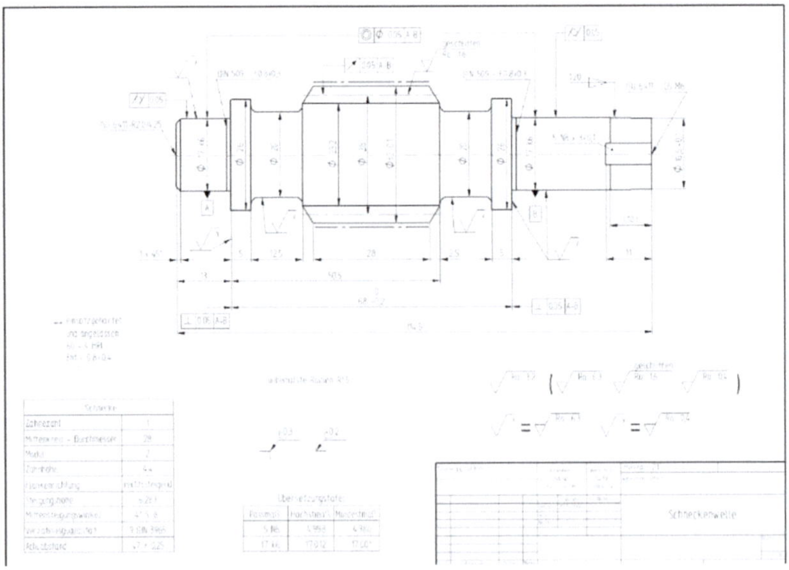

***Bild 9.8:** Technische Zeichnung einer Schneckenwelle (Wikipedia)*

Beschriftungen des Teils weitere Informationen wie Werkstoffangaben, Genauigkeiten (Toleranzen, Passungen) und Oberflächenqualitäten aufgenommen.

Anhand der technischen Zeichnung kann ein ausgebildeter Maschinenbediener auf einer entsprechenden Werkzeugmaschine gleichartige Werkstücke erzeugen. Er muss dazu die im Modell enthaltenen Maßangaben in Maschineneinstellungen übersetzen. Als in den 50er Jahren des 20. Jhd. elektronische Digitalrechner aufkamen, entstand der Wunsch, die numerischen Geometrie- und Technologieeingaben mit den Möglichkeiten der Dateneingaben solcher Rechner so zu verschlüsseln, dass die Werkzeugbewegungen und Maschineneinstellungen durch eine Werkzeugmaschine automatisch durchgeführt werden konnten.

Ursprünglich wurden technische Zeichnungen mit einem Zeichengerät, das Tusche verwendete, auf einem Papier ausgeführt, das eine Änderung der Zeichnung durch Auskratzen mit einer scharfen Klinge zuließ. Dadurch waren spätere Änderungen möglich. Da sie vielfach im Maßstab 1:1 ausgeführt wurden, welcher ein direktes Abnehmen der Maße von der Zeichnung zulässt, waren deshalb auch sehr große Formate wie DIN A0 üblich. Diese Normmaße (DIN: Deutsches Institut für Normung) sind 1923 in der DIN-Norm 476 mit den Untergruppen A – D festgelegt worden, von denen die Untergruppen A – C noch heute gültig sind. Vorher gab es eine Vielzahl unterschiedlicher Maßgrößen von Papierbögen und Druckseiten, deren Größe sich von einem Bogenformat mit den Seitenverhältnissen 3:4 oder 2:3 ableitete, das besonders für die Herstellung des Papiers durch das Bogenschöpfen von Hand geeignet war.

Beim DIN A-Format ist das Seitenverhältnis $1{:}\sqrt{2}$, was zur Folge hat, dass ein benachbartes DIN-Format durch Halbierung (Verdoppelung) exakt das gleiche Seitenverhältnis aufweist und die halbe bzw. die doppelte Fläche besitzt. Ausgangspunkt der Normung ist das Format DIN A0, das genau einen Quadratmeter Fläche umfasst.

Solche großen technischen Zeichnungen wurden auf Transparentpapier gezeichnet, wodurch man bei Durchleuchtung die Zeichnungslinien als Schattenwurf erhält. Dies war erforderlich, um Zeichnungen vervielfältigen (kopieren) zu können. Diese Vorgehensweise wird auch als ***Lichtpause*** bezeichnet, bei der die transparente Vorlage durchleuchtet wird und sich dadurch auf einem fotoempfindlichen Papier abbilden lässt. Ein erstes Verfahren wurde im Jahr 1842 von dem englischen Astronomen Herschel in Form der ***Cyanotypie*** entwickelt. Dabei handelt es sich um ein fotografisches Nassdruckverfahren, das anders als die Daguerrokopie (Fotografie) Eisensalze anstelle von Silbersalzen benutzt. Diese bilden dann bei Belichtung und Fixierung blaue Farbstoffe anstelle der schwarzen Farbstoffe bei Silbersalzen aus. Davon leitet sich dann auch die für solche Lichtpausen verwendete Bezeichnung ***Blaupause*** ab.

Die recht aufwendige Technik wurde nach dem 2. Weltkrieg von der trocken arbeitenden ***Diazotypie*** abgelöst. Dies ist ein Positivverfahren, bei dem die dunklen Zeichnungslinien der Vorlage ebenfalls dunkel auf einem hellen Trägerpapier abgebildet werden. Auf dem Träger befindet sich ein Azofarbstoff, der in einem trockenen

Prozess durch Ammoniakdämpfe an den belichteten Stellen hell entwickelt wird, wodurch die unbelichteten Stellen (durch Zeichnungslinien abgeschattet) als dunkle Linien stehen bleiben.

9.3 Numerische Steuerungen

Die erste NC-Steuerung (NC: numerical control) wurde 1952 am Massachusetts Institute of Technology MIT entwickelt. Sie war mit Elektronenröhren aufgebaut und steuerte die drei Achsen einer Fräsmaschine mit vertikaler Spindel. Mit der Entwicklung der Halbleitertechnik wurden die Elektronenröhren jedoch von Transistoren, integrierten Halbleiterbauelementen und Mikroprozessoren verdrängt. Heutige NC-Steuerungen sind auf der Basis eines oder mehrerer Mikroprozessoren aufgebaut und werden deshalb auch häufig als CNC-Steuerungen (Computerized Numerical Control) bezeichnet. Die Methode der Dateneingabe wurde aber bereits frühzeitig genormt, so dass diese noch heute verwendet wird.

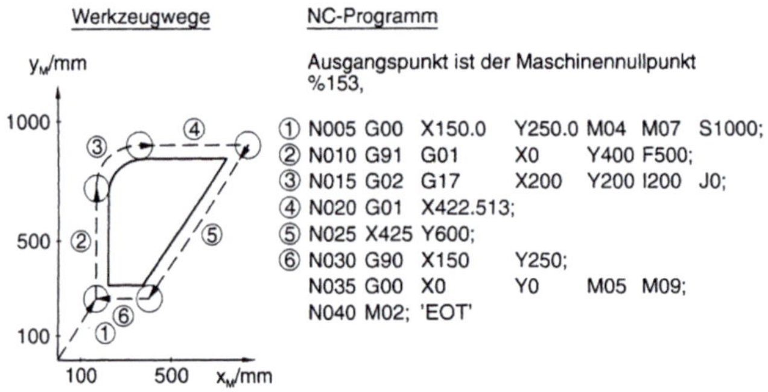

Bild 9.9: Teilekontur und NC-Programm

Bild 9.9 zeigt ein Beispiel eines solchen NC-Bearbeitungsprogramms. Alle Informationen werden als Folge von Buchstaben und Zahlenkombinationen (daher numerisch) eingegeben. Die Einzelinformationen werden jeweils durch einen Kennbuchstaben (Adressbuchstaben) bezeichnet. So steht der Buchstabe „G“ für eine Weginformation (Gerade, Kreis, usw.) die zugehörige Zahl ist eine Kennziffer. Maße werden mit den Buchstaben „X“ und „Y“ bezeichnet, die zugehörigen Zahlen sind Maßangaben in mm. Auch technologische Informationen wie die Drehzahl der Hauptspindel oder die Nebengeschwindigkeiten können über die Buchstaben „S“ und „F“ angegeben werden. Nachdem ein solches Bewegungsprogramm in die Maschinensteuerung eingegeben wurde, kann die Werkzeugmaschine vollautomatisch die Bewegungen und Einstellungen vornehmen, mit denen aus einem Rohling das fertige Werkstück erzeugt werden kann. Dazu ist die Werkzeugmaschine natürlich gegenüber der manuell bedienten Maschine mit vielen zusätzlichen Einrichtungen versehen, die für automatische Bewegungsvorgänge erforderlich sind.

Das NC-Bearbeitungsprogramm ist, da es alle geometrischen Informationen über das Teil enthält, ein Modell des zu erstellenden Werkstücks. Man kann es daher auch benutzen, um den Arbeitsablauf auf einem Digitalrechner zu simulieren. Dies ist deswegen hilfreich, da ein fehlerhaftes NC-Programm auf einer NC-Maschine durch unbeabsichtigte Kollisionen zwischen Werkzeug und Werkstück zu erheblichen Schäden an Maschine und Werkstück führen kann.

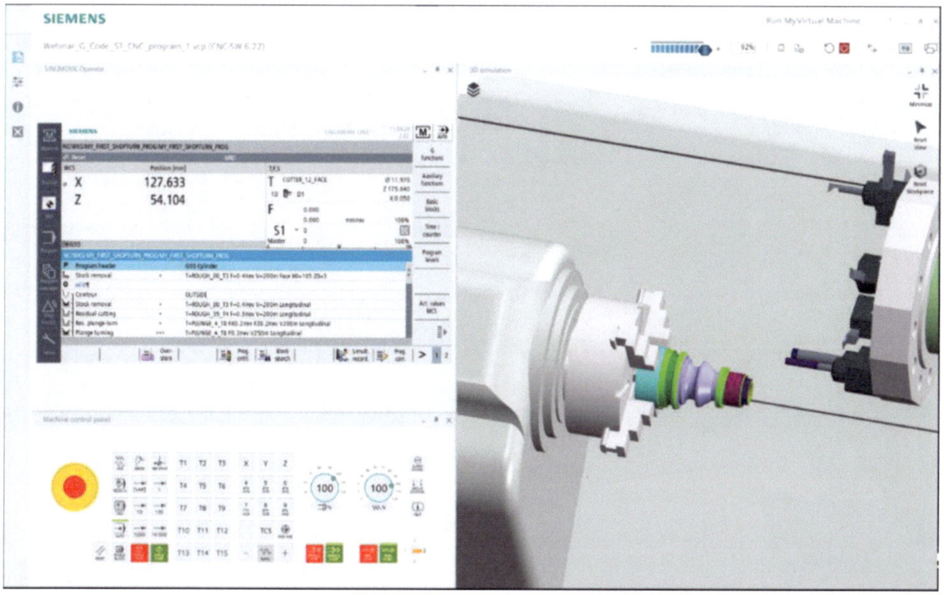

Bild 9.10: *Drehmaschinensimulation einer NC-Maschine (Fa. Siemens)*

Bild 9.10 zeigt die Drehmaschinensimulation einer NC-Maschine mit der Siemens-Steuerung Sinumerik ONE, die mit der Simulationssoftware „Run MyVirtual Machine / 3D" erzeugt wurde. Links im Bild sieht man die virtuelle CNC-Steuerung mit dem aktuell abzuarbeitenden NC-Befehl und darunter das Maschinen-Bedienfeld. Rechts sieht man die Maschinen-Innenraumsimulation mit dem herzustellenden Drehteil. Durch die Visualisierung des Drehvorgangs können die NC-Programme auf Kollisionen von Werkzeugen mit Spannmitteln oder Maschinenkomponenten untersucht werden.

Ähnlich wie die Simulation einer NC-Maschine arbeitet auch ein Roboter-Simulationssystem. Ein wichtiger Bestandteil ist auch dort ein CAD-System, mit dem man die Körpermodelle der Roboter und auch der gesamten Einrichtung der Arbeitszelle modellieren kann. Genaueres hierzu erfahren Sie im nächsten Unterkapitel. Das Körpermodell des Industrieroboters wird dann zusätzlich mit der Bewegungskinematik versehen, so dass man mit dem ebenfalls simulierten Bedienfeld den Roboter in seiner Umgebung simulieren kann. Da Roboter-Arbeitszellen keine Standardausführung besitzen, sondern immer neu konfiguriert werden, besteht ein hoher Bedarf, die Applikation vor dem konkreten Aufbau vorab auf Kollisionen und Dauer des Arbeitsablaufes zu untersuchen. Dies ist mit einer wie in Bild 9.11 dargestellten simulierten

Arbeitszelle möglich. Das Bild wurde mit dem Simulationssystem Roboguide der Fa. Fanuc Robotics erzeugt und zeigt einen Industrieroboter (gelb), der Teile von einem Förderband links aufnimmt, in das Drehfutter einer Werkzeugmaschine einsetzt und das bearbeitete Teil dann in einer Reinigungsstation zum Waschen hin- und her-

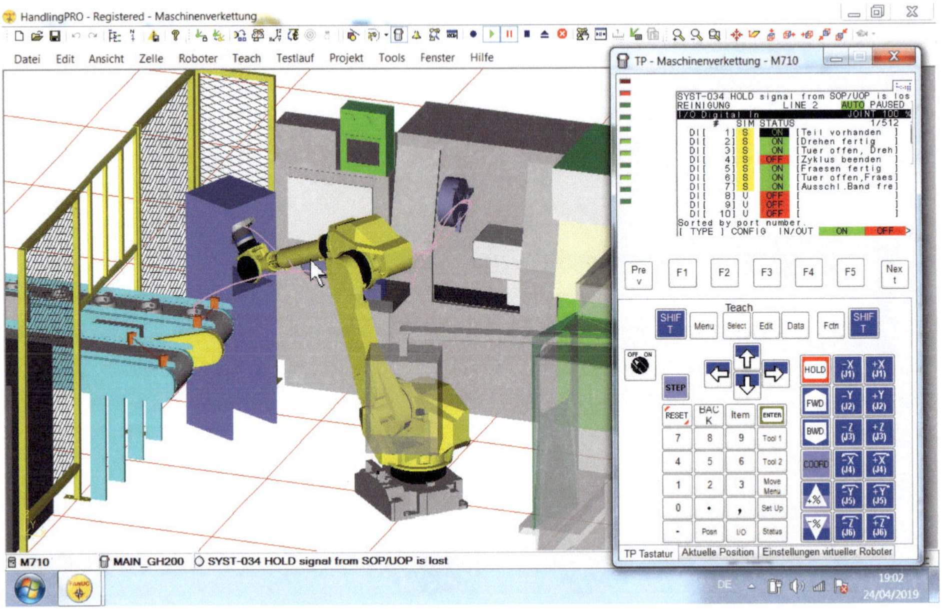

__Bild 9.11:__ Roboter-Arbeitszelle im Simulationssystem Roboguide der Fa. Fanuc

schwenkt. Im Bild rechts ist das simulierte Bedienfeld des Roboters dargestellt, mit dem man in der Simulation den Roboter im Handbetrieb bewegen und auch ein automatisches Bewegungsprogramm erstellen kann. Die Bewegungsbahnen des Roboters werden ebenfalls (rosa) dargestellt, um beurteilen zu können, ob die Bahnen günstig zu den übrigen Anlagenteilen verlaufen.

9.4 Computer-Aided Design (CAD)

Im Ingenieurbereich arbeitende Firmen hatten eine Vielzahl von technischen Zeichnern, die für die Erstellung, Vervielfältigung und das Änderungswesen verantwortlich waren. Das Archivieren einer Vielzahl von Zeichnungen zur wiederholten Verwendung des Modells erforderte ebenfalls einen hohen Aufwand. Aus diesem Bedürfnis heraus entwickelte sich die heute sehr wichtige Technik der automatisierten Zeichnungserstellung mit der Bezeichnung ***CAD*** (Computer-Aided Design).

Der Begriff entstand Ende der 1950er Jahre im Zuge der Entwicklung des Programmiersystems APT (Automatically Programmed Tools), welches der rechnerunterstützten Programmierung von NC-Maschinen diente.

Im Jahr 1963 wurde am MIT eine Entwicklung vorgestellt, die als Sketchpad (engl. sketch: Skizze) bezeichnet wurde. Dort konnte man an einem computergesteuerten Schirm eines Radargerätes interaktiv mit Lichtstift und Tastatur einfache Skizzen erstellen und verändern (siehe auch Computer „Whirlwind“ weiter unten).

1965 wurden beim US-Flugzeughersteller Lockheed die ersten Versuche mit einem CAD-System zur Erstellung 2-dimensionaler technischer Zeichnungen durchgeführt. Dieses als CADAM (Computer-augmented Design and Manufacturing) bezeichnete System benötigte einen IBM-Großrechnern und spezielle Bildschirme und war mit hohen Kosten verbunden. Es wurde später von IBM vermarktet und war, zumindest im Flugzeugbau, Marktführer bis in die 1980er Jahre. Es ist teilweise in dem auch heute vielfach verwendeten CAD-System ***CATIA*** aufgegangen.

Ende der 1960er Jahre begann der französische Flugzeughersteller Avions Marcel Dassault (heute Dassault Aviation) ein Grafikprogramm zur Erstellung von Zeichnungen zu programmieren. Daraus entstand das Programm CATIA. Die Mirage war das erste Flugzeug, das damit entwickelt wurde. Dieses Programm benötigte ebenfalls die Leistung eines Großrechners.

Allgemeinen Eingang in auch kleine und mittelständische Firmen fand das CAD erst, als in der zweiten Hälfte der 1980er Jahre immer mehr PC’s (Personal Computer) eingeführt wurden und von der Firma AutoDesk das sehr erfolgreiche CAD-Programm ***AutoCAD*** für PC auf den Markt gebracht wurde. Das Vorgehen bei der Konstruktion blieb jedoch beinahe gleich wie zuvor am Zeichenbrett. Der Vorteil von 2D-CAD waren sehr saubere Zeichnungen, die einfach wieder geändert werden konnten. Auch war es schneller möglich, verschiedene Versionen eines Bauteils zu zeichnen.

Da in der Folge die Leistungsfähigkeit von PC’s stürmisch zunahm, waren bald auch Konstruktionsprogramme zur Erstellung von 3D-Modellen der zu fertigenden Werkstücke verfügbar. Diese

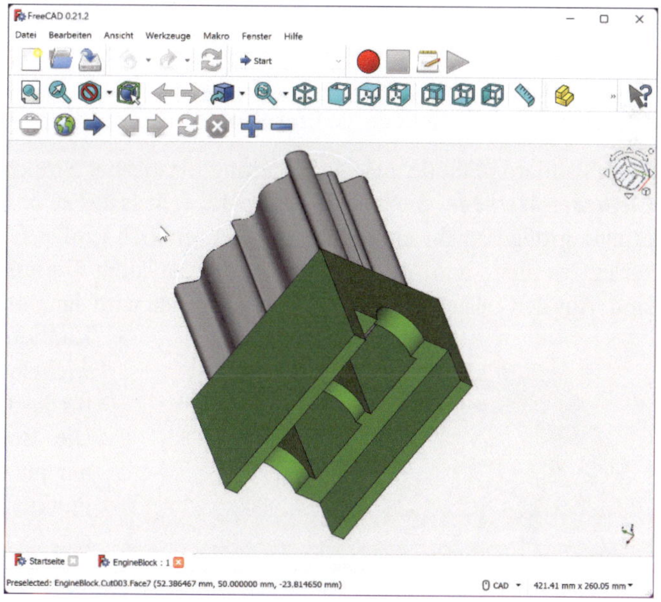

Bild 9.12: *3D-Körpermodell eines Motorblocks im CAD-System FreeCAD*

virtuellen Körpermodelle können von allen Seiten in isometrischen (längenerhaltenden) Ansichten betrachtet werden, durch die das räumliche Vorstellungsvermögen deutlich besser unterstützt wird als durch die Orthogonalprojektionen der technischen Zeichnung. Bild 9.12 zeigt das 3D-Körpermodell eines Maschinenblocks aus dem gemeinfreien CAD-Programm ***FreeCAD*** in beliebiger Ansicht (s. URL-Verzeichnis). Diese Ansicht kann mit Hilfe der Computermaus um alle drei Achsen eines kartesischen Koordinatensystems gedreht werden, um das genaue Aussehen des Teils von allen Seiten zu visualisieren.

9.5 Finite Element Methode (FEM)

Ein 3D-Körpermodell kann auch Ausgangspunkt verschiedener anderer Funktionalitäten bei der Entwicklung, Fertigung und Erprobung von neuen Produkten sein. So ist ein solches Modell meist Ausgangspunkt einer Belastungs- und Verformungssimulation von Bauteilen mit der FEM- Methode (Finite-Elemente-Methode). Viele CAD-Systeme beinhalten auch die Möglichkeit, das für die Fertigung eines Werkstücks erforderliche NC-Programm zu generieren und anschließend den Herstellungsprozess zu simulieren. Die für die Fertigung immer noch erforderlichen technischen Zeichnungen in orthogonaler Projektion kann das 3D-CAD-System automatisch erstellen.

Die Modellbildungsmethoden mechanischer Systeme, die ich bereits behandelt habe, gehen davon aus, dass sich die bewegten Körper nicht verformen. Solche Körper werden als starre Körper bezeichnet. Diese Modellvorstellung kann man bei sehr massiven und steifen Objekten verwenden, die sich bei Belastung nur gering verformen. Viele Strukturen sind aber so elastisch, dass sie sich bei Belastung deutlich verformen, so dass die Modellvorstellung „starrer Körper" nicht mehr gültig ist.

Eine Standardmethode zur Modellierung elastischer Strukturelemente ist ***die Finite-Elemente-Methode***. Sie basiert auf der Idee, dass das zu berechnende Volumenobjekt in eine große Anzahl einfach berandeter, endlich großer Elemente (finite Elemente) zerlegt werden kann, die der Berechnung auf dem Digitalrechner leicht zugänglich sind. Aus den Lösungen für die Einzelelemente wird dann unter Berücksichtigung von Kontinuitäts- und Gleichgewichtsbedingungen eine Lösung für das Gesamtsystem konstruiert. Die Bedingungen werden dabei nur an einer endlichen Zahl von Punkten, den so genannten Knoten, formuliert. Sie führen auf ein Gleichungssystem, dessen Lösung im Allgemeinen eine Näherungslösung für das behandelte System ist.

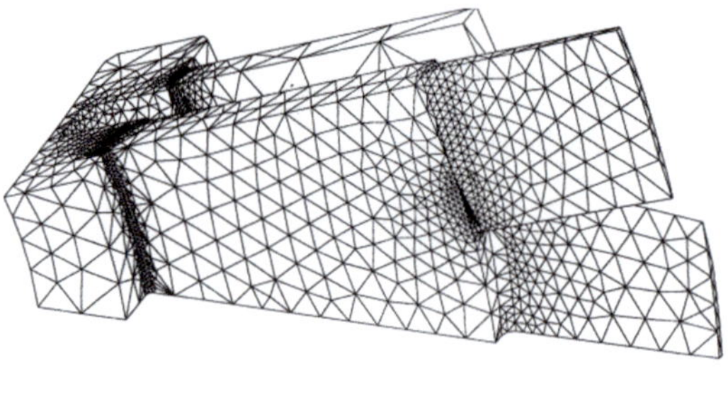

Bild 9.13: *FEM Struktur eines Schaufelsegmentes in einem Turboverdichter*

Diese Methodik, die Ende der 60er Jahre des 20. Jhd. aufkam, war die erste größere numerische Simulationsmethode und war quasi, obwohl schon früher gedanklich vorgezeichnet, in der Praxis an das Aufkommen leistungsfähiger Digitalrechner gebunden. Heute ist die Methode sicher das am meisten benutzte Verfahren, um naturwissenschaftliche und technische Probleme mit Hilfe des Computers zu lösen.

Für die Finite-Elemente-Methode gibt es eine Reihe von gebräuchlichen Verfahren zur Modellierung komplexer Strukturen. Die Modellierung verläuft dabei in drei Stufen:

- Zerlegung der Struktur in möglichst gleichartige Elemente (Balken, Scheiben, Platten, Schalen), so dass durch die Verschiebungsfreiheitsgrade in den Knoten alle geometrischen Rand- und Übergangsbedingungen erfüllt werden können.
- Untersuchung der einzelnen Elemente, wobei das Verhalten ausschließlich durch die Verschiebung in den Knotenpunkten beschrieben wird.
- Zusammenfassung der Elemente zum Gesamtsystem.

In Bild 9.13 ist beispielhaft die netzartige Struktur eines mit der FEM-Methode modellierten Bauteils eines Turboverdichters dargestellt. Das Netz der finiten Elemente besteht aus Volumenelementen, die durch Dreiecke berandet sind. Bei der Größe der Elemente gibt es Schwellen, unter denen eine Verkleinerung des Netzes kaum noch Genauigkeitsvorteile bringt, aber der Rechenaufwand zunimmt. An Stellen, die besonders belastet sind und wo sich deshalb die Spannung im Werkstoff mit hoher Rate ändert, wird das Netz aber besonders feinmaschig ausgeführt.

Solche Modelle sind zur Untersuchung statischer Lastfälle und dynamischer Vorgänge mit kleinen Bewegungen sehr gut geeignet. Bei Bewegungssystemen mit großen Starrkörperbewegungen, wie etwa bei Industrierobotern, sind diesen Führungsbewegungen kleine elastische Bewegungen überlagert. Die Behandlung beider Bewegungstypen innerhalb eines Modells bereitet aber Schwierigkeiten. Daher werden in solchen Fällen eher Mehrkörpermodelle vorgezogen, wobei zur Dimensio-

Bild 9.14: Farbcodierte Verformungsdarstellung der Verbiegung eines einseitig eingespannten Balkens

nierung einzelner Bauteile des Systems wieder sehr gut die FEM-Methode herangezogen werden kann.

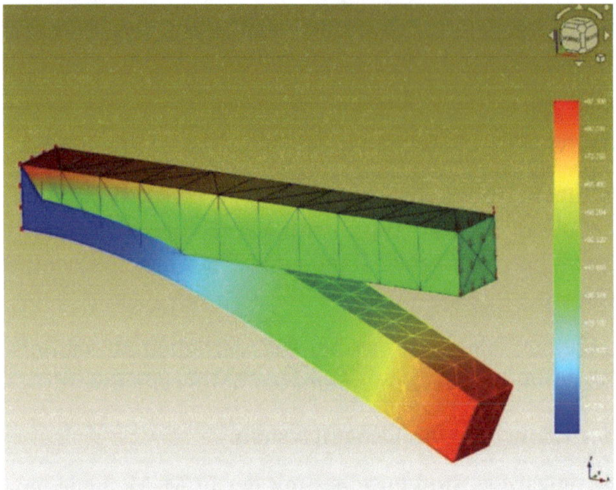

***Bild 9.15:** Farbcodierte Verformungsdarstellung und Darstellung der Spannungsverteilung in einem einseitig eingespannten Balken*

Das oben bereits erwähnte CAD-System FreeCAD beinhaltet auch ein Modul zu FEM-Berechnung. Dazu wird im CAD-System zuerst ein 3-D-Körpermodell erstellt, das dann mit festen Einspannstellen und angreifenden Kräften verbunden wird. Das Bild 9.14 zeigt ein einfaches Beispiel der Verformungsanalyse eines einseitig eingespannten Balkens. Die abgewandte Stirnseite ist fest eingespannt, die sichtbare Stirnseite ist mit einer senkrecht wirkenden Kraft belastet. Der Balken selber ist mit einem relativ groben Netz aus Dreieckselementen modelliert worden. Die Verbiegung des Balkens wird farbig in übertriebenem Maßstab dargestellt. Die Farbe rot entspricht der größten und blau der kleinsten Verschiebung. Außer der Verschiebung kann man ebenso die auftretenden Spannungen im Material oder andere Werte darstellen. Bild 9.15 zeigt außer der Verbiegung auch die Spannungsverteilung im unverformt dargestellten Balken. Die höchste Spannung tritt auf der Balkenoberseite nahe der Einspannstelle auf.

9.6 CAD für Freiformflächen

Ein CAD-System wie das oben beschriebene Free-CAD ist darauf ausgelegt, vor allem Volumenmodelle aus regelmäßigen Grundkörpern zu erstellen. Bild 9.16 zeigt das Auswahlmenü der Grundkörper, aus denen ein rohrförmiger Körper ausgewählt wurde. Für normale Industrieprodukte kann man in der Regel alle erforderlichen Geometrien aus den gegebenen Möglichkeiten durch Kombinieren zusammensetzen. Handelt es sich bei dem zu erstellenden Körpermodell jedoch um ein weitestgehend durch Freiformflächen begrenztes Objekt wie beispielsweise der in Bild 9.17 dargestellte Kopf eines Menschen, so gibt es speziell hierfür ausgelegte CAD-Systeme. Das Ausgangsobjekt für diese auf freie Modellierung ausgelegte CAD-Software ***Sculptris*** der Firma Pixologic ist eine mit einer Symmetrieachse versehene kugelförmige Sphäre. Dies dient dazu, spiegelsymmetrische Objekte wie einen Kopf einfacher zu modellieren. Das gemeinfreie Programm

Bild 9.16: *Bildschirm des CAD-Systems FreeCAD mit Auswahlmenü von Grundkörpern und eingefügtem hohlzylindrischen Bauteil*

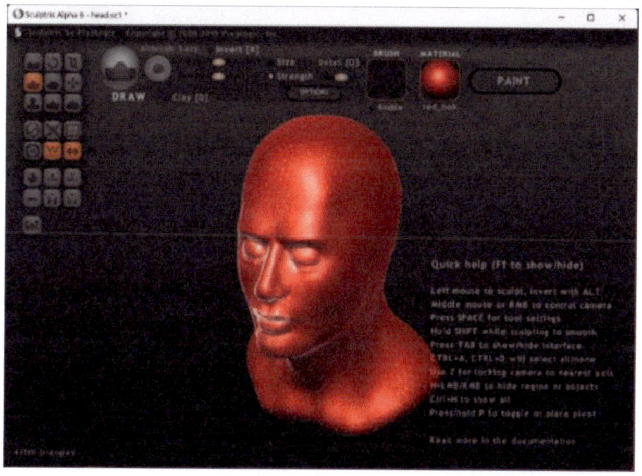

Bild 9.17: *3D-Modell eines menschlichen Kopfes aus Sculptris*

kann unter der URL im URL-Verzeichnis heruntergeladen werden.

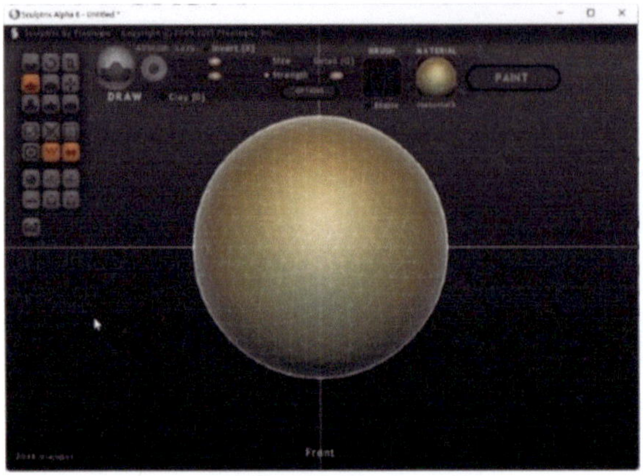

Bild 9.18: Kugelsphäre als Ausgangsmodell in Sculptris

In Bild 9.18 ist die Ausgangssphäre mit einer beliebigen Farbwahl und dem im nächsten Kapitel über das „Rapid Prototyping“ erläuterten Oberflächennetz aus Dreiecken dargestellt, mit denen die Oberflächengeometrie in Daten für den 3D-Druck umgewandelt wird.

Mit verschiedenen Modellierungswerkzeugen kann man nun die Oberflächenform der Sphäre verändern. Dazu dienen Werkzeuge zum Anheben oder Absenken und zum Glätten der Sphärenoberfläche. Bild 9.19 zeigt eine so modellierte Sphäre, die man durch Bewegen der Kamera aus beliebigen Richtungen betrachten kann. Auf diese Art und Weise kann man wie ein Bildhauer verschiedenartige Figuren erzeugen.

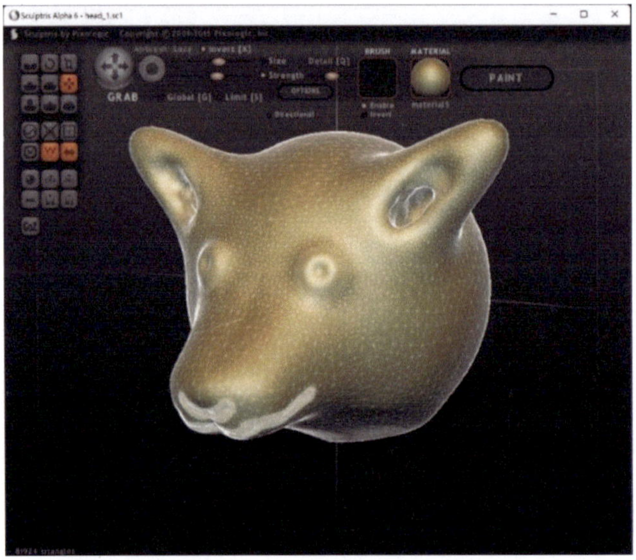

Bild 9.19: Aus der Sphäre mit unterschiedlichen Werkzeugen modellierter Tierkopf

Ein solches Volumenmodell eines Gegenstandes macht natürlich nur Sinn, wenn man es auf einen realen Werkstoff übertragen kann. Für die Fertigung auf NC-Maschinen eines mit einem CAD-System erstellten Volumenmodells bieten die meisten CAD-Systeme die Möglichkeit, direkt Steuerdateien für das Bewegungsprogramm einer NC-Maschine abzuleiten. Die im nächsten Kapitel beschriebenen Verfahren des Rapid-Prototyping erhalten die Daten über die Geometrie eines zu erzeugenden Teils ebenfalls mit Hilfe des Volumenmodells eines CAD-Systems.

9.7 Rapid Prototyping

Bestimmte Prototypen dienen zur körperlichen Veranschaulichung des zu entwickelnden oder zu bauenden Produktes, oder dazu, deren Funktionalität zu testen. Früher wurden Prototypen mit handwerklichen Fertigungsverfahren wie Bohren, Sägen, Fräsen und Schleifen hergestellt, deren Geometriedaten technischen Zeichnungen entnommen wurden. Entsprechen teuer und zeitaufwendig war die Herstellung solcher Prototypen.

Hat man ohnehin ein 3D-Körpermodell des Produktes erstellt, so dienen Verfahren des Rapid Prototyping (RP) dazu, anhand der CAD-Daten automatisch einen Prototypen zu erzeugen. Verschiedene Verfahren verwenden dazu thermoelastische Kunststoffe oder Flüssigkunststoffe, die unter UV-Licht aushärten. Soll das eigentliche Produkt später aus Festigkeitsgründen aus einem metallischen Werkstoff gefertigt werden, so ist das durch RP mit Kunststoff erzeugte Prototypmodell ein Designprototyp oder ein geometrischer Prototyp.

Zwei wichtige Verfahren dieser Technologie sind das ***FDM*** (Fused Deposition Modeling) und die ***Stereolithografie***. Bei dem bereits besprochenen urformenden Verfahren ***Giessen*** benötigt man eine die Teilegeometrie speichernde Modellform. Bei den beiden oben genannten Verfahren wird ohne eine solche Form auf einer Aufbauoberfläche aus einem Kunststoff, der vor der Erstellung des Prototypen flüssig ist, mit Hilfe der CAD-Geometriedaten automatisch der Prototyp erzeugt. Dazu wird das Volumen des Körpers datentechnisch in feine Schichten von ca. 0,25-0,05 mm Dicke zerlegt. Datenpunkte der Geometrie des herzustellenden Körpers werden dann mit einem Werkzeug angefahren und an dieser Stelle Kunststoffmaterial deponiert.

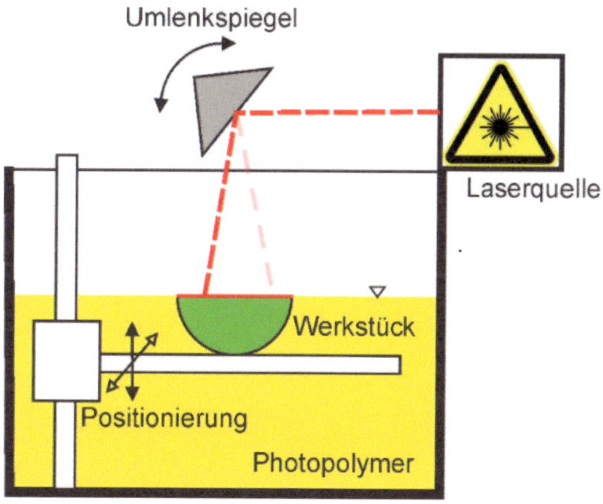

Bild 9.20: Verfahrensschema der Stereolithographie

Bei der Stereolithografie wird der Prototyp aus einem lichtaushärtenden Photopolymer erzeugt. Das Licht wird durch eine Laserstrahlquelle mit sehr dünnem Strahl erzeugt. Wie in Bild 9.20 gezeigt, befindet sich eine automatisch positionierbare ***Aufbauplattform***, die in der Höhenlage und senkrecht dazu verstellt werden kann, mit seiner Oberfläche geringfügig unter dem Flüssigkeitsspiegel des Photopolymers, innerhalb einer Wanne. Die Geometrieinformationen des CAD-Systems werden von einem Computer in Richtung der Werkstückhöhe in

Bild 9.21: *Durch Stereolithographie erzeugtes mehrteiliges Werkstück (Wikipedia)*

dünne Scheiben (engl. slices) aufgeteilt. Diese Informationen steuern dann die Positioniereinrichtung und den Schwenkvorgang des Umlenkspiegels. Wo der Laserstrahl auftrifft, härtet das Photopolymer aus und baut dadurch Schicht für Schicht den zu erzeugenden Prototypen auf. Nach einer ersten auf der Aufbauplattform ausgehärteten Schicht wird die Plattform um eine Scheibendicke (z. B. 0,1 mm) abgesenkt und dann der Laserstrahl durch den Umlenkspiegel wieder über die Polymeroberfläche geführt, so dass erneut eine Schicht des Polymers aushärtet und sich mit der ersten Schicht verbindet. Dadurch entsteht das Werkstück aus einer Vielzahl von ausgehärteten Polymerschichten. Dabei können auch sehr komplexe Geometrien erzeugt werden, die mit konventionellen Fertigungsverfahren wie Bohren, Fräsen, Drehen entweder gar nicht oder nur durch viele Fertigungsschritte erreicht werden könnten. Allerdings ist der Prozess ebenfalls sehr zeitaufwendig, wobei je nach Teil Fertigungszeiten von bis zu mehreren Tagen auftreten können. Bild 9.21 zeigt ein mit Hilfe der Stereolithografie erzeugtes mehrteiliges Werkstück im zusammengebauten Zustand.

Beim FDM-Verfahren liegt der zu deponierende Kunststoff in Form eines dünnen Drahtes aus einem Thermoplast vor. Dieser auch als ***Filament*** bezeichnete „Draht" wird mit einer Fördervorrichtung durch eine Heizdüse im Druckkopf geführt und verflüssigt. Nach dem Austreten aus der Heizdüse erstarrt der Kunststoff sofort wieder und verbindet sich mit der Vorgängerschicht. Die Aufbauplattform bewegt z. B. das aufzubauende Teil in einer Koordinatenrichtung eines kartesischen Koordinatensystems. Der Druckkopf mit der Heizdüse ist in den beiden anderen Koordinatenrichtungen positionierbar (Bild 9.22). Auf diese Art und Weise wird das Werkstück schichtweise auf der Aufbauplattform als 3D-Modell aufgebaut.

Das in diesem Verfahren verwendete ***Filament*** kann je nach Anforderungen an den Werkstoff aus verschiedenen Kunststoffen bestehen. Die beiden am häufigsten verwendeten Werkstoffe sind PLA und ABS. Diese Abkürzungen stehen für Polylactid (PLA) und Acrylnitril-Butadien-Styrol (ABS). PLA ist ein Polyester, der aus nachwachsenden Rohstoffen wie beispielsweise Maisstärke hergestellt wird. Geringe Feuchtigkeitsaufnahme sorgt für einfache Lagerung und hohe UV-Beständigkeit. Die schwere Entflammbarkeit ist günstig für eine Vielzahl von Anwendungen. Im Allgemeinen besitzt PLA mechanisch gute Eigenschaften, wie beispielsweise eine hohe

Oberflächenhärte, Steifigkeit und einen hohen E-Modul (Zugfestigkeit), jedoch nur eine mäßige Schlagfestigkeit.

ABS ist ein synthetisches Polymer, dass aus den einzelnen Monomeren Acrylnitril, 1.3 Butadien und Styrol hergestellt wird. Dies ist einer der meistverbreiteten Kunststoffe der Welt. Durch den Zusatz von Acrylnitril ist ABS besonders widerstandsfähig gegen Öle, Fette und hohe Temperatur. Die wichtigsten Eigenschaften von ABS sind die hohe erreichbare Steifigkeit, Zähigkeit und Festigkeit, sowie die sehr gute Schlag- und Kratzfestigkeit. Mäßige Witterungsbeständigkeit ist einer der wenigen Nachteile, und trotzdem ist diese noch um ein Vielfaches höher als beispielsweise bei PLA. Schwächen finden sich vor allem in der niedrigen UV-Beständigkeit, die dazu führt, dass ABS schnell vergilbt und unter zu langem UV-Einfluss auch spröde wird.

Bild 9.22: *FDM-3D-Drucker*

Für die Verarbeitung dieser Kunststoffe gibt es inzwischen viele preisgünstige, als ***3D-Drucker*** bezeichnete Geräte, die auch im Hobbybereich weite Anwendung finden. Bild 159 zeigt ein solches Gerät der Fa. Anycubic , das bei einem Bauvolumen von $210 \times 210 \times 205\ mm$ zu einem Preis von wenigen hundert € zu kaufen ist und eine Fertigungsgenauigkeit von 0,05 mm erreicht.

Um ein Teil auf einem 3D-Drucker herzustellen, muss man zuerst auf einem CAD-System wie dem bereits erwähnten FreeCAD ein Volumenmodell konstruieren. Bild 9.23 zeigt ein solches Volumenmodell in Form eines Sechseckelementes mit einer innenliegenden Tasche. Nach der Konstruktion muss man ein Datenfile im STL-Format erzeugen. Die STL-Schnittstelle ist eine Standardschnittstelle vieler CAD-Systeme, die 1988 von 3D Systems in ihrer Stereolithographie-Software eingeführt wurde. Sie stellt Netzkoordinaten dreidimensionaler Datenmodelle bereit, die für die Fertigung

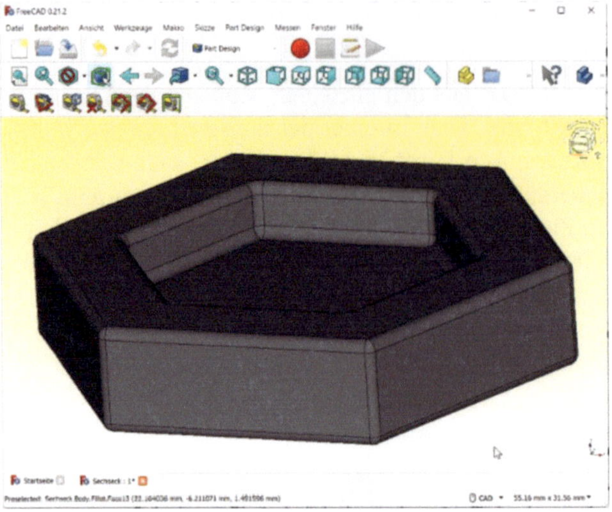

Bild 9.23: 3D-Modell eines sechseckigen Bauteils mit innenliegender Tasche aus FreeCAD

mittels additiver Fertigungsverfahren/3D-Druck oder Rapid-Prototyping-Anlagen benötigt werden. Die Daten werden unter einem Namen und der Dateiendung „.stl" abgespeichert.

Die Erklärung der Bedeutung der Abkürzung „STL" ist nicht eindeutig geklärt. Die häufigste Erklärung ist, dass es sich um die Abkürzung des Wortes ***Stereolithographie*** handelt. Andere sagen, dass es sich eigentlich auf „Standard Triangle Language" oder sogar „Standard Tesselation Language" bezieht. Die Bedeutung des englischen Wortes „Tesselation" ist auf Deutsch „Parkettierung". Dies ist das lückenlose Auslegen einer Fläche mit vorgegebenen geometrischen Parkettelementen.

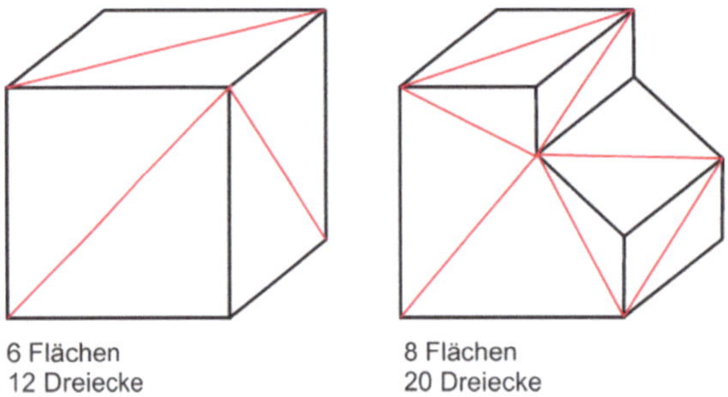

Bild 9.24: Pakettierung unterschiedlicher Körperobflächen mit Dreieckselementen

Das STL-Format beschreibt die Oberfläche von 3D-Körpern mithilfe von Dreiecksfacetten. Jede Dreiecksfacette wird durch die drei Eckpunkte und die zugehörige Flächennormale (senkrecht auf der Fläche stehende Gerade) des Dreieckes beschrieben. Sind die drei Eckpunkte beim Blick auf eine Dreiecksfläche gegen den Uhrzeigersinn angeordnet, wird die Fläche als Außenseite eines Volumenkörpers (Solid) angenommen. Die Flächennormale weist immer aus dem Körper heraus. Einfache Körper wie ein Würfel (Bild 9.24 links) lassen sich so mit wenigen Dreiecksfacetten (6 Flächen, 12 Dreiecke) beschreiben. Wird die Geometrie komplexer, so nimmt die Anzahl der Dreiecke schnell zu. Der rechts im Bild 9.24 abgebildete Körper mit 8 Flächen benötigt schon 20 Dreiecke. Sind Oberflächen gekrümmt, so muss abhängig vom Krümmungsradius zur Einhaltung von Maßtoleranzen die Anzahl der Dreiecke noch deutlich erhöht werden. Bild 9.25 zeigt das STL-Netz des FreeCAD Volumenmodells des Sechseckelementes mit innen-liegender Tasche als so genanntes „Wire-Frame“, bei dem nur die Kanten des Körpers dargestellt werden. Außerdem sind die Dreiecksfacetten der Körperflächen dargestellt. Die ebenen Rechteckflächen der Körperoberfläche werden nur mit zwei Dreiecken modelliert, die gekrümmten Fasen an den Kanten enthalten schon eine größere Anzahl von Dreiecksfacetten auf kleinem Raum.

Das aus dem CAD-Programm abgespeicherte Datenfile muss nun für den Druck auf einem 3D-Printer „gesliced“ werden, d. h. es muss in Fahranweisungen für den Druckkopf umgewandelt werden und zwar abhängig von der Dicke der gewählten Slices. Zusätzlich muss dieses Programm analysieren, ob der Körper ohne Hilfsmaßnahmen durch das FDM-Verfahren aufgebaut werden kann.

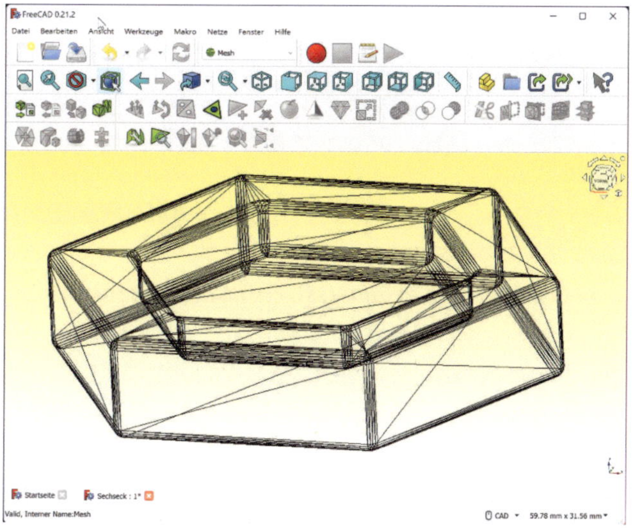

***Bild 9.25:** Wire-Frame Modell des sechseckigen Bauteils mit STL-Dreieckselementen*

Liegen Teile des Körpers nicht auf der Aufbauplattform auf oder gibt es über die Aufstandsfläche mit mehr als 45° Neigung ansteigende Flächen, so müssen diese beim Druck unterstützt werden. Dies geschieht durch dünne, pfeilerartige Strukturen, die unter die zu unterstützenden Flächen aus Filamentmaterial aufgebaut werden. Dies kann mit dem gleichen Filament geschehen, aus dem das Modell aufgebaut wird. Hat der 3D-Drucker mehrere Druckköpfe, so kann man auch für die Stützstruktur anderes Filament mit anderen Eigenschaften verwenden. Bei gleichem Filamentmaterial müssen die Stützstrukturen beispielsweise mechanisch entfernt werden. Bei unterschiedlichen Filamentmaterialien kann man die Stützstruktur aus einem Kunststoff erstellen, der sich chemisch lösen lässt, den Modellkörper aber nicht angreift.

Ein ebenso kostenfrei erhältliches Programm für die oben genannten Aufgaben ist ***Cura*** von der Firma UltiMaker. Es kann unter der URL im URL-Verzeichnis heruntergeladen werden.

Cura erlaubt es STL-Files zu laden und, angepasst an den zu verwendenden 3D-Drucker und das verwendete Filament, ein für diesen verwendbares Druckfile zu erstellen. Bild 9.26 zeigt den Sechseckkörper, der als STL-File in Cura geladen wurde. Nachdem man die erforderlichen Einstellungen für die Festigkeit des Modells, die Art und Anordnung der Stützstruktur und die Art der Haftung an der Aufbauplattform gewählt hat (Bild 9.27), kann man das Slicen durchführen.

Nach dem Rechenlauf kann man sich den Verlauf der Bewegungsbahn des Druckkopfes anschauen und durch Schieberegler alle Einzelschichten darstellen (Bild 9.28). Weiterhin wird die Dauer des Druckvorgangs und die Menge des erforderlichen Filaments berechnet. Man sieht an dem Bild, dass um die Kontur des Bauteils ein so genanntes „Skirt" gelegt wurde, um das Ablösen des Bauteils von der Plattform zu erleichtern. Abschließend kann man das Druckfile auf einer Speicherkarte abspeichern oder online an den Drucker senden.

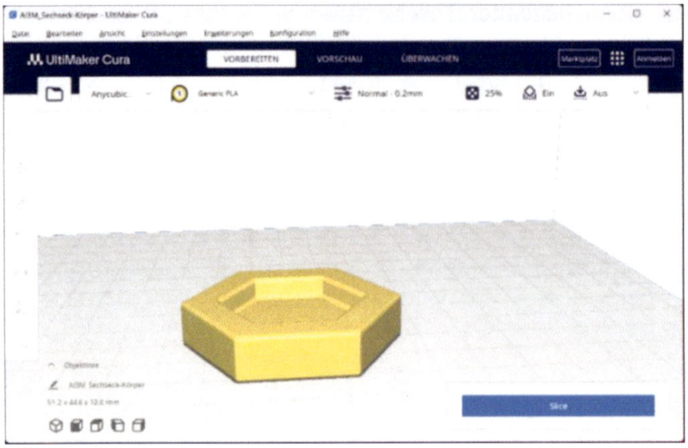

Bild 9.26: *In Cura geöffnetes STL-File des sechseckigen Bauteils*

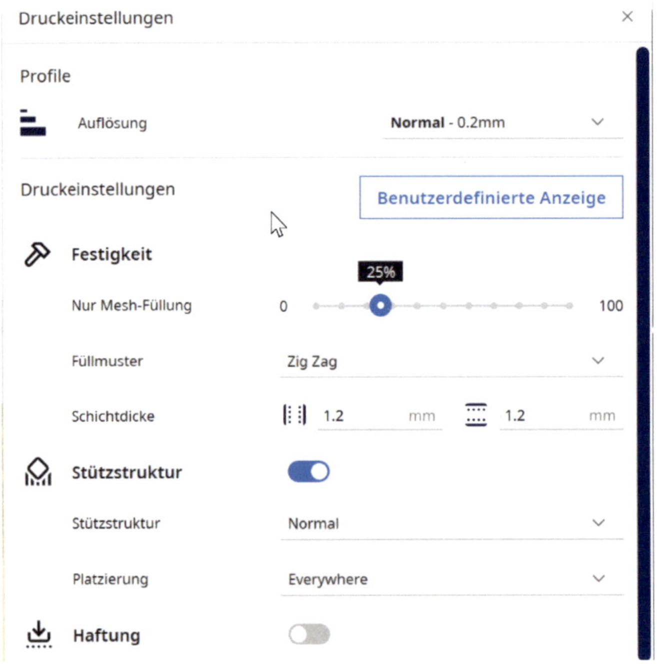

Bild 9.27: *Einstellmenü für den 3D-Druck in Cura*

Die errechnete Druckzeit von einer Stunde für das relativ kleine Bauteil weist darauf hin, dass der 3D-Druck recht zeitaufwendig ist. Dies erklärt sich einfach aus der im Bild gezeigten Bewegungsbahn und des dafür erforderlichen Weges für nur eine Schicht der Dicke von 1,2 mm. Aufgrund des gewählten Füllmusters „Zick-Zack-Bahn" muss der Druckkopf für die ständigen Richtungswechsel immer wieder auf die Geschwindigkeit Null abbremsen und in die neue Richtung beschleunigen. Dabei entsteht ein hoher Anteil von Zeiten, in denen nur wenig Weg zurückgelegt wird.

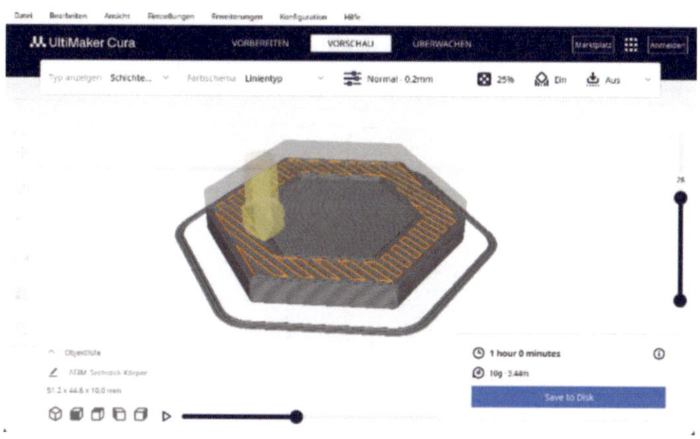

Bild 9.28: Bewegungsbahn des Druckkopfes aufgrund des gewählten Füllmusters „Zick-Zack-Bahn"

Wählt man ein anderes Füllmuster wie in Bild 9.29, so ergibt sich für die Füllmustervariante „Concentric" eine günstigere Bewegungsbahn. Diese resultiert in einer etwas verkürzten Druckzeit von 57 min und einem von 10 auf 9 g veringerten Filamentverbrauch. Allerdings hat natürlich die Wahl des Füllmusters unter Umständen Einfluss auf die mechanische Stabilität des Bauteils.

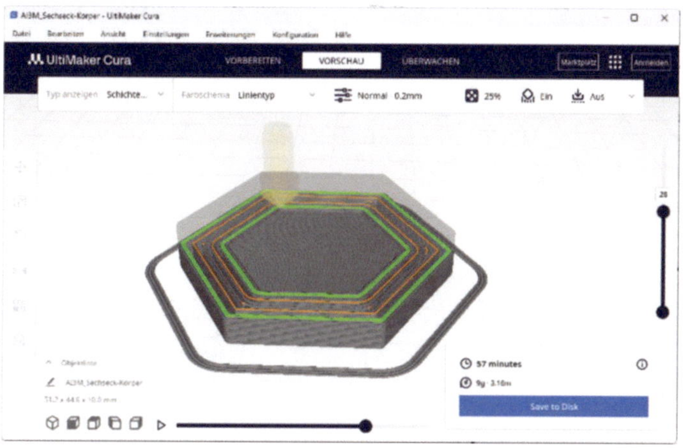

Bild 9.29: Bwegungsbahn des Druckkopfes beim Füllmuster „Concentric"

Im letzten Kapitel war die für die Modellierung von Freiformflächen geeignete Software ***Sculptris*** erwähnt worden. Bild 9.19 zeigt ein Körpermodell eines mit dieser Software erzeugten Tierkopfes. Sculptris kann dieses Modell in einem für das CAD-System typischen Datenformat abspeichern oder in einem Datenformat mit der Endungsbezeichnung „.obj", das direkt die im Bild erkennbaren Dreicksfacetten der Oberfläche abspeichert. Dieses Format wiederum kann von dem Programm „Cura" gelesen werden, um es dann durch Slicen für den 3D-Druck aufzubereiten. Bild 9.30 zeigt das in Cura übernommene Modell des Tierkopfes vor dem Slicen.

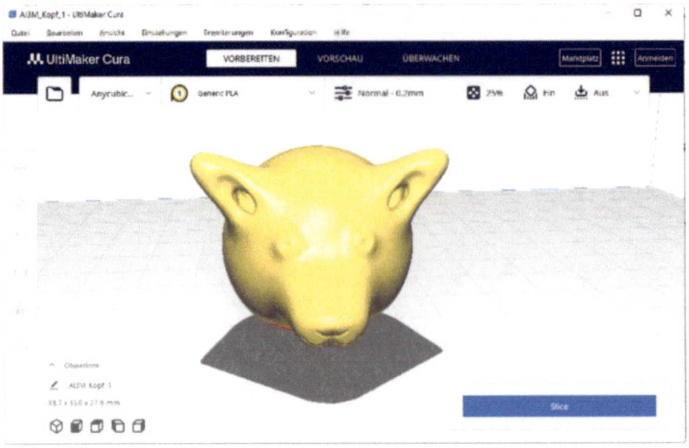

Bild 9.30: Das Tierkopfmodell in Cura vor dem Slicen

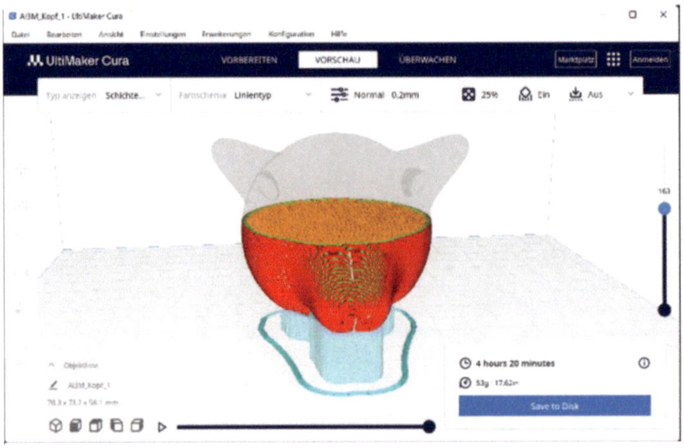

Bild 9.31: Geslicesdes Modell des Tierkopfes mit Stützstruktur

Nach dem Slicen (Bild 9.31) erkennt man, dass für den 3D-Druck dieses Modells eine Stützstruktur aufgebaut werden muss. Gegenüber dem geometrisch sehr einfach aufgebauten Sechseckkörper ist die Druckzeit und der Materialverbrauch deutlich höher, da der Kopf, wie man in Bild 9.31 sieht, im Inneren massiv ausgeführt wird. Bild 9.32 zeigt das durch den 3D-Drucker hergestellte Modell des Kopfes. An dessen Unterseite befindet sich die abtrennbare Stützstruktur. Den feinen Schichtaufbau kann man anhand der Oberflächenstruktur erahnen.

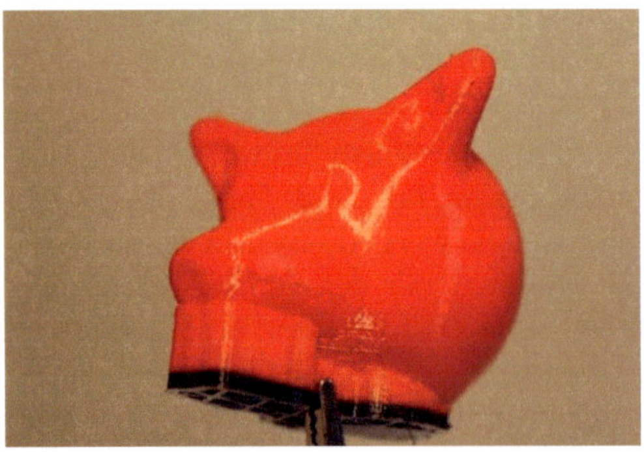

Bild 9.32: Mit einem 3D-Drucker hergestellter Tierkopf

Mit leistungsfähigen industriell eingesetzten 3D-Druckern lassen sich kürzere Fertigungszeiten erreichen, so dass diese heute nicht nur zur Fertigung von Prototypen verwendet werden, sondern unter der Bezeichnung ***Additive Fertigung*** auch zur Herstellung von direkt verwendbaren Bauteilen eingesetzt werden. Insbesondere komplexe Strukturen, die mit klassischen Verfahren gar nicht oder sehr aufwändig herzustellen wären, können so kostengünstig gefertigt werden, wenn die Genauigkeit und der verwendete Werkstoff den Anforderungen an das Bauteil genügen.

Hier gibt es seit einigen Jahren nun auch 3D-Fertigungseinrichtungen, die metallische Werkstoff verwenden. Das ***selektive Lasersintern*** (SLS) ist ein Verfahren, das ähnlich wie die Stereolithografie abläuft. Unter Sintern versteht man eigentlich ein urformendes Fertigungsverfahren, bei dem die Teilegeometrie wie beim Gießen durch eine Form vorgegeben wird. Der verwendete Werkstoff ist allerdings kein flüssiges Metall, sondern ein Metallpulver. Dieses wird bei hohen Temperaturen und hohem Druck in die Form gepresst, wobei die Pulverkörner oberflächlich anschmelzen und dadurch mit den angrenzenden Körnern verbacken (sintern). Durch Mischung verschiedener Pulverbestandteile können so Eigenschaften des Werkstücks erreicht werden, die mit anderen urformenden Verfahren nicht erreicht werden können. Ein Beispiel dafür sind so genannte Wendeschneidplatten für Zerspanungswerkzeuge, die durch Variation der Pulverbestandteile in weiten Grenzen in den Eigenschaften Festigkeit und Zähigkeit variiert werden können. Für das SLS kann als Werkstoff auch ein Keramik- oder Kunststoffpulver verwendet werden.

Beim SLS liegt der Werkstoff als Pulver vor. Das Werkstück wird wie bei der Stereolithografie auf einer Aufbauplattform erzeugt, die sich in einem Pulverbett befindet. Durch eine Rakel wird anfangs eine dünne Pulverschicht auf der Aufbauplattform aufgetragen. Anschließend wird, wie bei der Stereolithografie, mit einem leistungsstarken Laser und einer Strahlumlenkungsoptik die erste Bauteilschicht erzeugt, indem der Strahl entsprechend der Geometriedaten des Werkstücks über die Pulverschicht geführt wird (Bild 9.33). Dadurch sintern im Bereich, den der Laserstrahl überstreicht, die Pulverkörner zusammen. Danach wird die Plattform um eine Schichtdicke nach unten abgesenkt und eine neue Pulverschicht aufgetragen. Durch neuerliches Überstreichen der Bauteilstruktur mit dem Laserstrahl wird auf der erstarrten ersten Schicht eine zweite Schicht aufgesintert und durch schichtweise Wiederholung schließlich die Bauteilstruktur aufgebaut. Dabei ist es günstig, dass das Material beim Sintern sofort erstarrt und eine hohe Stabilität erreicht, so dass auch bei überhängenden Strukturbestandteilen keine Stützstrukturen wie beispielsweise beim FDM-Verfahren erforderlich sind.

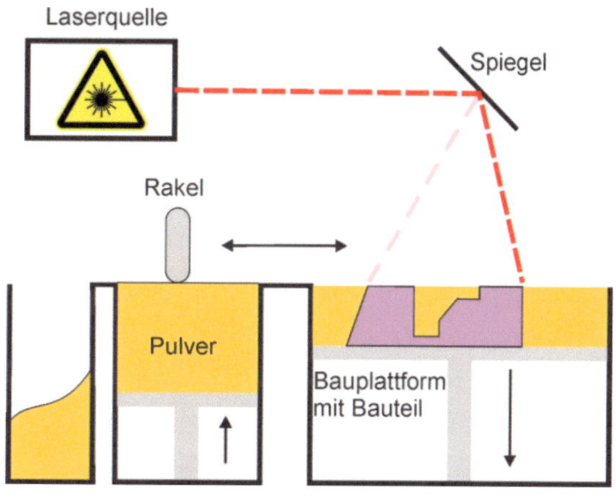

Bild 9.33: *Verfahrensschema des selektiven Lasersinterns*

Die so erzeugten Bauteile können wegen ihrer durch das Material gegebenen Festigkeit direkt als Funktionsbauteile in Maschinen oder Apparaten eingesetzt werden. Allerdings kann bei großen Bauteilen die Bauzeit bis zu mehreren Tagen betragen.

Bild 9.34: Schichtweises Auftragen des Baustoffs auf die Gebäudestruktur (Werkbild Rupp Gebäudedruck)

Bild 9.35: Haus mit Rohbaustruktur aus dem 3D-Gebäudedrucker (Werkbild Rupp Gebäudedruck)

Beim Thema „Additive Fertigung“ gibt es inzwischen auch Anwendungen im Baubereich. Als Werkstoff wird ein Betongemisch aus Sand, Zement, Wasser und Additiven pastös aufbereitet. Der Werkstoff wird mit Hilfe eines Extruders durch eine Auftragsdüse ausgepresst und von einer Führungseinrichtung schichtweise aufgetragen. Die Führungseinrichtung kann ein großer Industrieroboter oder ein Portalgerät mit Positionierachsen sein (Bild 9.34). Im Bild 9.35 ist ein so erstelltes Gebäude dargestellt, dessen Form und Dimensionen durch Datenvorgabe beliebig gestaltet werden können. Man erkennt die Schichtstruktur der Wände aufgrund des Herstellungsverfahrens. Dabei können auch Formen erzeugt werden, die sonst mit konventioneller Bautechnik kaum zu realisieren sind. Die Bauzeit des Rohbaus ist gegenüber der konventionellen Bautechnik stark verkürzt, da das Material automatisch und kontinuierlich aufgetragen wird.

10 Simulation regelungstechnischer Systeme

Die Regelungstechnik ist ein Gebiet der Automatisierungstechnik, das sich mit dem automatischen Einhalten von vorgegebenen Sollwerten von Stelleinrichtungen befasst. Das kann ganz einfach ein Thermostat an einem Heizkörper, oder komplexer, das ABS-System (Automatisches Brems-System, Anti-Blockier-System) in einem PKW sein. Alle Arten von Maschinen oder Transporteinrichtungen enthalten heutzutage mindestens eine, meist mehrere solcher automatischen Regelungen.

Ursprünglich konnten solche Regler einfache mechanische Vorrichtungen sein. Bild 10.1 zeigt das Schema der Drehzahlregelung einer Dampfmaschine mit einem Fliehkraftregler, die schon von James Watt (1736-1819) für die von ihm erfundene schnelllaufende Dampfmaschine verwendet wurde. Zwei symmetrisch aufgehängte Pendelmassen werden durch die drehzahlabhängige Fliehkraft nach außen gedrückt und heben bei Drehzahlerhöhung der Maschine das Ende eines Hebels an. Dieser betätigt einen Schieber, wodurch die Dampfzufuhr gedrosselt und dadurch die Drehzahl wieder gesenkt wird. So kann bei schwankender Last die Drehzahl n der Dampfmaschine mit geringen Abweichungen konstant gehalten werden.

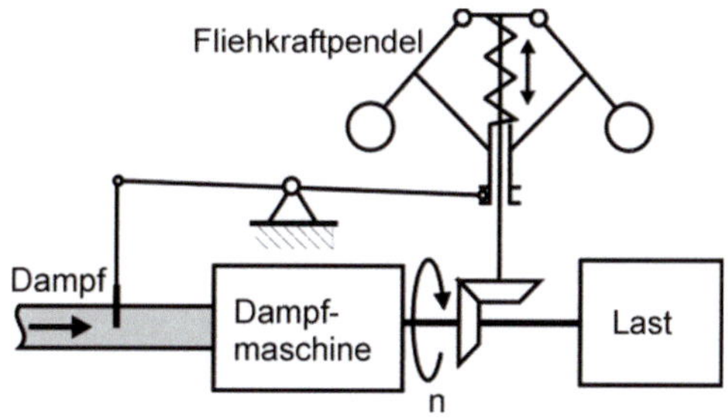

Bild 10.1: Drehzahlregelung einer Dampfmaschine mit Fliehkraftpendel

Später verwendete Regelungen arbeiteten dann meist mit elektrischen/ elektronischen oder pneumatischen Regeleinrichtungen. In einfachen Regelungen, wie dem Heizkörperthermostat, ist die Regelung immer noch mechanisch, wenn das Thermostat nicht über Fernwirkeinrichtungen verfügt.

Nachdem dann Kleinstrechner (Mikrorechner) preiswert zur Verfügung standen, werden Regelungen heute gar nicht mehr analog ausgeführt, sondern arbeiten mit digitalen Reglern auf der Basis von Mikrorechnern.

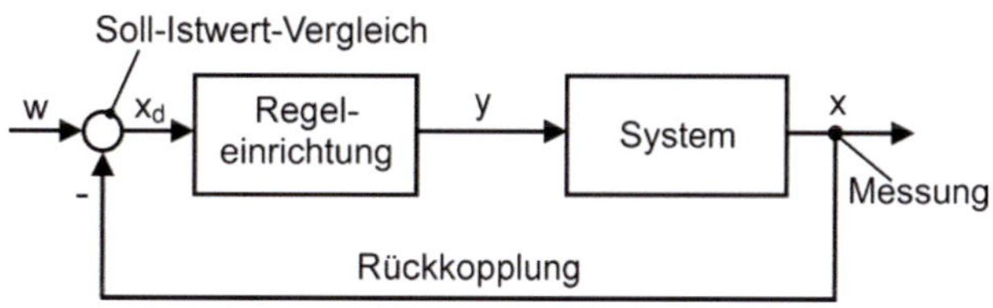

Bild 10.2: Blockschaltbild eines regelungstechnischen Systems

W. Roddeck, *Die Welt der Modelle und Simulationen*, https://doi.org/10.1007/978-3-658-46305-2_10

Bild 10.2 zeigt schematisch den typischen Aufbau einer technischen Regelung und den Signalfluss der beteiligten Größen. Es gibt ein System, dessen Ausgangsgröße x konstant gleich einem Sollwert w gehalten werden soll. Dazu wird x gemessen und durch Differenzbildung (w-x) miteinander verglichen. Weichen die beiden Werte voneinander ab, so entsteht die so genannte Regeldifferenz x_d, die der Regeleinrichtung zugeführt wird. Diese Regeleinrichtung verstärkt und konditioniert die Regeldifferenz zur Regelgröße y so, dass x sich wieder dem Wert w annähert und die Regeldifferenz zu Null wird.

Das System der Rückkopplung der Ausgangsgröße x zum Eingang mit negativem Vorzeichen ist nicht nur Kennzeichen technischer Regeleinrichtungen, sondern liegt auch sehr vielen natürlichen Umweltphänomenen zu Grunde. So hatten wir bei der Simulation der Räuber-Beute-Population gesehen, dass bei einem Anwachsen der Hasenpopulation zeitverzögert auch die Fuchspopulation anwächst, was nach einiger Zeit zum Sinken der Hasenpopulation führt. Diese nähert sich dann in Form einer Schwingung einem dauerhaft tragfähigen Zustand. Die Fuchspopulation entspricht bei diesem Vorgang der Regeleinrichtung eines technischen Systems, welche die Systemgröße Hasenpopulation in einem stabilen Gleichgewicht hält. Für ein solches stabiles Gleichgewicht ist in der Regel eine negativ wirkende Rückkoppelgröße unerlässlich.

10.1 ABS (Anti-Blockier-System)

Um die Regelung eines Systems zu simulieren, muss der Regler ebenfalls simuliert werden. Bevor dies aber geschehen kann, muss das Modell des zu regelnden Systems erstellt werden. Will man den Vorgang des Bremsens eines Fahrzeuges durch eine Bremse modellieren, so muss man zuerst verstehen, welche Problemstellungen mit einer gewöhnlichen aufgrund von Reibvorgängen wirkenden Bremse verbunden sind.

Bremsen wurden natürlich auch schon vor der Einführung eines ABS-Systems bei Fahrzeugen benutzt und das Bremswirkprinzip hat sich seitdem nicht verändert. Zwar war auch schon vorher die Bremswirkung durch die Einführung der Scheibenbremse gegenüber einer Trommelbremse verbessert worden, aber das eigentliche Problem liegt im Reibvorgang zwischen dem rollenden Rad und dem Straßenuntergrund. Die Bremsverzögerung hängt nämlich einerseits von der Oberfläche der Straße ab und andererseits davon, wie das Rad auf der Straße abrollt. Bild 10.3 zeigt die Geschwindigkeitsverhältnisse an einem auf dem Untergrund rollenden Rad. Das sich bei einer Drehzahl n mit der Winkelgeschwindigkeit $\omega_R = 2\pi n$ drehende Rad hat eine vom Raddurchmesser r_R abhängige Umfangsgeschwindigkeit gegenüber der Radachse von $v_R = \omega_R \cdot r_R$. Gleichzeitig bewegt sich die

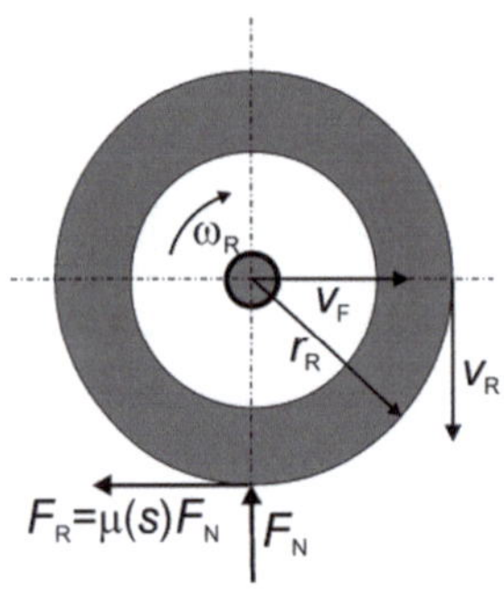

Bild 10.3: *Fahrzeugrad mit Geschwindigkeiten und Kräften*

Radachse mit der Fahrzeuggeschwindigkeit v_F in Fahrtrichtung. Diese beiden Geschwindigkeiten stimmen nur überein, wenn das Rad ohne zu gleiten auf der Straße abrollt. Die Bremswirkung beruht nun darauf, dass diese beiden Geschwindigkeiten voneinander abweichen, so dass das Rad sowohl rollt als auch über die Straße gleitet. Bei diesem Gleitvorgang tritt Reibung zwischen Rad und Straße auf. Die dabei verursachte Reibkraft $F_R = \mu(S) \cdot F_N$ hängt einerseits von der senkrecht (normal) auf die Straße wirkenden Achslast F_N und andererseits von dem so genannten ***Reibbeiwert*** μ (Haftreibzahl) ab. Dieser Reibbeiwert hängt wiederum von der Qualität der Straßenoberfläche und vom so genannten ***Radschlupf*** S ab. Je höher μ ist, umso größer wird die Reibkraft F_R zwischen Rad und Straße und damit die Bremswirkung.

Das Bild 176 zeigt die Abhängigkeit des Reibbeiwertes von der Straßenoberfläche und vom Radschlupf. Der Radschlupf S ist folgendermaßen definiert:

$$S = \frac{v_F - v_R}{v_F}$$

Wenn das Rad ohne zu gleiten abrollt, so sind v_F und v_R gleich und der Schlupf hat den Wert 0. Wird das Rad vollständig durch die Bremse blockiert, so ist $v_R = 0$ und der Schlupf hat den Wert 1. Wie man in Bild 10.4 sieht, liegt der höchste Wert von μ bei etwa $S = 0{,}13$. Außerdem hängt μ stark von den Straßenverhältnissen wie Asphalt, Schotter, Nässe, Schnee ab.

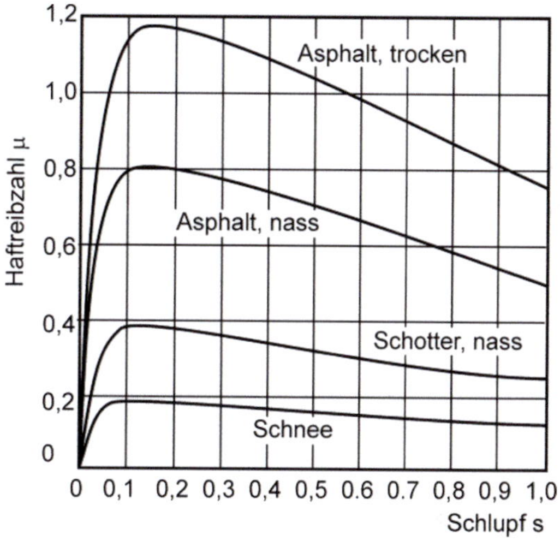

__Bild 10.4:__ Reibkoeffizient μ in Abhängigkeit von Radschlupf und Straßenoberfläche

Vor allem in Gefahrensituationen wie plötzlich auftauchenden Hindernissen oder Fahrbahnglätte reagiert der Fahrer, der die Bremse betätigt, nicht immer so, dass die technisch maximal mögliche Bremswirkung erzielt wird. In der Schrecksekunde drückt der Fahrer das Bremspedal heftig nach unten, wodurch die Räder blockieren und der Schlupf auf den Wert 1 steigt. Dies führt zu einer verringerten Bremswirkung. Erfahrene Fahrzeuglenker versuchen das auszugleichen, indem sie eine so genannte Stotterbremsung ausführen, bei der der Bremsdruck immer wieder zurückgenommen und erneut erhöht wird. Dadurch bewegt sich der Schlupf in einen Bereich zwischen 0 und 1 und die Bremswirkung wird dadurch erhöht. Allerdings ist es kaum möglich, dabei den Wert von $S = 0{,}13$ einzuhalten. Ein automatisch arbeitendes ABS-System müsste daher den Schlupf beim Bremsen in einem günstigen Bereich zwischen 0,1 und 0,3 halten um einen minimalen Bremsweg zu erhalten. Der Kurvenverlauf des

Reibbeiwertes in Abhängigkeit vom Schlupf kann nach folgender Gleichung berechnet werden:

$$\mu(S) = c_1 \cdot (1 - e^{-c_2 \cdot S}) - c_3 \cdot S$$

Darin treten die drei experimentell ermittelten Konstanten c_1, c_2, c_3, der Schlupf S und die Euler'sche Zahl e auf.

In Bild 6.8 wurde bereits der Wort-Bondgraph des Antriebsstrangs eines PKW gezeigt [Rod 2019], [Rod 2023]. In ihm traten Begriffe wie Motor, Kupplung und Getriebe auf. Deren mathematisches Modell ist aber erstmal unklar und solche Teilsysteme müssen durch Basiselemente eines Bondgraphen ersetzt werden. Dies ist in Bild 10.5 in Form des Simulationsgraphens aus dem Simulationssystem 20-sim gezeigt.

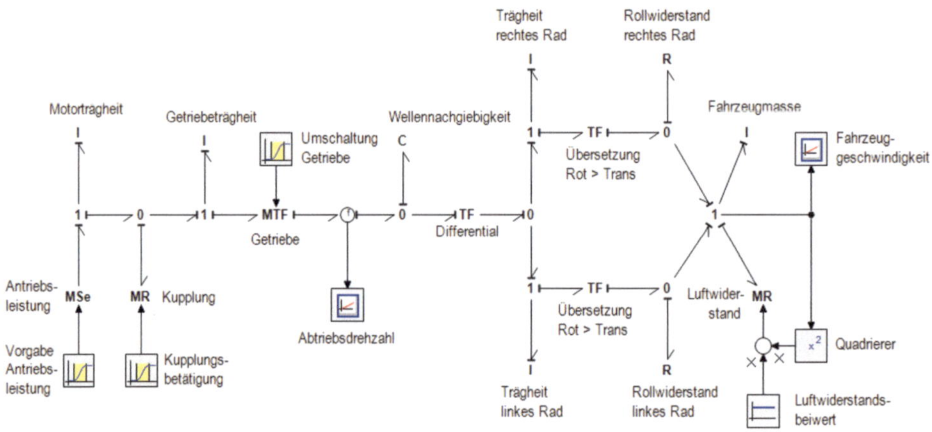

Bild 10.5: *Bondgraph des PKW-Antriebsstrangs mit Grundelementen des Bondgraphen*

Die sich drehenden mechanischen Teile wie Motorwelle und Getriebe sind vor allem durch ihre Trägheit von Bedeutung und werden als I-Elemente modelliert. Da sie gut geschmiert sind, spielt hier Reibung keine Rolle. Die Kupplung wiederum ist vor allem durch die Reibung zwischen den Kupplungsscheiben charakterisiert, welche durch die Kupplungsbetätigung variiert werden kann. Dies leistet ein Modellelement in Form eines modulierbaren R-Elementes. Die Antriebsleistung des Motors liefert eine modulierbare Effortquelle MSe. Die Übersetzungsänderung durch das Getriebe wird durch einen modulierbaren Transformer MTF modelliert. Die Kardanwelle ist lang und schlank, so dass ihre Trägheit nicht modelliert wird, da sie von geringem Einfluss ist. Die Verformbarkeit der Welle durch Verdrehung ist als Modellelement ein C-Element mit der Wellennachgiebigkeit. Das Differential ist ein Transformer TF und die nachfolgenden Räder sind vor allem träge, was durch entsprechende I-Elemente modelliert wird. Zwischen Rad und Straße findet ein Übergang von Rotation in Translation statt, was durch Transformer modelliert wird. Der Reibwiderstand zwischen Rad und Straße wird durch R-Elemente modelliert, wobei die Reibkräfte an der Fahrzeugmasse angreifen, die durch ein I-Element modelliert wird. Ebenfalls auf die Fahrzeugmasse wirkt der Luftwiderstand. Die Kraft, die durch den Luftwiderstand ausgeübt wird, lässt sich nach der Beziehung

$$F_L = c_W \cdot A \cdot v_F^2$$

errechnen. Darin sind c_W der dimensionslose Luftwiderstandsbeiwert und A die Querschnittsfläche. Vor allem bei höheren Geschwindigkeiten wird diese Bewegungshemmung ausschlaggebend, da ihre Größe quadratisch mit der Fahrzeuggeschwindigkeit ansteigt. Der Einfluss des Luftwiderstandes wird durch ein modulierbares R-Element realisiert. Der c_W-Wert, ein dimensionsloser Beiwert, ist von der Form des umströmten Objektes abhängig und beträgt beispielsweise für eine Tropfenform 0,05 und ist bei einer Rechteckplatte gleich 2.

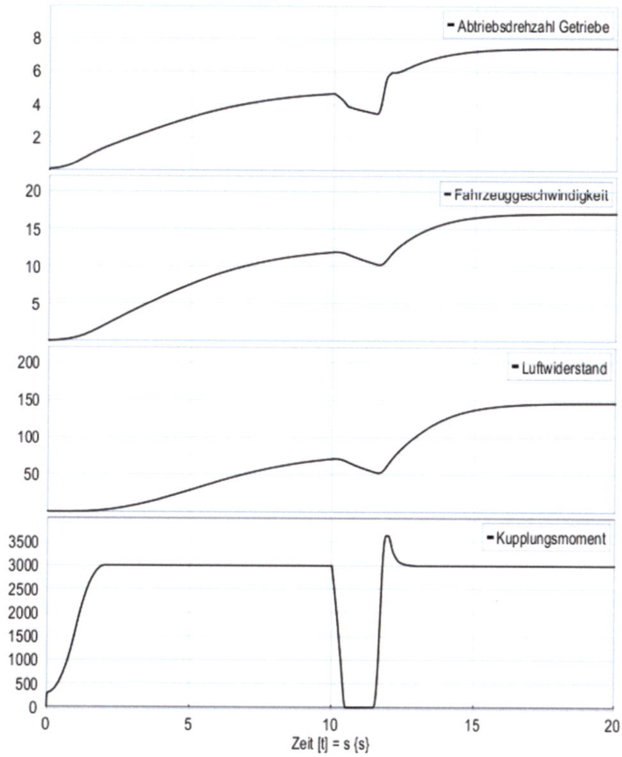

***Bild 10.6:** Simulationsergebnisse des PKW-Antriebsstrangs*

10.2 Bremsen mit und ohne ABS

Mit Hilfe dieses Modells wurde dann ein Beschleunigungsvorgang des PKW simuliert (Bild 10.6). Zu Simulationsbeginn wird langsam bei eingelegtem Gang und nicht betätigter Kupplung Gas gegeben. Nach ca. 2 Sekunden erreicht das Antriebsmoment am Kupplungsausgang sein Maximum. Dadurch steigt die Abtriebsdrehzahl am Getriebeausgang verzögert an. Die Fahrzeuggeschwindigkeit steigt anfangs relativ schnell an, da bei geringer Geschwindigkeit nur der konstante Rollwiderstand die Bewegung hemmt. Der Luftwiderstand spielt zu Anfang noch keine Rolle. Dann nimmt der Luftwiderstand zu. Hier sieht man, dass mit zunehmender Geschwindigkeit der

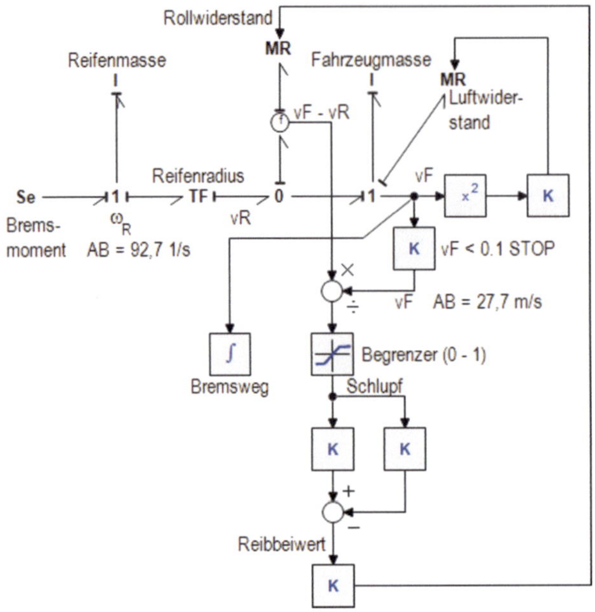

***Bild 10.7:** Bondgraph des PKW-Bremssystems ohne ABS*

Luftwiderstand stark ansteigt (quadratisch) und dass sich dadurch die Fahrzeuggeschwindigkeit einem Endwert von $v_{max} \approx 12$ m/s asymptotisch annähert. Dann ist der Luftwiderstand so groß, dass keine weitere Beschleunigung mehr möglich ist und der Luftwiderstand nimmt ebenfalls seinen Endwert an. Zur weiteren Steigerung der Geschwindigkeit müsste nun die Antriebsdrehzahl erhöht werden. Dies passiert beginnend beim Zeitpunkt $t = 10$ s. Hier wird durch Betätigung der Kupplung und Getriebeumschaltung bei t = 11 s die Getriebedrehzahl erhöht, wodurch die Fahrzeuggeschwindigkeit weiter zunimmt. Da nun aber der Luftwiderstand weiter quadratisch ansteigt, tritt wieder eine asymptotische Annäherung an eine Endgeschwindigkeit von $v_{max} \approx 17$ m/s ein. Dieses Simulationsverhalten entspricht ganz gut tatsächlichem Fahrverhalten von PKW, so dass das einfache Modell des Antriebsstrangs schon brauchbare Ergebnisse liefert.

Um den Bremsvorgang aus einer Fahrzeuggeschwindigkeit v_F heraus zu modellieren, werden viele Teile des Modells nicht benötigt und man muss für das Bremsprinzip nur ein Rad modellieren. Bild 10.7 zeigt das dem entsprechend aufgebaute Simulationsmodell. Links im Bild wird ein Reifen durch seine träge Masse als I-Element modelliert, auf die ein Bremsmoment aus einer Quelle Se wirkt. Da das Bremsmoment die Fahrzeuggeschwindigkeit verringern soll, muss der Effort der Quelle ein negatives Vorzeichen haben, wodurch die Quelle zur Senke wird, die die Bremsenergie aufnimmt. In der 1-Junction, an die die Reifenmasse angebunden ist, herrscht die Rotationsgeschwindigkeit ω_r (Anfangsbedingung in der 1-Junction AB = 92,7 1/s), die durch Multiplikation mit dem Reifenradius in dem folgenden Transformer zur Radumfangsgeschwindigkeit v_R wird. Rechts davon ist die träge Fahrzeugmasse an eine weitere 1-Junction angebunden, in der die Fahrzeuggeschwindigkeit v_F (Anfangsbedingung AB = 27,7 m/s) herrscht. Die 0-Junction dazwischen erhält von links v_R und von rechts v_F, so dass aufgrund von deren Vorzeichen der dritte Bond den Flow $v_F - v_R$ führt. Diesem Bond wird diese Größe mit Hilfe eines Flow-Sensors entnommen. Ein solcher

Sensor ist ein Modellelement, das die durchfließenden Größen wie Leistung, Effort und Flow nicht verändert, aber die Flowinformation an einem Informationsbond liefert. Am Ende des betrachteten Leistungsbonds befindet sich das eigentliche Bremselement in Form eines modulierbaren R-Elementes, das von dem schlupfabhängigen Reibbeiwert moduliert wird. Ein weiteres modulierbares R-Element modelliert den Luftwiderstand, der von der quadrierten und mit c_W multiplizierten Fahrzeuggeschwindigkeit moduliert wird. Der Bremsweg wird durch die Integration der Fahrzeuggeschwindigkeit ermittelt.

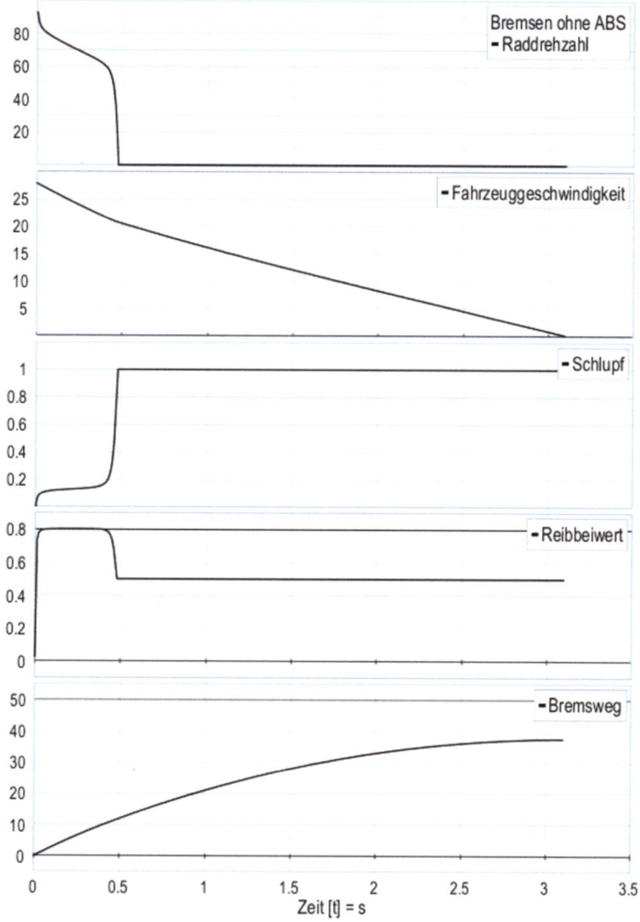

Bild 10.8: *Simuliertes Bremsverhalten des PKW's ohne ABS*

Zur Berechnung des Schlupfs S wird $v_F - v_R$ durch v_F dividiert. Da v_F Null werden kann, verhindert eine Abfrage die Division durch Null, indem die Simulation gestoppt wird, wenn $v_F < 0{,}1$ m/s wird. Da der Schlupf nur Werte zwischen 0 und 1 annehmen kann, verhindert ein Begrenzer, dass dieser Fall auftreten kann. Der Reibbeiwert μ(S) wird nach der oben angegebenen Formel aus den drei Konstanten c_1, c_2, c_3 und dem Schlupf S berechnet. Dazu wird zwei Verstärkerblöcken der Schlupf zugeführt und aus der Summe der Reibbeiwert bestimmt. Dieser Wert wird mit einem weiteren Faktor multipliziert, um damit den richtigen Rollwiderstand (Reibkraft) zu berechnen. Mit diesem Simulationsmodell wurde in 20-sim das in Bild 10.8 dargestellte Diagramm ermittelt. Direkt mit Simulationsbeginn wird das maximale Bremsmoment angelegt (Fahrer tritt die Bremse komplett durch), worauf sofort die Fahrzeuggeschwindigkeit vom Anfangswert von ca. 28 m/s zu sinken beginnt. Die Raddrehzahl sinkt ebenfalls stark und fällt nach 0,5 s auf den Wert Null ab; das Rad blockiert. Während anfangs der Schlupf etwa

0,1 betrug, steigt er nach dem Blockieren auf 1 an, der Reibbeiwert ist anfangs hoch bei einem Wert von 0,8, sinkt aber nach der Radblockade auf den Wert 0,5. Ab da ist die Bremswirkung verringert, was man daran sieht, dass die Fahrzeuggeschwindigkeit langsamer abnimmt. Nach ca. 3,2 s kommt das Fahrzeug zum Stehen und hat dann einen Bremsweg von ca. 39 m zurückgelegt.

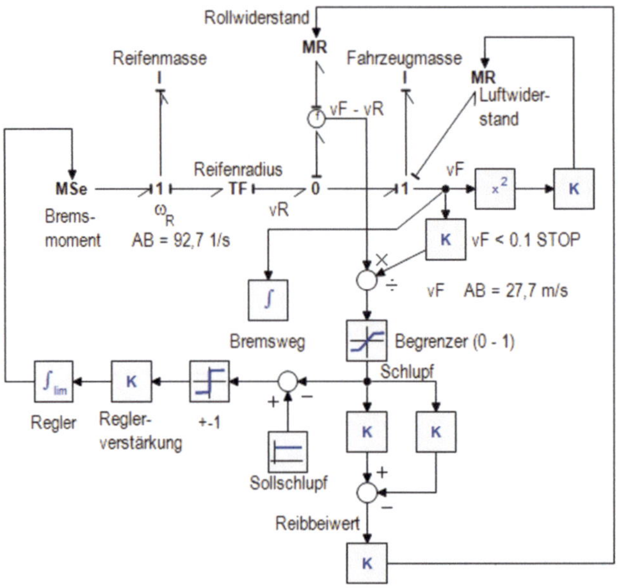

Bild 10.9: Bondgraph des PKW-Bremssystems mit ABS

Mit einem ABS-System kann nun verhindert werden, dass das Bremsmoment sofort in Maximalstärke (Bremsen blockieren) auf die Bremse einwirkt, sondern dass es so durch den Schlupf beeinflusst wird, dass der Reibbeiwert auf einem optimalen Wert verbleibt.

In dem Modell Bild 10.9 wird daher der Schlupf mit einem Sollschlupf verglichen, um eine Regeldifferenz zu erzeugen. Diese wird auf einen einfachen Zweipunktregler gegeben, wie er beispielsweise auch in Thermostaten verwendet wird.

Bei einem Thermostaten führt das Unterschreiten der eingestellten Solltemperatur zum Einschalten der Heizung und wenn daraufhin die Temperatur einen etwas höheren Wert übersteigt, wird die Heizung wieder abgeschaltet. Gleiches leistet der hier verwendete Zweipunktregler für den Schlupf. Der Ausgang des Reglers ist allerdings nicht ein sich ständig ein- und ausschaltendes Signal, sondern dieses wird in einem Integrator in ein analoges Stellsignal für das Bremsmoment umgewandelt.

Mit diesem Modell wurde dann das Diagramm in Bild 10.10 erzeugt. Als wichtigen Unterschied zum Simulationsergebnis in Bild 10.8 ohne ABS, sinkt die Raddrehzahl nicht schon nach kurzer Zeit auf den Wert Null, sondern nimmt kontinuierlich ab. Der Schlupf steigt vom Wert Null auf den Wert 0,08 an, wodurch sich der Reibbeiwert zwischen Rad und Straße auf ca. 0,75 erhöht, während er ohne ABS bei ca. 0,5 lag. Dadurch sinkt die Fahrgeschwindigkeit schneller und das Fahrzeug kommt schon nach 2,3 s zum Stehen. Der Bremsweg sinkt dabei auf ca. 32 m, d. h. der Anhalteweg ist gegenüber dem System ohne ABS um 7 m verkürzt. Dies würde im Gefahrenfall einen großen Unterschied machen und möglicherweise einen Auffahrunfall vermeiden.

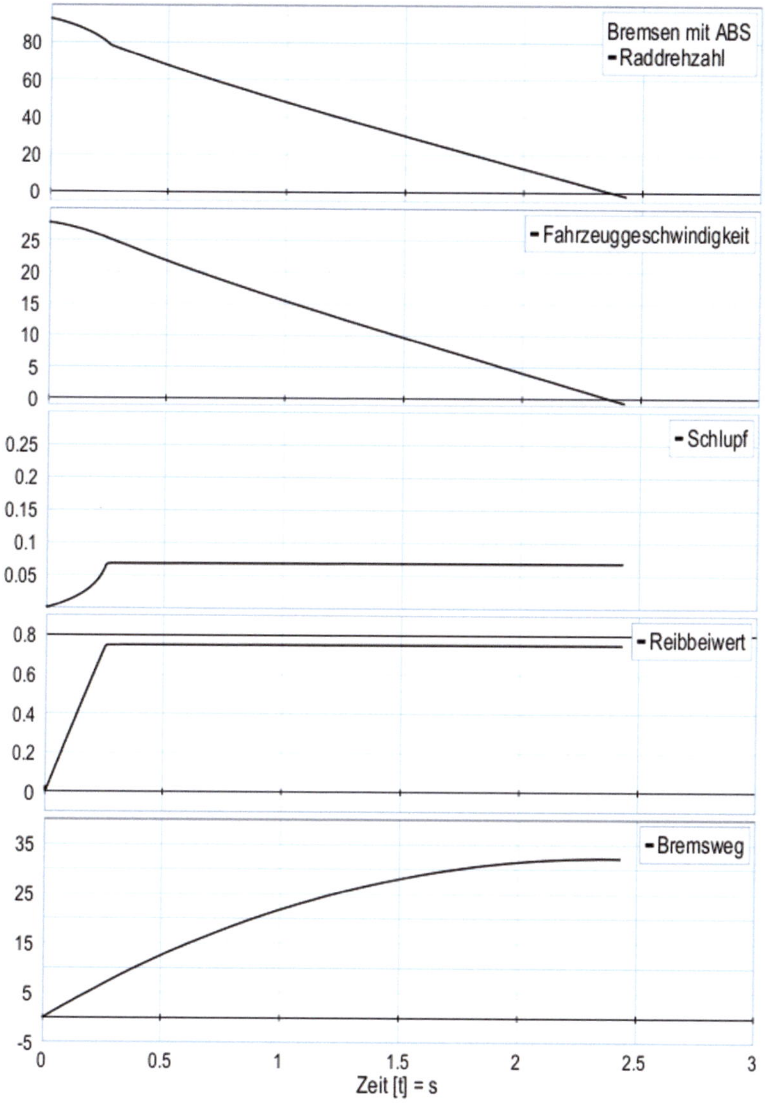

Bild 10.10: *Simuliertes Bremsverhalten des PKW's mit ABS*

Durch solche technischen Simulationen können recht kostengünstig ohne teure Experimente die Eigenschaften von Systemen und deren Regelung getestet werden, ohne das man bereits über eine entsprechende Systemhardware verfügt.

11 Computersimulation als Entertainment

Schon recht früh tauchten neben den wissenschaftlichen und kaufmännischen Anwendungen von Computern Programme auf, die es dem Anwender erlaubten, „nutzlose“

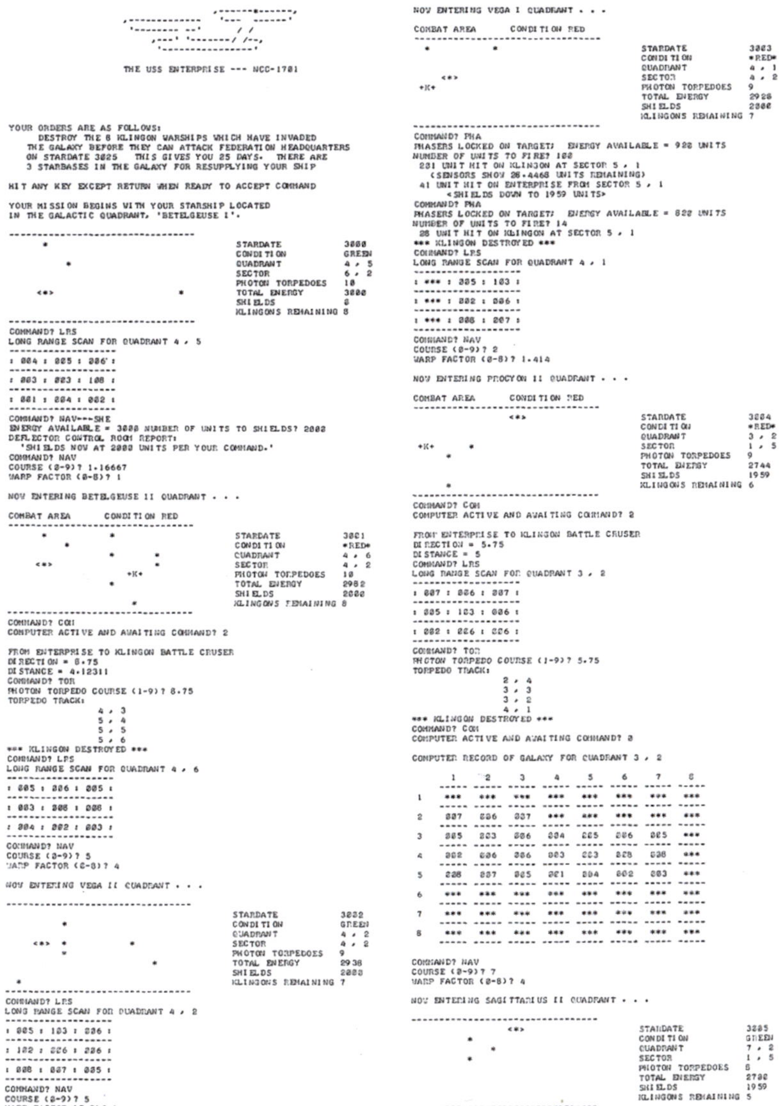

```
THE USS ENTERPRISE --- NCC-1701

YOUR ORDERS ARE AS FOLLOWS:
     DESTROY THE 8 KLINGON WARSHIPS WHICH HAVE INVADED
   THE GALAXY BEFORE THEY CAN ATTACK FEDERATION HEADQUARTERS
   ON STARDATE 3025   THIS GIVES YOU 25 DAYS.  THERE ARE
   3 STARBASES IN THE GALAXY FOR RESUPPLYING YOUR SHIP

HIT ANY KEY EXCEPT RETURN WHEN READY TO ACCEPT COMMAND

YOUR MISSION BEGINS WITH YOUR STARSHIP LOCATED
IN THE GALACTIC QUADRANT, 'BETELGEUSE I'.

---------------------------------
     *                                STARDATE            3000
                                      CONDITION           GREEN
         *                            QUADRANT            4 , 5
                                      SECTOR              6 , 2
                                      PHOTON TORPEDOES    10
   <*>                      *         TOTAL ENERGY        3000
                                      SHIELDS             0
                                      KLINGONS REMAINING  8
---------------------------------
COMMAND? LRS
LONG RANGE SCAN FOR QUADRANT 4 , 5
-------------------
: 004 : 005 : 006 :
-------------------
: 003 : 003 : 108 :
-------------------
: 001 : 004 : 002 :
-------------------
COMMAND? NAV---SHE
ENERGY AVAILABLE = 3000 NUMBER OF UNITS TO SHIELDS? 2000
DEFLECTOR CONTROL ROOM REPORT:
  'SHIELDS NOW AT 2000 UNITS PER YOUR COMMAND.'
COMMAND? NAV
COURSE (0-9)? 1.16667
WARP FACTOR (0-8)? 1

NOW ENTERING BETELGEUSE II QUADRANT . . .

COMBAT AREA      CONDITION RED
---------------------------------
     *        *                       STARDATE            3001
        *                             CONDITION           *RED*
              *     *                 CUADRANT            4 , 6
   <*>              *                 SECTOR              4 , 2
                 +K+                  PHOTON TORPEDOES    10
              *                       TOTAL ENERGY        2982
                                      SHIELDS             2000
                 *                    KLINGONS REMAINING  8
---------------------------------
COMMAND? COM
COMPUTER ACTIVE AND AWAITING COMMAND? 2

FROM ENTERPRISE TO KLINGON BATTLE CRUSER
DIRECTION = 8.75
DISTANCE = 4.12311
COMMAND? TOR
PHOTON TORPEDO COURSE (1-9)? 8.75
TORPEDO TRACK:
                4 , 3
                5 , 4
                5 , 5
                5 , 6
*** KLINGON DESTROYED ***
COMMAND? LRS
LONG RANGE SCAN FOR QUADRANT 4 , 6
-------------------
: 005 : 006 : 005 :
-------------------
: 003 : 008 : 008 :
-------------------
: 004 : 002 : 003 :
-------------------
COMMAND? NAV
COURSE (0-9)? 5
WARP FACTOR (0-8)? 4

NOW ENTERING VEGA II CUADRANT . . .

---------------------------------
                                      STARDATE            3002
         *                            CONDITION           GREEN
                                      QUADRANT            4 , 2
   <*>   *        *                   SECTOR              4 , 2
         *                            PHOTON TORPEDOES    9
                    *                 TOTAL ENERGY        2938
                                      SHIELDS             2000
 *                                    KLINGONS REMAINING  7
---------------------------------
COMMAND? LRS
LONG RANGE SCAN FOR QUADRANT 4 , 2
-------------------
: 005 : 103 : 006 :
-------------------
: 102 : 006 : 006 :
-------------------
: 008 : 007 : 005 :
-------------------
COMMAND? NAV
COURSE (0-9)? 5

NOW ENTERING VEGA I QUADRANT . . .

COMBAT AREA      CONDITION RED
---------------------------------
  *        *                          STARDATE            3003
                                      CONDITION           *RED*
                                      QUADRANT            4 , 1
    <*>                               SECTOR              4 , 2
 +K+                                  PHOTON TORPEDOES    9
                                      TOTAL ENERGY        2928
                                      SHIELDS             2000
                                      KLINGONS REMAINING  7
---------------------------------
COMMAND? PHA
PHASERS LOCKED ON TARGET;  ENERGY AVAILABLE = 928 UNITS
NUMBER OF UNITS TO FIRE? 100
 201 UNIT HIT ON KLINGON AT SECTOR 5 , 1
   (SENSORS SHOW 20.4468 UNITS REMAINING)
 41 UNIT HIT ON ENTERPRISE FROM SECTOR 5 , 1
      <SHIELDS DOWN TO 1959 UNITS>
COMMAND? PHA
PHASERS LOCKED ON TARGET;  ENERGY AVAILABLE = 828 UNITS
NUMBER OF UNITS TO FIRE? 14
 28 UNIT HIT ON KLINGON AT SECTOR 5 , 1
*** KLINGON DESTROYED ***
COMMAND? LRS
LONG RANGE SCAN FOR QUADRANT 4 , 1
-------------------
: *** : 005 : 103 :
-------------------
: *** : 002 : 006 :
-------------------
: *** : 008 : 007 :
-------------------
COMMAND? NAV
COURSE (0-9)? 2
WARP FACTOR (0-8)? 1.414

NOW ENTERING PROCYON II QUADRANT . . .

COMBAT AREA      CONDITION RED
---------------------------------
               <*>                    STARDATE            3004
                                      CONDITION           *RED*
                                      QUADRANT            3 , 2
 +K+      *                           SECTOR              1 , 5
    *                                 PHOTON TORPEDOES    9
                                      TOTAL ENERGY        2744
                                      SHIELDS             1959
    *                                 KLINGONS REMAINING  6
---------------------------------
COMMAND? COM
COMPUTER ACTIVE AND AWAITING COMMAND? 2

FROM ENTERPRISE TO KLINGON BATTLE CRUSER
DIRECTION = 5.75
DISTANCE = 5
COMMAND? LRS
LONG RANGE SCAN FOR QUADRANT 3 , 2
-------------------
: 007 : 006 : 007 :
-------------------
: 005 : 103 : 006 :
-------------------
: 002 : 006 : 006 :
-------------------
COMMAND? TOR
PHOTON TORPEDO COURSE (1-9)? 5.75
TORPEDO TRACK:
                2 , 4
                3 , 3
                3 , 2
                4 , 1
*** KLINGON DESTROYED ***
COMMAND? COM
COMPUTER ACTIVE AND AWAITING COMMAND? 0

COMPUTER RECORD OF GALAXY FOR CUADRANT 3 , 2

       1     2     3     4     5     6     7     8
     ----- ----- ----- ----- ----- ----- ----- -----
 1    ***   ***   ***   ***   ***   ***   ***   ***
     ----- ----- ----- ----- ----- ----- ----- -----
 2    007   006   007   ***   ***   ***   ***   ***
     ----- ----- ----- ----- ----- ----- ----- -----
 3    005   003   006   004   005   006   005   ***
     ----- ----- ----- ----- ----- ----- ----- -----
 4    002   006   006   003   003   008   008   ***
     ----- ----- ----- ----- ----- ----- ----- -----
 5    008   007   005   001   004   002   003   ***
     ----- ----- ----- ----- ----- ----- ----- -----
 6    ***   ***   ***   ***   ***   ***   ***   ***
     ----- ----- ----- ----- ----- ----- ----- -----
 7    ***   ***   ***   ***   ***   ***   ***   ***
     ----- ----- ----- ----- ----- ----- ----- -----
 8    ***   ***   ***   ***   ***   ***   ***   ***
     ----- ----- ----- ----- ----- ----- ----- -----

COMMAND? NAV
COURSE (0-9)? 7
WARP FACTOR (0-8)? 4

NOW ENTERING SAGITTARIUS II QUADRANT . . .

---------------------------------
               <*>                    STARDATE            3005
         *                            CONDITION           GREEN
            *                         CUADRANT            7 , 2
         *                            SECTOR              1 , 5
                                      PHOTON TORPEDOES    8
                                      TOTAL ENERGY        2780
                                      SHIELDS             1959
                                      KLINGONS REMAINING  5
---------------------------------
```

Bild 11.1: Druckausgabe des Computerspiels „Super Star Trek“ aus den 1970er Jahren

W. Roddeck, *Die Welt der Modelle und Simulationen*, https://doi.org/10.1007/978-3-658-46305-2_11

Vorgänge wie Spiele zu erzeugen. Ein sehr frühes Beispiel hierfür ist das Programm „Super Star Trek“, das auf der Fernsehserie „Star Trek“ von G. Roddenberry basiert, die in den Vereinigten Staaten von 1966 bis 1969 erstausgestrahlt wurde und später auch in Deutschland unter dem Titel „Raumschiff Enterprise“ erschien. Etliche weitere Filmproduktionen befassten sich ebenfalls mit Science Fiction Thematiken, in denen Computer und Simulationen eine Rolle spielen.

Erste Versionen des Computerspiels Star Trek tauchten auf verschiedenen amerikanischen Hochschulcampi wie der Carnegie-Mellon University oder in Berkley in den späten 1960er Jahren auf. Deren Weiterentwicklungen waren für einen HP2000C Computer geschrieben und wurden 1972 fertiggestellt. Im Sommer 1973 konvertierte D. H. Ahl die HP Version in die Basic-Plus Variante für den DEC RSTS-11 Compiler [AHL 1978]. Da auf solchen Rechnern nur alphanumerische Ein- und Ausgabemedien zur Verfügung standen, musste der Benutzer nach dem Spielstart Eingaben in Form von Tastaturzeichen machen, die durch eine textuelle Druckausgabe angefordert wurden. Nach entsprechenden Auswertungen erfolgte dann auf dem Drucker in Tabellen und Sätzen eine Kommunikation mit dem Spieler. Bild 11.1 zeigt den Anfang der Druckausgabe eines solchen Spiels. Aufgrund der Tatsache, dass der Drucker nicht grafikfähig war, mussten Grafikausgaben durch entsprechend platzierte alphanumerische Zeichen substituiert werden. Damit war nur für absolute Fans und Insider ein Spielspaß gegeben, bis es dazu kam, dass bessere und individuell nutzbare Rechner zur Verfügung standen.

11.1 Entwicklung des Personal Computers

In den 50er bis 70er Jahren des 20. Jhd. war das typische Eingabemedium für einen Computer eine Tastatur oder ein Lochkarten-/Lochstreifenleser und als Ausgabemedium ein alphanumerischer Drucker. Grafische Terminals bewegten sich in Preiskategorien, für die man heute große Rechenanlagen kaufen kann. Mit einer solchen Ausstattung war ein interaktives Spielen an einem Computer nur mit starken Einschränkungen möglich. Das Gleiche galt natürlich auch für technische Simulationen von Modellen. Außerdem waren die

Bild 11.2: *Whirlwind Computer, Museum of Science, Boston (Wikipedia)*

meisten Digitalrechner nicht ***echzeitfähig***.

Am MIT, wo schon in den 1920er Jahren der erste Analogrechner entwickelt wurde, wurde in der Zeit von 1945 bis 1952 auch der erste echtzeitfähige Computer entwickelt. Dieser als „Whirlwind-Computer" (Whirlwind: engl. für Wirbelwind) bezeichnete Rechner wurde aufgrund eines noch während des 2. Weltkriegs durch von der US-Marine erteilten Forschungsauftrags von den Wissenschaftlern J. Forrester und R. Everett entwickelt (Bild 11.2) [Well 1986]. Aufgabe des Gerätes sollte es ursprünglich sein, in einem Flugsimulator Piloten der US-Marine in überraschenden Flugsituationen zu trainieren. Dazu musste das Gerät in Realzeit (Echtzeit) reagieren können und auch über grafische Ein-/Ausgabefähigkeiten verfügen.

Da der verwendete Computer einen Flugsimulator steuern sollte, musste er sofort auf Handlungen der Benutzer reagieren können. Forrester hatte ursprünglich vor, einen aufwendigen Analog-Computer zu verwenden. Nach einer der ersten ENIAC-Demonstrationen kam er auf die Idee, einen elektronischen Hochgeschwindigkeits-Digitalrechner zu entwickeln. Die Echtzeitfähigkeit erhielt der Rechner durch die Idee von Forrester, ein Array von Ferrit-Kernspeichern mit kurzen Zykluszeiten als Schreib-/Lesespeicher zu verwenden. Außerdem erhielt das Gerät eine Bildschirmausgabe in Form einer Kathodenstrahlröhre. Weiterhin wurde eine Lichtpistole als digitales Eingabegerät verwendet, in deren Lauf eine fotoelektrische Zelle eingebaut war. Auf dem Kathodenstrahlbildschirm wurden beispielsweise Flugzeugbewegungen angezeigt und mit der Lichtpistole konnte man auf Punkte des Bildschirms zeigen und dadurch Eingaben in den Rechner generieren. Whirlwind war der erste Computer mit einer Wortlänge von 16 Bit, was sich dann bei den Minicomputern in den 1960er Jahren durchsetzte.

Bild 11.3: *Minicomputer vom Typ PDP-8/E der Firma Digital Equipment Corporation (DEC) aus dem Jahr 1970 (Wikipedia)*

Die gesamte Technik wurde dann ab 1958 für die Überwachung des militärischen und später auch zivilen Luftverkehrs als so genanntes SAGE-System eingesetzt. Erst im Jahr 1983 wurden die letzten Geräte stillgelegt und waren damit die ältesten Anlagen dieser Art, die noch in Betrieb gewesen waren.

Die in den 1960/70er Jahren verwendeten Groß- und Mittelklasse-Rechner waren für private Anwender nahezu unerschwinglich. Selbst so genannte Minirechner waren sehr teuer, wobei „klein“ (Mini) bedeutete, dass der Rechner nicht mehr ganze Zimmer oder Säle füllte, sondern in einen oder mehrere Schränke passte. Bild 11.3 zeigt einen solchen Minicomputer vom Typ PDP-8/E der Firma Digital Equipment Corporation (DEC) aus dem Jahr 1970.

Bereits früher vorgedacht, kam zu dieser Zeit die Idee des ***Personal Computers*** (PC) auf, maßgeblich vorangetrieben von Hackern, organisiert im „Homebrew Computer Club“ in der Region von San Francisco, USA. Nach einer unverbindlichen Definition ist ein PC ein Mehrzweckcomputer, dessen Größe und Eigenschaften ihn für den individuellen, persönlichen Gebrauch im Alltag nutzbar machen. Bei dem in Bild 11.3 gezeigten Minicomputer PDP 8 war es beispielsweise noch erforderlich, den Startvorgang dadurch einzuleiten, dass an einem Feld von Kippschaltern (Mitte des rechten Schranks) ein „Bootstrap“ (engl. Stiefelriemen) eingestellt werden musste. Diese Einstellung repräsentierte eine Anzahl von dualen Informationen, um einen ***Urladevorgang*** cinzulciten, der dann das Betriebssystem des Rechners zum Leben erweckte. Der Begriff ist der Kurzgeschichte „By his Bootstraps“ von R. A. Heinlein aus dem Jahre 1941 entnommen, in der sich der Protagonist ähnlich wie der Baron von Münchhausen selbst an seinen Stiefelriemen über den Zaun zieht.

Einfache Bedienbarkeit, geringe Abmessungen und ein für Privatpersonen erschwinglicher Preis waren daher Grundkonzepte des PC. Dies rückte erst in greifbare Nähe, nachdem die Miniaturisierung durch integrierte Schaltkreise (IC) in der Halbleitertechnik zur Entwicklung des ersten Mikroprozessors führte. Im Jahr 1971 patentierte die Firma Texas Instruments den ersten Mikroprozessor TMS 1000, 1974 gefolgt von dem standardsetzenden 8Bit-Mikroprozessor 8080 der Firma Intel.

Neben anderen früheren Modellen gehört der 1976 von der Firma Apple herausgebrachte „Apple 1“ zu den ersten als PC zu bezeichnenden Geräten. Das Bild 11.4 zeigt den Apple 1, der aus einem Einplatinenrechner und einem Betriebssystem bestand und zum Preis von 666 US-$ erstanden werden konnte. Der Monitor - ein umgebauter Fernseher - , die schreibmaschinenähnliche Tastatur, das Kassettengerät als Speichermedium für Programme und Daten und das Netzteil waren nicht Bestandteil des Computers, sondern mussten separat dazugekauft

Bild 11.4: *Apple 1 Personal Computer (Wikipedia)*

werden. Dieser noch etwas umständliche Zustand des Zusammenstellens des Computers aus Einzelkomponenten wurde dann von der Firma Apple im Jahr 1976 durch den Verkauf des Apple 2 abgelöst, der alle Komponenten, Rechnerplatine und Tastatur, Diskettenlaufwerke und alphanumerischer Monitor, gekapselt in Einzelgehäusen vereinigte (Bild 11.5).

Der im Jahr 1981 herausgebrachte IBM-PC (Bild 11.6) des Marktführers IBM im Bereich der Großrechner, setzte dann einen allgemeinen Standard und wurde bald schon in vielen Firmen als Arbeitsplatzrechner verwendet. Das von der Firma Microsoft entwickelte Betriebssystem DOS (**D**isc **O**perating **S**ystem), mit dem die Peripheriegeräte wie Monitor, Diskettenlaufwerke und Tastatur angesprochen werden konnten, war viele Jahre wichtiger Bestandteil dieser Art von PC-Systemen.

Bild 11.5: *Apple 2 Personal Computer (Wikipedia)*

Die ***Mensch-Maschine-Schnittstelle*** (MMS) war bei diesen Geräten die alphanumerische Tastatur und der alphanumerische Bildschirm, d. h. es konnten nur Buchstaben oder Zahlen ein- oder ausgegeben werden. Der PC-Monitor war im Prinzip eine Art Fernsehbildschirm mit Kathodenstrahlröhre, in der der bilderzeugende Elektronenstrahl zeilenweise horizontal und vertikal abgelenkt wird. In der Horizontalen konnten so bis zu 80 Zeichen dargestellt werden und je nach Bildschirmgröße waren bis zu 40 Zeilen darstellbar. Ein Grafikbildschirm, auf dem einzelne Bildpixel direkt angesteuert werden können, um daraus ein grafisches Bild zu erzeugen, waren zu diesem Zeitpunkt für den Privatgebrauch unerschwinglich. Über die Tastatur konnten Befehle an das Betriebssystem, wie das Lesen und Schreiben von Daten vom und auf die Diskettenlaufwerke eingegeben werden, oder Programmcodes für ein Anwenderprogramm eingegeben werden. Wollte man beispielsweise eine grafikähnliche Bildausgabe auf dem Monitor erzeugen, so musste

Bild 11.6: *IBM-PC (Wikipedia)*

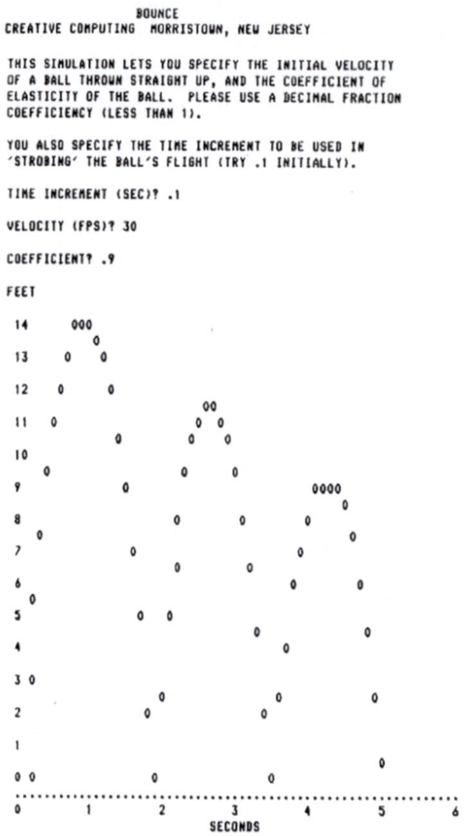

Bild 11.7: Druckausgabe des Programms „Bounce" auf einem alphanumerischen Drucker

ein Programm Zeichen des ASCII-Zeichensatzes an den richtigen Bildschirmstellen ausgeben. Das Gleiche gilt für die damals verfügbaren alphanumerischen Drucker. Der ASCII-Zeichensatz (**A**merican **S**tandard **C**ode for **I**nformation **I**nterchange) ist eine genormte 7 Bit Zeichencodierung, mit der alle Buchstaben und Zahlen sowie verschiedene Sonderzeichen und Steuerbefehle für einen Digitalrechner codiert werden können.

Bild 11.7 zeigt als Beispiel die Druckausgabe für die Simulation des Bahnverlaufs eines elastischen Balls, (Bouncing Ball) der mit einer bestimmten Geschwindigkeit nach oben geworfen wird und unter Einfluss der Schwerkraft wieder auf den Boden fällt und erneut hochspringt. Durch Lesebefehle können Parameter wie Abstand der Plotpunkte, Anfangsgeschwindigkeit, und Elastizitätskoeffizient des Balls über die Tastatur als Zahlenwerte eingegeben werden. Die Ausgabe ist eine 2-dimensionale Darstellung der Ballhöhe in „Feet" über der Zeit in Sekunden. Datenpunkte des Funktionsverlaufs werden durch die Ausgabe des alphanumerischen Zeichens „O" ausgegeben. Nach heutigen Vorstellungen wirkt dies relativ plump und hatte höchstens qualitative Aussagekraft. Diese Art der MMS war wenig geeignet, um damit umfangreiche Simulationen durchführen zu können und eine solche Standardaufgabe, wie den Ausdruck eines Funktionsgraphen, musste als eigenes Anwenderprogramm erstellt werden.

Bild 11.8: Prototyp der „Computermaus" von D. C. Engelbart (Wikipedia)

Einen großen Durchbruch in Bezug auf eine intuitive und interaktive Dateneingabe brachte hier die Einführung der als Zeigegerät verwendeten so genannten ***Computermaus***. Zwar war schon im Jahr 1963 der erste Prototyp einer Computermaus nach Zeichnungen von D. C. Engelbart am Stanford Research Center gebaut worden (Bild 11.8), aber zu diesem Zeitpunkt fand diese kaum Beachtung, da es keine grafische Benutzeroberfläche auf Computern gab. Die von Hand über die Arbeitsfläche geführte Maus erzeugt bei dieser Gleitbewegung mittels Bewegungssensoren im Inneren eine 2-dimensionale Positionsinformation. Diese Information lokalisiert einen Mauszeiger (Cursor, engl. Positionsanzeiger) im Bereich eines grafikfähigen Bildschirms. Dadurch kann man per Mausbewegung den Mauszeiger auf eine Schaltfläche im Bildschirmbereich navigieren, um dort durch Drücken einer der Maustasten einen Befehl an das Betriebssystem zu erzeugen.

Bei der Firma Xerox wurde die Engelbart'sche Maus in den 1970er Jahren weiterentwickelt. Diese Technik wurde von der Firma Apple lizensiert und 1983 zusammen mit dem PC vom Typ „Lisa" auf den Markt gebracht. 1984 brachte Apple seinen neuen PC „Macintosh" heraus, der mit einer Computermaus als primärem Eingabegerät ausgeliefert wurde. Der grafische Bildschirm wurde durch ein fensterbasiertes Betriebssystem organisiert, wodurch viele Bedienvorgänge und Eingaben intuitiv ohne komplizierte textuelle Befehlseingabe wie bei dem DOS-System möglich wurden. Etwas später wurde auch für den IBM-PC eine Computermaus und ein fensterbasiertes Betriebssystem mit dem Namen „Windows" herausgebracht, das vergleichbare Eigenschaften aufwies. Im Jahr 1987 brachte IBM dann seinen neuen Video-Grafikstandard „VGA" heraus, mit dem schon recht hochauflösende (640 × 480 Pixel) Bildschirmdarstellungen möglich waren. Damit standen die technischen Möglichkeiten zur Verfügung, spielerische Simulationen von Prozessen und ganzen Welten zu ermöglichen.

11.2 Entwicklungs- und Aufbausimulation

Eines der frühesten grafisch ausgelegten „Weltsimulationen" ist das Spiel ***Civilization*** des Entwicklers Sid Meier und seiner Unternehmen Micro Prose und Firaxis Games. Dieses inzwischen im Jahr 2016 in der Entwicklungsstufe VI herausgebrachte Spiel ist eines der weltweit erfolgreichsten überhaupt, mit 33 Millionen in allen Versionen verkauften Exemplaren. Die Spielmechanismen und Interaktionsmöglichkeiten sind stilbildend für viele vergleichbare Spiele gewesen. Bild 191 zeigt einen Eingangsbildschirm der 1. Version von Civilization aus dem Jahr 1991. Da dieses Programm unter dem Betriebssystem DOS gestartet wurde und daher auf heutigen Rechnern nicht mehr lauffähig ist, wurde das Bild durch Abspielen des Programms in einer DOS-Emulation (das Betriebssystem DOS wird sozusagen durch ein Programm namens DOS-Box simuliert) ausgeführt. Unter der URL im URL-Verzeichnis kann das Spiel im Browser kostenfrei gespielt werden.

Da der Bildschirm nun grafikfähig ist, können Textausgaben in unterschiedlichsten Formaten erfolgen. Die Bedienung ist weitgehend mausbasiert, wobei ein Cursor in

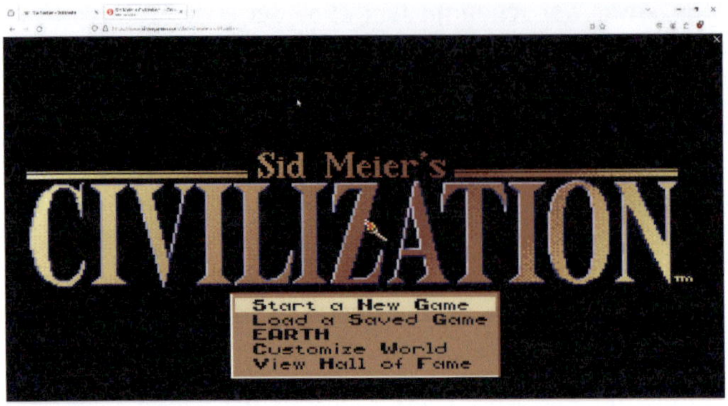

Bild 11.9: Startbildschirm des Computerspiels „Civilization“

Form einer stilisierten Fackel (Bildmitte von Bild 11.9) über ein Textmenü geführt werden kann. Nach der entsprechenden Positionierung führt ein Drücken auf die linke Maustaste zur Ausführung eines Befehls, also beispielsweise zum Start der eigentlichen Weltsimulation (1. Menüpunkt). Alternativ kann man bei fehlender Maus einen Modus wählen, bei dem die Auswahl durch Eingabe des Anfangsbuchstabens der Menüpunkte erfolgt.

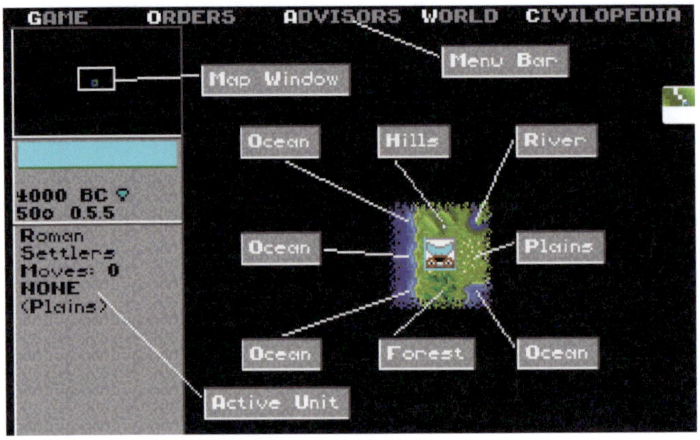

Bild 11.10: Hauptbildschirm (Map Window) von Civilization mit Spielerläuterungen

Nach dem Spielstart erfolgt eine animierte Einführung ins Spiel, die allerdings nach heutigen Vorstellungen von Computergrafik eher bescheiden wirkt. Nach der Wahl weiterer Optionen wie Schwierigkeitsgrad (in Form der Auswahl eines Anführers), der Wahl der Nationalität und der Anzahl der Konkurrenten, wird ein Standardbildschirm angezeigt und zuerst einmal durch Hinweise erläutert (Bild 11.10). Es gibt 4 wichtige Bereiche des Bildschirms, das Haupt- oder Kartenfenster (Map Window), in dem das Spiel fortschreitet, mit einer Mini-Weltkarte links oben, die den Ausschnitt des Map Windows in einer Gesamtspielwelt platziert. Darunter befindet sich eine Anzeige der aktiven Spieleinheit (Active Unit), die hier eine römische Siedlergruppe ist. Weiterhin werden das Jahr des Spielbeginns (4000 BC: before Christ, engl. vor Chr.) und wichtige Eigenschaften der Siedlergruppe angezeigt. Oberhalb dieser drei Fenster befindet sich eine Menüleiste (Menu Bar), die Pull-Down Menüs wichtiger Befehlsgruppen wie Spiel (Game), Befehle (Orders) usw. enthält.

Ziel des Spiels ist es, eine florierende Zivilisation einer Bevölkerungsgruppe in Konkurrenz zu anderen Bevölkerungsgruppen aufzubauen und über die Jahrhunderte (die Zeit läuft nicht in Echtzeit, sondern stark beschleunigt ab) technisch/wissenschaftlich, ökonomisch und politisch zu entwickeln und die anderen Bevölkerungsgruppen zu überflügeln. Bei Kontakten zu anderen Bevölkerungsgruppen kann man sich für ein diplomatisches oder ein kriegerisches Vorgehen entscheiden. Endgültiges Ziel des Spiels ist es, die Raumfahrt zu entwickeln und zu den Sternen zu reisen.

Zu Anfang des Spiels hat man eine Siedlergruppe als bewegliche Einheit, die man mit Hilfe der Pfeiltasten der Tastatur waagerecht und senkrecht bewegen kann. Das Spielfeld ist in Parzellen aufgeteilt, die anfangs zum größten Teil verdeckt sind, was durch eine Schwärzung der Parzelle dargestellt wird. Die Siedler-Einheit hat eine Sichtweite von einer Parzelle in alle vier Richtungen, so dass anfangs 9 Parzellen (der aktuelle Standort und die in den Richtungen N, NW, W, SW, S, SO, O und NO) der Welt sichtbar sind. Die Grenze zwischen bekannten und unbekannten Parzellen wird durch den Übergang der farbig dargestellten bekannten Parzellen in die geschwärzten unbekannten Parzellen in Form einer gerasterten Grenzlinie dargestellt. Im Bild 192 wird noch erläutert, auf welche Art unterschiedliche Geländeformen wie Ebene (Plain), Wald (Forest), Meer (Ocean) im Kartenbild dargestellt werden. Die Art des Terrains hat Einfluss auf die Bewegungsmöglichkeiten der Einheiten und die Nutzung des Terrains. Das Spiel arbeitet rundenbasiert, so dass in einer Runde (bestimmte Anzahl von Jahren) verschiedene eigene Einheiten durch den Spieler oder gegnerische Einheiten durch den Computer bewegt werden können.

Bild 11.11: *Map Window nach einigen Bewegungsrunden*

Die gerade aktive Einheit blinkt im Wechsel auf und ab und deckt bei der Bewegung Schritt für Schritt Teile der Hauptkarte auf. Im Bild 193 wurde bereits ein gewisser Weg zurückgelegt, und man ist mit seinen Siedlern auf ein fremdes Dorf gestoßen. Wenn man seine Siedler dorthin bewegt, kann man wertvolle Gegenstände oder Technologien aufspüren. In der Zeitanzeige kann man sehen, dass bereits eine gewisse Anzahl von Jahren verstrichen ist (3800 BC). Wenn ein solches Ereignis eintritt, werden entsprechende Hinweise in Anzeigeboxen eingeblendet. In Bild 11.11 wird angezeigt, dass man auf eine freundlich gesinnte Gruppe erfahrener Söldner gestoßen ist. Diese

***Bild 11.12:** Map Window mit Aufforderung zur Stadtgründung*

***Bild 11.13:** Map Window mit aufgerufenem Pull-Down Menü „Orders"*

***Bild 11.14:** Bildschirm mit aktueller Stadtansicht*

Einheit wird anschließend in Form einer Reitereinheit dargestellt und kann mit der Siedlergruppe mitbewegt werden.

Hat man ein vom Terrain her günstiges Feld erreicht, so fordert eine Hilfebox den Spieler auf, sich hier niederzulassen und eine neue Siedlung zu gründen (Bild 11.12). Dazu kann man über den Cursor das Pull-Down Menü „Orders" auswählen (Bild 11.13), das u. a. den Menüpunkt „Found New City" (neue Stadt gründen) enthält. Die Wahl dieses Menüpunktes erlaubt dem Spieler den Namen der Stadt festzulegen (hier Rom) und gibt weitere Hinweisboxen zur Stadtgründung aus. Dann wird die aktuelle Ansicht der gegründeten Stadt angezeigt (Bild 11.14), die aufgrund der damals verwendeten VGA-Grafik nach heutigen Vorstellungen äußerst bescheiden aussieht. Durch Verbesserungen der Stadt wird dieses Bild aktualisiert.

Beim nächsten Mausklick erscheint dann ein Informationsbildschirm über die gegründete Stadt (Bild 11.15), auf dem wichtige Informationen wie Bevölkerungsanzahl, durch die Stadt erzeugte Einkünfte

(Ressourcen) und vorhandene Zahl von Einheiten und Gebäuden angezeigt werden. Welche Ressourcen erzeugt werden, hängt vom Terrain ab, in dem die Stadt liegt.

Bild 11.15: *Stadt-Informationsbildschirm*

Eine Stadt kann dann weitere Einheiten wie Siedler oder Soldaten erzeugen. Aus dem Pull-Down Menü „Civilopedia“ können weitere umfangreiche Informationen wie beispielsweise die Demografie von Rom (Bild 11.16) und weitere Statistiken abgerufen werden.

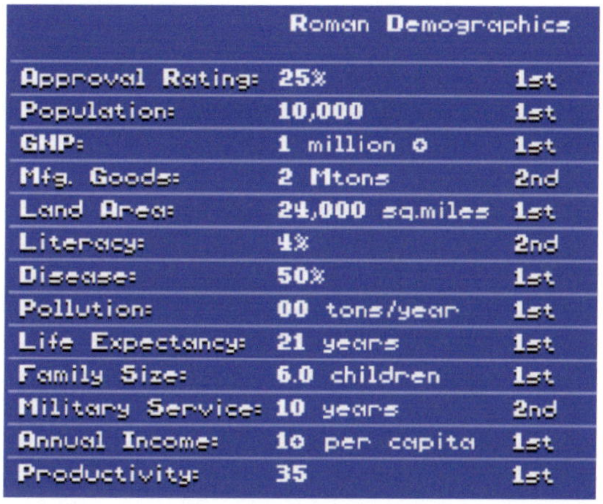

Bild 11.16: *Statistikbildschirm zur Stadt Rom*

Im Teilfenster unten rechts von Bild 11.15 wird angezeigt, dass zur Zeit die Einheit „Miliz“ in Rom erzeugt wird. Dies kann man durch Betätigen der Schaltfläche „change“ ändern. Danach erscheint das Auswahlfenster für in einer Stadt erzeugbare Einheiten (Siedler und Milizen), Gebäude (Kasernen und Kornspeicher) und Technologien (Bild 11.17). Außerdem können in Städten „Weltwunder“ gebaut werden, die den Erfolg einer Zivilisation befeuern. Hier in Rom kann man „Die hängenden Gärten“ (Hanging Gardens) oder den „Koloss von Rhodos“ (Colossus) bauen, obwohl diese nicht wirklich in Rom gestanden haben. Der Bau und die

Bild 11.17: *Stadt-Informationsbildschirm mit Pull-Down Menü zur Bauauswahl*

Entwicklung benötigen natürlich Zeit, was durch die Anzahl der ablaufenden Runden (turns) realisiert wird.

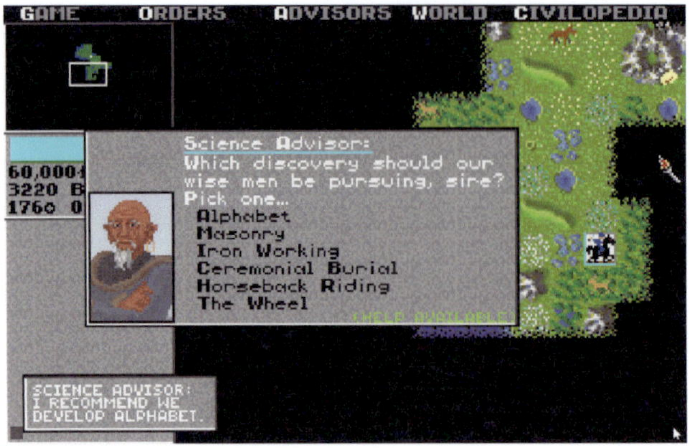

Bild 11.18: *Map Window mit Fly-in Fenster „Science Advisor"*

Ab und zu meldet sich abhängig vom Spielverlauf auch einer der Berater (Advisor), der einen auffordert, den Spielverlauf beeinflussende Aufträge auszuführen (Bild 11.18). Hier fragt der Wissenschaftsberater, ob man die Technologien/Wissenschaften Alphabet, Hausbau, Eisenherstellung, Bestattungszeremonien, Reiten oder das Rad entwickeln will.

Bild 11.19: *Hauptbildschirm von Civilization VI*

Nach Auswahl dauert es auch hier eine Anzahl von Runden, bis eine solche Technologie/Wissenschaft zur Verfügung steht. Solche Forschungserfolge sind Voraussetzung weiterer Entwicklungsschritte.

Wie man sieht, handelt es sich bei dem Spiel um eine modellhafte Welt, die in vielfältiger Weise von einer großen Anzahl wähl- und einstellbarer Parameter abhängt. Die grafische Darstellung ist nach heutigen Ansprüchen zwar anspruchslos, wenn man aber die aktuell verfügbare Version „Civilization 6" anschaut (kann nur kostenpflichtig erworben werden), sind die Spielmechanismen und Mensch-Maschine Interaktionen im Wesentlichen gleichgeblieben. Bild 11.19 zeigt einen Hauptbildschirm aus der 2016 erschienen Version Civilization VI. Die Grafik zeigt hier eine $2\frac{1}{2}$-dimensionale Darstellung der Modellwelt in hoher grafischer Auflösung. Ein zu Civ 1 feststellbarer Unterschied ist, dass die Parzellen nicht mehr quadratisch, sondern hexagonal sind und dass die Einheiten nicht mehr durch die Pfeiltasten, sondern mit der Maus angesteuert werden. Ansonsten sind das bewährte rundenbasierte Spielprinzip und die Entwicklungs- und Diplomatiestrategie gleichgeblieben.

Bild 11.20: Hauptbildschirm des Aufbauspiels „Siedler“

Ein ebenfalls sehr früh im Jahr 1993 von der Firma Blue Byte auf den Markt gebrachtes, in Deutschland entwickeltes Spiel mit einer Weltsimulation, ist ***Die Siedler***. Das eigentlich für ein DOS-Betriebssystem entwickelte Spiel kann problemlos kostenfrei unter der URL im URL-Verzeichnis mit Hilfe des Programms DOSBOX im eigenen Browser gespielt werden.

Hierbei handelt es sich um ein Aufbauspiel mit einer Wirtschaftssimulation, das sich kleinteiliger mit der Entwicklung einer Dorf- oder Stadtgemeinschaft befasst. Dieses Spiel war ebenfalls stilprägend für eine Vielzahl von Nachfolgespielen und wird bis heute fortgesetzt. Bild 11.20 zeigt einen Bildschirm zu Anfang des nicht rundenbasierten Spiels. Die agierenden comicartigen Figuren (Siedler) werden nicht durch den Spieler direkt gesteuert, sondern kommen automatisch aus der Burg, wenn irgendwo Arbeiten zu verrichten sind. Wenn neue Gebäude errichtet werden, so haben diese eine Produktionsaufgabe (Forsthaus, Holzfäller, Steinbruch, usw.). Es gibt auf der Karte verschiedene Ressourcen wie Bäume und Steine. Daher muss man Produktionsgebäude möglichst nahe an den Ressourcenvorkommen errichten. Dann zieht hier ein Siedler ein und beutet anschließend die Ressourcen in der Umgebung aus. Damit dies passiert, muss das zum Bau angeforderte Gebäude zuerst mit einer Straße mit der Burg verbunden werden. Beim Platzieren des Bauauftrags wird dort eine kleine blaue Fahne gesetzt und man muss nun abschnittsweise die Straße errichten. Das Terrain hat verschiedene Steigungen, die beim Bau des Straßenabschnitts angezeigt werden, um so den günstigsten Verlauf für die Transportvorgänge festzulegen.

Zur Herstellung wichtiger Produkte gibt es Produktionsketten. Für den Bau aller Gebäude werden beispielsweise Bretter benötigt. Der Holzfäller schlägt Bäume und transportiert anschließend die Stämme in die Burg. Hat man dann ein Sägewerk errichtet, so werden durch Siedler Holzstämme zum Sägewerk gebracht, wo diese zu Brettern verarbeitet und anschließend wieder zur Burg transportiert werden. Von dort werden sie dann wieder zu Bauvorhaben in der Umgebung gebracht. Weitere wichtige Produktionsketten sind die für Nahrung. So muss zur Herstellung von Brot ein Bauernhof gebaut werden, der Getreide erzeugt. Eine Windmühle mahlt dieses zu Mehl und ein Bäcker backt daraus Brot.

Da die Bäume nicht automatisch nachwachsen, braucht man auch noch einen Förster mit seinem Forsthaus, der dafür sorgt, dass in der Umgebung des Forsthauses neue Bäume angepflanzt werden. Weitere wichtige Rohstoffe sind Metalle und Kohle, die in Gebirgen gefunden werden können. Diese Vorkommen müssen erst durch das Aussenden von Geologen gefunden und dann an den Fundstellen Bergwerke errichtet werden. Durch den Bau von Militärgebäuden können die durch Grenzsteine markierten Grenzen des eigenen Gebietes erweitert werden.

Gleichzeitig mit dem Ausbau des eigenen Siedlungsgebiets baut der Computer an anderer Stelle der Karte eine konkurrierende Siedlung auf. Wenn im Verlauf des Spiels die Grenzen der eigenen und der computergenerierten Siedlung aufeinandertreffen, so kann man mit Hilfe von Soldaten gegnerische Militärgebäude einnehmen und so den Gegenspieler verdrängen. Im Prinzip liegt jedoch der Schwerpunkt des Spiels auf dem friedlichen Ausbau des eigenen Gebietes. Zur Information kann man durch Symbole unterhalb des Hauptbildschirms (Bild 202) verschiedenste Statistiken und Übersichten, sowie Kartendarstellungen der Spielwelt aufrufen. Die fünf winzigen Uhren rechts in der Symbolleiste erlauben vier verschieden Simulationsgeschwindigkeiten und ein Anhalten des Spiels. Dadurch kann man Längen im Spielablauf schneller durchlaufen oder sich detailliert einen bestimmten Teilablauf des Spiels ansehen.

Bild 11.21: *Eingangsbildschirm von „Die Siedler VI“*

In den neueren Versionen, wo heute der Spielstand „Die Siedler VI“ (Bild 11.21) erreicht ist und „Die Siedler VII“ angekündigt wurde, hat man die Grafik verbessert. Dabei wurde der comicartige Charakter der Personen und Gebäude beibehalten. Außerdem wurde im Spielablauf der Bereich „Wirtschaftssimulation“ zurückgefahren und eine adventureartige Spielhandlung mit entsprechenden Quests eingeführt.

Bild 11.22 zeigt einen Bildschirm aus einer Quest der Spielkampagne. Man sieht den in $2\frac{1}{2}$-dimensionaler Grafik dargestellten Hauptbildschirm, in den man verschiedene

Auswahlmenüs für Gebäude und Nahrungsquellen einblenden kann, sowie statistische Anzeigen vorhandener Vorräte. Unten rechts ist der bei allen Spielen dieser Art verwendete Teilbildschirm mit einer Miniweltkarte vorhanden, so dass man über die Ansicht im Hauptbildschirm hinaus direkt zu anderen Punkten der Welt springen kann. Einen zusätzlichen Einfluss auf das Wirtschaftssystem hat, beim Fortschreiten der Zeit, das Auftreten unterschiedlicher Jahreszeiten. Im Bild 11.22 herrscht gerade Winter. Das Spiel kann nur kostenpflichtig erworben und installiert werden.

Bild 11.22: *Spielbildschirm mit Miniweltkarte und Pull-Down Anzeigen*

Eine noch früher erschienene Wirtschafts- und Weltsimulation ist das im Jahr 1989 von der Firma Maxis herausgebrachte grafikbasierte Spiel ***SimCity***. Wie der Name schon andeutet, wird hier beginnend im Jahr 1900 durch den Spieler eine Stadt gegründet und entwickelt. Bild 11.23 zeigt den Startbildschirm in der damals möglichen Bildschirmauflösung.

Bild 11.23: *Startbildschirm von „SimCity"*

Bei diesem Spiel liegt der Schwerpunkt der Simulation mehr auf den Abhängigkeiten der Gebäudetypen und Verbindungen (Straßen, Elektrizität, Wasser) und der Umwelt- und Lebensbedingungen (Luftverschmutzung, Kriminalität, Bildung) als beispielsweise bei „Die Siedler". Diese Abhängigkeiten beeinflussen stark die Aktivitäten und die Zufriedenheit der Stadtbewohner. Es gibt kein besonderes Spielziel, sondern der Spieler versucht seine Stadt möglichst groß werden zu lassen, ohne die Zufriedenheit der Bürger zu sehr sinken zu lassen. Dazu ist dann beispielsweise auch der Bau von Polizeistationen und

Bild 11.24: *Spielbildschirm von „SimCity"*

Feuerwachen erforderlich. Der Spieler ist der „Bürgermeister" der gegründeten Stadt und startet mit einem bestimmten Budget an Geld. Damit ihm dieses nicht ausgeht, kann er die Steuerrate festlegen. Das Festlegen der Steuerrate und verschiedene erlassene Verordnungen beeinflussen den Simulationsverlauf. Auch können Katastrophen wie Feuer, Sturm oder Erdbeben auftreten. Wie bei den anderen Spielen können auch hier verschiedene Statistiken abgerufen werden, um den Erfolg bestimmter Maßnahmen besser beurteilen zu können.

Unter der URL im URL-Verzeichnis kann das Spiel im Browser innerhalb einer DOS-Box gespielt werden. Bild 11.24 zeigt einen ersten Spielstand nach Gründung der Stadt. Aus dem links angeordneten grafischen Menü können Gebäude und Bauland, sowie Straßen und Stromtrassen ausgewählt und dann auf dem Hauptbildschirm platziert werden. Die mit „R" bezeichneten quadratischen Felder sind Siedlungsflächen für Einwohner (engl. residentials). Weitere Flächen sind die mit „C" bezeichneten Gewerbeflächen (engl. commercials) und die mit „I" bezeichneten Industrieflächen (engl. industrials). Auf den Flächen siedeln sich Bürger oder Firmen erst an, wenn die Bedingungen Steuerquote, Stromversorgung, Grünflächen, Polizei, Feuerwehr, Straßenanbindung usw. in ausreichendem Umfang gegeben sind. Es finden auch geringfügige Animationen wie auf den Straßen fahrende Autos oder aus Industrieschornsteinen aufsteigender Rauch statt.

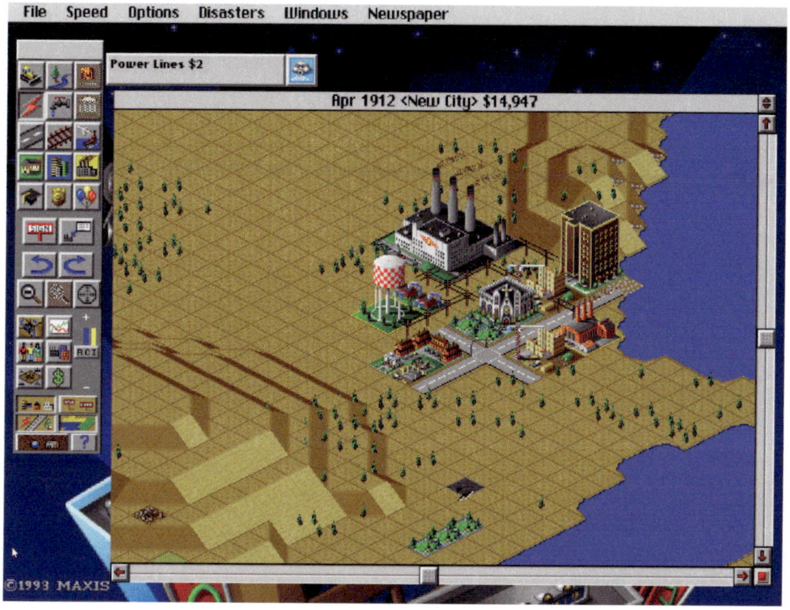

__Bild 11.25:__ Spielbildschirm von „SimCity 2000"

Die nächste Version „SimCity 2000" erschien im Jahr 1993 bei der Firma „Electronic Arts". Hier wurde die simple 2D-Grafik durch eine $2\frac{1}{2}$-D-Grafik ersetzt und die Entwicklungsbedingungen für die Stadt wurden weiter bezüglich der Abhängigkeiten verbessert (Bild 11.25).

Das Gelände hat eine bestimmte Oberflächenstruktur, die mit einem Editor auch verändert werden kann. Die Navigation auf dem Bildschirm wurde durch Scrollleisten und Drehmöglichkeiten verbessert. Das Spielprinzip blieb aber weitgehend erhalten. Auch diese Version des Spiels kann unter der URL im URL-Verzeichnis kostenfrei heruntergeladen und gespielt werden.

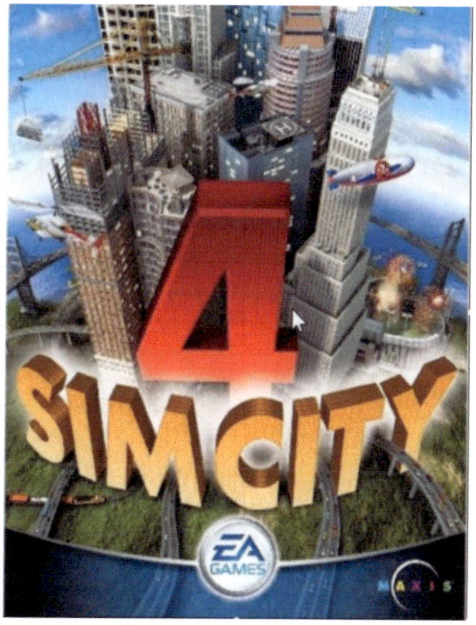

__Bild 11.26:__ Startbildschirm von „SimCity 4"

Inzwischen ist im Jahr 2004 die Version „SimCity 4“ erschienen (Bild 1.26), die nur käuflich erworben werden kann. Außerdem sind in späteren Jahren Spezialvarianten wie „Societies“, „Creator“ und „Social“ erschienen. Hier wurde vor allem die Grafik verbessert und teilweise sogar eine 3D-Darstellung verwendet. Weiterhin können dort mehrere Städte gegründet und entwickelt werden, die untereinander in Handelsbeziehungen stehen und sich gegenseitig ergänzen können.

Darüber hinaus sind in den letzten Jahrzehnten Dutzende von ähnlichen Simulationsspielen auf den Markt gekommen, die Vorgänge wie den Eisenbahnbau, die Landwirtschaft, den Handel oder spezielle Bautechniken simulieren. Häufig findet man dabei Spielelemente und Strategien, die in den oben erläuterten Spielen vorgezeichnet wurden.

11.3 Technik- und Industriesimulationen

Im Jahr 1992 erschien im Vertrieb von *Sierra Entertainment* das erste Spiel einer Computerspiel-Reihe namens ***The incredible Machine***. Ziel dieser Spiele ist es, aus verschiedenartigen Gegenständen „Maschinen“ unter Berücksichtigung physikalischer Gegebenheiten zu bauen, die eine bestimmte Aufgabe erfüllen sollen. Dabei stehen neben technischen Bauteilen wie Zahnräder, Treibriemen und Förderbändern auch Haushalts- und Freizeitgegenstände zur Verfügung. Der Aufbau der Maschine gleicht einem Puzzle, bei dem schon Teile vorhanden sind und durch eine Anzahl von vorgegebenen Gegenständen, die zwischen den vorhandenen Bauteilen eingesetzt werden müssen, so ergänzt werden, dass die Aufgabenstellung erfüllt wird. Das Funktionieren der Maschine ist dann häufig eine komplizierte Abfolge von Kettenreaktionen, die nicht unbedingt zu einem sinnvollen Ergebnis führen müssen. Derartige Maschinen sind auch als Rube-Goldberg-Maschinen bekannt. Darunter versteht man eine ***Nonsens-Maschine***, die eine bestimmte Aufgabe absichtlich in zahlreichen unnötigen und komplizierten Einzelschritten ausführt. Dies hat keinen praktischen Nutzen, sondern soll bei der Beobachtung Vergnügen bereiten. Der Ausdruck Rube-Goldberg-Maschine geht auf den US-amerikanischen Cartoonisten Reuben „Rube“ L. Goldberg zurück, der Comics über einen *Professor Lucifer Gorgonzola Butts* zeichnete, der unnötig komplizierte Maschinen konstruierte (Bild 11.27). Der Name *Rube-Goldberg-Maschine* taucht im Jahr 1931 erstmals schriftlich auf.

Bild 11.27: *Professor Lucifer mit Rube-Goldberg Maschine (Wikipedia)*

Bild 11.28 zeigt den Startbildschirm von *The incredible Machine*, der schon einige der im Spiel zu verwendenden Gegenstände enthält. Das Bild 11.29 zeigt dann den Bildschirm, aus dem heraus man ein spezielles Puzzle starten kann. Neben verschiedenen Bedienelementen enthält die linke Bildschirmseite auch Einstellungen für die Stärke der Gravitation und den Luftdruck, die natürlich Prozesse wie das Fallen einer Kugel oder das Aufsteigen eines Luftballons beeinflussen.

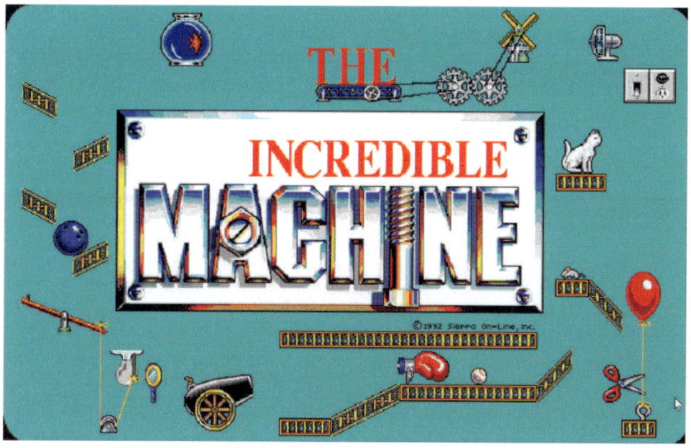

Bild 11.28: *Startbildschirm*

Auf der rechten Seite in Bild 11.29 wird das erste Puzzle in Miniaturansicht dargestellt und ganz rechts diejenigen Gegenstände, die für die Lösung des Puzzles angeboten werden. Drückt man mit dem Mauszeiger auf die Miniaturansicht, so erscheint eine vergrößerte Ansicht mit den vorgegebenen Maschinenanteilen (Bild 11.30). Dieses besteht hier aus drei Bowlingkugeln (Farbe Blau) und einem Basketball. Die erste Bowlingkugel ganz links schwebt in der Luft und die beiden Nächsten liegen auf Förderbändern. Der Basketball liegt ebenfalls auf einem Förderband und soll

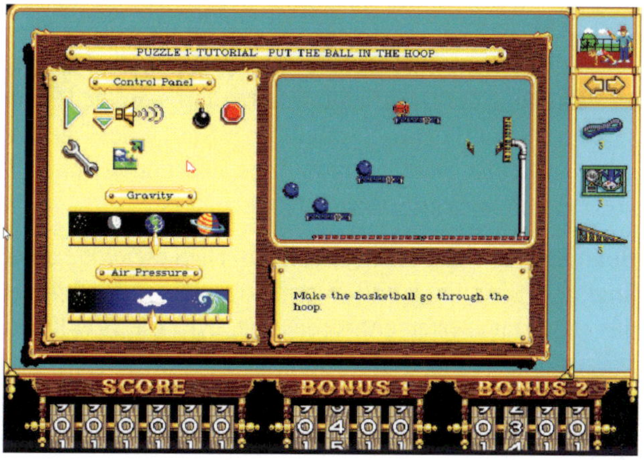

Bild 11.29: *Beschreibungsbildschirm für Puzzle*

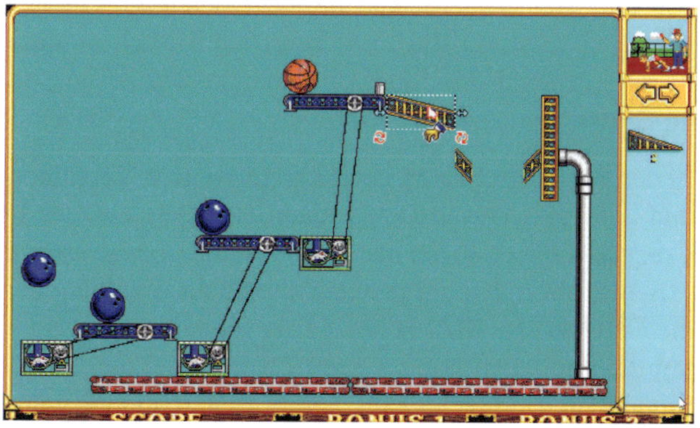

Bild 11.30: *Lösungsbildschirm für Puzzle*

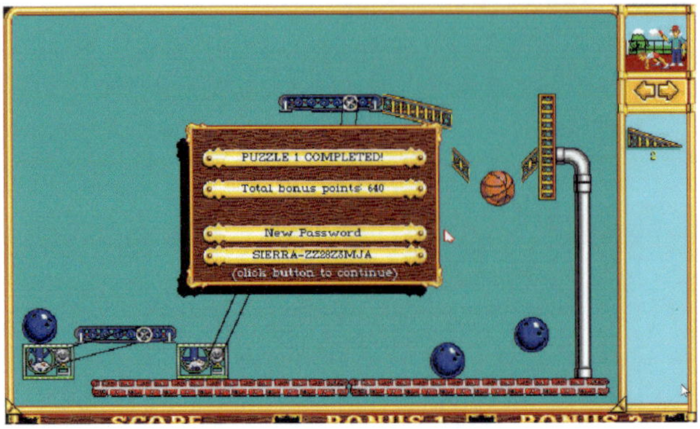

Bild 11.31: *Lösungsbildschirm nach erfolgreicher Lösung des Puzzles*

nach dem Start der Maschine in den Korb im rechten Bildteil versenkt werden. Zur Verfügung stehende Bauteile sind 3 Treibriemen, 3 Antriebe in Form von „Hamsterrädern“ und zwei Rampen. Die Hamsterräder und Rampen können frei im Bild positioniert werden und haben Einstellelemente. Wie man in Bild 11.30 sieht (Rampe am Ende des Förderbandes mit Basketball), kann eine Rampe in der Neigung und Länge verändert werden. Das Hamsterrad kann in der Drehrichtung verändert werden. Rechts oben im Bildschirm befindet sich eine Schaltfläche (Symbolischer Start eines Läufers), mit der der Bewegungsvorgang ausgelöst werden kann. Dies funktioniert natürlich auch, wenn die Maschine noch gar nicht richtig zusammengestellt ist.

Beim Start ist die erste Reaktion natürlich diejenige der in der Luft schwebenden Bowlingkugel ganz links, die unter dem Einfluss der Schwerkraft nach unten fällt. So wie das erste Hamsterrad angeordnet ist, trifft die Bowlingkugel auf das Hamsterrad. Dieses stand bis dahin still und nun wird der „Hamster“ aufgeschreckt und dreht die Tretmühle, die wiederum den ersten Treibriemen antreibt. Dieser führt zum ersten Förderband links, auf dem eine weitere Bowlingkugel liegt. Diese wird nun nach rechts befördert und fällt am Ende auf das nächste Hamsterrad. Diese Art Transportvorgänge werden fortgesetzt, bis sich das Förderband mit dem Basketball nach rechts bewegt. Am Ende des Förderbandes befindet sich eine Rampe, über die der Ball dann in den Korb geführt wird. Bild 11.31 zeigt den Bildschirm nach erfolgreichem Abschluss des Puzzles. Auch dieses Spiel kann man kostenfrei unter der URL im URL-Verzeichnis im Browser spielen.

In der Folge erschienen noch einige weitere Versionen von *The incredible Machine* und 2004 erschien in Deutschland ein Klon von der Firma *FAKT Software* namens ***Crazy Machines***. In der neuesten Version „*Crazy Machines 3*“ gibt es eine aufwendige 3D-Animation, bei der man auch noch die Richtung der Kamera verändern kann, um die Objekte von allen Seiten genau zu betrachten. Bild 11.32 zeigt einen Bildschirm mit der Aufgabenstellung eines Puzzles, bei dem ein gelber Ball, der nach Start der Simulation nach rechts rollt, von links durch einen gelben Reifen transportiert werden soll. Die Materialien, mit denen das Puzzle gelöst werden kann, sind ganz links im Bild dargestellt. Neben Körpern, die sich einfach nur durch ihre Größe auszeichnen, ist auch ein automatisch arbeitendes Bauteil in der Mitte dieser Objekte vorhanden.

Dabei handelt es sich um einen Korb, der an einer Stange nach oben fährt, wenn ein Ball hineinfällt. Oben kippt dann der Korb und lädt den Ball aus.

Das „Setting" enthält auch komplizierte Fördereinrichtungen, die automatisch arbei-

Bild 11.32: *Lösungsbildschirm für ein Puzzle in „Crazy Machines 3"*

ten. So fördert der rechts befindliche „Ballaufzug" mit Hilfe rotierender Paddel einen Ball nach oben und lädt ihn dort in einen „Schrägaufzug" aus. Dieser arbeitet mit alternierend sich hebenden und senkenden Stangen (rote Pfeile), die einen Ball seitlich

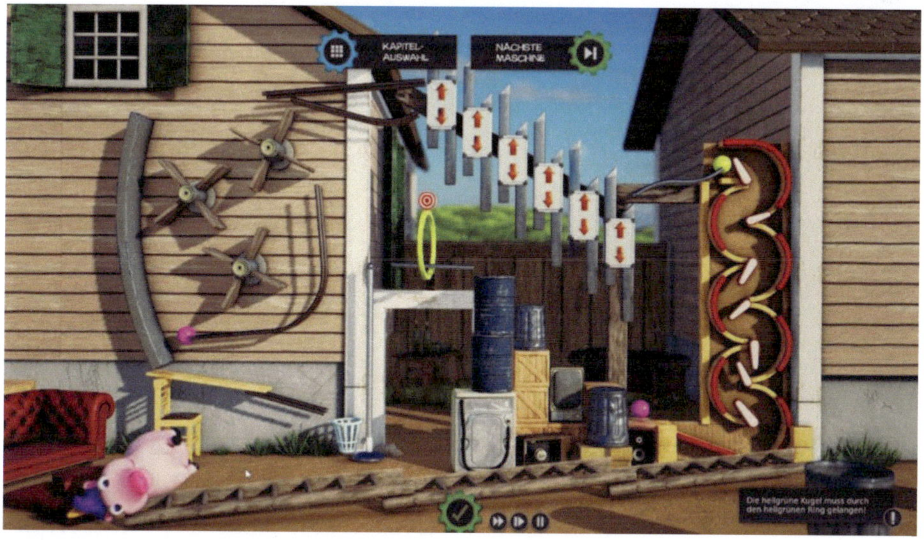

Bild 11.33: *Erfolgreich gelöstes Puzzle*

nach oben führen und dort auf eine abfallende Rampe geben. Die Apparatur hat einige Lücken, die den gewünschten Balltransport verhindern, In Bild 11.33 sieht man die Situation nach Auflösung des Puzzles. Einige Gegenstände wurden so platziert, dass der Ball nach dem Start springend in den rechten Ballaufzug gelangt. Dort wird er zum Schrägaufzug gefördert und von da auf eine abfallende Rampe gegeben. Diese wurde mit einer weiteren Rampe aus den bereitgestellten Bauteilen so verlängert, dass der Ball durch die drei Flügelräder nach unten fällt. Dort trifft er auf ein Brett, das nach unten fallen würde, wenn man es nicht mit dem Stuhl abgestützt hätte. Hinter dem Brett läuft der Ball über eine weitere Rampe in den automatischen Förderkorb. Dieser hebt den Ball hoch und entlädt ihn auf die zwei Stangen, an deren anderen Ende er losgelaufen ist. Dadurch rollt er von links nach rechts durchs Ziel und die Aufgabe wurde erfolgreich abgeschlossen.

Dieses Spiel ist nicht kostenfrei, kann aber für einen geringen Preis über die Spieleplattform „Steam“ erworben werden.

Neben solchen absolut sinnfreien spielerischen Anwendungen technischer Simulationen gibt es auch Simulationen von Produktionsvorgängen, bei denen kompliziertere Geräte und Produkte aus einfachen Bestandteilen simulatorisch zusammengebaut werden. Häufig ist dabei ähnlich wie bei *Simcity* die Logistik von Transportvorgängen wichtiger Bestandteil. Ein Beispiel hierfür ist das Spiel ***Factory Engineer*** der Firma Mind Leak aus dem Jahr 2017.

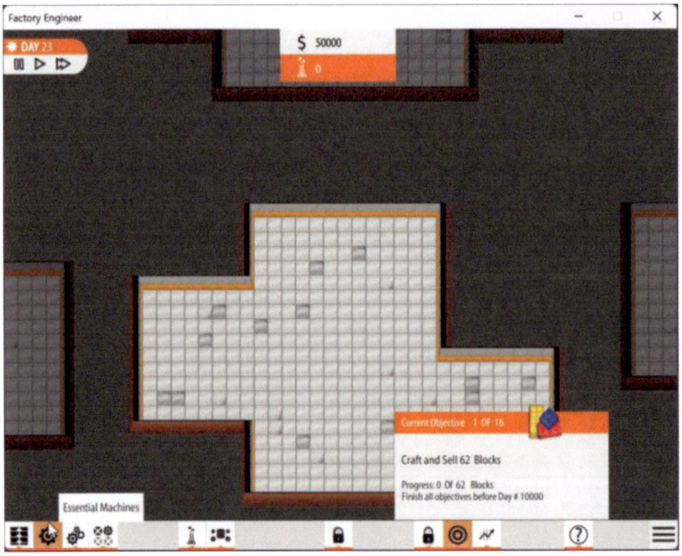

Bild 11.34: *Anfangs-Layout der Fabriksimulation „Factory Engineer“*

Bei dieser Fabriksimulation ist das Ziel, für unterschiedlich komplizierte Produkte auf beschränkten Produktionsflächen eine vollautomatische Produktionslinie zu entwickeln. Man startet mit einem bestimmten Anfangsbudget und produziert anfangs eher einfache Produkte, wodurch man Geld verdient und im Verlauf neuartige Produktionstechnologien und Fertigungseinrichtungen erwerben kann. Das Layout der Produktionslinie ist dabei anfangs von entscheidender Bedeutung, da es 2-dimensional ohne Überkreuzungen innerhalb der vorgegebenen Produktionsfläche erfolgen muss. Später stehen einem so futuristische Technologien wie das „Teleportieren“ von Objekten zur Verfügung. Der Input von Rohstoffen in das System erfolgt am Rand über automatische Fördereinrichtungen aus unbegrenzten Reservoiren.

Bild 11.34 zeigt den Startbildschirm des Spiels, bei dem die erste Produktionsaufgabe (62 Klemmbausteine [Blocks] herstellen und verkaufen) angewählt ist. Die hell

Bild 11.35: Übersichtsbildschirme von einsetzbaren Rohstoffen und Zwischenprodukten

dargestellte mit Quadraten gefüllte Fläche ist die zur Verfügung stehende Produktionsfläche, also quasi die Grundfläche einer Fabrikhalle. Auf dieser Fläche werden Transportsysteme und Maschinen, die immer die ein- oder vielfache Fläche eines Quadrates einnehmen, platziert.

Um die Aufgabenstellung zu klären, kann man eine Seite aufrufen, auf der alle Rohstoffe, Halbfertigprodukte und Fertigprodukte dargestellt werden. In Bild 11.35 sind vier Einstellungen dieses Bildschirms überlagert, die jeweils eine andere Zutat beschreiben. Im Bildteil auf der untersten Ebene ist Kunststoffgranulat (Plastic Powder) als Rohstoff (Raw Resource) angewählt. Rechts neben dem Material ist die Fabrikeinrichtung, die man zur Verarbeitung oder zum Transport benötigt, bildlich dargestellt. Dies ist hier ein automatischer Importförderer. Dieser wird irgendwo am Rand der Fabrikhalle platziert und fördert den Rohstoff kontinuierlich aus einem externen Reservoir in die Halle, wenn es dort benötigt wird. In der Erläuterung sind noch die Kosten der Herstellung und der dadurch erreichbare Forschungswert (Research Value) vermerkt. Der Forschungswert wird im Startbildschirm unter dem Budget dargestellt und ist Voraussetzung zum Freischalten von Innovationen. Das Kunststoffgranulat wird benötigt, um Kunststoffklötze (Plastic Bar) herzustellen.

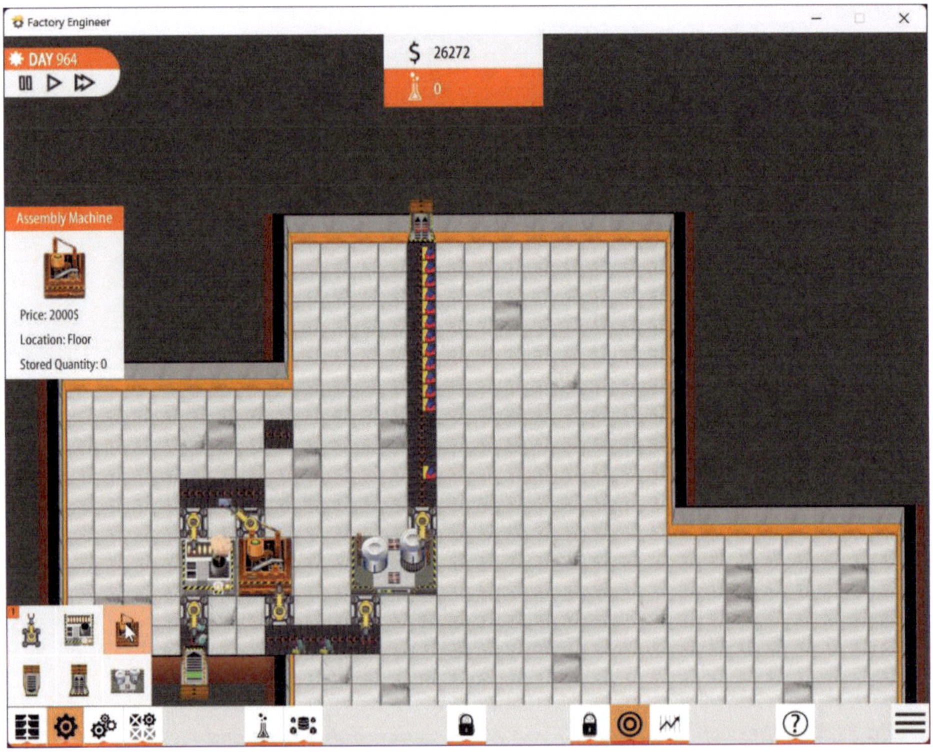

Bild 11.36: Aufgebaute Fertigungslinie für die Herstellung von Klemmbausteinen

Dieses Produkt ist im zweituntersten Bildteil angewählt. Da es sich dabei um ein Zwischenprodukt (Intermediate Product) handelt, wird im Auswahlbildschirm der Rohstoff zur Herstellung abgebildet (Kunststoffgranulat) und in der Erläuterung ist die Fertigungsmaschine abgebildet. Dies ist hier ein Schmelzofen. Außer den Fertigungskosten ist auch die Fertigungszeit in Sekunden und die Anzahl der erzeugten Teile vermerkt.

Aus den Kunststoffklötzen wird dann ein weiteres Halbfertigprodukt in Form von Kunststoffteilen (Plastic Parts) hergestellt. Die Erläuterung dazu ist dem zweiten Bildschirmteil von oben zu entnehmen. Die Fertigungsmaschine ist eine automatische Montagemaschine (Assembly Machine). Zum Schluss werden aus den Kunststoffteilen die gewünschten Fertigteile (Finished Product) in Form der Blocks hergestellt (oberstes Teilbild). Die erforderliche Fertigungsmaschine ist ein so genannter „Product Maker“ (neben den Blocks in der Erläuterung abgebildet). Außerdem sind dort Fertigungszeit, Verkaufspreis (Price) und die Marksättigung vermerkt. Durch Letzteres kann man abschätzen, ob der Markt für das Produkt aufnahmefähig ist.

Im Bild 11.36 ist die vollständig aufgebaute Fertigungslinie dargestellt. Die einzelnen Objekte wählt man aus dem Auswahlmenü mit dem Cursor aus. Im Bild befindet sich

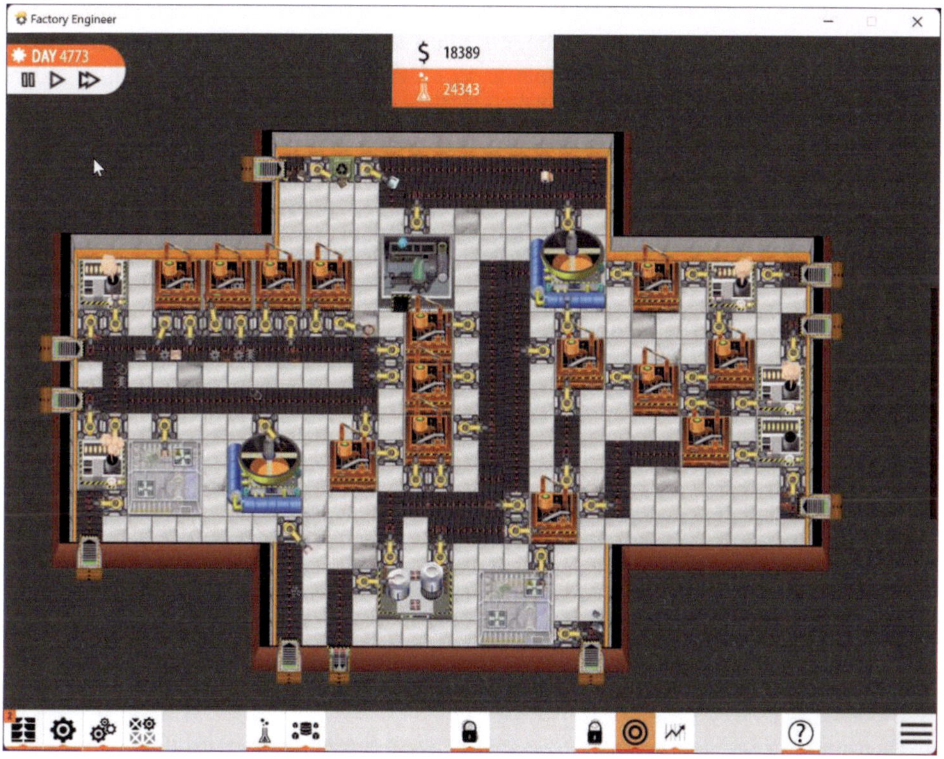

Bild 11.37: Anlagenlayout einer komplexerern Fertigungsstraße

der Cursor über der „Assembly Machine“, deren Eigenschaften durch ein weiteres „Fly-In-Fenster“ aufgeführt werden. Dazu gehören die Baukosten (Price) und der Aufstellort (Floor). Links oben kann der zeitliche Ablauf gesteuert werden und es wird die schon verstrichene Zeit in Tagen angezeigt.

Die Fertigungskette beginnt mit einem Importförderer für das Kunststoffgranulat. Dieser liefert das Granulat automatisch auf ein dahinter platziertes Förderband, dessen Laufrichtung man mit einer Steuertaste anpassen kann. Es folgt ein Handhabungsgerät, das das Granulat aufnimmt und in die Schmelzeinrichtung fördert. Dort fertiggestellte Kunststoffklötze werden über zwei Handhabungsgeräte und ein Förderband, das diese verbindet, in die Montagemaschine weitergefördert. Das Gleiche passiert zwischen Montagemaschine und der Maschine für die Endmontage. Die Fertigprodukte werden dann mit einem weiteren Handhabungsgerät entnommen und über ein Förderband zum Exportförderer transportiert. Hat man die geforderte Anzahl von Fertigprodukten erzeugt, so hat man entsprechend der Anzahl und dem Stückpreis Geld verdient, um neue Maschinen für weitere Aufgaben anzuschaffen und erhält Forschungspunkte, die man braucht, um neue Technologien freischalten zu können.

Im Beispiel tritt noch kein Problem mit dem Anlagenlayout auf, da genügend Platz in der Fertigungshalle vorhanden ist und man großzügig bauen kann. Später (Bild 11.37) muss man sehr auf das Layout achten, um alle Fertigungseinrichtungen auf dem Hallenboden unterzubringen. Im Beispielbild 11.37 sind auch mehrere Warteschlangen in Form von im Kreis fördernden Transportbändern eingesetzt, um die unterschiedlichen Fertigungszeiten aneinander anzupassen. Das später sehr fordernde Simulationsspiel kann ebenfalls kostenpflichtig z. B. von der Steam-Plattform heruntergeladen werden.

11.4 Computer und Computersimulation in den Medien

Bild 11.38: *Vormenschen haben einen Monolithen entdeckt (aus 2001: Odyssee im Weltraum, Wikipedia)*

Am 2. April 1968 wurde der mit mehreren Oscars ausgezeichnete Science-Fiction-Film „2001: Odyssee im Weltraum“ (Originaltitel: 2001: A Space Odyssey) des Regisseurs und Produzenten Stanley Kubrik in den USA uraufgeführt. Das dazugehörige Drehbuch war vom Regisseur und dem Science-Fiction-Schriftsteller Athur C. Clark nach dessen Kurzgeschichte „Der Wächter“ entwickelt worden.

In diesem Film wird über einen Zeitraum von 4 Millionen Jahren eine mythologische Geschichte der menschlichen Evolution erzählt, die im Jahr 2001 zu einer Weltraumreise des Astronauten Bowmann zum Planeten Jupiter führt.

Die Filmstory beginnt damit, dass eine nicht näher dargestellte außerirdische Zivilisation vor 4 Millionen Jahre ein als „Monolith“ dargestelltes Objekt (Bild 11.38) auf der Erde absetzt, dass zu einer sprunghaften Entwicklung des Homo Sapiens aus affenartigen Vorgängern der Menschheit führt.

Die amerikanische Nation hat dann im Jahr 1999, neben um die Erde kreisenden Weltraumstationen, bereits die Mondbasis „Clavius“ im Bereich des Mondkraters „Tycho“ errichtet, von der aus Menschen Expeditionen auf dem Mond unternehmen. Bei einer Ausgrabung innerhalb des Kraters Tycho wird ein vergleichbarer Monolith wie der anfänglich auf der Erde hinterlassene gefunden, dessen Alter auf 3 Millionen Jahre geschätzt wird und der offensichtlich absichtlich hier vergraben wurde. Anfänglich geht von ihm ein sehr starkes Magnetfeld aus und als beim Sonnenaufgang die Spitze des Monolithen vom Licht berührt wird, sendet dieser ein sehr starkes elektromagnetisches Signal aus, das auf den Jupiter gerichtet ist.

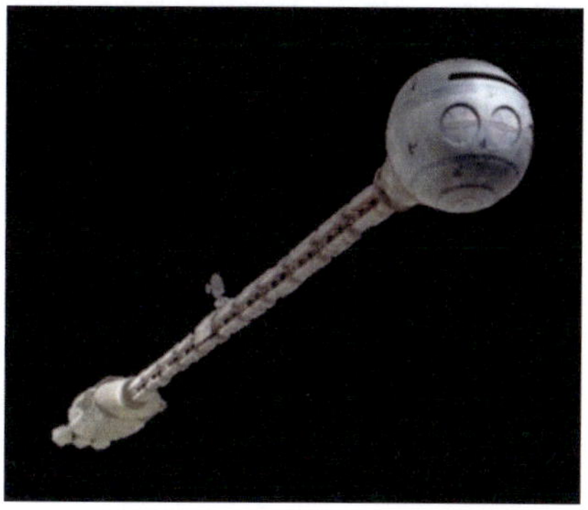

Bild 11.39: *Raumschiff „Discovery One“ aus dem Film „2001“*

18 Monate später, im Jahr 2001, wird das Raumschiff „Discovery One“ (Bild 11.39) mit einer streng geheimen Weltraummission zum Jupiter entsandt. An Bord sind der Expeditionsleiter Dr. David Bowman, sein Stellvertreter Dr.Frank Poole und der mit einer künstlichen Intelligenz (KI) ausgestattete „Supercomputer HAL 9000“, der das Raumschiff autonom steuern kann, sowie weitere in künstlichen Dauerschlaf versetzte Wissenschaftler. Als einziges Bordmitglied hat der HAL 9000 (**H**euristisch programmierter **AL**gorithmischer Computer) Kenntnis von der wahren Bestimmung der Raumfahrtmission, nämlich der Suche nach weiteren Spuren im Zusammenhang mit dem auf dem Mond entdeckten Monolithen. Der als hyperintelligent und unfehlbar geltende HAL 9000 (Bild 11.40) verfügt über eine Spracherkennungssoftware und ein Videointerface, die es ihm ermöglichen, die Raumschiffbesatzung zu beobachten und mit ihr zu kommunizieren.

Bild 11.40: *Hall 9000*

Die hier dargestellte Raumfahrtechnik war zum Drehzeitpunkt selbst dem heutigen Stand der Technik weit voraus. Die Eigenschaften des HAL 9000 sind aber aktuell bereits teilweise Realität. Das „maschinelle Lernen“, kurz als künstliche Intelligenz (KI: oder engl. AI: artificial intelligence) bezeichnet, ist ein auf Computern ablaufendes Programmsystem, das auf die Lösung verschiedenartiger Problemstellungen trainiert werden kann. Dabei kann der Mensch über Sprache oder schriftliche Eingaben mit der KI im Dialog kommunizieren, wie man es auch mit Menschen durchführen würde. Dazu ist ein äußerst leistungsfähiges „Sprachmodell" Bestandteil des Systems, das mit einer sehr großen Anzahl von Sprachdokumenten trainiert wurde.

Die meisten der KI-Anwendungen beruhen dabei auf der Simulation ***neuronaler Netze*** [Rod 2023], wie auch das seit 2022 verfügbare System ***ChatGPT*** (GPT: **g**enerative **p**re-trained **t**ransformer) der Firma OpenAI. Neuronale Netze setzen sich aus künstlichen Neuronen zusammen, die die Funktionalität biologischer Neuronen nachahmen. Da der hardwaremäßige Aufbau solcher Neuronen nicht wirtschaftlich wäre, werden diese auf einem Digitalrechner simuliert. Das System Chat GPT verfügt derzeit über schätzungsweise 100 Milliarden Neuronen, von denen jedes mit durchschnittlich 10000 anderen Neuronen verbunden ist.

Im Film „2001" verfügt HAL 9000 bereits über die Sprachfähigkeiten eines Programms wie ChatGPT. Er führt während des Raumflugs zum Jupiter Gespräche mit dem Astronauten Bowman über den unklaren Charakter der Mission. Wie in vielen weiteren Science-Fiction-Filmen, wie beispielsweise der Filmreihe „Terminator", entwickelt der Computer mit der Zeit eine aggressive Haltung gegenüber den Menschen und versucht, teilweise erfolgreich, die Mannschaft zu töten, da die Menschen vom Computer als Bedrohung der Mission empfunden werden. Bowman gelingt es aber den Computer schrittweise auszuschalten und gelangt daraufhin zum Jupiter, wo in einer Umlaufbahn ein weiterer Monolith auftaucht. In einer psychodelischen, religiös verbrämten Schlusssequenz wird über hochentwickelte fremdartige Intelligenzen spekuliert. Der Film war stilbildend für ein ganzes Genre von Science-Fiction-Filmen.

Ein weiterer Film, der sich sogar mit der Simulation der gesamten Welt und aller Menschen befasst, war das ebenfalls sehr erfolgreiche Kinowerk „Matrix" aus dem Jahr 1999. Darin wird der junge Hacker Thomas Anderson, der sich selbst „Neo" nennt, in eine merkwürdige Handlung hineingezogen, nachdem er auf seinem Computer die Nachricht „folge dem weißen Kaninchen" erhalten hat. Als er kurz darauf sieht, dass eine Freundin eines Bekannten ein Kaninchen auf die Schulter tätowiert hat, folgt er den beiden in eine Diskothek.

Dort trifft Neo auf die Hackerin „Trinity", die polizeilich gesucht wird und über außergewöhnliche Kampffähigkeiten verfügt. Sie warnt ihn vor einer bevorstehenden Gefahr. Am nächsten Morgen tauchen so genannte „Agenten" an Neos Arbeitsplatz auf und suchen nach ihm. Er wird in seinem Büro von einem Mann namens „Morpheus" angerufen, der ihm einen Fluchtweg über die Außenseite des Bürohochhauses empfiehlt. Der Weg ist Neo aber zu gefährlich; er kehrt um und wird verhaftet. Einer der Agenten namens „Mr. Smith", verhört Neo und wirft ihm zahlreiche Cyberverbrechen vor. Neo erhält ein Amnestieangebot, sofern er den Agenten Morpheus ausliefere, der ein gefährlicher Terrorist sei. Als Neo sich weigert, wird ihm gewaltsam ein spinnenförmiges Gerät in den Körper eingepflanzt. Im nächsten Moment wacht er zu Hause wie aus einem Albtraum auf.

Bild 11.41: *Zeichenkaskaden des Matrix-Codes (Wikipedia)*

Neo trifft sich erneut mit Trinity, die sich als Verbündete von Morpheus zu erkennen gibt. Auf der Fahrt zu Morpheus entfernt sie das spinnenförmige Gerät aus Neos Körper, das sich als eine Art Abhörwanze herausstellt. Morpheus erklärt Neo, dass die Welt, in der er zu leben glaubt, lediglich eine Simulation eines gigantischen Großrechners - der ***Matrix*** - ist. Er sei dabei nur ein gefangener Sklave in der von der Matrix computergenerierten Traumwelt. Er bietet ihm die Befreiung daraus an und stellt ihn vor die Wahl, durch Einnahme einer blauen Pille wieder in sein bisheriges Leben zurückzukehren, oder durch Einnahme einer roten Pille die Wahrheit über die Matrix zu erfahren. Neo entscheidet sich für die rote Pille und erwacht nach einer kurzen Prozedur in der Realität. Sein echter Körper befindet sich in einer von unzähligen Kapseln, die alle jeweils einen Menschen mit seinen Lebenserhaltungssystemen beinhalten. Die Widerstandsgruppe um Morpheus hat elektronischen Zugriff auf die Matrix, die sich als Zeichenkaskaden eines Codes auf einem Computerbildschirm darstellt (Bild 11.41).

Später wird erläutert, dass der Computer, eine künstliche Intelligenz, im 21. Jahrhundert einen Krieg gegen die Menschheit entfesselt und in der Folge diese versklavt hat, um sich durch die biologischen Prozesse in den eingekapselten Menschen mit Energie zu versorgen. Das was die Menschen alltäglich erleben, wird von der Matrix simuliert. Die in der simulierten Realität auftretenden Agenten sind Programme, die nach fehlgeleiteten Menschen suchen, um sie zu eliminieren.

Neo wird aus seiner Kapsel befreit und von Morpheus in Kampftechniken ausgebildet, um die Agenten und letztendlich die Matrix zu bekämpfen. Der Film hatte dann noch weitere drei Nachfolgefilme, die die Thematik aber nicht weiter vertieften, sondern vor allem durch brillant animierte Kampfszenen hervortraten.

Die in diesem Film entwickelte Story, dass die von den Menschen wahrgenommene Realität nicht wirklich existiert, sondern von einem Überwesen simuliert wird, ähnelt dem zu Anfang dieses Buches aufgeführten Höhlengleichnis von Platon. Auch dort werden die Eindrücke, die die Menschen von ihrer Umgebung erhalten, durch höhere Wesen simuliert.

Bezüglich des Filmplots ist die Annahme, eine KI würde seine Energie aus biologischen Systemen (Menschen) gewinnen, natürlich Unsinn. Es wäre energetisch effizienter, die für die Lebenserhaltung der Menschen eingesetzte Nahrung direkt zur Energiegewinnung zu nutzen. Der andere Aspekt, ob wir in einer virtuellen, durch eine wie

Bild 11.42: *Kühlvorrichtung eines Quantencomputers (Wikipedia)*

auch immer gearteten Recheneinrichtung simulierten Welt leben, hat jedoch auch ernsthafte Wissenschaftler beschäftigt. Insbesondere die Entwicklung so genannter ***Quantencomputer*** hat zu solchen Spekulationen geführt. Bild 11.42 zeigt ein Teilsegment eines Prototyps von Quantencomputern der Firma IBM, mit dem die hierfür wichtigen Kühlvorgänge ausgeführt werden.

Ein Quantencomputer arbeitet nicht wie normale Digitalrechner mit Schalt- und Speicherelementen, die genau ein Bit an Informationen verarbeiten können, sondern mit so genannten Qubits (Quanten-Bits). Quantenprozessoren nutzen quantenmechanische Zustände wie beispielsweise die Spinvektoren eines Elektrons oder auch andere physikalische Mechanismen für die Informationsdarstellung. Beim Spin handelt es sich um den Eigendrehimpuls eines Teilchens, der beispielsweise nach oben oder nach unten zeigen kann. Damit nutzt der Quantenprozessor zwar auch ein binäres System von Basiszuständen (beim Digitalrechner durch die logischen Werte 0 und 1 dargestellt), aber das Quantensystem kann Überlagerungen (Superpositionen) der beiden Basiszustände zur Informationsdarstellung benutzen, wodurch eine mehrwertige logische Verarbeitung möglich ist. Dies erlaubt für spezielle Rechenprobleme wie der Kryptographie (Wissenschaft der Verschlüsselung) eine deutliche Erhöhung der Rechenkapazität.

Um die Quantenzustände der eigentlichen Qubits nutzen zu können, müssen die Systeme sich häufig im Zustand der Supraleitung befinden, was eine intensive Kühlung auf Temperauren nahe dem absoluten Nullpunkt erfordert (s. Bild 11.42). Heute verfügbare Modelle wie der derzeit weltweit größte Quantencomputer, Osprey von IBM, verfügt über 433 Qubits. Um die aktuell modernste Kryptografie (2048 Bit RSA) in acht Stunden zu entschlüsseln, wären aber 20 Millionen Qubits erforderlich.

In [Llo 2005] wird die spekulative Frage gestellt: „Ist das Universum ein Computer?“ Dort wird ausgeführt, dass wenn man die physikalischen Gesetze als Rechenanweisungen für die Natur betrachtet, sich das Universum wie ein gigantischer Computer verhält. Für die Simulation des Universums wäre eine gigantischen Rechenleistung erforderlich, definiert durch die erforderliche Speicherkapazität und die Rechengeschwindigkeit. Die Rechengeschwindigkeit hängt davon ab, wie schnell ein Bit von einem in den anderen Zustand umgeschaltet werden kann. Die Wissenschaftler N.

Margolus und L. Leventin haben ein Theorem aufgestellt, dass die Umschaltzeit t umgekehrt proportional zur aufgewendeten Energie E ist: $t \geq h/4E$, mit h: plank'sches Wirkungsquantum.

Im oben angeführten Artikel wird die mögliche Rechenleistung an einem Stück gewöhnlicher Materie von 1kg Masse in einem Liter Volumen abgeschätzt. Dafür wird der Begriff des „ultimaten Laptops" definiert, einem fiktiven Rechengerät. Die erforderliche Energie zum Betrieb des Laptops kann in diesem System entsprechend $E = m \cdot c^2$ direkt aus der Masse m gewonnen werden. Nutzt man die gesamte Energie der Masse um Bits umzuschalten, so kann der Computer 10^{51} Operationen pro Sekunde ausführen. Die Speicherkapazität lässt sich mit Hilfe der Thermodynamik ausrechnen. Bei der kompletten Umwandlung der Masse in Energie entsteht eine Temperatur von 1 Milliarde Kelvin. Die dabei entstehende Entropie, die proportional zum Quotienten aus Energie und Temperatur ist, beträgt dann 10^{31} Informationsbits. Der fiktive Rechner speichert die Information in den Bewegungen und Orten der Elementarteilchen der Masse. Bei jeder Wechselwirkung können die Teilchen einander umschalten. In Anlehnung an übliche Programmiersprachen sind die Teilchen die Variablen und ihre Wechselwirkungen die Rechenschritte, beispielsweise eine Addition. Jedes Bit kann 10^{20} Mal pro Sekunde seinen Wert ändern, was einer Taktfrequenz von 100 Milliarden Gigahertz entsprechen würde. Allerdings ist die Zeit für das Umschalten eines Bits annähernd so groß, wie aufgrund der Lichtgeschwindigkeit ein Signal von einem Bit zum nächsten Nachbarn benötigen würde. Daher müsste der Rechner nicht mit der höchstmöglichen Taktfrequenz arbeiten, sondern hochgradig parallel arbeitend ausgelegt sein. Im Artikel wird spekuliert, dass wenn das ***Moore'sche Gesetz*** (es besagt, dass sich die Kapazität von elektronischen Speicherelementen alle 1,5 Jahre verdoppelt) weiterhin gilt, etwa Mitte des 23. Jahrhunderts der ultimative Laptop technisch realisierbar sein könnte. Bis dahin müssten aber noch eine Menge anderer Problemstellungen, die heute absolut ungelöst sind, bewältigt werden.

In [Bib 2021] wird unter dem Titel „Probability and consequences of living inside a computer simulation" diskutiert, wie hoch die Wahrscheinlichkeit ist, innerhalb einer Computersimulation zu leben und was die Konsequenzen daraus wären. Er weist auf das folgende Argument in einem Artikel von N. Bostrom aus dem Jahr 2003 „Are wie living in a computer simulation?" hin, in dem er sagt: „Wenn eine Zivilisation nicht zur Selbstzerstörung neigt, bevor sie das notwendige Technologieniveau erreicht, um einen erheblichen Fortschritt der physikalisch möglichen Rechenleistung zu entwickeln, strebt die Wahrscheinlichkeit in einer Simulation zu Leben gegen 100%".

Sogar der „Guardian" veröffentlichte 2016 einen Artikel, in welchem die Ansichten des Technologieunternehmers Elon Musk zu diesem Thema in einem Interview auf der Code Conference 2016 erwähnt wurden. Dieser sagte: „Vor vierzig Jahren hatten wir Pong – zwei Rechtecke und ein Punkt. Das war der Ausgangspunkt. Jetzt, 40 Jahre später, haben wir fotorealistische 3D-Simulationen, die Millionen von Menschen gleichzeitig spielen und das verbessert sich von Jahr zu Jahr. Und bald werden wir über virtuelle Realität und erweiterte Realität (augmented reality) verfügen. Wenn man annimmt, dass es eine stetige Verbesserung weiterhin geben wird, dann werden Spiele in Zukunft nicht mehr von der Realität zu unterscheiden sein.“ „Die Wahrscheinlichkeit, dass wir in der physikalischen Realität leben, ist 1 zu einer Milliarde.“

In [Bib 2021] wird dann eine „Drake-Gleichung“ für die Wahrscheinlichkeit aufgestellt, dass wir in einer simulierten Realität leben. Die Drake-Gleichung dient zur Abschätzung der Anzahl der technischen, intelligenten Zivilisationen in unserer Milchstraße. Sie wurde von Frank Drake, einem US-Astrophysiker, im Jahr 1961 entwickelt. Diese Gleichung ist ein Produkt von Faktoren, die zum größten Teil unbekannt sind, so dass je nach Meinung des Anwenders sehr unterschiedliche Ergebnisse daraus folgen.

Die in der o. a. Veröffentlichung gezeigte Drake-Gleichung enthält dann sowohl die Möglichkeit, dass die Wahrscheinlichkeit in einer Simulation zu leben bei 100% oder auch bei 0% liegen kann. Die Frage, wer denn diese Simulation implementiert haben soll, wird dahingehend beantwortet, dass unsere eigene zukünftige Zivilisation in ferner Zukunft dazu die Fähigkeiten entwickeln könnte.

Es wird auch darüber spekuliert, ob es uns möglich wäre, durch die Entdeckung von Simulationsfehlern die Simulation nachzuweisen. Das Fazit dabei ist, die Möglichkeiten wären sehr gering.

Schaut man noch einmal in die historische Entwicklung der Erkenntnisse über die Welt zurück, so ist der Gedanke, in einer Simulation zu leben, gar nicht so exotisch. Schon in der Frühgeschichte haben die Menschen die Vorstellung von allmächtigen und allwissenden Wesen entwickelt, die die Menschen und die ganze Welt erschaffen haben. Dies entspricht einer Simulation ohne die Verwendung technischer Mittel, sondern durch magisch-okkulte Vorgehensweisen. In Bezug auf die oben erwähnten Möglichkeiten, entsprechen die dafür erforderlichen Technologien der fernen Zukunft der „Allmächtigkeit“ göttlicher Wesen.

Sogar die im Film Matrix vorhandene Gedankenkontrolle und die Rolle von „Agenten“, die Menschen „bestrafen“, die vom Simulationsziel abweichen, finden sich in Religionen und den daraus von Menschen abgeleiteten Praktiken wie der Inquisition.

12 Weltsimulation

Von der Thematik der „Science Fiction“ und der naturwissenschaftlichen Spekulation möchte ich nun zu einer realistischen Simulation der Welt zurückkehren. Im Kapitel über Spiele wurden schon Simulationen behandelt, die eine virtuelle Welt simulieren und deren Entwicklung im Laufe des Spiels darstellen. Dabei lag der Schwerpunkt meist auf der Wirtschaftssimulation, nur gelegentlich, wie beispielsweise in SimCity, wurden auch Umweltprobleme am Rande behandelt. In mehreren der Simulationen wird auch die Zufriedenheit der Bevölkerung aufgrund der Wirtschaftsentwicklung und der Bevölkerungszahl in die Betrachtungen einbezogen. Im Folgenden soll nun die Simulation der ganzen Welt vor allem unter dem Gesichtspunkt der Bevölkerungsentwicklung und der Umweltprobleme behandelt werden. Eine solche Simulation ist natürlich um Größenordnungen einfacher als die Weltsimulation in der Science Fiction.

12.1 Einfache Weltsimulation

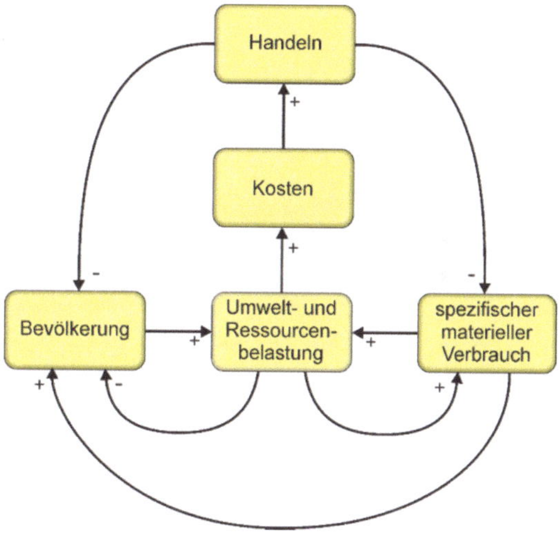

Bild 12.1: Weltmodell mit fünf Zustandsgrößen

Die reale Welt zu simulieren ist ein unmögliches Unterfangen, da der Komplexitätsgrad selbst die Leistungsfähigkeit der größten Supercomputer überfordern würde. Schon die Wettervorhersage über mehr als eine Woche ist sehr ungenau und über Monate hinweg schlichtweg unmöglich. Trotzdem versuchen, seitdem das Thema Umweltübernutzung in den 1970er Jahren vor allem durch die Studie des Club of Rome „Grenzen des Wachstums“ stark an Aktualität gewonnen hatte, immer wieder Wissenschaftler „Weltsimulationen“ zu erstellen. Die Studie „Grenzen des Wachstums“ (The Limits to Growth) wurde durch den US-amerikanischen Ökonomen Dennies L. Meadows in Form einer computergestützten Simulation erstellt, die als wesentliche Punkte die Entwicklung der Wirtschaft, der Weltbevölkerung und der Umweltzerstörung bis zum Jahr 2100 aufzeigte.

W. Roddeck, *Die Welt der Modelle und Simulationen*, https://doi.org/10.1007/978-3-658-46305-2_12

Will man selbst ein solches Weltmodell entwickeln, so muss man sich gut überlegen, auf welche Zustandsgrößen der Welt man sich beschränken will, um trotz der Komplexität des Geschehens einigermaßen zutreffende Aussagen über das System machen zu können. Eine gute Einführung in die Gestaltung eines solchen Weltmodells ist in [Boss 1994] zu finden. Hier schlägt er zunächst 5 Zustandsgrößen vor, die in einem Wirkdiagramm in Bild 12.1 dargestellt sind.

Die Blöcke stehen für die gewählten Zustandsvariablen und die Pfeile zeigen die mit einem Vorzeichen versehenen Einflüsse auf andere Zustandsvariablen. Die Vorzeichen haben dabei folgende Bedeutung. Nehmen beispielsweise die Zustandsgrößen „Bevölkerung“ und „spezifischer materieller Verbrauch“ bzw. der „Konsum“ zu, so führt dies zu einer Zunahme (+) der „Umwelt- und Ressourcenbelastung“. Dies wiederum erhöht die dafür erforderlichen gesellschaftlichen „Kosten“, was wiederum den Zwang zum „Handeln“ der Gesellschaft erhöht, wodurch der spezifische materielle Verbrauch und die Bevölkerungszahl gesenkt (-) wird.

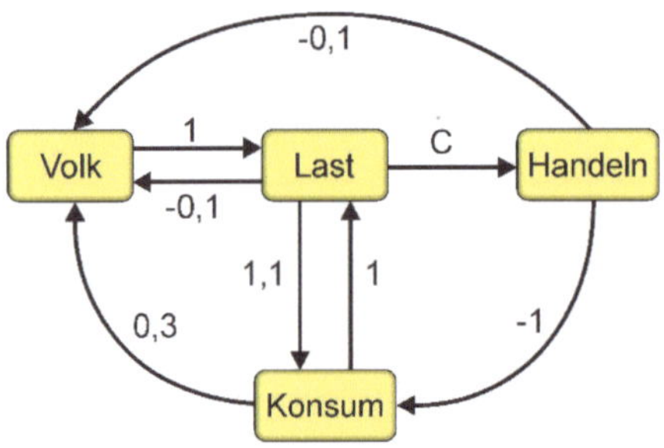

Bild 12.2: Weltmodell mit gewichteten Wirkpfeilen

Die Stärke der Einflüsse entlang der Wirkpfeile ist hier aber noch nicht gewichtet, sondern nur mit einem Vorzeichen versehen. Um etwas mehr Bezug zu den realen Abläufen zu gewinnen, sollte die Stärke der Einflüsse gewichtet werden. Dies ist in Bild 12.2 vorgenommen worden, wobei noch berücksichtigt ist, dass die Zustandsgröße „Kosten“ vollständig in die Zustandsgröße „Handeln“ übergeht und daher mit dieser zusammengefasst werden kann. Zur Minimierung der Diagrammgröße wurden die Zustände mit den Kurznamen „Volk“ für Bevölkerung, „Last“ für Umwelt- und Ressourcenbelastung, „Konsum“ für spezifischer materieller Verbrauch und „Handeln“ für gesellschaftliches Handeln benannt. Bei Gewichten mit positivem Vorzeichen ist das Vorzeichen weggelassen. Entlang des Wirkpfeils wird die einen Wert liefernde Zustandsgröße, mit dem Gewichtungsfaktor multipliziert und anschließend dem nächsten Zustand zugeführt. Die Gewichtung in Prozent der beeinflussenden Zustandsgröße erfolgte nach folgenden Gesichtspunkten:

- Eine Zunahme der Bevölkerung um 1% führt zu einer Zunahme der Umwelt- und Ressourcenbelastung um 1% (Gewicht +1).
- Die Zunahme der Umweltbelastung um 10% führt zu einer Zunahme des Konsums um 11% (Gewicht 1,1). Dies geht von der Annahme aus, dass zunehmende Umwelt- und Ressourcenbelastung die Aufwendungen für Umweltschutz und Ressourcengewinnung (ebenfalls ein Konsumanstieg) überproportional wachsen lassen.

- Die Zunahme der Umweltbelastung um 1% führt zur Abnahme der Bevölkerung durch Gesundheitsschädigung um 0,1% (Gewicht -0,1).
- Die Zunahme des Konsums um 1% führt zu einer Zunahme der Umweltbelastung um 1% (Gewicht +1).
- Die Zunahme des Konsums um 1% führt zu einer Zunahme der Bevölkerung um 0,3% (Gewicht +0,3), unter der Annahme, dass eine Erhöhung des materiellen Wohlstands (Konsum) anfangs zu einer Verbesserung der Lebensbedingungen führt.
- Die Zunahme der Umweltbelastung um 1% führt zu einer Zunahme des gesellschaftlichen Handelns (Gewicht +C). Die daraus resultierende Gewichtung ist aber schwer einzuschätzen und wird daher als Konstante C eingeführt, deren Variation in der Simulation getestet werden kann.
- Eine Zunahme des gesellschaftlichen Handelns von 1% führt zu einer Absenkung des Konsums um 1% (Gewicht -1), unter der Annahme, dass durch das Handeln eine bessere Ressourcennutzung zu einem Absinken der Umweltbelastung führt.
- Eine Zunahme des gesellschaftlichen Handelns von 1% führt zu einer Abnahme der Bevölkerung um 0,1% (Gewicht -0,1), unter der Annahme, dass eine Einflussnahme der Gesellschaft auf die Familienplanung nur geringe Auswirkungen hat.

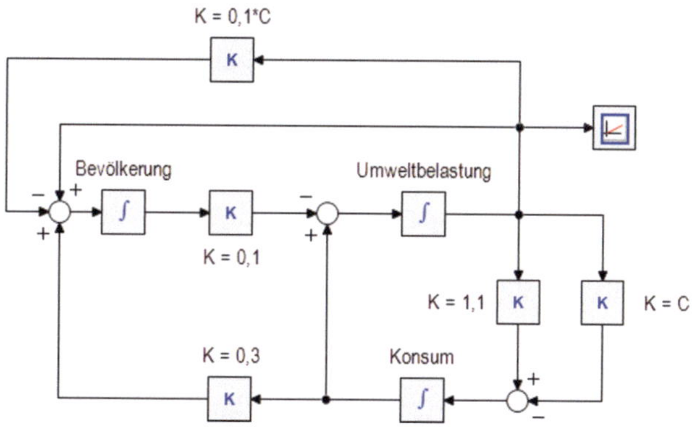

Bild 12.3: Simulationsdiagramm mit 20-sim

Bevor das Wirkdiagramm in ein Simulationsmodell umgewandelt wird, muss man noch einmal prüfen, ob die derzeitigen Knoten im Graphen wirklich Zustandsvariablen entsprechen. Zustandsvariable sind nämlich nur solche Variablen, die nicht aus anderen Variablen abgeleitet werden können. Bei genauer Betrachtung sieht man, dass die dynamische Variable „Handeln“ durch Multiplikation der Zustandsvariablen „Last“ mit dem Parameter „C“ entsteht. Sie kann daher als Zustandsvariable entfallen.

Das Bild 12.3 zeigt das Simulationsdiagramm des Weltmodells, dass mit dem Simulationssystem 20-sim als funktionsorientiertes Blockdiagramm erstellt wurde. Die nun noch verwendeten Zustandsvariablen „Volk“, „Last“ und „Konsum“ werden durch

Speicher (Integratoren) gebildet, in denen die Einflüsse der gewichteten anderen Zustandsvariablen aufsummiert werden. Die Wichtungsparameter werden durch Verstärker mit dem benötigten Verstärkungsfaktor K gebildet.

In der Simulation wurde der Parameter „C“, der die Stärke der politischen und gesellschaftlichen Eingriffe in die Bevölkerungsentwicklung und Stärke der Umweltverschmutzung festlegt, vom Wert 1 beginnend bis zum Wert 1,2 variiert. Bild 12.4 zeigt

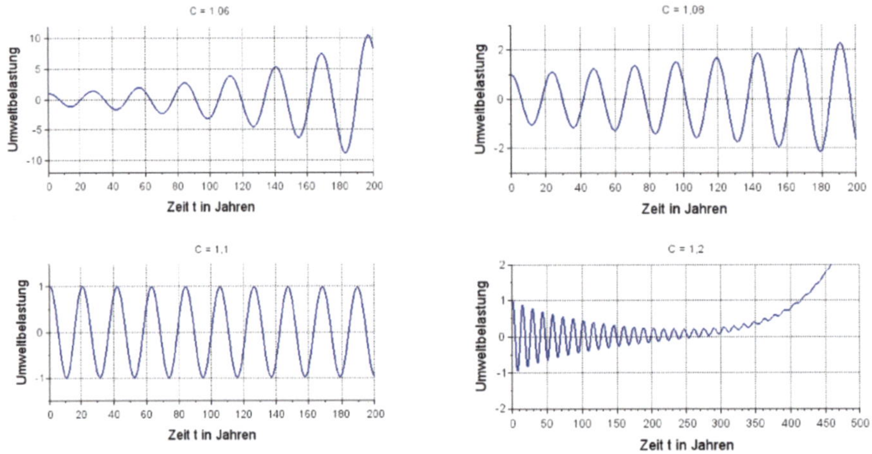

Bild 12.4: *Simulationsergebnisse der Umweltbelastung für verschiedene Werte des Parameters C*

die Ergebnisse für die Umweltbelastung, wenn die zugehörige Zustandsgröße anfänglich auf den Wert 1 gesetzt wird. Von $C = 1$ beginnend, wird der Parameter um kleine Werte auf 1,06 erhöht. Die Umweltbelastung entwickelt sich in diesem Bereich als aufklingende Schwingung, die sich zu unendlich hohen Amplituden aufschaukelt. Dies ist ökologisch gar nicht möglich, aber in dem sehr einfachen Weltmodell ist dafür auch keine Grenze vorgesehen. Bei weiterer Steigerung von C ($C = 1{,}08$) verringern sich die Amplituden der Schwingung und deren Frequenz erhöht sich. Bei einem Wert von $C = 1{,}1$ geht die Schwingung in eine längerfristig stabile Dauerschwingung über. Die gleiche Schwingung führt auch die Zustandsvariable „Volk“ aus, allerdings ist diese zu der von „Last“ phasenverschoben. Bei weiterer Steigerung auf $C = 1{,}2$ scheint die Schwingung der Umweltbelastung zuerst im Zeitraum des vorher betrachteten Verhaltens in der Amplitude abzunehmen. Verlängert man jedoch die Simulationsdauer, so sieht man, dass der Wert nach einiger Zeit exponentiell zu unendlichen Werten ansteigt und aperiodisch wird. Es gibt also einen kleinen Bereich des Parameters C, der eine Welt mit vertretbaren Schwankungen der Umweltbelastung überleben lässt, d. h. um eine stabile Welt zu garantieren, dürfen die gesellschaftlichen Eingriffe weder zu groß noch zu klein sein.

Das in [Boss 1994] aufgeführte Beispiel zeigt auch auf, dass ein unzureichendes numerisches Integrationsverfahren die erreichten Ergebnisse verfälschen kann. So wird dort für C = 1,15 ein aufklingendes Stabilitätsverhalten gezeigt. Bild 12.5 zeigt für diesen C-Wert das Ergebnis der Simulation mit verschiedenen Integrationsverfahren.

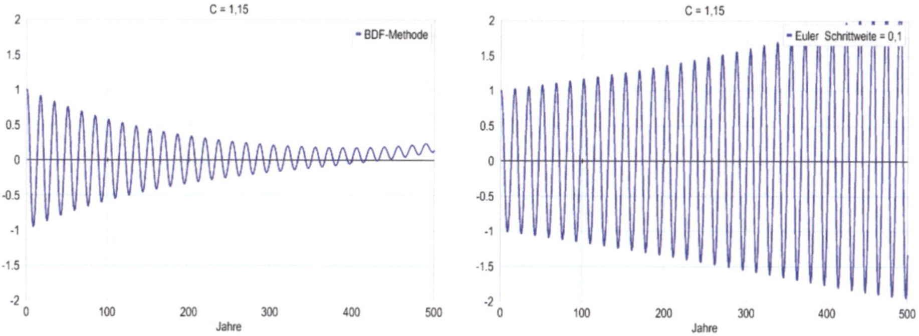

Bild 12.5: *Modellverhalten bei unterschiedlichen Integrationsverfahren*

Die Verwendung des sehr stabilen BDF-Verfahrens (Backward Differentiation Formula) zeigt ein Abklingen der Schwingung, die dann aber später auch aperiodisch ansteigend wird. Nutzt man hingegen das Vorwärts-Euler Verfahren mit zu langer Schrittweite, so klingt wie in [Boss 1994] beschrieben, die Schwingung sofort auf. Dies beruht auf der Instabilität des Rechenverfahrens und nicht auf den Eigenschaften des Systems.

12.2 Verbessertes Weltmodell

Bei dem im vorherigen Kapitel behandelten Weltmodell, wurden die Einflussparameter nur sehr einfach festgelegt und keine Entwicklungsbegrenzungen berücksichtigt. Die einzige Aussage, die man aus diesem einfachen Modell beziehen kann, ist die, dass es in Abhängigkeit vom gesellschaftlichen Handeln Stabilität in Form einer Dauerschwingung geben kann.

Um zu realistischeren Szenarien zu kommen, muss man die Beziehungen der Zustandsgrößen untereinander genauer definieren und eingrenzen. Auch hierzu werden in [Boss 1994] Vorschläge gemacht.

Die erste Zustandsgröße ist die Bevölkerungszahl „Volk". Im einfachen Modell war angenommen worden, dass eine Zunahme des Konsums die Bevölkerungszahl erhöht und eine Zunahme der Umweltverschmutzung (erhöhte Sterblichkeit) und des gesellschaftlichen Handelns (Geburtenkontrolle) die Bevölkerungszahl senkt.

Um die Bevölkerungsdynamik zu modellieren, sind einerseits die Geburtenrate „R_g" und andererseits die Sterberate „R_m" von Bedeutung, die die Anzahl der Geburten/Jahr „G" und die der Sterbefälle/Jahr „M" (Mortalität) bestimmen. Die Anzahl der

Geburten und Sterbefälle hängt wiederum von der Größe der Zustandsvariablen Volk ab. Es gilt:

$$G = R_g \cdot Volk \qquad M = R_m \cdot Volk$$

Die Änderungsrate der Bevölkerungszahl ist dann gleich der Differenz von Geburten und Sterbefällen:

$$\frac{d(Volk)}{dt} = G - M = (R_g - R_m) \cdot Volk \quad bzw.$$

$$Volk = (R_g - R_m) \cdot \int Volk \cdot dt$$

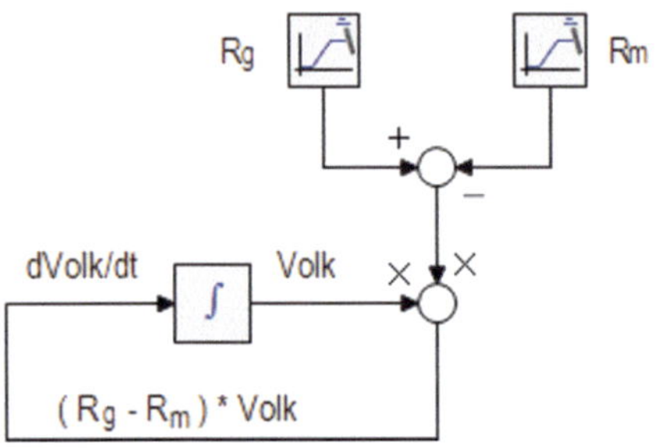

Bild 12.6: *Simulationsmodell für exponentielles Bevölkerungswachstum*

Das führt zu dem Simulationsmodell in Bild 12.6, wie wir es bereits in Bild 7.1 für exponentielles Wachstum kennengelernt haben. Dies ist ein erstes Teilmodell für die Zustandsvariable Volk. Da dieses Teilmodell Einfluss auf die anderen Zustandsgrößen des Systems ausübt, muss dieser Einfluss über Veränderungen seiner Parameter erfolgen. Das Kreissymbol zur additiven Zusammenfassung von Signalen im Blockschaltbild ist hier auch zum Zusammenfassen multiplikativ verknüpfter Signale verwendet worden. Die andersartige Verknüpfung wird durch das Zeichen „×“ angedeutet, das für „Multiplikation“ steht. Die Blöcke mit den Bezeichnungen „R_g“ und „R_m“ sind Signalquellen, die die entsprechenden Signalraten liefern.

Schon im einfachen Weltmodell hatte ich mit relativen, dimensionslosen Zustandsgrößen gearbeitet, was auch hier verwendet werden soll. Die spezifische Geburtenrate liegt in Industrieländern ungefähr bei 1% der Bevölkerung pro Jahr und bei ca. 4% in Entwicklungsländern. Für die Simulation wird daher ein mittlerer Wert von 3% gewählt, was $R_g = 0{,}03$ pro Jahr entspricht. Die spezifische Sterberate liegt in allen Ländern ungefähr bei 1%. Geht man von einer mittleren Lebenserwartung von 75 Jahren aus, so wäre die Sterberate $R_m = 1/75 = 1{,}33$ %. Entsprechend werden für das Teilmodell Volk folgende Anfangswerte und Grundparameter gewählt:

$$Volk_{t=0} = 1 \quad R_g = 0{,}03 \quad [R_g] = 1/Jahr \qquad R_m = 0{,}01$$

$$[R_m] = 1/Jahr$$

Dabei hat die Klammer „[ ]“ die Bedeutung „Maßeinheit von“, wird aber häufig in der Literatur falsch angewendet, indem die eckigen Klammern um die Maßeinheiten gestellt werden.

Nun muss überlegt werden, wie die Geburten- und Sterberate durch die anderen Zustandsgrößen „Konsum“ und „Last“ beeinflusst werden. Die Geburtenrate sollte bei hoher Umweltbelastung „Last“ aufgrund von Maßnahmen zur Geburtenkontrolle sinken, d. h. der Einfluss auf R_g sollte eine umgekehrte Proportionalität enthalten. Bei Zunahme des materiellen Wohlstandes (Konsum) sollte auch die Anzahl der überlebenden Kinder zunehmen. Dadurch steigt die Geburtenrate an, was eine direkte Proportionalität zum Produkt von Volk × Konsum beinhaltet. Die Stärke dieses Einflusses kann noch durch einen Faktor R_L verändert werden.

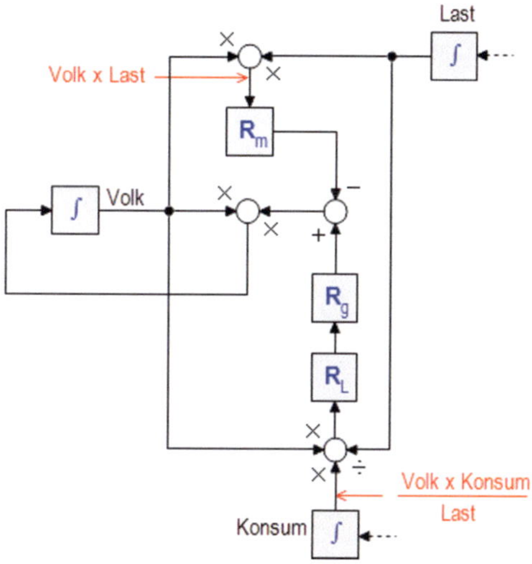

__Bild 12.7:__ Simulationsmodell Bevölkerungswachstum mit Einfluss von Konsum und Last.

Die Sterberate R_m wird durch die Zunahme der Umweltbelastung (Last) aufgrund des gesundheitsschädlichen Einflusses direkt mit dem Gewicht -1 durch die Zustandsgröße Last erhöht. Damit ergibt sich folgende DGL:

$$\frac{d(Volk)}{dt} = R_g \cdot R_L \cdot \frac{Volk \cdot Konsum}{Last} - R_m \cdot Volk \cdot Last$$

Diese Gleichung ist als Blockschaltbild in Bild 12.7 dargestellt.

Das zweite Teilmodell befasst sich mit der Modellierung der Umweltbelastung „Last“. Die meisten Umweltbelastungen können, wenn sie nicht zu groß werden, durch natürliche ökologische Prozesse gemindert werden. Spezielle von Menschen entwickelte „Kunststoffe“, für die die Evolution keine Abbaumechanismen entwickelt hat, fallen hier aus dem Rahmen und sind sehr schwer zu modellieren. Bei natürlichen Reststoffen (Schadstoffen) gilt, dass ein bestimmter Prozentsatz der auftretenden Stoffe pro Zeiteinheit abgebaut werden kann, es sei denn, dass die Verschmutzung im Ökosystem eine bestimmte Grenze überschreitet, die zu einer Überlastung des Systems führt. Dieser Fall tritt auf, wenn die natürlichen ökologischen Bedingungen wie Nährstoffe, Licht oder Wasser nicht mehr in ausreichendem Maß für den Abbau der Schadstoffe zur Verfügung stehen. Dann wird nur noch ein der Überlastungsgrenze entsprechender Prozentsatz der Reststoffe abgebaut (Abbaurate R_a). Das heißt, es gibt eine Belastungsgrenze „L_g“, ab der die Erhöhung des Schadstoffeintrags „S“ nicht mehr zu einer Erhöhung der Abbaurate R_a führt oder dass das Teilsystem „Abbau der Umweltbelastungen“ sogar zusammenbricht. Ab der Belastungsgrenze wird daher maximal ein zu L_g proportionaler Anteil der Reststoffe abgebaut.

Bild 12.8 zeigt die beiden Fälle des Modells. Fall a) trifft zu, wenn der Schadstoffeintrag S ins System kleiner ist als die Belastungsgrenze L_g. Fall b) trifft zu, wenn der Schadstoffeintrag die Belastungsgrenze überschreitet. Die Modellgleichungen lauten dann wie folgt:

$$Last < L_g \quad \Rightarrow \quad \frac{d(Last)}{dt} = S - R_a \cdot Last$$

$$Last \geq L_g \quad \Rightarrow \quad \frac{d(Last)}{dt} = S - R_a \cdot L_g$$

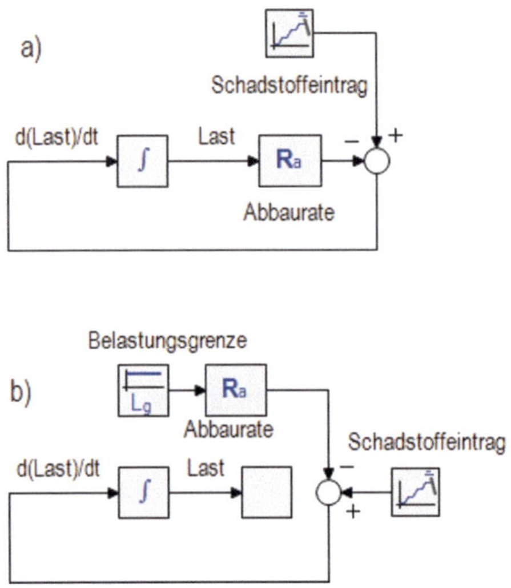

Bild 12.8: *Simulationsmodell der Zustandsgröße Last mit Fallunterscheidung*

Beim Zusammenbau der Teilmodelle muss dann in Abhängigkeit von der Zustandsgröße „Last“ eine Fallunterscheidung vorgenommen werden. Das Verhältnis von L_g zu „Last“ kann als relative Umweltqualität Q bezeichnet werden, das unterhalb des Wertes 1 eine unzureichende Umweltqualität und bei ansteigenden Werten größer 1 eine höhere Umweltqualität anzeigt. Mit diesem Wert kann man die DGL für den Fall b) folgendermaßen umformen:

$$\frac{d(Last)}{dt} = S - R_a \cdot L_g \cdot \frac{Last}{Last}$$
$$= S - R_a \cdot Q \cdot Last$$

Diese Form der Gleichung hat den Vorteil, dass in den beiden unterschiedenen Fällen der gleiche Term $S - R_a \cdot Last$ auftritt, dessen Subtrahend zusätzlich noch mit der relativen Umweltqualität Q multipliziert wird.

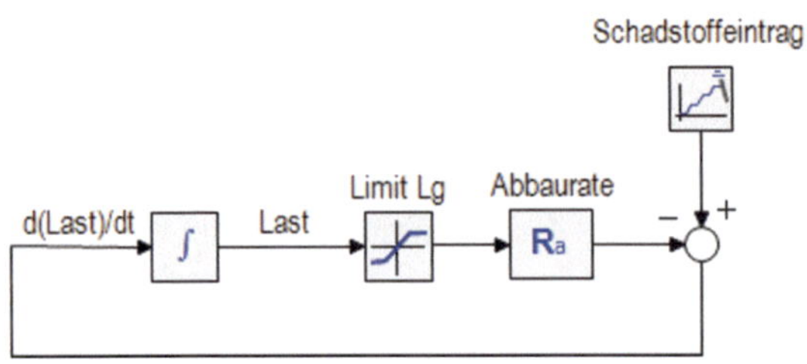

Bild 12.9: *Simulationsmodell der Zustandsgröße Last mit Begrenzer*

Verwendet man im Simulationsmodell einen „Begrenzer“ (Limit), so gibt dieser den jeweiligen Eingangswert aus, solange das Limit nicht überschritten wurde. Falls doch, so wird der Wert des Limits ausgegeben. Bild 12.9 zeigt das Teilmodell „Last“, in dem als Limit die Belastungsgrenze L_g verwendet wird. Wegen der Verwendung relativer Zustandsgrößen wird $L_g = 1$ gewählt. Die Abbaurate wird mit $R_a = 0{,}1$

$[R_a] = 1/Jahr$ festgelegt, so dass normalerweise pro Jahr 10% der Umweltbelastung eines Jahres abgebaut werden.

Die Kopplung dieses Teilmodells mit den anderen Zustandsvariablen findet über den Schadstoffeintrag statt. Die Umweltbelastung ist sicher proportional zur Bevölkerungszahl (Volk) und zum spezifischen Ressourcenverbrauch (Konsum). In der obigen DGL kann daher der Schadstoffeintrag S durch den folgenden Ausdruck ersetzt werden:

$$S = Volk \cdot Konsum \cdot R_S$$

Für den darin auftretenden Wichtungsfaktor R_S wird der Wert 0,02 gewählt. Das bedeutet, dass für die Werte Volk = 5 und Konsum = 1 der Schadstoffeintrag S gerade der maximalen Abbaurate $R_a \cdot L_g = 0{,}1 \cdot 1$ entspricht.

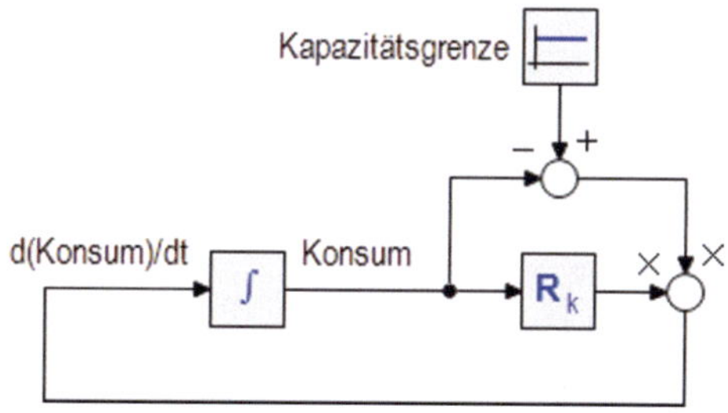

Bild 12.10: *Simulationsmodell der Zustandsgröße Konsum mit logistischem Wachstum*

Der spezifische Konsum entwickelt sich in den Industrienationen so, dass das Konsumniveau ständig ansteigt, wobei auch die Wachstumsrate des Konsums R_k ständig zunimmt. Dies würde auch wieder einem exponentiellen Wachstum entsprechen. Da dies auf Dauer nicht möglich ist, wäre ein bereits in vorherigen Kapiteln behandeltes ***logistisches Wachstum*** realistischer, bei dem das Wachstum nach einiger Zeit in eine Sättigungsphase mit einer Kapazitätsgrenze K_g übergeht. Das Simulationsmodell für ein logistisches Wachstum des Konsums ist in Bild 12.10 dargestellt. Die DGL für dieses Modellteil lautet dann:

$$\frac{d(Konsum)}{dt} = Konsum \cdot R_k \cdot (K_g - Konsum)$$

Der Konsum wird wieder in relativen Einheiten festgelegt, wobei der Anfangswert $Konsum_{t=0} = 1$ sein soll und die Wachstumsrate $R_k = 0{,}05 \quad [R_k] = 1/Jahr$. Ein Konsumwachstum von 5% ist in aufstrebenden Industrienationen durchaus üblich. Der Startwert für den Konsum wird ebenfalls als $Konsum_{t=0} = 1$ festgelegt.

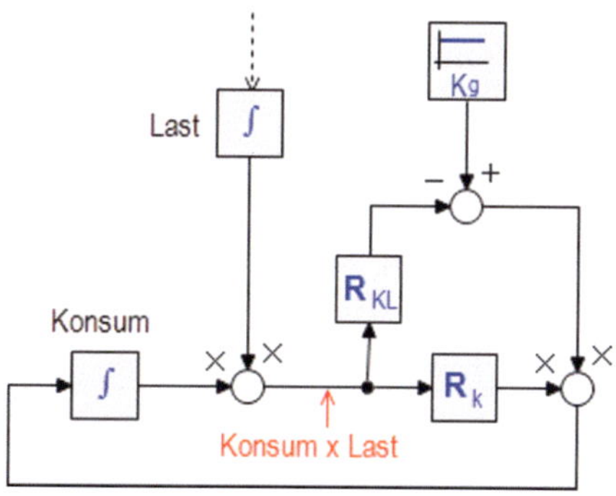

Bild 12.11: *Einfluss von Last auf den Konsum*

Um dieses Teilmodell mit den beiden anderen zu koppeln, muss man wieder schauen, wie die anderen Zustandsgrößen auf dieses einwirken. Mit steigendem Wert von „Volk“

steigt der Wert von „Last". Dadurch müssen mehr Umweltschutzmaßnahmen finanziert werden, wodurch der Konsum proportional zur Last ansteigt. Dies kann bei einer Gewichtung 1 für Last durch Multiplikation mit Konsum erreicht werden (Bild 12.11). Um eine Sättigung des Konsums zu erreichen, muss die Zuwachsrate des Konsums auf Null abfallen. Dies geschieht, wenn der Multiplikator $(K_g - Konsum \cdot Last)$, mit welchem der Wert von $(Konsum \cdot Last \cdot R_k)$ multipliziert wird, auf Null absinkt. Dies ist der Fall, wenn die Kapazitätsgrenze so groß wie das Produkt $(Konsum \cdot Last)$ ist. Um dies steuern zu können, wird ein Sättigungsfaktor R_{KL} eingeführt, mit

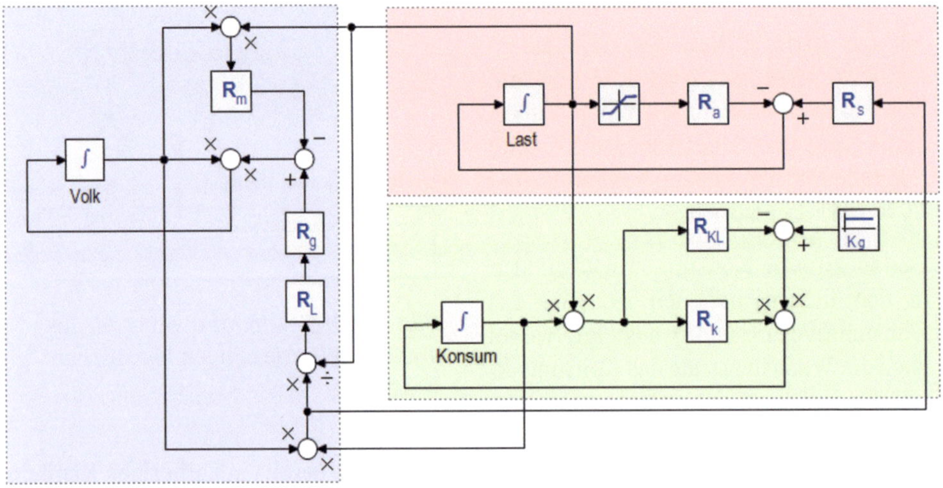

Bild 12.12: *Zusammenschaltung der drei Teilmodelle für Volk, Last und Konsum*

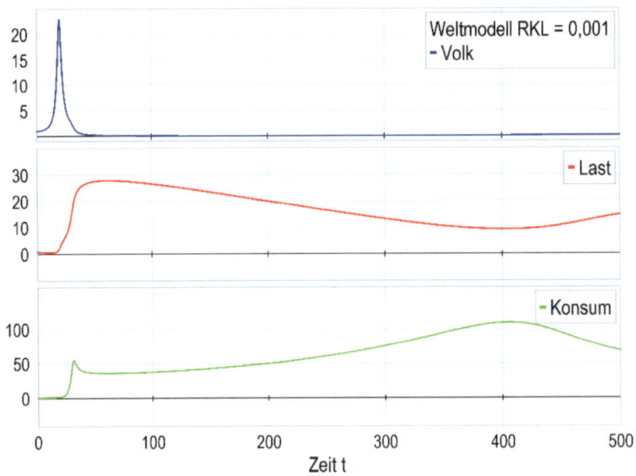

Bild 12.13: *Simulationsergebnisse der Zustandsvariablen für den Eingriffsparameter R_{KL} = 0,001*

dem das Produkt gewichtet wird. Wählt man dessen Wert beispielsweise R_{KL}= 0,1, so wird der Konsum bei einer Kapazitätsgrenze K_g = 1 bei $(Konsum \cdot Last)$ = 10 gesättigt sein.

Diese drei für die Zustandsvariablen des Weltmodells entwickelten Teilmodelle müssen nun miteinander verbunden werden. Bild 12.12 zeigt die Zusammenschaltung, in der die

Teilmodelle farbig unterlegt sind.

Mit den oben bereits festgelegten Änderungsraten, Wichtungsfaktoren, Grenzwerten und Quellen wurde dann eine Simulation durchgeführt. Als Eingriffsparameter wurde der Faktor R_{KL} verwendet. Für einen sehr kleinen Wert $R_{KL} = 0{,}001$ ergibt sich das Simulationsdiagramm in Bild 12.13. Die Bevölkerungszahl steigt sehr schnell auf einen hohen Wert von ca. 27 (Startwert $Volk_{t=0} = 1$) an, und bricht dann zusammen, während Last und Konsum (Kosten für Beseitigung von Umweltschäden) in die Höhe schnellen. Nachdem die Bevölkerungszahl unter den Wert 1 gesunken ist, bleibt der Konsum hoch und steigt weiter an, wodurch die Umweltbelastung langsam sinkt. Jedoch fallen Umweltbelastungen und Kosten für den Umweltschutz (Konsum) nie unter den zehnfachen Ausgangswert.

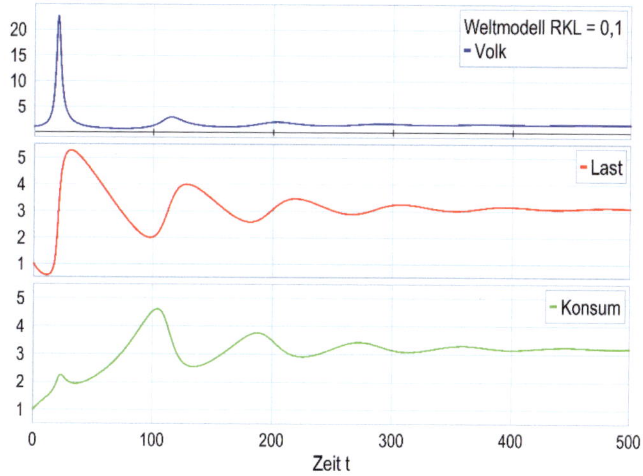

***Bild 12.14:** Simulationsergebnisse der Zustandsvariablen für den Eingriffsparameter R_{KL} = 0,1*

In Bild 12.14 wurde der Eingriffsparameter auf $R_{KL} = 0{,}1$ drastisch vergrößert. Hier steigt die Bevölkerungszahl anfangs ebenfalls stark an pendelt sich aber letztendlich auf einem niedrigen Niveau bei ca. 1,5 ein. Umweltbelastung und Konsum durchlaufen anfangs ebenfalls starke Schwankungen, erreichen aber nach ca. 500 Jahren ein stabiles Niveau bei ca, 3,1. Die

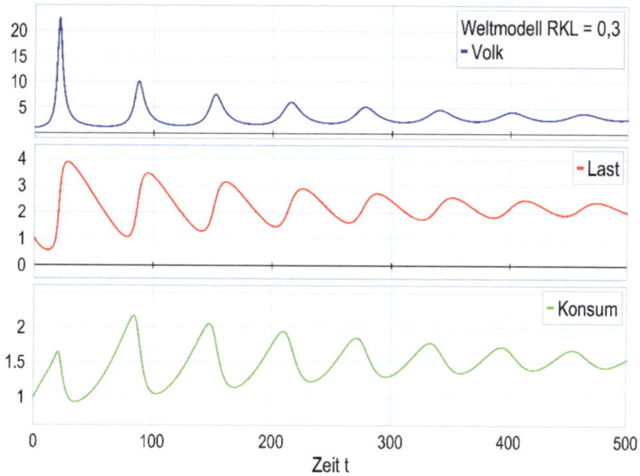

***Bild 12.15:** Simulationsergebnisse der Zustandsvariablen für den Eingriffsparameter R_{KL} = 0,3*

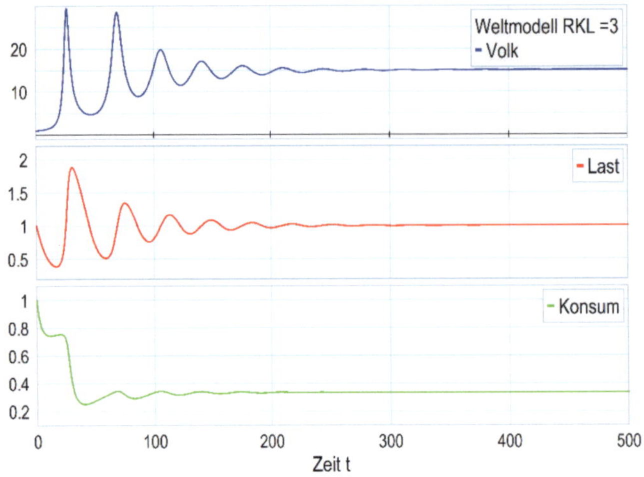

***Bild 12.16:** Simulationsergebnisse der Zustandsvariablen für den Eingriffsparameter $R_{KL} = 3$*

maximal auftretende Umweltbelastung ist außerdem stark gesunken.

Erhöht man, wie in Bild 12.15 dargestellt, den Eingriffsparameter auf $R_{KL} = 0{,}3$, so erhöht sich die Frequenz der Schwingung der Zustandsvariablen und die Dämpfung nimmt ab. Trotzdem stellt sich nach längerer Zeit ein stabiles Gleichgewicht ein. Dabei ist die Bevölkerungszahl nach Stabilisierung höher und die Umweltbelastung geringer als sie bei $R_{KL} = 0{,}1$ ist.

Erhöht man den Eingriffsparameter nochmals auf $R_{KL} = 3$ (Bild 12.16), so wird die Dämpfung der Schwingung wieder höher und die Zustandsgrößen stabilisieren sich nach kürzerer Zeit. Nun kann eine viel größere Bevölkerungszahl entstehen, bei kaum erhöhter Umweltbelastung, allerdings auf einem deutlich niedrigeren Konsumniveau.
Insgesamt ist zu sagen, dass sich das verbesserte Weltmodell stabiler verhält als das anfangs behandelte einfache Modell. Es verhält sich sinnvoll bei der zeitlichen Entwicklung, aber durch die Beschränkung auf nur drei Zustandsvariablen ist es natürlich weit davon entfernt realistische Prognosen für die reale Entwicklung der Welt abzugeben. Dazu müsste man die realen Zusammenhänge von Umweltbelastung und Geburtenrate sowie Sterberate weitaus komplexer und genauer abbilden, sowie weitere Zustandsvariablen verwenden.

Trotz seiner Einfachheit kann man anhand eines solchen Modells qualitativ die Auswirkungen verschiedener Maßnahmen simulieren und dabei ein verbessertes Verständnis der Systemdynamik der realen Welt gewinnen.

Nachwort

Wie in der Einleitung erläutert, hat der Mensch schon früh in seiner Entwicklung Modellvorstellungen erdacht, um sich Eigenschaften und Vorgänge seiner Umwelt und seiner Lebensumstände erklären zu können. Diese waren anfänglich häufig falsch, führten aber manchmal trotz falscher Annahmen zu zutreffenden Vorhersagen. Selbst heute werden physikalische Modellvorstellungen über die Welt manchmal kontrovers diskutiert, vor allem solche aus der Quantenphysik. Ein gutes Beispiel hierfür ist der Artikel [Bisc 2024] mit dem Titel „Quanten-Grinsekatze: Neues Quanten-Paradoxon sorgt für Kontroverse". Hier wird berichtet, dass bei bestimmten Quantenexperimenten sich der Drehimpuls eines Teilchens von diesem zu lösen scheint und sich körperlos fortbewegt. Diese Trennung von Teilchen und ihren Eigenschaften sorgt für ständige Debatten. Noch stärkere Kontroversen herrschen um die Modellvorstellungen aus den Sozial- oder Wirtschaftswissenschaften.

Befasst man sich mit Modellvorstellungen über die Materie und Energie wie den Welle-Teilchen Dualismus oder die Stringtheorie, so wuchern hier Vorstellungen, die teilweise esoterischen Charakter annehmen. Ein interessantes Gedankenmodell wird in [Gant 2023] vorgestellt, das sehr gut verdeutlicht, wie tatsächlich vorhandene Wahrnehmungen zu völlig falschen Schlüssen führen können.

Dort wird der hypothetische Fall beschrieben, dass sich irgendwo im Universum auf einem Planeten ähnliche Verhältnisse wie auf der Erde entwickelt haben. Durch Evolution sind intelligente Lebewesen entstanden, die ebenso wie die Menschen versuchen, sich ihre planetarische und kosmische Umwelt zu erklären. Als wichtiger Unterschied zur Erde befindet sich der hypothetische Planet mit seiner Sonne aber in einer so genannten „Dunkelwolke". Dies ist eine Ansammlung von fein verteiltem kosmischen Staub, der auf größere Distanzen kein Licht durchlässt. Dadurch haben die Wissenschaftler dieser Zivilisation keine Vorstellung davon, dass in den Tiefen des Raums weitere Milliarden von Galaxien und Sternen existieren. Um sich die Entstehung des Weltalls und ihrer Sonne zu erklären, entwickeln sie in Analogie zur irdischen „Urknall-Theorie" die so genannte „Urloch-Theorie". Sie besagt, dass vor sehr langer Zeit spontan ein „Loch" in der Raumzeit entstand, durch das ein konstanter Fluss von Wasserstoffatomen in das normale Raum-Zeit- Kontinuum eindrang. Um das Loch herum bildete sich eine ausdehnende Gasblase, die durch die Gravitation zusammengehalten wurde. Als die Masse des Gases einen bestimmten Wert überschritten hatte, kontrahierte die Gasblase unter der eigenen Schwerkraft, so dass in ihrem Zentrum die Atome zu verschmelzen begannen. Die Sonne war geboren und durch den ständigen Gaszustrom konnte diese über viele Milliarden Jahre leuchten. Aufgrund dieser Annahmen der Wissenschaftler werden viele unzutreffende weitere Theorien über die Entstehung der Elemente und andere physikalische Fragen aufgestellt.

W. Roddeck, *Die Welt der Modelle und Simulationen*, https://doi.org/10.1007/978-3-658-46305-2

Dies ist als satirischer Gegenentwurf zur Urknall-Theorie zu verstehen, mit der die heutigen Physiker versuchen, die Entstehung des Weltalls und seine weitere Entwicklung zu erklären. Dabei soll aus einer „Singularität" im Raum-Zeit-Kontinuum explosionsartig Materie hervorgegangen sein, aus der sich Galaxien und Sterne gebildet haben. Zusätzlich ist die Annahme einer „Inflationsphase" kurz nach dem Urknall erforderlich, in der sich das Weltall schlagartig mit Überlichtgeschwindigkeit ausgedehnt haben soll. Dies widerspricht den Gesetzen der Physik, da sich Materie maximal mit der Höchstgeschwindigkeit, nämlich der Lichtgeschwindigkeit, bewegen kann.

Die aus der Urloch-Theorie stammende Grundannahme führt also in der Folge zu vielen Hypothesen, die innerhalb des Deutungssystems richtig sind. Aber auch hierbei gibt es viele ungeklärte Fragen. Die Grundfrage, wodurch es zu der Singularität kam, bleibt wie bei der Urknall-Theorie weitestgehend unbeantwortet.

Bleibt man sich dessen bewusst, dass Theorien nur Modellvorstellungen sind, mit denen man versucht, beobachtbare Phänomene zu erklären und nicht eine exakte Darstellung der Realität, so kann man sich vor dogmatischen Vorstellungen schützen und ist offen für die Erweiterungen seiner Modellvorstellungen hin zu einem immer besseren Verständnis seiner Lebensumwelt. Spekulationen darüber, ob wir in einer von einem Computer simulierten Realität leben, bleiben dabei ebenso unbeantwortet, wie die Frage, ob es ein höheres Wesen gibt, das die Welt erschaffen hat und unser Leben beeinflusst.

Literaturverzeichnis

[Ahl 1978] Ahl, D.H.: (Herausgeber) — Basic Computer Games, Creative Computing Press, Morristown, New Jersey, 1978

[Bib 2021] Bibeau-Delisle, A. Brassard, G. — Probability and consequences of living inside a computer simulation, 2021 https://doi.org/10.1098/rspa.2020.0658

[Bisc 2024] Bischhoff, M. — https://www.spektrum.de/news/quanten-grinse katze-neues-quanten-paradoxon-sorgt-fuer-kontroverse/2228816

[Bod 2003] Bodanis, D: — Bis Einstein kam, Fischer Taschenbuch Verlag, Frankfurt, 2003

[Boss 1994] Bossel, H.: — Modellbildung und Simulation. Springer Fachmedien Wiesbaden, 1994, 2. Aufl.

[Daw 2010] Dawkins, R. — Die Schöpfungslüge, Ullstein Verlag, Berlin, 2010, S. 397 ff.

[Frit 2007-1] Fritsche, O.: — Es werde Zahl. Spektrum-Die Woche, 11.07.2007

[Frit 2007-2] Fritsche, O.: — Malpunkt und Gleichheitszeichen. Spektrum-Die Woche, 18.07.2007

[Gant 2023] Ganteför, G.: — Das rätselhafte Gewebe unserer Wirklichkeit und die Grenzen der Physik. Westend Verlag, Frankfurt, 2023.

[Grigo] Grigoryev, I.: — AnyLogic in three days. https://www.anylogic.com/resources/books/free-simulation-book-and-modeling-tutorials/

[Kar 2006] Karnopp, D. C.: Margolis, D.L. Rosenberg, R. C. — System Dynamics, Modeling and Simulation of Mechatronic Systems. 5. Auflage, John Wiley, & Sons, Hoboken, New Jersey, 2012

[Llo 2005] Lloyd, S.: Ng, Y. — Ist das Universum ein Computer? Spektrum der Wissenschaft, Januar 2005, S. 32

[Muk 2000] Mukherjee, A.: Karmakar, R. — Modeling and Simulation of Engineering Systems Through Bond Graphs, CRC Press, USA, 2000.

W. Roddeck, *Die Welt der Modelle und Simulationen*, https://doi.org/10.1007/978-3-658-46305-2

[Rav 2003] Ravens, T.: Wissenschaftlich mit Exel arbeiten, Pearson Studium, München, 2003

[Rod 2019] Roddeck, W.: Bondgraphen. Reihe Essentials. Springer-Vieweg Verlag, Wiesbaden, 2019

[Rod 2022] Roddeck, W.: Grundprinzipien der Mechatronik, 4. Aufl., Springer-Vieweg Verlag, Wiesbaden, 2022

[Rod 2023] Roddeck, W.: Einführung in die Mechatronik, 7. Aufl., Springer-Vieweg Verlag, Wiesbaden, 2023

[Scha 2020] van Schaik, C.: Michel, K. Das Tagebuch der Menschheit. Rowohlt Verlag, Hamburg, 2020.

[Spec 8.22] Freeth, T. Wunderwerk der Antike, Spektrum der Wissenschaft, August 2022, S. 12

[Suz 2021] Suzman, J. Sie nannten es Arbeit, Verlag C:H: Beck, München, 2021, S. 246

[War 2020] Warsi, K.; u. A. Das Mathematik-Buch, München, DK Verlag Dorling Kindersley, 2020

[Well 1986] Wellmann, H.-H. (Herausgeber) Computergrafik, Amsterdam, Time-Life Bücher, 1986

[Wik 2023] https://de.wikipedia.org/wiki/Höhlengleichnis, Aufruf 24.01.2024

Bildquellenverzeichnis

Bild 1.1: (Wikipedia, Aufruf 13.07.2024, CC BY-SA 4.0)
https://de.wikipedia.org/wiki/H%C3%B6hlengleichnis#/media/Datei:An_Illustration_of_The_Allegory_of_the_Cave,_from_Plato%E2%80%99s_Republic.jpg

Bild 2.1: (Wikimedia Commons, Public Domain)
https://commons.wikimedia.org/wiki/File:Jupiter_Smyrna_Louvre_Ma13.jpg

Bild 2.2: (Wikipedia, Aufruf 16.07.2024, CC BY-SA 3.0)
https://de.wikipedia.org/wiki/Vier-Elemente-Lehre#/media/Datei:4-Elemente-Eigenschaften.jpg

Bild 2.3: (Wikimedia Commons, Public Domain)
https://commons.wikimedia.org/wiki/File:Cellarius_ptolemaic_system.jpg

Bild 2.4: (Wikipedia, Aufruf 16.07.2024, Public Domain)
https://de.wikipedia.org/wiki/Nikolaus_Kopernikus#/media/Datei:De_Revolutionibus_manuscript_p9b.jpg

Bild 2.5: (Wikimedia Commons, Public Domain)
https://commons.wikimedia.org/wiki/File:Galileo_Galilei_2.jpg

Bild 2.6: (Wikimedia Commons, Public Domain)
https://commons.wikimedia.org/wiki/File:Part_of_Tabula_Peutingeriana.jpg

Bild 2.7: (Wikimedia Commons, Public Domain)
https://commons.wikimedia.org/wiki/File:Gerhard_Mercator_-_Weltkarte_1538.jpg

Bild 2.8: (Wikimedia Commons, Public Domain)
https://commons.wikimedia.org/wiki/File:Mercator_1569_world_map_composite.jpg

Bild 2.9: (Wikipedia, Aufruf 16.07.2024, CC BY-SA 3.0)
https://de.wikipedia.org/wiki/Mercator-Projektion#/media/Datei:Mercator-proj.png

Bild 3.4: (Aufruf 16.07.2024)
https://library.ethz.ch/standorte-und-medien/plattformen/virtuelle-ausstellungen/fibonacci-un-ponte-sul-mediterraneo/bedeutung-fibonaccis-fuer-die-gegenwart/streit-zwischen-abakisten-und-algoristen.html

Bild 3.5: (Wikimedia Commons, Public Domain)
https://commons.wikimedia.org/wiki/File:Sir_Isaac_Newton_by_Sir_Godfrey_Kneller,_Bt.jpg

Bild 3.6: (Wikimedia Commons, Public Domain)
https://commons.wikimedia.org/wiki/File:Christoph_Bernhard_Francke_-_Bildnis_des_Philosophen_Leibniz_(ca._1695).jpg

W. Roddeck, *Die Welt der Modelle und Simulationen*, https://doi.org/10.1007/978-3-658-46305-2

Bild 3.7: (Aufruf 16.07.2024)
http://www.universitaetssammlungen.de/modell/280

Bild 3.8: www. archäometallurgie.de, Dr. B. Asmus

Bild 3.9: (Wikipedia, Aufruf 16.07.2024, CC BY2.0)
https://de.wikipedia.org/wiki/Hagia_Sophia#/media/Datei:Interior_of_Hagia_Sophia.jpg

Bild 3.10: (Wikipedia, Aufruf 16.07.2024, CC BY-SA 4.0)
https://de.wikipedia.org/wiki/Kathedrale_von_Amiens#/media/Datei:Amiens_Cath%C3%A9drale_Notre-Dame_Innen_S%C3%BCdliches_Querschiff.jpg

Bild 3.20: (Wikipedia, Aufruf 16.07.2024, CC BY-SA 3.0)
https://commons.wikimedia.org/wiki/File:Sliderule_2005.jpg

Bild 4.1: (Wikipedia, Aufruf 16.07.2024, CC BY2.5)
https://commons.wikimedia.org/wiki/File:NAMA_Machine_d%27Anticyth%C3%A8re_1.jpg

Bild 4.2: (Wikipedia, Aufruf 16.07.2024, CC BY-SA 3.0)
https://commons.wikimedia.org/wiki/File:Polarplanimeter_01.JPG

Bild 4.3: (Wikimedia Commons, Public Domain)
https://commons.wikimedia.org/w/index.php?search=Differential+Analyser&title=Special:MediaSearch&go=Seite&uselang=de&type=image

Bild 4.5: (Wikipedia, Aufruf 16.07.2024, CC BY-SA 3.0)
https://de.wikipedia.org/wiki/Analogrechner#/media/Datei:MOHAI_-_analog_computer_03.jpg

Bild 4.6: (Wikipedia, Aufruf 16.07.2024, CC BY3.0)
https://de.wikipedia.org/wiki/Gottfried_Wilhelm_Leibniz#/media/Datei:Leibniz_Rechenmaschine_(1690).jpg

Bild 4.7: (Wikimedia Commons, CC BY2.0)
https://commons.wikimedia.org/w/index.php?search=analytical+engine&title=Special:MediaSearch&go=Go&type=image

Bild 4.8: (Wikipedia, Aufruf 16.07.2024, CC BY-SA 3.0)
https://de.wikipedia.org/wiki/Zuse_Z3#/media/Datei:Z3_Deutsches_Museum.JPG

Bild 4.9: (Wikipedia, Aufruf 16.07.2024, Public Domain)
https://de.wikipedia.org/wiki/ENIAC#/media/Datei:Two_women_operating_ENIAC.gif

Bild 5.6,5.7: (Wikipedia, Aufruf 16.07.2024, Public Domain)
https://de.wikipedia.org/wiki/Datei:Tacoma_Narrows_Bridge_destruction.ogv

Bild 7.8: (Wikimedia Commons, Public Domain)
https://commons.wikimedia.org/wiki/File:Warteschlange_vor_dem_Eiffelturm.JPG

Bild 9.2: (Wikipedia, Aufruf 16.07.2024, Public Domain)
https://de.wikipedia.org/wiki/Geschichte_der_Produktionstechnik#/media/Datei:Mendel_I_018_v.jpg

Bild 9.6: (Wikipedia, Aufruf 16.07.2024, Public Domain)
https://de.wikipedia.org/wiki/Leonardo_da_Vinci#/media/Datei:Codice_Atlantico_-_053v_detail.jpg

Bild 9.7: (Wikipedia, Aufruf 16.07.2024, CC BY-SA 3.0)
https://upload.wikimedia.org/wikipedia/commons/f/f3/First_angle_projecting.svg

Bild 9.8: (Wikipedia, Aufruf 16.07.2024, CC BY-SA 3.0)
https://de.wikipedia.org/wiki/Technische_Zeichnung#/media/Datei:Schneckenwelle.png

Bild 9.21: (Wikipedia, Aufruf 16.07.2024, CC BY-SA 3.0)
https://commons.wikimedia.org/wiki/File:Stereolithography_cycloidal_drive.JPG

Bild 11.2: (Wikimedia Commons, Public Domain)
https://commons.wikimedia.org/wiki/Category:Project_Whirlwind?uselang=de#/media/File:Museum_of_Science,_Boston,_MA_-_IMG_3168.JPG/2

Bild 11.3: (Wikipedia, Aufruf 16.07.2024, CC BY-SA 4.0)
https://de.wikipedia.org/wiki/Programmed_Data_Processor#/media/Datei:Six_Minicomputers_from_Digital_Equipment_Corporation_(DEC)_from_1957_to_production_end_in_1979_-_PDP-1,_PDP-7,_PDP-8,_PDP-8-E,_PDP-11-70,_PDP-15.jpg

Bild 11.4: (Wikipedia, Aufruf 16.07.2024, CC BY-SA 3.0)
https://de.wikipedia.org/wiki/Personal_Computer#/media/Datei:Apple_I_2_-_CleanBackround_-_compact.jpg

Bild 11.5: (Wikipedia, Aufruf 16.07.2024, CC BY-SA 2.0 fr)
https://en.wikipedia.org/wiki/Apple_II#/media/File:Apple_II-IMG_7064.jpg

Bild 11.6: (Wikipedia, Aufruf 16.07.2024, CC BY-SA 3.0)
https://de.wikipedia.org/wiki/Personal_Computer#/media/Datei:IBM_PC_5150.jpg/2

Bild 11.8: (Wikipedia, Aufruf 16.07.2024, CC BY-SA 3.0)
https://de.wikipedia.org/wiki/Computermaus#/media/Datei:SRI_Computer_Mouse.jpg

Bild 11.27: (Wikimedia Commons, Public Domain)
https://commons.wikimedia.org/w/index.php?search=Rube-Goldberg-Machine&title=Special:MediaSearch&go=Go&type=image

Bild 11.38: (Wikipedia, Aufruf 16.07.2024, CC BY-SA 3.0)
https://de.wikipedia.org/wiki/2001:_Odyssee_im_Weltraum#/media/Datei:Yatrides'_Slab.JPG

Bild 11.39: (Wikipedia, Aufruf 16.07.2024, CC BY-SA 4.0)
https://commons.wikimedia.org/wiki/File:Discovery_One_model_from_2001_-_A_Space_Odyssey_-_montage_on_black_background.jpg

Bild 11.40: (Wikipedia, Aufruf 16.07.2024, CC BY-SA 4.0)
https://de.wikipedia.org/wiki/HAL_9000#/media/Datei:HAL9000_Case.svg

Bild 11.41: (Wikipedia, Aufruf 16.07.2024, Copyright © 1999-2003 by Jamie Zawinski)
https://de.wikipedia.org/wiki/Matrix_(Film)#/media/Datei:The.Matrix.glmatrix.2.png

Bild 11.42: (Wikimedia Commons, CC BY2.0)
https://commons.wikimedia.org/wiki/Category:Quantum_computing?uselang=de#/media/File:Quantum_refrigerator_at_UCL_(17626619658).jpg

URL-Verzeichnis

Aufruf der unten angeführten URL's am 16.07.2024

Simulationssystem ***Scilab*** https://www.scilab.org/download/scilab-6.1.1

Simulationssystem ***20-sim*** https://www.20sim.com/download/

Multi-Agenten Programmiersprache ***NetLogo*** http://ccl.northwestern.edu/netlogo

Softwarepacket ***OpenOffice*** https://www.openoffice.de

Simulationssystem ***AnyLogic*** https://www.anylogic.com/downloads/

CAD-System ***FreeCAD*** https://www.freecad.org

CAD-System ***Sculptris*** https://sculptris.de.softonic.com/

3D-Druck-Software ***Cura*** https://ultimaker.com/de/software/ultimaker-cura/

Computerspiel ***Civilization*** https://www.silvergames.com/de/sid-meiers-civilization

Computerspiel ***Siedler*** https://www.bestoldgames.net/de/settlers/spielen

Computerspiel ***SimCity*** https://www.retrogames.cz/play_472-DOS.php

SimCity 2000 https://archive.org/details/msdos_SimCity_2000_SE_1995#

Computerspiel ***The incredible Machine***
https://www.myabandonware.com/game/the-incredible-machine-1mg/play-1mg

Emulationsprogramm ***DOS-Box*** https://www.dosbox.com/download.php?main=1

W. Roddeck, *Die Welt der Modelle und Simulationen*, https://doi.org/10.1007/978-3-658-46305-2

MIX
Papier aus verantwortungsvollen Quellen
Paper from responsible sources
FSC® C105338

If you have any concerns about our products,
you can contact us on
ProductSafety@springernature.com

In case Publisher is established outside the EU,
the EU authorized representative is:
Springer Nature Customer Service Center GmbH
Europaplatz 3, 69115 Heidelberg, Germany

Printed by Libri Plureos GmbH
in Hamburg, Germany